中国地质大学（武汉）研究生精品教材建设项目资助
中国地质大学（武汉）资源学院教材出版基金资助

高级油藏管理
Advanced Reservoir Management

谢丛姣　向祖平　王洪峰　编著

中国地质大学出版社
ZHONGGUO DIZHI DAXUE CHUBANSHE

图书在版编目(CIP)数据

高级油藏管理/谢丛姣,向祖平,王洪峰编著. —武汉:中国地质大学出版社,2015.12

ISBN 978-7-5625-3782-3

Ⅰ.①高…
Ⅱ.①谢… ②向… ③王…
Ⅲ.①油藏管理-研究
Ⅳ.①TE34

中国版本图书馆 CIP 数据核字(2015)第 291625 号

高级油藏管理	谢丛姣　向祖平　王洪峰	**编著**
责任编辑:王凤林　胡珞兰　　　选题策划:张晓红		责任校对:周　旭
出版发行:中国地质大学出版社(武汉市洪山区鲁磨路388号)		邮政编码:430074
电　　话:(027)67883511　　　传　　真:67883580		E-mail:cbb@cug.edu.cn
经　　销:全国新华书店		http://www.cugp.cug.edu.cn
开本:787毫米×1 092毫米 1/16		字数:470千字　　印张:18.375
版次:2015年12月第1版		印次:2015年12月第1次印刷
印刷:武汉珞南印务有限公司		印数:1—1 000册
ISBN 978-7-5625-3782-3		定价:32.00元

如有印装质量问题请与印刷厂联系调换

前　言

　　管理是指有效组织并借助管理手段,完成该组织目标的全部过程。从这个角度来看,高级油藏管理就是集成各项先进的油藏勘探开发技术,借助强制(战争、政权、暴力、抢夺等)、交换(双方意愿交换)、惩罚(包括物质性和非物质性的,如法律、行政、经济等方式)、激励、沟通与说服等手段,达到以最少的投入获得最大的采收率的目的。油藏管理始于油田的发现,终于油田的废弃,它是成功开发油藏的关键。由于油藏各开发阶段的特点和管理任务的不同,不同阶段的油藏管理也存在着管理模式、协作方式和技术方法要求上的差异。为了适应高级油藏管理的需要,培养全面发展的复合型、国际型、创新型高级石油管理人才,及时了解国内外油藏管理技术领域的动态,掌握石油合作管理及项目经济评价方法,提高学生参加"中国石油工程设计大赛"的水平,特编纂了这本高级油藏管理教材。

　　本教材共分五章,包括油藏管理的主要内容和过程、油藏管理的关键技术、石油合作管理及项目经济评价、稳产管理与递减管理以及油藏管理案例库。每章开头都有学习目标,结尾有关键词的中英文对照和思考题,便于读者学习和参考,并为学习这门课程的学生提供完整的试题库,特别是第五章油藏管理案例库列举了多个中外典型油藏管理成功的典范和失败的例子,英文案例为广大研究生、留学生和在职人员提供了边际油田开发管理素材。

　　本教材第一章、第三章、第五章由中国地质大学(武汉)谢丛姣教授编写;第二章、第四章由重庆科技学院王洪峰、向祖平高级工程师编写。全书整体框架设计和总纂由谢丛姣教授完成。

　　本教材在编写过程中得到了中国地质大学(武汉)关振良教授、姚光庆教授,重庆科技学院李志军教授的大力支持;中国地质大学(武汉)资源学院和研究生院为本书的出版提供了经费支持;五届中国石油工程设计大赛为油藏管理案例库提供了丰富的综合性素材;在中国石油天然气股份有限公司(CNPC)、中国石油化工股份有限公司(SINOPEC)、中国海洋石油总公司(CNOOC)以及陕西延长石油(集团)有限责任公司(简称延长石油)研究生班授课过程中同行专家的研讨给予编者很多启迪;中国地质大学(武汉)资源学院研究生张恒、居宇龙、王佳盛、刘科、刘川功、赵立明、杨曾、杨金辉、田文浩、王逸璇等以及中国地质大学(武汉)参加全国石油工程设计大赛的各届本科生为本书的编写提出了很多建设性的意见,在此一并表示最衷心的感谢! 同时由于编者水平有限,书中内容难免有不妥之处,恳请广大读者批评指正。

编者
2015 年 6 月

目 录

第一章 油藏管理概述 (1)
第一节 油藏管理的内涵 (2)
一、油藏管理的定义 (2)
二、油藏管理概念的形成 (2)
三、油藏管理的内涵 (3)
第二节 油藏管理的特征 (3)
一、油藏管理工作的特点 (3)
二、油藏管理技术的主要特征 (3)
三、国外油藏管理中两种新的管理机制 (4)
第三节 油藏管理的基本要素 (5)
第四节 油藏管理小组及其协同作用 (7)
第五节 资料采集、分析和管理 (8)
第六节 油藏管理的基本过程 (12)
一、确立目标 (12)
二、制订方案 (13)
三、方案实施 (13)
四、实施过程的监测与评价 (13)
五、方案的调整和完善 (14)
思考题 (14)

第二章 油藏管理的关键技术 (15)
第一节 地质建模技术 (16)
一、地质建模技术的研究历程 (16)
二、地质建模的基本原理及关键技术 (17)
三、地质建模的常用方法、原则及软件 (22)
四、地质建模技术在油田中的应用 (26)
五、地质建模技术的发展前景 (26)
第二节 油藏数值模拟技术 (27)
一、油气藏数值模拟技术的研究历程 (27)
二、数值模拟的原理及关键技术 (29)
三、数值模拟常用方法与常用软件 (32)
四、油藏数值模拟技术的应用 (45)

五、油藏数值模拟技术的发展前景 …………………………………………… (48)
 第三节　水平井及复合井应用新技术 ……………………………………………… (48)
　　一、水平井及复合水平井技术简介 ……………………………………………… (49)
　　二、水平井精细油藏描述 ………………………………………………………… (62)
　　三、水平井油藏工程设计 ………………………………………………………… (69)
 第四节　四维地震新技术 …………………………………………………………… (77)
　　一、四维地震技术概述 …………………………………………………………… (77)
　　二、四维地震的数据采集及资料处理 …………………………………………… (78)
　　三、四维地震资料解释 …………………………………………………………… (78)
　　四、四维地震技术在油藏管理中的应用 ………………………………………… (79)
　　五、四维地震技术的发展前景 …………………………………………………… (80)
 第五节　提高原油采收率技术 ……………………………………………………… (81)
　　一、改善水驱技术 ………………………………………………………………… (81)
　　二、化学驱技术 …………………………………………………………………… (82)
　　三、稠油热采技术 ………………………………………………………………… (83)
　　四、注气技术 ……………………………………………………………………… (84)
　　五、微生物采油和物理法采油技术 ……………………………………………… (85)
 第六节　人工智能技术的应用 ……………………………………………………… (86)
　　一、人工智能技术在油气勘探中的应用 ………………………………………… (87)
　　二、基于遗传算法的地层压力实时监测 ………………………………………… (88)
　　三、压裂方案经济优化智能专家系统 …………………………………………… (90)
　　四、ANN 在储运工程中的应用 …………………………………………………… (92)
 第七节　非常规油藏开发技术 ……………………………………………………… (94)
　　一、非常规油气藏的定义 ………………………………………………………… (94)
　　二、非常规油藏与常规油气藏的区别 …………………………………………… (95)
　　三、非常规油气藏开发的关键技术 ……………………………………………… (96)
 思考题 ………………………………………………………………………………… (108)

第三章　石油合作管理及项目经济评价 …………………………………… (109)
 第一节　石油勘探开发管理的特殊性 ……………………………………………… (109)
 第二节　项目经济评价 ……………………………………………………………… (111)
　　一、经济决策的基础 ……………………………………………………………… (112)
　　二、现金流和资金时间价值 ……………………………………………………… (112)
　　三、风险分析 ……………………………………………………………………… (120)
　　四、经济评价 ……………………………………………………………………… (123)
　　五、油田开发项目经济评价实例 ………………………………………………… (131)
 思考题 ………………………………………………………………………………… (139)

第四章　稳产管理与递减管理 ………………………………………………… (140)
 第一节　稳产管理 …………………………………………………………………… (140)

第二节 递减管理 (141)
一、递减开始时的认识程度 (142)
二、修井作业的优化 (142)
三、加速开采和增加投资 (142)
四、修井和开采操作 (143)
五、递减期间的地面生产系统 (147)
六、减小规模和减员 (147)
七、工作监督 (148)

思考题 (148)

第五章 油藏管理案例库 (149)

案例1 低渗透油藏开发管理案例库 (149)
一、油田地质概况 (149)
二、油藏工程方案设计 (152)
三、经济评价 (159)
四、结论 (160)

案例2 致密气藏开发管理案例库 (160)
一、气田地质概况 (161)
二、气藏工程分析 (166)
三、钻井与完井工程 (173)
四、采气工程 (177)
五、地面工程设计 (178)
六、HSE工程 (182)
七、经济评价与财务分析 (186)
八、结论 (196)

案例3 稠油热采开发管理案例库 (196)
一、作品内容 (196)
二、软件技术手册 (199)
三、软件应用实例 (210)
四、结论 (213)

案例4 煤层气开发管理案例库 (214)
一、煤层气田地质概况 (214)
二、气藏工程 (222)
三、钻、完井工程方案 (237)
四、采气工程方案 (247)
五、地面工程方案 (249)
六、HSE与经济评价 (258)
七、结论 (264)

案例5 中石化涪陵页岩气田开发管理案例库 (265)

  一、涪陵页岩气田概况 ………………………………………………………（265）
  二、技术难点 …………………………………………………………………（265）
  三、技术对策 …………………………………………………………………（268）
  四、页岩气藏管理 ……………………………………………………………（270）
 案例 6 边际油田开发管理案例库 ………………………………………………（271）
 思考题 ……………………………………………………………………………（280）

结束语 …………………………………………………………………………（281）

主要参考文献 …………………………………………………………………（283）

第一章 油藏管理概述

学习目标：
- 熟悉油藏管理的发展历程
- 掌握油藏管理的定义与内涵
- 掌握油藏管理的基本要素和基本过程

油藏管理工作始于1859年世界石油工业发现油气田。而现代油藏管理(advanced reservoir management)的概念则是由20世纪80年代中后期国外学者Thakur、Wigging、Startzman、Harderson等人提出来的。到90年代早期，Exxon(埃克森)、Mobil(莫比尔)等石油公司率先在油藏经营管理活动中逐渐尝试此概念，并取得了良好的经济效益，其他油公司才开始尝试在油田日常管理中引入现代油藏管理的理念，积极寻求一种崭新的、灵活的、具有商业观点的管理模式，以求得最佳经济效益。在北美，现代油气藏管理被认为是油田开发的第三次革命。在20世纪90年代刮起了一股"油藏管理"的旋风，美国石油工程师协会(Society of Petroleum Engineers)多次召开现代油藏管理专题研讨会。1989年，Texas A&M大学的Crisman研究所出版了一本油藏管理手册，提出了现代油藏管理的范围、运作方法和管理模式，随后我国大型石油企业开始进行现代油藏管理知识培训，逐步在三大油公司实践并取得了一定的成效。

一个油田从发现到采出全部可采储量将经过几十年甚至上百年的时间。在这个较长的过程中，始终贯穿着不断收集数据资料、进行开发分析、更新开采方式的模式，以实现最大限度地获取原油和天然气的经济采收率，这已经成为各个石油公司或油气经营者努力追求的目标，这一最终目标虽然早已被大家所接受，但对一个具体的油气藏而言，如何具体实现这个目标，一直是石油科技工作者研究和探索的问题。

当人们着手开发一个新油田或计划实施某项措施的同时，实际上也就开始了某种形式的油藏管理。在油藏管理过程中，最重要的工作是做出决策。油田开发的过程从其本质上讲，就是做出决策——如何通过各种手段去改造储层、干预储层内部的流体运动，使其按预定的方式运动。虽然在没有进行谨慎而周密规划的情况下开发油藏可以从一个有工业价值的油藏中获得一定的甚至是可观的经济效益，但在这种方式下进行油藏开采，必将带来油藏早衰的风险和油气资源的浪费。

当前新发现的石油资源逐年降低，原油价格频繁波动，海、陆石油开发的技术难度、投资额度及风险程度日益增高。所以，油藏管理要依靠科技进步，为油藏地质研究、模拟方法、开发规划、工艺设计的风险分析提供先进手段，使油藏经营管理置于坚实的科学基础上。

第一节 油藏管理的内涵

一、油藏管理的定义

油藏管理一词源于英语的 Reservoir Management。油藏管理的定义可以理解为资源的分配,其目的是针对某一油藏,以最少的资本投入和操作费用获得最大的油气采收率。有学者将油藏管理定义为:正确合理地应用各种资源以获得最大的经济采收率。这里所指的"资源"包括人力、财力、设备和技术。国外学者有不同的定义:Thakur(1990)定义为合理地利用各种现代方法,最大限度地从油藏中获取利益或进行经济开采;Halderson(1989)认为油藏管理是将所获取关于油藏的知识综合成为对油田的最佳经济开发的过程;Wiggins 和 Startzman(1990)定义为从油藏发现至枯竭和最终报废全过程中,对油藏进行勘探、开发、监督及评价的一整套操作和决策。本书借鉴国外油气田开发先进经验,结合国内油田开发成功案例,认为油藏管理就是在现有的经济技术条件和稳定的政治环境下,用最少的投入获得最大的石油采收率。

二、油藏管理概念的形成

油藏管理系统是近几十年发展起来的、一个多种学科综合新技术应用研究的模型系统。

(1)油藏模拟发展至今,已不是一个单一学科队伍完成的领域,而是由第二学科队伍完成第二领域的链条式研究的工作方法(图1-1),即不是由油藏地球物理专家提供地震与测井数据,油藏地质家建立地质模型,再由油藏工程师准备数据,数据专家模拟计算的工作方法,而是随着科学技术的发展,要综合所有有关油藏数据,需要各学科共同研究,相互合作的综合性研究工作方法。即油藏地球物理专家与油藏地质家一起建立地质模型,油藏工程师使用地质模型,并在修改时与上述两方面专家综合研究(图1-2)。这种综合各学科先进技术的协作式工作方法,将更有效地发挥数值模拟软件优势,有利于提高工作效率。

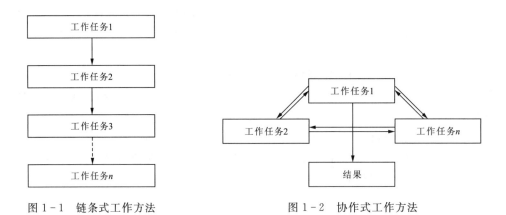

图1-1 链条式工作方法　　图1-2 协作式工作方法

(2)人们越来越清楚地认识到,油藏综合管理已不是油藏工程学和油藏地质学的专用名词,油藏开发的成功需要多学科研究人员的共同努力。油藏管理不是单一的油藏描述＋油藏工程＋油藏模拟,它的内容主要有8个方面:油藏描述;油藏动态预测;采收率方法评价;地面加工厂产品计算;经济分析;开发方案比较选择;执行(实施)过程;跟踪监测。

(3)有效的油藏管理的任务是合理利用人力资源和技术资源,通过优化开采并降低资本投资和作业费用,最大限度地提高经济效益。因此,有效的油藏综合管理是在整个油藏开采历程中成功的关键。

油藏管理的概念具有这样的特征:它是对资源的要求和利用,持续性和长期性贯穿于整个油田开发过程;以最佳经济效益为核心。因此,油藏管理的主要活动就是做一系列的资源优化配置决策以获取最大经济效益的原油采收率。

三、油藏管理的内涵

油藏管理的内涵大致经历了三个发展阶段:第一阶段为20世纪70年代以前,这一阶段由于过分强调了油藏工程的重要性,因而认为油藏工程是油藏管理活动中唯一重要的技术,甚至将油藏工程等同于油藏管理;在70至80年代之间,油藏描述技术在油田开发中起到了越来越重要的作用,油藏工程师与地质学家的合作被提到了重要的地位,因此形成了以油藏工程师与地质学家密切合作为主要特点的油藏管理发展的第二个阶段;进入80年代后期至90年代,世界新发现的油气资源越来越少,油田开发的对象逐步转向难以开发的地下资源,这时要成功地开发好一个油田,并获得较好的经济效益,除油藏工程师与地质学家的紧密配合外,尚需要钻井、采油工艺、地面工程以及经济、法律等其他各专业人员的配合,从而形成了以多学科协同为最主要特色的方法论,这是油藏管理概念发展的第三个阶段。

第二节 油藏管理的特征

一、油藏管理工作的特点

油藏管理工作的特点归纳起来主要有以下3个方面:

(1)长期性。如上文所述,一个油藏从勘探、发现算起,经过详探、投产、一次采油、二次采油和三次采油,最后到废弃,一般都要经历几十年乃至上百年。所以,油藏管理是需要几代人来接替完成的一项长期任务。

(2)复杂性。人们只能直接观察和接触到储层体积中占比例极其微小的部分,而真正的复杂性还表现为储层微相三维分布的复杂性和储层物性的平面、层间以及层内的非均匀性,油藏开发过程的不可逆转性,油藏动态响应具有滞后性,地下形势的变化具有一贯性。

(3)综合性。油藏管理需要物探、地质、钻井、测井、试油试采、油藏工程、采油、井下作业、地面建设、动态监测等各学科、各专业的人员进行长期的密切协作,动用各种设备。所以,油藏管理是一项复杂的极具综合性的实体工程。

二、油藏管理技术的主要特征

油藏管理的关键是以油藏为目标、以综合经营管理为手段、以效益为中心,从事经营管理,盘活地下资源及地面资产,群策群力,优势互补,重新配置公司内部的各类资产,促使其增值。现代综合油藏经营管理已不仅着眼于地质学和工程的综合,而且还在于资料、工具、技术和人才等各个方面的综合。综合油藏经营管理应注重全局性和长期性。全局性和长期性体现在具体的管理运作中则是以下 3 个方面的综合。

1. 数据资料综合

地震、地质、测井、试井、流体、岩芯、生产等数据是综合油藏经营管理的基础。数据要真实、准确、连续,数据系统要做到资源共享。建立开放的综合数据库是进行资料综合的有效形式,也是现代综合油藏经营管理的重要特征。

2. 技术综合

在综合油藏经营管理中,综合运用各种先进技术是优化决策、降低风险、提高经济效益的重要保证。现代综合油藏经营管理技术的主要特征就是各种先进技术的综合,概括起来有 3 个方面。第一是先进的改善采收率的综合技术,包括注水、注气及水气交注综合技术、地层评价综合技术、确定剩余油分布综合技术、井底和井筒处理综合技术、各类复杂非均质储层的试井及解释综合技术、人工举升技术、可视化技术、水力压裂技术、三维和四维地震监测技术等。第二是提高采收率的综合技术,包括注蒸汽开采稠油技术、注气混相和非混相技术、注聚合物驱油技术、微生物采油技术和各种水平井技术。第三是一些辅助的先进技术,如计算机技术等。

3. 专家综合

专家综合是数据综合与技术综合的前提,而多学科工作组是使专家综合的最有效的组织形式。从国外多学科工作组的情况来看,工作组成员根据管理的需要,包括了地质学家、地球物理学家、岩石物理学家、地质统计学家、模拟专家、油藏工程师、经济学家、计算机专家、地面建设专家、设备工程师等各个领域的专家。

三、国外油藏管理中两种新的管理机制

在油藏开发中,把各种组织、各个学科、各种技术联合起来,充分发挥综合优势,形成集约化的管理体系是综合油藏经营管理的精髓。目前,综合油藏经营管理从理论到实践已趋于成熟,形成了以多学科协作、多公司联盟为主要特色的发展战略。

1. 公司联盟

公司联盟是指两个或两个以上的公司之间发展起来的一种较长期的合作关系,合作双方或各方在互相信任、风险共担的基础上,依据各自的优势共同参与项目的计划与设计,降低成本,提高收益,促进双方的共同发展。联盟的主要特征是:联盟各方都具有优势,技术上有互补性;联盟各方都能从中获利;能够有效地进行风险管理;能够降低系统总成本;能提高所有合作方及整体的工作质量。

公司联盟打破了传统招标和承包的合同方式,在联盟各方更加信任的基础上,找到了降低系统总成本、提高经济效益的新途径,使综合油藏经营管理水平跃上了一个新的台阶。虽然油

价自1986年下跌以来,一直在低水平徘徊,然而埃克森(Exxon)、壳牌(Shell)、莫比尔(Mobile)、英国石油(BP)、德士古(Texaco)、雪佛龙(Cherron)等国际大石油公司却在低油价下保持了较高的利润。其主要原因,除了依靠合理的投资决策和科学技术降低成本之外,还有一个更重要的原因就是在油藏管理中采用新的管理运行机制,公司之间建立了一种新的、更开放、更信任和更密切的联盟伙伴关系。

目前,公司联盟主要依据联合内容的不同来确定其合作形式,如油公司与技术服务公司的联盟形式主要有:单项服务、多项服务、综合服务、主合同协议、项目管理等。关于公司联盟所带来的经济效益,可从以下的实例中看出:

(1)近海综合联盟。为了提高钻井和完井效率,马拉松石油公司—斯伦贝谢各子公司组成了多种服务联盟,在墨西哥湾331区块钻9口海上定向井。马拉松公司成立了一个交叉学科小组与承包商小组进行联系,所有的决定由这个合作组做出。结果表明,与不组成联盟的类似项目相比,该项目平均钻井速度增加56%,钻井成本降低14%,减少非钻机完井成本10%。

(2)北海油公司联盟。Britanuia是北海的一个大油田,雪佛龙和大陆石油公司在该油田拥有的股份基本相同。两家公司单独做计划常常发生争执,后来建立了联盟,双方各出3个人组成联合工作小组,结果4个月就提出了双方均满意的联合作业方案,缩短作业时间两年以上,节约项目开支(5000~6000)万美元。

(3)雪佛龙、道威尔水力压裂联盟。美国加利福尼亚雷斯特斜坡(Lest Hills)油田产量一度下降,为此雪佛龙生产公司和道威尔公司组成单项服务联盟,在优化压裂设计、控制压裂成本、提高作业效果方面成绩显著。1994年压裂成本比1988年的压裂成本下降约40%,油田产量较1989年提高了一倍。

2. 虚拟公司

大型石油公司和技术服务公司一般有足够的专家参与管理,但有很多油气生产商缺乏专家,无法采用先进技术管理油藏,也无法得到联盟的实惠,特别是一些技术人员和油气资源均有限的小公司更是如此。油气资源常常得不到优化生产而被过早放弃。随着国际互联网的发展,为解决上述问题,以网络为基础的虚拟公司应运而生。

所谓虚拟公司,是指由许多个人或组织在资产管理方面为了达到共同的目标,在技术、管理、经营和财政等领域组成的联合体。虚拟公司不是传统意义上的合作组织,它不受地理位置、组织形式和运作环境的影响,常常是为了保证现有工程的顺利完成,临时雇佣所需要的专家组成一个机构,通过计算机网络开展工作。因此,可以说虚拟公司是一个从多个组织中抽出力量组成具有远远超出这些单独组织实力的一种合作方式。虚拟公司大大提高了技术落后、资金匮乏的小石油公司的管理水平,为它们提供了发展的机会。

第三节 油藏管理的基本要素

有效的油藏管理不仅仅是提出预防性的维护措施,或是解决某一问题,也不仅仅是制订一个规划、设计一个开发方案或编制一个开采过程中的实施计划,更是这些因素的综合,因此油藏管理具有综合性和集约性。

有人认为油藏管理就是在给定的经营管理环境下,应用现代化技术认识和开发油藏系统。这里的现代化技术并不是高代价的或未成熟的技术,而是最适用又经济的技术。油藏管理除"管理"外,还包含了相当大的"经营"成分。作为一项经营活动,油藏管理具有3个基本要素:对油藏系统的认识、油藏管理的经营环境、现代化技术。

1. 对油藏系统的认识

油藏系统包含了储层岩石、储层中的流体、井筒和井下设备、地面设备和装置。储层岩石和储层中的流体,即油藏特征的描述是认识油藏系统的关键。油藏经营者的活动是通过井筒及其设备进行的。

油藏特征或油藏描述在意义上是类似的。但油藏描述更多地含有数据采集,而油藏特征是对数据资料的综合。油藏特征及其描述的最终结果就是建立油藏模型。一般来说,建立油藏模型就是在一定的精度下,给油藏模拟器定量化地提供油藏参数分布。油藏模型的合理性可以通过单井模拟器预测和油藏动态拟合来检验。如果油藏模型合理、正确,这时就可以用油藏模拟器为满足不同的开采要求进行生产预测。

油藏模型是实际油藏的抽象。它不仅表示了油藏在三维空间的分布和边界,而且定性、定量地描述了在油藏单元中影响流体流动的岩石、流体物性和其他油藏参数。油藏参数和流体流动参数大小和分布的不确定性对模型的模拟计算会产生很大影响。因此,建模就是要提高原型再现的精度,将油藏参数的不确定性减小到最低限度。

不同精细程度的油藏特征描述在油藏管理过程中发挥着各自的作用。不同精细程度、不同规模的油藏特征模型在油藏的不同开发阶段其要求是不同的。油藏动用程度越高,要求的模型精细程度也越高。

2. 油藏管理的经营环境

油藏经营环境主要是指经营活动所赖以发生的经济社会环境与自然环境,包括政府的有关法律、法规、政策,市场对油气资源的需求,人力物力资源,资金来源,以及经营活动所处的人文、地理环境等。

经营环境因素分为两类:外部环境和内部环境。外部环境对所有经营者有相同的影响,它包括市场、税收、操作规范、安全、环保、法律法规以及社会认同;内部环境因素对不同经营者有不同的影响,它包括对风险的态度、回报率、发展能力、目标、组织机构以及长期发展规划。考虑经营环境的外部因素和内部因素组成的油藏管理计划的重要性是显而易见的,尤其是中国市场经济的飞速发展,股票在全球上市,迫使石油企业和石油公司的油藏管理计划必须考虑经营环境的外部因素和内部因素。当然这个计划还要涉及油藏本身和技术,但油藏经营环境因素的变化必然影响油藏管理计划,此时必须对其做出调整。

3. 现代化技术

技术因素不仅决定了经营活动中可能采取的措施范围,而且决定着对油藏的认识能够达到的程度。因此,油藏管理水平的高低取决于油藏描述、改善开采效果和提高采收率等现代科学技术的发展水平。但这并不意味着高技术就一定是适用的技术,重要的是在适用技术的范围内掌握这些技术的经济性和所涉及的配套技术。

建立油藏的概念特征和模型需要具备深厚的专业技术知识。掌握现代化技术和工艺对提高采收率、降低成本、提高生产效益是非常重要的。这些技术内容十分广泛,包括一次采油、二次采油和三次采油技术。二次采油技术包括注水、注气保持地层压力,对二次采油技术的改善包括用水平井加密井网、完善注采系统、用聚合物调整产液剖面或吸水剖面以及进行流度控制。三次采油技术包括混相驱、碱驱、表面活性剂驱、聚合物驱、三元复合驱和热力采油等。

第四节　油藏管理小组及其协同作用

油藏管理需要多学科的集体努力。油藏管理小组成员是由与油藏管理有一定关系的专业人员组成的(图1-3)。油藏管理小组成员必须跨越传统的学科边界,综合各学科的职能,协同工作,以保证油藏管理方案的正确编制和执行。

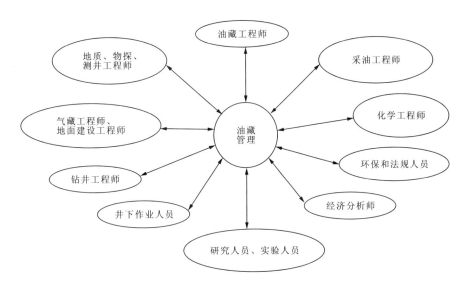

图1-3　油藏管理小组成员组成

所有的油藏开发和生产操作决策应该由油藏管理小组做出。油藏管理小组需要考虑到整个系统对自然界和油藏特性的依赖关系,不能只由油藏工程师做出所有的决策。实际上,油藏管理小组成员考虑了整个系统,而不仅仅是油藏方面,他们将是更实际的决策人。如果一个人具有油藏工程、地质、采油和钻井工程、完井和动态以及地面设备的基本知识,那么这对其发挥管理作用非常有帮助。在一个机构中不是每个人都应该具备所有领域方面的知识,但是,每个人都应该了解整个系统,并且知道什么时候获取有关子系统的技术建议。

随着油藏专业技术向高层次方向发展和油藏不同子系统复杂性的不断揭示,任何人要在所有领域成为专家几乎是不可能的。很明显,人员的减少、专业的细分和技术成分越来越复杂,这些都需要通过发挥油藏管理小组的集体智慧来弥补。

要提高油藏管理小组的管理质量,需要做到:

(1)定期开碰头会。

(2)在互相交流的职能目标方面,加强各学科之间的合作。

(3)建立相互信任和尊敬,促进各个工程学科、地质学科和操作人员之间的联系。

目前石油公司通过组建油藏管理班子的方法把大的油藏研究综合起来已经变得非常普遍。但是,建立一个油藏管理小组仅仅是通向成功的开始。油藏管理小组的技能、权限及对整个油藏管理结构的适应性和所有小组成员对油藏管理过程的全面了解,以及完善和健全这些功能等等,对于油藏管理项目的成功都是必不可少的因素。

油藏管理小组的组成具有多学科性,需要强调的是在油藏经营管理中要发挥多学科的协同作用。小组成员之间工作起来应该像一支配合默契的篮球队,而不应该像一支接力赛跑队。多学科协同是高级油藏管理概念发展第三阶段最突出的特点。

多学科协同的重要性直到今天才被提到如此重要的位置,有其需求与可能两方面的原因。一方面,石油工业发展至今,要取得好的经济效益,甚至要取得继续生存的权利都已不是一件很容易的事,这绝不是任何一剂灵丹妙药所能解决的,而且随着科学技术的快速发展,任何专家所掌握的技术在技术总体中所占的比重越来越小,由此带来专家解决问题的能力也越来越低。另一方面,在长期自我发展的过程中,各专业都形成了具有本专业特点的思维及语言表述方式,即所谓的"专业文化",专业文化给多学科协同造成了困难,但科学技术的发展,特别是知识可视化技术的发展,给克服专业文化所形成的交流障碍,采用多学科协同的工作方式提供了一种方便的手段,而三维共享地质模型则成为了油藏经营管理活动中多学科思想与信息交流的主要工具与载体。

第五节　资料采集、分析和管理

油藏从勘探到废弃的整个生命周期中,需要收集和应用大量的资料。在油藏管理中,建立由资料采集、资料筛选、资料分析、资料存储以及检索所组成的一套有效的资料管理程序有着至关重要的作用。

资料的采集需要事先制订完整的计划,并列入优先地位以及要及时地做出调整。具有各种功能的一种综合的资料收集、分析和管理方法是油藏管理最重要的基础。

油藏管理所需要的资料对应的专业和学科大致可分为8类。表1-1中列出了在各个大类下的主要资料名称、采集的时间及担负采集和分析任务的专业人员。这里要强调的是,多学科专业人员需要作为一个油藏管理小组一起工作,共同制订和实施有效的资料采集和管理程序。

在一个油藏的整个开采期限内各类资料的收集过程中,需要油藏管理小组成员的共同努力,也需要土地和法律专业人员为资料的收集做出一定的贡献。

资料采集作为油藏管理工作的基础,其重要性不言而喻。针对具体油藏,应该由油藏管理小组成员对需要采集的资料种类、数量、采集频率和采集手段等内容事先做出详细的设计方案,对于需要定期录取的资料应当制订相应的操作规范。

油田资料不可避免地包含有多种误差,如取样误差、系统误差、随机误差等。因此,在应用这些资料作为输入参数之前,对所采集的资料需要进行仔细核查,并且要与其他相关资料对照、验证,检查它们的相容性、准确性和一致性,切实做到去粗取精,去伪存真。例如,为了评价测井资料的有效性,应该仔细地对比岩芯和测井分析解释结果,并且做出其频率分布图以识别不同的地质,同时还要确定孔隙度和饱和度分布、砂岩有效厚度以及油气藏地质分层标准,并仔细对测井资料进行环境校正。当收集包括油藏压力在内的日常采油和注水资料时,应该密切监测油藏动态。如果能够得到过去的生产和压力资料,那么就可以利用经典的物质平衡方法和油藏模拟来验证油气原始地质储量、含水层大小和水侵强度。

表 1-1 油藏资料分类表

分类	资料内容	采集时机	执行者
地震	构造、地层、断层、层厚、流体、井间非均质性	勘探阶段	勘探工程师
地质	沉积环境、成岩作用、岩性、构造、断层、裂缝	勘探阶段 开发阶段	勘探开发地质师
测井	深度、岩性、厚度、孔隙度、流体饱和度、油气界面以及井与井间的相互关系	钻井阶段	地球物理师、地质师、工程师
钻井	深度、岩性、厚度、取芯		钻井工程师、地质师
室内实验	孔隙度、渗透率、S_{or}、S_{wi}、相对渗透率、毛管压力、压缩系数、颗粒大小、孔隙分布、原油体积系数、压缩系数、黏度、气体溶解度、化学组分、相态、相对密度	发现、详探和开发初期	油藏工程师、实验室分析技术员
试井	油藏压力、有效渗透率、厚度、分层、油气藏连通性、裂缝或断层	发现、详探和开发初期	油藏工程师
动态监测	油、气、水产出/注入量、油藏压力	采油与注水	采油工程师、油藏工程师
生产测井	采油和吸水剖面、剩余油饱和度	开采阶段	采油工程师、油藏工程师

通过室内实验可以有效地测定储层的岩石渗流特性(如油-水相对渗透率和气-油相对渗透率)以及储层的流体特性(如 PVT 资料)。在暂时没有这些实测资料的情况下,可以用经验公式经过计算得到对应资料的代用数据。

随着计算机技术的发展,资料存储、检索和应用的最有用工具是数据库管理系统。目前,国外石油技术发达国家已经有专门的数据库管理系统,也有专门的数据资料公司来负责国内各个油气藏基础资料的数据录入、管理和定期更新工作,实现了众多用户的资料共享。国内各个油田目前也都分别建立了自己的勘探开发静态、动态数据库系统和相关的区域计算机网络。上述工作都大大地提高了油藏工作的效率和质量。但是,目前的油藏资料数据库在存储、检索、调用方面实际所能达到的水平离油藏管理的要求还有相当的差距。建成各个学科、专业的关系数据库系统只是问题的一个方面,而真正实现即时、高效地对各个学科、专业的相关资料数据进行检索和调用则是另一个问题。即使是在信息高速公路已经建成并且畅通无阻的条件下也是如此。最根本的症结所在是目前还做不到使不同学科、不同专业的软件和数据库都相互兼容。所以,在油田漫长的开发生命周期内,各种资料数据的存储、检索和调用问题,已经向今天的石油工业提出了严峻的挑战。

根据地震、岩芯、测井分析资料和相关的综合解释结果,可以绘制出油藏描述所需的各种曲线图、平面图和三维立体图件,如油藏构造图和储层在井间分布的剖面图,砂岩厚度和有效厚度分布图,孔隙度、渗透率和含油饱和度等值图,另外还包括断层走向图和断层图,油-水界面、气-水界面和气-油界面分布图等等。这些图件将被直接用于油藏边界的圈定、油藏非均质性的特征描述、各类井的井位设计、油气原始地质储量的估算以及开发方案的编制等。

三维地震资料能够较好地分辨油藏地质特征在三维空间的关键细节;井间层析 X 射线成像法能够提供井间非均质性的较详细资料。

使用较为普遍的裸眼井测井主要有三类:①电阻率、感应、自然电位、自然伽马;②密度、声波补偿中子、井壁中子;③孔隙度、电介质和井径。

使用较为普遍的套管裸眼测井系列是伽马射线、中子测井、碳-氧比能谱、脉冲中子和井径。

为满足油藏特性描述的需要,测井资料可用于绘图、射孔、估算原始油气地质储量,并且评价油藏射孔状况。利用生产测井曲线可识别现有生产井和注水井中未开发层段内的剩余油饱和度,观察井中的定期测井曲线可检测饱和度的变化以及流体界面的变化。

岩芯分析分为常规岩芯分析、全直径岩芯分析以及井壁取芯分析。其中应用最普遍的是常规岩芯分析,即从全直径岩芯上钻取的小直径柱状岩芯样品的测量资料来代表所研究地层层段的渗流、物理特性;全直径岩芯分析特别适合于对含有裂缝、孔洞或不规则孔隙比较发育的储层进行相应的研究;井壁取芯分析虽然所能使用的岩芯体积相对较小,但由于成本较低,也常常被采用。

同测井分析相比,岩芯分析所得出的储层参数是对地下情况的"直接测量"。测井资料的解释一般必须经过岩芯资料的校正,这样做出的结果才能为油气地质储量的评价、剩余油分布的描述以及可采储量的计算提供可靠的基础参数。

在实验室内通常应用平衡闪蒸或微分分离实验来确定流体的 PVT 物性参数。流体样品可以是地下样品,也可以是从分离器和储油罐中取出的地表样品经复配后得到的样品。如前所述,流体的物理参数也可以通过经验相关式来估算。

流体资料用于油藏油气地质储量估算、油藏类别确定(如油藏、气藏或凝析气藏的区分)以及油气藏动态分析。油藏动态顶测、井筒多相流体力学计算以及出油管线压力损失的计算都需要输入有代表性的流体物性参数。

试井资料的解释结果对于油藏特性描述和油藏动态评价是很有价值的。压力恢复或压力降落试井可以提供泄油半径内油层有效渗透率——厚度的最佳估算值,还能提供油藏压力,证明井间是否有断层或裂缝的存在,评价增产措施的效果。另外,压力干扰试井和脉冲试井可以提供油藏连续性和岩性遮挡方面的信息。

在注水和提高采收率项目中使用的多井示踪剂测试给出了注水井和生产井间最佳的流线,用单井示踪剂测试来确定注水油藏中剩余油饱和度。重复地层测试(RFT)能够测量各小层的压力变化,利用油水井的产量和注水量的资料来评价油气藏的生产动态。表 1-2 列出了油气藏动态分析技术所需的资料。

图 1-4 列出了在油田投产之前和生产期间所需要录取和分析的资料。资料的录取和分析需要做许多尝试性的、大量的研究工作。

表 1-2 进行油藏动态分析所需资料表

技术类别 资料类别	容积法	递减曲线法	数值模拟	物质平衡法
油藏几何形态	厚度、面积	无	厚度、面积、非均质模型	厚度、面积、均质模型
岩石资料	孔隙度、饱和度	无	孔隙度、饱和度、相对渗透率、毛管压力、压缩系数	孔隙度、饱和度、相对渗透率、压缩系数
流体资料	地层体积系数	无	PVT 资料	PVT 资料
井点资料	无	无	井位、射孔资料、采油指数	产量与时间采油指数
采出与注入	无	产量	有	有
压力资料	无	无	有	有

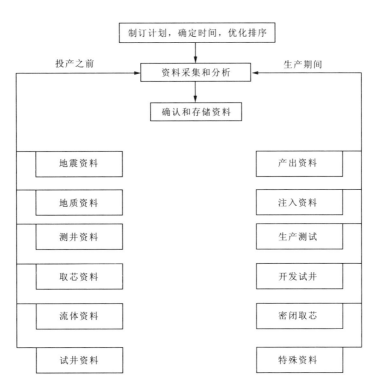

图 1-4 油田投产之前和生产期间所需资料图

在油藏开采期间,需要收集大量的资料,并进行有效的分析,而对于集约式油藏管理方法来说则需要把资料收集、资料分析、资料存储和修正组成一个有效的数据库管理系统,这本身就是一项艰巨的任务。

第六节 油藏管理的基本过程

油藏管理不仅具备其他经营管理活动所具备的基本要素,而且也遵循着与其他经营管理活动相同的过程。其基本过程包括确立目标、制订方案、方案实施、实施过程的监测与评价以及方案的调整和完善(图1-5)。

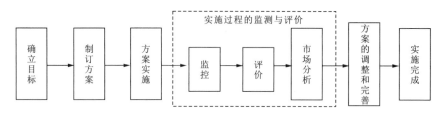

图1-5 油藏管理的基本过程

油藏管理过程中的每一个部分都是互相依赖的。这几部分的有机结合是取得油藏管理成功的重要基础。油藏管理工作的复杂性,使人们在开发初期对油藏认识必然带有局限性。随着采出程度的提高,获取了更多的资料,才能加深对油藏的全面了解。在这种情况下,应当根据新取得的认识,对先前制订的油藏管理方案和策略进行必要的调整和修正。所以,取得油藏管理成功的关键在于:

(1)拥有一个良好的油藏管理总体方案。
(2)在实施油藏管理方案的过程中及时地进行必要的修正和调整。

一、确立目标

明确具体要求和提出一个切实可行的目标是实施油藏管理的第一步。确立油藏管理目标时需要考虑3个关键因素:油藏特征、整体环境、适用的技术。

认真研究上述关键因素是科学地制订出油藏的短期和长期管理策略的先决条件。

1. 油藏特征

油藏研究在油藏管理决策的制订过程中起着非常重要的作用。要认识和揭示油藏的地质开发特征则需要深入研究以下几个方面的问题:油藏地质特征、油藏岩石和流体的物理化学特性、储层的渗流机理和合适的驱动机理、合适的钻井、完井工艺和测井技术以及过去的动态。

2. 整体环境

认识以下3个方面的内容,是正确制订油藏管理策略和提高油藏管理效率必不可少的条件:

(1)经济环境——总体经济形势、油和气的价格及其变化情况、通货膨胀率、物价指数、投资机会等等。

(2)石油公司的内部环境——总体目标、财政实力、内部机制、人员的专业素质等等。
(3)社会环境——资源保护、设施及人员的安全、环境保护与治理等等。

3. 适用的技术

油藏管理的成功与否在很大程度上取决于勘探、钻井和完井、采油工艺及生产方面所采用技术的适用性和可靠性。在上述这些领域,目前已经开发了许多先进的技术。然而,这些技术并非对每一个油藏都适用或者在经济上都可行。

二、制订方案

油藏管理成功的关键在于利用油藏天然能量开采和制订二次及三次采油的开发方案及开发策略。开发方案和开发策略的制订主要取决于油藏的地质开发特征和油藏所处的开发阶段。新油田在刚刚发现时,必须从总体上解决如何更好地开发该油田的问题,包括驱动方式、开发层系、开发井网、井距、井数、钻井工艺、完井方法、测井系列和开采方式的选择、地面集输设施以及产出流体的处理等等。如果一个油田经过一次采油后已经衰竭,那么就需要具体研究该油田应用二次采油甚至三次采油方法在经济和技术上是否可行。

方案的制订主要取决于对油藏的认识及可依赖的技术水平。数据采集与分析、地质描述、油藏工程分析、生产动态预测等都是方案制订过程中的重要环节。

三、方案实施

方案的实施过程实际上是采用各种技术手段以实现经营管理目标的过程。

实施油藏管理方案的第一步是制订一个全面的实施计划。但是,经常碰到的情况是,许多油藏管理工作虽然都制订了计划,但是计划并没有包括全部的相关专业和部门。因此,造成了在实施计划时各职能部门之间的合作效果明显低于原本所期望的水准。

计划的制订必须留有余地,便于修改和调整。即使油藏管理小组制订了十分全面的计划,但如果它不适合于外部情况(经济、法律和环境等方面),就不能保证其获得成功。

制订的计划还必须得到采油队、矿、厂以及更高一层管理部门的支持,如果没有他们的支持,计划将难以实施。

四、实施过程的监测与评价

通过对实施过程的监测与评价,可以及时地发现原计划对经营目标的适应性,必要时做出调整,以保证经营目标的实现。

为了成功地监测油藏管理方案的实施,必须制订一个全面的计划。这个计划的制订应该由工程师、地质师和操作人员在管理部门的支持下共同来完成,主要监测内容有:

(1)油、水和气的采出监测。
(2)气和水的注入监测。
(3)静压和井底流压监测。
(4)生产和注入试验监测。
(5)注入和产出剖面以及其他辅助监测项目。

必须对油藏管理方案的实施情况进行定期评审,以保证油藏管理方案一直处于正常的实施状态。通常的做法是检验实际油藏动态与预测结果的符合程度来评价油藏管理方案是否成功。

如果期望油藏实际的动态与方案预计的结果完全拟合,那反而不真实了。因此,需要通过参与油藏管理方案制订的有关专业人员针对方案的具体实施情况,客观地建立衡量该方案是否成功的相应技术标准和经济效益标准。经常会出现一个油藏方案在技术上是成功的,而在经济上是失败的情况。

油藏管理方案实施的结果都在方案动态的细致评价中。因此,必须定期把实际的油藏压力,油、气、水日产量,驱替流体的日注入量,气油比,水油比等开发指标与油藏管理方案的预测结果进行对比,最终还要用经济指标来评价方案的成功与失败。

五、方案的调整和完善

当油藏动态与方案预测结果有明显的出入,或者当开发技术、经济条件改变时,就需要对正在实施的油藏管理方案和策略进行修正。

开发方案调整和完善是指通过对油藏开发动态进行综合分析后,对原有开采计划实施的修改和完善。注水油田的调整也称为水动力学调整,调整的方法大致可分为两类:一是改变原来的井网和层系,采取钻加密井、细分开发层系、转移水线、改变井网形式、补充点状或排状注水、转注、换层以及采用变形井网等;另一类是井网层系不动,通过改变井的工作制度实现强化开采,包括提高排液量、改变液流方向、优化离压注水、停注、关闭高含水井以及脉冲注水、强注强采等。采取这些措施的目的是增加注水波及体积和可采储量。加密井网调整要根据对油田的具体情况、开发特征、剩余油分布情况和经济条件等各种因素进行综合研究以后才能确定。高含水期油田的调整除了加密井网外,可通过改变油井的工作制度来改变液流方向,以及实施不稳定注水。这些措施适用于剩余油相对富集程度不太高且不准备进行加密调整的地区。

近年来,水平井技术的发展为开发调整开辟了新的途径。随着钻井技术水平的不断提高和成本的下降,其应用范围不断扩大,先后被成功地用于注水开采、稠油热采、三次采油等领域。

思考题

1. 油藏管理的核心是什么?
2. 油藏管理的目标是什么?
3. 简述油藏管理的基本要素及其基本过程。
4. 油藏管理小组的作用是什么?
5. 简述油藏管理的未来及面临的挑战。

第二章 油藏管理的关键技术

学习目标：
- 熟悉油藏管理的主要技术
- 掌握地质建模技术
- 掌握油藏数值模拟技术
- 掌握水平井技术
- 了解四维地震技术
- 熟悉提高采收率技术
- 理解人工智能技术
- 熟悉非常规油藏开发技术

近年来，世界各大石油公司在油田生产经营管理的观念、理论、方法、技术等方面都进行了积极的探索，取得了新的进展。在非技术领域中最令世人瞩目的当属多学科协同综合油藏管理概念的形成与发展。目前，现代油藏经营管理已成为国际大石油公司在老油田发现新储量、加快一次开采速度和资金流动、提高新油田投产速度和降低开采成本的重要手段。油藏管理不是一项作业活动，也不是一个关于高新技术的术语，而是科学方法论。现代科学技术的发展，提高了油藏经营管理决策的可靠性，提高了油藏经营管理的经济效益。技术因素是油藏经营管理的重要因素之一，一个好的油藏管理计划应有一些关键技术支撑（表 2-1），本章简要介绍近年来在油藏经营管理中的几项支柱技术。

表 2-1 现代油藏管理涉及技术表

地球物理学	地质学	采油工程	油藏工程
二维地震	薄片分析	作业成本分析	开发经济评价
三维地震	图像分析	资料的收集	测井分析
四维地震	X 射线	增产措施	不稳定试井
井间层析	同位素分析	垂直管流模拟	常规岩芯分析
VSP 剖面	沉积相模型	地面管流模拟	CT 扫描、核磁共振
多元地震	成岩模型	节点分析法	流体物性分析
切变波测井	三维地质建模技术	水平井技术	动态分析方法
人工智能技术	遥感技术	提高采收率技术	注水开发技术
	随机模拟		油藏数值模拟
	神经网络		EOR 技术筛选

第一节 地质建模技术

地质模型是指能定量表示地下地质特征和各种油藏参数三维空间分布的数据体。油气藏地质模型是将油藏的地质特征在三维空间的分布及变化定性或者定量地表现出来。根据不同阶段的任务,利用不同阶段的资料,建立不同勘探开发阶段的地质模型。精确的油气藏地质模型能更精确地描述储层参数的空间展布特征,为勘探和开发中的油气藏工程数值模拟奠定坚实的基础。

一、地质建模技术的研究历程

近几十年来,三维地质模型的建立是国内外的研究热点,它是集测井、地震、生产测试及计算机等技术综合为一体的技术应用。三维地质建模是基于计算机存储和显示技术,对储层三维网格化(3D griding)后,对各个网块(Grid)赋以各自的储层参数值,并按三维空间分布位置存入计算机内,形成了三维数据体,这样就可以进行储层的三维显示,可以任意切片(不同层位、不同方向),进行各种运算和分析。三维地质模型是反映油气藏综合概况,是油气藏地层格架、储层属性、流体性质及分布等特征的数字化模型。根据油藏描述中的储层地质模型,可以将三维地质模型分为三类:概念模型、静态模型和预测模型。这三类模型的划分体现了在不同开发阶段,开发研究对象对储层地质模型不同精细程度的要求。预测模型是目前应用最多的模型,它不仅忠实于资料控制点的实测数据,而且还追求控制点间的内插与外推值的精度,并遵循地质和统计规律,即对无资料点有一定的预测能力。目前,大多数油气田都进入了高含水阶段,但是由于多种原因,仍有大量油气资源埋藏于地底下,因此目前的难题是怎样建立更精确的描述储层参数的空间分布以及油气分布的地质模型,所以预测模型主要是为进一步提高油气田采收率服务的。

1962 年,法国数学家马特龙(Matheron)教授的《实用地质统计学》专著现世,提出了地质统计学的概念;1971—1973 年,马特龙讲述了区域化变量和随机函数理论;1974—1978 年,斯坦福大学油藏预测中心的 Andre Journel 介绍了随机建模的基本思想,分析了随机模拟在矿床分析中的应用;1984 年,Lake 和 Haldorsen 提出随机模拟;1985 年,随机模拟技术开始以非条件模拟为主,如 LU 分解法、转向带法、傅里叶谱估计法等。1987 年,马特龙等人讨论了地质体形态的条件模拟方法,同时 Haldorsen 提出了沉积相的随机模拟方法;1989 年,Weber 和 Geuns 等论述了储层结构模型建立的方法,同时 Graaff 等提出了河流、三角洲储层的非均质模型;1990 年,Journel 和 Aabert 提出了序贯指示模拟。20 世纪 90 年代,克里格技术被用作插值法,其越来越多地被用来建立数据条件累积分布函数(CCDF),随机建模技术得到了迅速发展。仅过去了十多年,油气储层随机建模技术已经得到了世界各国众多石油地质学家、油藏工程师、地质统计学家和地球物理学家的广泛认可。

我国储层地质建模研究起始于 20 世纪 80 年代,裘亦楠(1985)对我国河流砂体储层非均质模式进行了研究。相对于国外而言,起步较晚,主要是研究建模软件的应用和模拟方法的应用,以及对国外建模软件的改进和自主软件的开发。如张团峰、王家华等在引进国外资料的基础上,研制了一套储层地质统计分析系统(GA‑SOR2.0),可用于建立储层模型;刘明新等在

"八五"期间利用分形理论进行了储层建模研究;胜利油田"八五"期间在其研制的油藏描述软件中也加入了随机建模内容;纪发华利用序贯指示模拟和模拟退火方法研究了渗透率的空间分布;陈亮在虚拟井技术上利用随机建模技术对井间剩余油分布做了预测;文健等利用BooLEAN算法模拟产生砂体格架模型,利用序贯指示模拟(515)算法模拟生成砂体格架平面模型,建立了孤岛油田馆上段储集层分布模型,并依据所建模型对合理井网井距进行了分析;陈程等运用多种模拟方法来模拟不同的对象(如用截断高斯模拟砂、泥分布和微相带,用示性点过程来模拟河道与水下溢岸砂体、河口坝与重力流等),从而建立了扇三角洲前缘微相数值模型,利用序贯高斯方法和微相模型约束,获得了精细三维储层物性参数分布模型。目前,国内外越来越多的大学和科研单位正致力于储层建模技术的研究,并取得了大量有意义的研究成果,在生产上也取得了明显的成效,具有重大的现实意义。

二、地质建模的基本原理及关键技术

(一)地质建模基本原理

本着从框架到内部建筑结构和内部属性的建模思想,储层三维模型主要包括储层构造模型、沉积单元模型(沉积相)和储层属性参数模型。

1. 构造模型

构造模型主要表征构造圈闭特征,同时表述断层和裂缝的分布、几何形状、产状、发育程度等特征。构造模型反映储层的空间格架,由断层模型和层面模型组成。断层模型反映的是三维空间的断层面以及断层之间的切割关系,层面模型反映的是地层界面的三维分布,层面模型被断层模型切割就形成了地层格架模型。构造模型的随机性较小,一般采用三角剖分法、径向基函数法、克里金法等确定性方法建模。

2. 相模型

储层相模型为储层内部不同相类型的三维空间分布。该模型能定量表述储集砂体的大小、几何形态及三维空间的分布。三维相建模的目的是获取储层内部不同相类型的三维分布,为流动单元建模及储层参数建模奠定基础。为了表征井间的不确定性,相建模常采用随机建模,主要有标点过程、指示模拟和截断高斯模拟。

(1)标点过程法。是根据点过程的概率定律,按照空间中几何物体的分布规律,产生这些物体中心点的空间分布,然后将物体性质(如物体的几何形态、大小、方向等)标注于各点之上。设 u 为坐标随机变量, X_k 为描述类型 k 的几何特征(形状、大小、方向)参数的一个随机变量,第 k 类几何物体中心点的分布构成一点过程 u ,它可以用性状随机过程 X_k 和表示第 k 类几何物体出现与否的指标随机过程 I_k 两者的联合分布描述,这就构成了一标点过程。其中:

$$I_k(u,k) \begin{cases} 1, 当 u \in 第 k 类物体中心 \\ 0, 其他 \end{cases} \quad (1)$$

模拟过程先预测砂体中心位置 (X, Z) ,如果不与已知井位处的数据发生冲突,就从经验累计概率分布函数中随机抽取该砂体厚度,再由已确定的厚度-宽度关系确定砂体宽度,计算目标函数直到达到给定的阈值为止。

实际的地质目标点(如岩相)的分布以及目标体的属性(如几何形状)大多是十分复杂的,为了更加符合实际,标点过程方法有很多改进,来提高目标体中心点的合理性。这种方法适合于具有背景相的目标模拟,在应用中却要有很强的先验地质知识。

(2)指示模拟。是将地质信息进行离散编码,即将原始数据按照不同的门槛值,编码成 1 或 0 的指示变换,然后将克里金的基本思想应用于指示变换,最终得到指示变换的克里金估计。该方法不受正态分布假设的约束,既可用于连续变量的模拟又可用于离散或类型变量的模拟。常见的方法有序贯指示模拟。

设 $\{Z(x)|x \in D\}$ 是代表沉积相的离散变量,其中 $Z(x)$ 可能取有限个整数 $(I_1, I_2, \cdots, I_k)$。这相当于区域 D 内定义了 K 个相互排斥的范畴 S_k,表达式为:

$$S_k = \{x | Z(x) = I_k\}, \text{其中 } k = 1, 2, \cdots, K \tag{2}$$

这 K 个范畴代表了区域 D 内某种离散地质变量的分布,任何位置 $x \in D$ 只能属于这 K 个范畴中的一个。

利用指示变换,可以定义类 S_k 的指示变量为:

$$I_k(x) = \begin{cases} 1, Z(x) \in S_k \\ 0, \text{其他} \end{cases} \quad k = 1, 2, \cdots, K \tag{3}$$

对指示变量 $I_k(x)$ 直接使用克里金方法就可得到对位置 x 属于范畴 S_k 的概率估计:

$$[I(x; Z_k)]^* = \sum_{j=1}^{n} \alpha_j(x; Z_x) * I(x_j; Z_k) \tag{4}$$

其中,$\alpha_j(x; Z_k)$ 为权系数,可通过解下列方程组而求得:

$$\sum_{j=1}^{n} \alpha_j(x; Z_k) * C_I(x_j^1 - x_j; Z_k) + U(x; Z_k) = C_I(x - x_j; Z_k), j = 1, \cdots, n \tag{5}$$

模拟过程中对每一个网格节点 x,由克里金提供 k 个估计概率 $P_k^*[x|(n)]$,对这 k 个范畴排序形成概率区间 $[0,1]$ 上的累积分布函数,从 $[0,1]$ 区间中抽取一个均匀分布的随机数 P,P 所属的区间就决定了在位置 x 处模拟的范畴。指示模拟的最大优点是可以模拟复杂的各向异性的地质现象,除了忠实于硬数据外,还可以忠实于软数据。

(3)截断高斯模拟。截断高斯随机域属于离散随机模型,用于分析离散型变量或类型变量。模拟过程是通过一系列门槛值及门槛规则对三维连续变量进行截断而建立类型变量的三维分布。

$$F(u) = i, \text{如果 } t_{i-1}(u) < Z(u) < t_i(u) \tag{6}$$

其中:$F(u)$ 为类型变量(或相),$Z(u)$ 为高斯域,$t_i(u)$ 为位置 u 处的门槛值。门槛值可通过实际资料的统计而获得,截断规则如下:

设 n 种岩相均可用每一种岩相的一个条件函数来描述。对于第一种岩相,其指示值可用高斯随机函数 $Y(x)$ 来定义:

$$I[\alpha_{i-1} < Y(x)] \leqslant \alpha_i = \begin{cases} 1, \text{如果 } Y(x) \in (\alpha_{i-1}, \alpha_i) \\ 0, \text{其他} \end{cases} \tag{7}$$

因此,点 x 属于第 i 种岩相,当且仅当 $Y(x) \in (\alpha_{i-1}, \alpha_i)$。其中,$\alpha_i$ 为截断值。

如果这些区间不相交并覆盖了整个实数空间 r,则可定义函数:

$$F(x) = \sum_{i=1}^{n} \text{cod}(i) I[\alpha_{i-1} < Y(x) \leqslant \alpha_i] \tag{8}$$

因此,$Y(x)$ 在位置 n 处取值 I,当且仅当位置属于相 I,即:

$$I(\alpha_{i-1} < Y(x) \leqslant \alpha_i) = 1 \tag{9}$$

在截断高斯模拟中,由于离散物体的分布取决于一系列门槛值对连续变量的截断,故模拟实验中的相分布将是排序的,即被模拟类型变量的顺序是固定的。例如,假定三种类型相A、B、C,那么仅允许相序是ABCBCBA,而相序AC或ABCA不允许,因为该算法不允许产生不连续的序列。

(4)多点统计。是近年来出现的一种新的建模方法,它是利用空间多点的相关性来模拟的。由于以变差函数为基础的模拟无论是基于目标体还是基于像元都只考虑了两点之间的空间关系,这种两点统计很难反映储层真正的空间关系,它只是空间连续性的一种受限的综合。多点统计是借用训练图像中多点的空间模式,通过训练图像得到的,代替两点统计中由克里金计算的概率分布进行序贯高斯模拟。

S_k是属性S的k种状态$\{S_k, k=1, \cdots, K\}$,d_n是位置为u、大小为n的数据事件,这个数据事件的几何构型是由n个向量决定的(中心点为u),n个数据的值为$\{S(u+h_\alpha), \alpha=1, \cdots, n\}$。$\tau n$是与数据事件$d_n$有关系的数据模板。

条件概率分布就可以表示为:

$$\text{Prob}\{S(u) = S_k | S(u) = S_{k\alpha}; \alpha=1, \cdots, n\} = P(u; S_k | d_n) \approx \frac{C_k(d_n)}{C(d_n)} \tag{10}$$

其中:$C(d_n)$表示训练图像中数据事件d_n的重复次数;$C_k(d_n)$表示所有数据事件d_n中心点$S(u)$等于S_k的重复次数。

在模拟过程中,先扫描训练图像,由式(10)得到条件概率分布,然后再根据条件数据从概率分布上取得模拟点u的值,把这个值作为下一步的条件数据进行下一个点的模拟,直到所有的点都模拟完毕。多点统计考虑了空间多个点的分布状况,不涉及变差函数和克里金计算,能够显示复杂的储层非均质性。但这种方法受训练图像的影响,选择好的训练图像是得到好的模拟结果的关键。

3. 属性参数模型

储层参数在三维空间上的变化和分布即为储层属性参数模型,属于连续性模型。一般来说,储层岩石物理参数建模采用相控建模的原则,即首先建立沉积相模型,然后根据不同沉积相(砂体类型)的储层参数定量分布规律,分相(砂体)进行井间插值或随机模拟,建立储层参数分布模型。序贯高斯模拟是应用高斯概率理论和序贯模拟算法产生连续空间变量分布的随机模拟方法,是相控储层参数建模常用的方法。

序贯高斯模拟是从一个像元到另一个像元序贯进行的,用于建立局部累积条件概率分布(CCDF)的数据不仅包括原始条件数据,而且考虑已模拟过的数据。从局部累积条件概率分布中随机抽取分位数便可得到一个像元点的模拟数据。

模拟之前确定代表全研究区(含Z样品数据)的单变量累积条件概率分布(cdf)$f_z(Z)$,如果数据有丛聚,应先对其解串,然后将Z数据进行正态得分转换,得到符合正态分布的Y数据。再对Y变量确定随机路径,每次访问一个网格节点(u),应用克里金来计算此处随机函数$Y(u)$累积分布函数(CCDF)的参数(平均值和方差),从累积分布函数上任意取值作为该点的模拟值$Y^{(l)}(u)$,将模拟值$Y^{(l)}(u)$加载到数据组。沿随机路径进行下一个节点模拟,一直进行到所有节点都被模拟。将模拟结果反转,换成原始区域化变量,就得到了一个实现。

序贯高斯模拟的输入变量的统计参数、变差函数和条件数据,如果采用相控建模,则需要输入相模型,同时对不同相还需要相应的变量统计参数和变差函数参数(图2-1)。

另外,为了解决储层非均质影响的渗透率的奇异值问题,多采用序贯指示模拟的方法来建立渗透率模型。

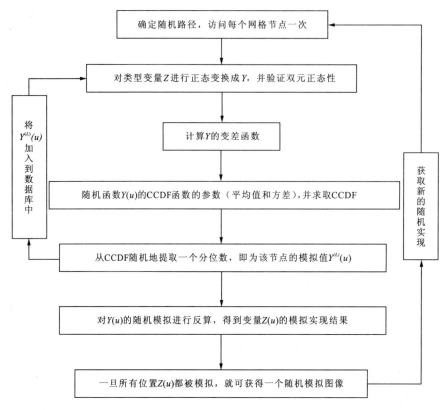

图2-1 序贯高斯模拟技术框图

(二)地质建模的关键技术

三维地质建模面临诸多困难,这主要是由原始地质数据获取的艰难性、地下地质体及其空间关系的极端复杂性,以及地质体属性的未知性与不确定性共同决定的。三维地质建模是一个复杂的过程,融合了数据库技术、计算几何、图形学、科学可视化、数学、构造地质学、水文地质学、地层学、矿床学、地理学等多学科多种技术手段。若进一步提高三维地质建模技术的总体水平,则必须在关键技术上有所突破和创新,这些关键技术也是三维地质建模研究领域内的热点研究方向。

(1)三维地下空间数据获取与转化。目前的三维空间数据获取多是利用遥感技术、摄影测量、激光扫描等对地形、地表建筑物、单个物体等的三维数据进行采集,而直接获取三维地下空间数据的技术十分欠缺。除了可以利用钻孔对地下数据进行直接获取之外,三维地下空间数据一般是通过三维地震、CT扫描、地球物理等技术进行间接获取,这些数据需要进行解译和转化,才能够成为三维地质建模可以直接使用的几何数据。因此,三维地下空间数据的获取与转化是三维地质建模中的关键技术,直接决定了三维地质建模能否顺利进行。

(2)空间数据库技术。三维空间数据需要利用空间数据库进行管理。由于传统的文件系统管理方式存在着安全性和共享性差、并发访问异常、数据冗余等缺陷,用户在使用过程中常常碰到无法备份恢复数据、各客户端文件信息不一致等问题。另外,文件系统无法进行空间数据查询,对空间数据管理效率低下。因而如何建立合适和高效的空间数据库、对空间数据进行数据组织、建立空间索引、执行空间查询,是空间数据库亟待解决的关键技术,对于空间数据的管理和访问效率极为重要。

(3)地质界面空间插值技术。三维地质界面的构建是三维地质建模的基础。由于经济因素的限制,用于构建一个地质界面的原始采样点很可能比较稀疏,仅仅利用这些点建立的地质界面会比较粗糙。为了增加地质界面的真实感,提高其可视化效果,需要利用更密的数据点对地质界面加以描述,这些加密数据点的坐标需要利用空间插值技术加以确定。地质界面空间插值方法主要有距离反比插值算法、克里格插值法和离散光滑插值法等。

(4)三角网编辑操作。三维地质建模中,地质界面一般以不规则三角网(TIN)表达,在计算机上对地质界面的编辑操作都是转化为对三角网的操作。为了提供对三维地质建模的支持,需要实现对三角网的一系列编辑操作,如添加(删除、移动)三角形点、删除(添加)三角形、打碎三角形、瓦解三角形、切换对角三角形、局部改变三角网构网结构等,而这些功能的实现又是以三角网的数据存储结构为基础。如果能够建立关于三角网表达和三角网基本操作的基础类库,必将极大地提高三维地质建模系统的开发效率。

(5)曲面求交。地质体中存在各种层面,当出现地层不整合、断层错断岩层、地层尖灭和地下水出露于河谷地表等情形时,就会遇到曲面求交的问题。地质体三维模型的上部边界是地表曲面,通过数学方法拟合出的岩层面或地下水位面不应超出地表曲面,即超出部分不应显示。同样,当显示多层地层时,下面的岩层应以其上一岩层为边界。因此,为了进行三维地质建模,必须要解决地层面与地表、断层面与其他地层面的求交问题。

(6)特殊地质现象建模。对于侵入体、分支断层、倒转褶皱等特殊地质现象的建模,是三维地质建模中的关键技术。侵入体的形态极不规则,利用常规的建模方法很难建立逼真的侵入体模型。断层的出现使得地层发生错动而出现不连续,同时,断层作为一种天然的边界,限制了地层面的展布,大大地增加了建模的难度。对于分支断层,还需要进一步考虑断层之间的交切关系,其建模更具挑战性。倒转褶皱导致褶皱面出现多值现象,无法利用常规的曲面建模方法来构建其形态。因此,三维地质建模必须攻克对于这些特殊地质现象的建模,才能走向成熟。

(7)多源数据的利用。现有的三维地质建模的原始数据大多是钻孔和剖面数据,在实际工程设计和施工中,还可能得到地质图、等值线、物探资料等其他原始数据。为了建立接近真实的模型,三维地质建模需利用多种原始数据,如何整合利用这些多源数据、克服建模方法只能支持单一数据的弊端,也是三维地质建模中的一个关键问题。

(8)多建模方法的支持。经济因素造成的可利用数据的稀少和离散,给地质问题带来了多解性。此外,地质构造本身的复杂性,也在客观上给三维地质建模造成了很大的困难。实际建模过程中,可能针对不同的复杂程度,提出包含多种建模方法和策略的综合解决方案。因此,多建模方法的支持是三维地质建模软件能够较好地满足实际建模需求的关键。

(9)模型间的数据一致性。三维地质模型中往往包含多个地质体的三维模型,为保证各个地质体模型之间不存在空隙和交叠现象，模型数据之间应保持一致。数据一致性要求表示同一个空间位置和具有同一个地质含义的地质界面必须具有相同的数据表达（如果地质界面是用 TIN 表达，它们应该具有相同的三角形构网）。保持模型间的数据一致性对于全区域模型的体元剖分和数值模拟也具有重要的意义。

三、地质建模的常用方法、原则及软件

（一）地质建模常用方法

目前三维地质建模方法主要有确定性建模和随机建模两种。确定性建模是对井间未知区给出确定性的预测结果，即从已知确定性资料的控制点（如井点）出发，推测出控制点间（如井间）确定的、唯一的和真实的储层参数；随机模拟方法是指根据模型和算法而产生模拟结果的技术或程序。而随机建模是目前国内外研究的热点。

1. 确定性建模

目前，确定性建模主要有储层地震学方法、储层沉积学方法和克里格方法。储层地震学方法是应用地震资料研究储层的几何形态、岩性及参数的分布，即从已知点出发，利用地震横向预测技术进行井间参数预测并建立储层的三维地质模型。以高分辨率的三维地震为基础，利用其覆盖率高的优势，可以直接追踪井间砂体和求取储层参数；储层沉积学方法是在高分辨率等地层对比及沉积模式基础上，通过井间砂体对比建立储层结构模型，主要方法有露头分析、井间砂体对比、水平井建模。克里格方法是以变差函数为工具，根据待估点周围的若干已知信息，应用变异函数所特有的性质对估点的未知值做出最优（即估计方差最小）、无偏（即估计值的均值与观测值的均值相同）的估计。

2. 随机建模

随机建模是 20 世纪 80 年代兴起的、发展迅速的一项热门技术。储层随机模拟是以已知信息为基础，以随机函数为理论，应用随机模拟方法，产生可选的、等概率的储层模型的方法。其主要思路是：选择储层砂体在地面出露的露头，进行详细测量和描述，取样密度达到几十厘米的网络，把这类砂体的储层物性（如渗透率）的空间分布原原本本地揭露出来，以此作为原型模型，从中利用地质统计技术寻找其物性空间分布的统计规律，以此统计规律就可以去预测井下各类储层的物性分布。

1）根据研究现象的随机模型分类

根据研究现象的随机特征，随机模型可以分为两大基本类型：离散型模型和连续型模型。离散型模型主要是用于描述具有离散性质的地质特征，而连续型模型主要是用于描述连续变量的空间分布，两种模型的特征及适用条件见表 2-2。

另外，离散型模型和连续型模型的结合即构造混合模型，也称二步模型。首先应用离散型模型描述大规模的储层非均质特征，然后用连续型模型描述各沉积相（砂体或流动单元）内部的岩石物理参数的空间变化特征，这种方法即为"二步建模"法。

表 2-2 连续型模型与离散型模型特征及适用条件

随机模型	特征	适用条件	代表方法
离散型模型	描述具有离散性质的地质特征	砂体分布、泥质隔夹层分布、岩石类型分布、裂缝和断层分布等	示性点过程、截断随机域、马尔科夫随机域、二点直方图等
连续型模型	描述储层参数连续变化特征	渗透率、饱和度、孔隙度、地震层速度、油水界面等参数的分布	高斯域、分形随机域

2)根据基本模拟单元的随机模型分类

随机模拟方法承认控制点以外的储层参数具有一定的不确定性,即具有一定的随机性。根据模拟单元的不同(Deautch 等提出),随机建模方法一般可分为基于目标的方法(即以目标物体为基本模拟单元)和基于像元的方法(即以像元为基本模拟单元)。

(1)以目标物体为模拟单元的方法。这种方法主要是采用标点过程法(布尔法)建立离散型模型,因此它主要用于描述各种离散型地质特征的空间分布,例如岩石相、沉积相、储层流动单元、断层、裂缝及夹层等地质特征的空间分布。标点过程法是根据点过程的概率定律,按照空间几何物体的分布规律生成这些物体的中心点的空间分布,然后将物体性质(如物体几何形状、大小、方向等)标注于各点之上。从地质统计学角度来讲,标点过程模拟是模拟物体点(points)及其性质(marks)在三维空间的联合分布。

这种方法适合于具有背景相的目标(物体或相)模拟,如冲积体系的河道和决口扇(其背景相为泛滥平原)、三角洲分流河道和河口坝(其背景相为河道间和湖相泥岩)、浊积扇中的浊积水道(其背景相为深水泥岩)、滨浅海障壁砂坝、潮汐水道(其背景相为潟湖或浅海泥岩)等。另外,砂体中的非渗透泥岩夹层、非渗透胶结带、断层、裂缝均可利用此方法来模拟。

(2)以像元为模拟单元的方法。这种方法的基本思路是先建条件累积概率分布函数(CCDF),接着对其随机模拟,即从 CCDF 中随机提取分位数得到该网格的模拟实现。此种方法有截断高斯随机域、高斯随机域模拟、指示模拟以及马尔科夫随机域模拟等,其中最经典的是高斯随机域模拟。主要方法及特征见表 2-3。下面主要解释高斯随机域模拟。

表 2-3 基于像元随机模型的方法及特征统计表

方法	特征	算法	适用条件
高斯随机域模拟	变量符合高斯分布(正态分布)	序贯模拟(常用)、误差模拟、概率场模拟等	连续型变量
截断高斯随机域模拟	通过一系列门槛值及截断规则对三维连续高斯分布进行截断而建立类型变量的三维分布	误差模拟	离散型变量
指示随机域模拟	指示变换和指示克里金	序贯模拟、概率场模拟等	离散型变量、连续型变量
分形随机域模拟	局部与整体的相似性	误差模拟	离散型变量、连续型变量
马尔科夫随机域模拟	某一像元、某类型变量条件概率仅取决于邻近像元的值	迭代模拟	离散型变量、连续型变量
多点统计	多点之间的相关性	序贯模拟	离散型变量

高斯随机域模拟是最经典的随机函数模型,该模型的最大特征是随机变量符合高斯分布(正态分布)。在实际应用中,首先将区域化变量(如孔隙度、渗透率)进行正态得分变换(变换为高斯分布),然后再通过变差函数获取变换后随机变量的条件概率分布函数,从条件概率分布函数中随机提取分位数,得到正态得分模拟实现,最后将模拟结果进行反变换,最终得到随机变量的模拟实现。这种模拟可以采用多种算法,如序贯模拟、误差模拟(如转向带法)、概率场模拟等。

(二)地质建模原则

我国含油气盆地类型多,储层以陆相碎屑岩及海相碳酸盐岩为主,储层成因复杂,非均质性严重。如河流、三角洲及冲积扇等环境形成的储层,在纵横向上相变快,不同规模的非均质性严重。因此,对这类储层进行勘探与开发,将面临储层非均质性的问题。为了建立尽量符合地质实际情况的储层模型,针对我国储层的特点,制订如下建模原则。

1. 确定性建模与随机性建模相结合的原则

确定性建模是根据确定性资料,推测出井间确定的、唯一的储层特征分布;而随机建模是对井间未知区应用随机模拟方法建立可选的、等概率的储层地质模型。应用随机建模方法,可建立一簇等概率的储层三维模型,因而可评价储层的不确定性,进一步把握并监测储层的变化。在实际建模的过程中,为了尽量降低模型中的不确定性,应尽量应用确定性信息来限定随机建模的过程,这就是随机建模与确定性建模相结合的建模思路。

2. 等时建模原则

沉积地质体是在不同时间段形成的,为了提高建模精度,在建模过程中应进行等时地质约束,即应用高分辨率层序地层学原理确定等时界面,并利用等时界面将沉积体划分为若干等时层。在建模时,按层建模,然后再将其组合为统一的三维沉积模型。同时,针对不同的等时层输入反映各自地质特征不同的建模参数,这样可使所建模型能更客观地反映地质实际。

3. 相控储层建模原则

相控建模,即首先建立沉积相、储层结构或流动单元模型,然后根据不同沉积相(砂体类型或流动单元)的储层参数定量分布规律,分相(砂体类型或流动单元)进行井间插值或随机模拟,进而建立储层参数分布模型。

(三)地质建模常用软件

地质建模常用的方法主要有确定性建模和随机性建模,对应的软件也包括了确定性建模软件和随机性建模软件。

1. 确定性建模软件

确定性建模软件主要有 SGM(Straigraphic Geocelular Modeling)、Earth Vision、Geofram、Petrel 等建模软件中的建模模块。其中 SGM 为确定性的储层建模软件,它是由原 Stretmodel 公司开发的三维储层建模系统,主要用来建立各种静态模型(如地层模型、储层属性模型)。Earth Vision 主要为确定性的构造建模软件,其中有简单的确定性储层建模系统。Geofram 为一套集地质、测井、地震解释、三维建模为一体的综合勘探软件平台,其中包含综合运用多学科资料进行确定性储层建模的模块。Petrel 为 Schlumberger 公司开发研究的勘探开发一体化的工具,它包括了地震解释、地层建模再到油藏模拟的所有领域,在确定性模型里面还融入了克里格算法、函数算法、滑动平均法以及近点距离法,同时可选择井点约束或者线性平面约束等。

2. 随机性建模软件

随机性建模软件很多,主要有 GSLIB、RMS/STORM、Herisim、RC2、GOCAD、GridStat、Petrel 等。实际上,这些软件均包括了克里金插值算法,因此既可进行随机建模,又可进行确定性建模。其中,GSLIB 为研究型软件,其他为商业化软件。RMS/STORM 是由 Smedvig Technologies 公司研制开发的一套以储层随机建模为特色的商品化软件,其主要技术来源于挪威国家计算中心。RMS 为 Reservoir Management Software 的缩写,该软件系统包括 IRAP Mapping(绘图)、IRAP RMS(储层建模系统)、Well Planning(井位设计)、Res-View(图形显示)、Storm(随机建模)、MORE(油藏模拟)6 个模块,提供了从地层建模到油藏模拟的所有功能,主要有数据集成、地层建模、断层建模、相建模、岩石物理参数建模、体积计算、模型粗化、油藏数值模拟、井位设计等。由于目前油田广泛使用的是由斯伦贝谢公司开发的 Petrel 软件,下面重点介绍 Petrel 软件的特点。

Petrel 软件涵盖从地震解释、储层建模到油藏模拟的所有领域,使得地质学家、地球物理学家以及油藏工程师在同一平台上,避免了不同平台之间数据的交换难题,促进了不同领域之间更有效的合作。强大的三维可视化功能,可以直接在三维空间中进行各种数据的质量控制;所有工作流程具有可重复性,当获得新的现场数据,可以及时更新模型,这给重要决策提供了可靠的保证;快速的地质成图及方便的多媒体、报告制作能力,通过 Cut、Paste 键,用户可直接将 Petrel 中各个窗口的图像直接插入到 Powerpoint、Word 及 Excel 中。

(1)具有强大的数据集成功能。集成各种不同来源的数据(井数据、地震数据、试井数据、二维图形数据),这一功能可帮助地质学家很好地理解油藏并在遵循已知信息的基础上进行油藏描述。同时还能进行地层的对比、划分及储层特征解释,大量地震资料的浏览、综合解释,以及数据之间的计算。

(2)构造模型。Petrel 中建立构造模型考虑了地震资料以及断层数据,有单独的模块来处理断层,这使得建立的地质模型更符合实际情况。同时在建立地层层面模型时可选取不同的算法进行随机模拟或者确定方法模拟,也可加入顶面趋势约束。

(3)相建模。Petrel 提供了序贯指示模拟、截断高斯模拟、神经网络方法、基于目标的示性点模拟等几种用于详细表征相带分布特征的确定性和随机性相建模,而且可以交互使用。同时用户可以导入自己的算法和人工复制的方法,建立沉积相模型。独有的河流相建模算法为建立河流环境和浊积环境下的沉积相模型提供了半随机技术,用户可以精确地描述出各沉积时期相带的空间分布,分析沉积演化史。

(4)属性建模。这是一个将三维网格中的每个单元赋予属性值的过程,利用测井数据、钻井数据和各属性层面趋势图,采用序贯高斯模拟的算法进行工区内的确定性和随机性属性建模。随机建模可以采用岩相模型、地震属性模型等作为属性模拟的约束条件。同时 Petrel 特有的科学算法和强大的数据分析功能为合并已有的模型或计算新的模型提供了灵活的约束条件。

四、地质建模技术在油田中的应用

三维地质建模目前广泛地应用于石油、地下水模拟、矿山开采、固体矿产资源储量评价、城市地质、岩土工程等领域。

石油领域是三维地质建模应用最为成功的领域之一。石油勘探领域的原始数据较为丰富,三维地质建模有助于建立反映地下地质构造的模型,辅助用户理解和认识地质构造情况,分析有利于形成油气藏的区域,从而设计进一步的勘探施工方案和开采方案。基于较为粗略的三维地质模型的地震波射线追踪,有助于用户对人工地震震源和检波器的布设方案进行评价,从而辅助人工地震采集方案设计,控制施工风险,减少采集成本。三维地质模型是把储层三维网格化后,对各个网块赋予各自的参数值,按三维空间分布位置存入计算机内形成三维数据体,即三维储层数值模型,这样就可以进行储层的三维显示,可以任意切片和切剖面(不同层位、不同方向剖面),并可进行各种运算和分析。这样减少了工作量,同时更客观地描述和了解分析了储层内部结构,定量表征了储层的非均质性,从而有利于油田勘探开发工作者进行合理的油藏评价及开发管理。

在常规的储量计算时,储量参数(含油面积、油层厚度、孔隙度、含油饱和度等)均用平均值。显然,应用平均值计算储量忽视了储层非均质性的因素,例如油层厚度在平面上并非等厚,孔隙度和含油饱和度在空间上也是变化的。当建立了三维地质模型时,则可应用三维储层模型计算储量,储量的基本计算单元是三维空间上的网格(其分辨率比二维储量计算时高得多),因为每个网格均赋有相类型、孔隙度值、含油饱和度值等参数,因此通过三维地质模型来计算储量更为精确。

在石油开发中后期,可获得的基础资料非常丰富,井的资料更多。特别指出,在该阶段可获取大量的动态资料,如多井试井、失踪近地层测试及生产动态资料等,因而可建立精度更高的储层模型。明确储层的微构造模型、微相模型、流动单元模型、裂缝分布模型,对挖潜剩余油有重要的指导作用。

三维地质模型对于油藏模拟也具有重要意义。三维油藏数值模拟需要一个把油藏各项特征参数在三维空间上的分布定量表征出来的地质模型,粗化的三维储层地质模型可直接作为油藏数值模拟来运用,这样对油藏中后期开发方式及调整方向有重要的指导意义。

五、地质建模技术的发展前景

(一)地质建模方法的发展

近10年来,基于变差函数的两点地质统计学已经得到了广泛的应用。在沉积相建模方面,可以分相建立变差函数,从而揭示不同沉积相的非均质性特征,形成了以标点过程和序贯指示为主的建模方法;在属性建模方面,由于序贯高斯建模方法具有快速稳健、简单易操作的特点,一直是属性建模方法的首选。此外,为了反映弯曲河流变方向的特征,序贯指示建模与序贯高斯建模方法也得到了改进,形成了变方位角的建模方法,使得建立的模型更加符合地质规律。尽管两点统计学日趋完善,但是两点统计学对于储层形态以及储层属性相关性的描述是通过两点协方差来实现的,导致其对储层形态的反映仍然与实际有差距,虽然通过模拟后处理技术能够改善形态效果,但其本质是由两点统计学对信息量考虑不足造成的。多点统计学利用多点信息描述储层形态,在形态再现上较两点统计学更具优势,逐渐成为研究的重点和热点。在早期,多点统计学通过引入目标函数,以迭代方式进行储层预测,由于迭代收敛和运行机时的问题,一直没有在实际中应用。2000年,Strebelle利用搜索树保存多点概率,以序贯方法进行储层预测,成功地解决了运行机时的问题,把多点统计学推向了实际应用。目前已经发表的多点地质统计学主要有Snesim、Simpat以及Filtersim算法。2007年国际石油地质统计学大会和2009年数学地质大会等发表的建模方法文章中多点统计学已经占据了优势,国内外的研究实例也逐渐增多,均表明多点地质统计学日益受到重视,其方法也在不断地完善中。

(二)地质模型的发展展望

(1)地球物理日益受到重视。面对新发现的油气藏类型的日益复杂和老油田挖潜难度的不断增加,随着地震储层预测技术本身的不断进步,地球物理在储层预测、流体识别和裂缝预测中的作用将更加重要,以寻找气藏富集区、解决老油田的薄储层识别和裂缝性储集层及其他类型储层的预测问题为重中之重。

(2)开展煤层气、页岩气等新领域的地质建模。煤层气、页岩气将成为天然气发展的新方向,除其本身具有更低的孔渗特征以及天然气以更复杂的赋存状态存在于储层中之外,对其进行地质建模也是地质研究工作者面对的又一个新的研究问题,针对该类储层与气藏的地质建模将会很快展开。

(3)老油田成因单元内部构型研究将成为一项日常工作。随着老油田研究程度和挖潜难度的不断加深,成因单元级别的砂体刻画已经基本清楚,成因单元内部构型是影响剩余油分布的关键地质因素之一,深入开展该项研究工作,不仅可以为老油田进一步挖潜服务,同时可以促进地质学向更加精细化的方向发展。

(4)多学科联合研究与定量地质学将得到进一步发展。伴随着定量地质学的不断深化和储层定量化表征对油气田开发促进作用的不断增强,将会进一步开展不同沉积类型的定量地质学研究。多学科综合一体化,不断提高储层描述精度和地质模型的可靠性,进一步发展更加复杂的储层类型的建模技术,是未来一段时间地质学科发展的主题。

第二节 油藏数值模拟技术

油藏数值模拟技术是油藏管理内容的一部分。油藏管理研究的主要目的是确定从油藏现状出发,以最小的投入获得最大采收率所需要的最佳条件。而油藏数值模拟是获得这一目标最有效的方法。

一、油气藏数值模拟技术的研究历程

油气藏数值模拟是随着电子计算机的出现和发展而成长的一门新科学。在国际上,油气藏数值模拟作为对油气田开发具有重要作用的专项技术,其最初研究思想的萌芽,并作为一门新兴技术的提出可以追溯到20世纪30年代初期,该项技术在石油工程方面得到了应用。当时的油藏数值模拟仅用于预测油藏动态开发指标计算、预测采收率、选择开采方法、经济评价等。在20世纪40年代，主要以解析解为主，研究"液体驱替机理""理论物理学中松弛法""孔隙介质中均质液体流动""油层流动问题中拉普拉斯转换"等零维度物质平衡法。

20世纪50年代是油气藏数值模拟的理论奠基时代，许多研究者在模拟计算方法方面做了大量的基础工作。以布鲁斯（Bruce）、皮斯曼（Peaceman）等4人为代表，发展了将数值方法演变为相对高级的计算机程序，他们导出了对非均质空隙介质中二维和三维瞬间多相渗流的有限差分方程，在这期间也开始了数值模拟，其突出的代表作为《油层系统中非稳定态流动的实际处理》。

20世纪60年代，以Coats等为代表，致力于对气、水二相和三相黑油油藏问题的求解，其代表作为《气顶或溶解气驱油藏分析》《油藏和气藏中三维二相流动模拟》。模拟采油方法基本上限于递减和压力保持，也考虑了重力、黏度和毛细管压力存在时的流体流动规律。此阶段主要以黑油模型为主。这一进步的取得主要是由于大规模高速计算机的迅速发展和求解大型有限方程系统的计算数学的发展。

到20世纪70年代，情况显著改变。一方面，由于石油价格的急剧上涨和美国政府取消生产限额，并为油田小型试验方案提供部分资金，使提高采收率的方法迅速增加；另一方面，有了大型标量机，计算速度和内存迅速增加，为此发展了新的模型和技术来模拟常规递减及保持压力以外的采油方法，例如锥进模型、组分模型、拟函数技术。此阶段的突出代表作有《数值锥进模型》《油层中组分现象的数值模拟》，在数学差分方程中以IMPES和半隐式为主，在解法上以点松弛迭代，D4排序直接解法为主。在该阶段，黑油模型的理论和方法趋于成熟，Peacerman的《油藏数值模拟基础》，以及Aziz和Settari的《油藏模拟》等主要著作都是在这个阶段出版的。

20世纪80年代是油气藏数值模拟飞跃发展的年代。由于高速大容量电子计算机问世，硬件系统发展突飞猛进，油藏模拟已发展成为一门成熟的技术。油藏模拟进入商品阶段，用于衡量油田开发好坏、预测投资效益、提高采收率、对比开发方案，大到一个油公司，小到一个企业普遍使用。在模型上，形成了一系列可以处理各种各样复杂问题的模拟模型，如模拟常规油气田的黑油模型和天然裂缝模型、模拟凝析气田的组分模型、模拟稠油油藏的热采注蒸汽模型，还有模拟各种采收率过程的化学驱模型、混相驱模型等。在此阶段突出的是注蒸汽模型和化学驱模型，得到了实际性的应用；组分模型也得到了广泛的应用，并在方法上有重大的改进。模型朝着多功能、多用途，大型一体化发展。

随着计算技术日新月异的发展，新的计算方法大量推出。油藏模拟的方法和技术向全隐式、向量化发展。在差分求解方法上，除全隐式方法外，还有SEQUENTIAL、自适应隐式等方法。在模拟数值解法方面，有SOR迭代法、D4排序高斯直接解法、不完全分解ILUC和预处理共轭梯度类法等。由于计算技术的进步，油藏模拟模型由小变大且速度更快，稳定性更好。在模拟技术上，自适应技术、局部网格加密技术、视算技术、自动拟合技术、工作站一体化技术、水平井模拟技术、复杂油田模拟技术等一一出现。

计算机的发展更是迅猛，从小型机到巨型机进而又发展到超小型机，并且逐渐发展成具有体积小、内存大、速度快、价格低、便于维护的新特点。工作站的出现，使计算机应用又进入了一个新阶段，不仅速度快、内存大而且图形输入输出形象化，为油气藏数值模拟的发展和推广提供了极为有利的条件。

我国数值模拟的发展基本从20世纪60年代开始,从大庆电模拟到发展二维二相数值模拟,70年代发展为简化三相黑油模型,80年代初期引进了岩芯公司半隐式IMPES黑油和组分模型,80年代中期北京研究院研制闪蒸黑油模型,80年代后期,又吸取了国外先进模型经验研制了多功能隐式矢量模型、组分模型、热采模型、裂缝模型等,80年代中后期到90年代是我国数值模拟研究工作最兴旺发展的时期,为我国数值模拟总体赶上世界水平打下了坚实的基础。

由此可见,自20世纪60年代发展起来的油藏模拟技术,随着计算机和计算技术的进步及石油科学技术的发展,目前已渗透到石油工业油气田开采的各个领域。这项技术已成为油藏工程师不可缺少的一个重要工具。

二、数值模拟的原理及关键技术

油藏数值模拟是应用数学模型把实际的油藏动态重现一遍,也就是通过流体力学方程借用大型计算机,计算数学的求解,结合油藏地质学、油藏工程学重现油田开发的实际过程,用来解决油田的实际问题。

数学模型就是通过一组方程组,在一定的假设条件下,描述油藏真实的物理过程。它不同于物质平衡方程,它考虑了油藏构造形态、断层位置、油砂体分布、油层孔隙度、渗透率、饱和度的变化,流体PVT性质的变化,不同岩性类型、不同渗透率曲线驱替特征,井筒垂直流动计算等。这组流动方程组由三个方程组成:运动方程、状态方程和连续方程。

(一)运动方程

根据单相水通过多孔介质达西定律的描述为:

$$Q = \frac{KA}{\mu L} \Delta P$$

式中:K 为渗透率(μm^2);A 为截面积(cm^2);μ 为流体黏度($mPa \cdot s$);L 为管子长度(cm);ΔP 为管子两端的压差($10^{-1} MPa$)。

多相流时仍符合达西定律。

$$Q_o = \frac{KK_{ro}A}{\mu_o L} \cdot \Delta P$$

$$Q_w = \frac{KK_{rw}A}{\mu_w L} \cdot \Delta P$$

式中:K_{ro}、K_{rw} 分别为油相、水相相对渗透率;μ_o 为原油黏度($mPa \cdot s$)。

由

$$Q_o = \frac{KK_{ro}A}{\mu_o L} \cdot \Delta P$$

引出流速表达式:

$$|V| = \frac{Q_o}{A}$$

因为 $\frac{\Delta P}{L}$ 为单位距离的压差,即称为压力梯度,故:

$$V_o = -\frac{KK_{ro}}{\mu_o} \cdot \nabla P$$

$$V_w = -\frac{KK_{rw}}{\mu_w} \cdot \nabla P$$

式中:∇P 为微分算子;μ_o、μ_w 为常数。

$$\nabla = \frac{\partial}{\partial x}i + \frac{\partial}{\partial y}j$$

$$\nabla P = \frac{\partial P}{\partial x}i + \frac{\partial P}{\partial y}j$$

由于相对渗透率是流体饱和度的函数(通常液相的相对渗透率是含水饱和度的函数),由此运动方程可以写成:

$$V_o = -\frac{K \cdot K_{ro}(S_w)}{\mu_o} \cdot \nabla P$$

$$V_w = -\frac{K \cdot K_{rw}(S_w)}{\mu_w} \cdot \nabla P$$

(二)连续性方程

连续性方程是一个微分方程,研究一个单元之中质量的变化。首先引入散度的概念。

散度:指流入单元体中的流体流量减去流出单元体中的流体流量等于单元体流体质量变化,为单元体中外界流入流量的代数和。

$$\nabla(\rho_o hV) = \frac{\sum_4 V_o \Delta x h \rho_o}{\Delta x \cdot \Delta y \cdot h}$$

单元体中流体质量发生变化的速率:

$$\text{油} \nabla(\rho_o \cdot h \cdot V) = -h\frac{\partial(\phi \cdot S_o \cdot \rho_o)}{\partial t}$$

$$\text{水} \nabla(\rho_w \cdot h \cdot V) = -h\frac{\partial(\phi \cdot S_w \cdot \rho_w)}{\partial t}$$

将达西定律代入连续方程得出油、水的两个流动方程:

$$\text{油} \nabla\left(h \cdot \rho_o \cdot \frac{K \cdot K_{ro}(S_w)}{\mu_o} \cdot \nabla P\right) = h\frac{\partial(\phi \cdot S_o \cdot \rho_o)}{\partial t} \tag{11}$$

$$\text{水} \nabla\left(\rho_w \cdot h \cdot \frac{K \cdot K_{rw}(S_w)}{\mu_w} \cdot \nabla P\right) = h\frac{\partial(\phi \cdot S_w \cdot \rho_w)}{\partial t} \tag{12}$$

式中:h 为常数;ρ_o、ρ_w、ϕ 为压力的函数;K_{ro}、K_{rw} 为 S_w 的函数。

(三)状态方程

为求解上述两个方程中的两个未知数 P、S_w,引入状态方程:

(1) $\phi = \phi(P) = \Phi_a + C_R \cdot P$

(2) $\rho_o = \rho_{oi} \cdot C_o(\rho - \rho_i)$

(3) $\rho_w = \rho_{wi} \cdot C_w(\rho - \rho_i)$

(4) $S_o = 1 - S_w$

式中:S_w 为含水饱和度;S_o 为含油饱和度。

将连续性方程右端项常数项展开：
水相方程右端项：

$$\frac{\partial(\phi S_w \rho_w)}{\partial t} = S_w \rho_w \frac{\partial \phi}{\partial t} + \phi \rho_w \frac{\partial S_w}{\partial t} + \phi S_w \frac{\partial \rho_w}{\partial t}$$

$$\frac{\partial \phi}{\partial t} = \phi_a \cdot C_r \cdot \frac{\partial \rho}{\partial t}$$

$$\frac{\partial \rho_w}{\partial t} = \rho_{wi} \cdot C_w \cdot \frac{\partial \rho}{\partial t}$$

$$\frac{\partial S_o}{\partial t} = -\frac{\partial S_w}{\partial t} \ (因为\ S_o = 1 - S_w)$$

同理，油相方程中：

$$\frac{\partial \rho_o}{\partial t} = \rho_{oi} \cdot C_w \cdot \frac{\partial \rho}{\partial t}$$

$$\frac{\partial(\phi S_o \rho_o)}{\partial t} = S_o \rho_o \frac{\partial \phi}{\partial t} + \phi \rho_o \frac{\partial S_o}{\partial t} + \phi S_o \frac{\partial \rho_o}{\partial t}$$

认为 $\rho_o \approx \rho_{oi}$，接近初始条件 $\rho_w \approx \rho_{wi}$。
$\phi_a = \phi$，认为变化很小。
故由方程：

$$\nabla \left(h \cdot \rho_o \cdot \frac{K \cdot K_{ro}(S_w)}{\mu_o} \cdot \nabla P \right) = h \frac{\partial(\phi \cdot S_o \cdot \rho_o)}{\partial t}$$

$$\nabla \left(h \cdot \rho_o \cdot \frac{K \cdot K_{ro}(S_w)}{\mu_o} \cdot \nabla P \right) = h \left(S_o \rho_o C_r \frac{\partial P}{\partial t} - \phi \rho_o \frac{\partial S_w}{\partial t} + \phi S_o \rho_{oi} C_o \frac{\partial P}{\partial t} \right)$$

$$\nabla \left(h \cdot \frac{K \cdot K_{ro}(S_w)}{\mu_o} \cdot \nabla P \right) = h S_o (C_r + \phi C_o) \frac{\partial P}{\partial t} - h \phi \frac{\partial S_w}{\partial t} \tag{13}$$

水相方程：

$$\nabla \left(h \cdot \rho_w \cdot \frac{K \cdot K_{rw}(S_w)}{\mu_w} \cdot \nabla P \right) = h \left(S_w \rho_w C_r \frac{\partial P}{\partial t} - \phi \rho_w \frac{\partial S_w}{\partial t} + \phi S_w \rho_{wi} C_o \frac{\partial P}{\partial t} \right)$$

$$\nabla \left(h \cdot \frac{K \cdot K_{rw}(S_w)}{\mu_w} \cdot \nabla P \right) = h S_w (C_r + \phi C_o) \frac{\partial P}{\partial t} + h \phi \frac{\partial S_w}{\partial t} \tag{14}$$

式(13)与式(14)两个流动方程相加得出压力方程：

$$\nabla \left[h \cdot K \left(\frac{K_{ro}(S_w)}{\mu_o} + \frac{K_{rw}(S_w)}{\mu_w} \right) \cdot \nabla P \right] = h(C_r + S_o \phi C_o + S_w \phi C_w) \frac{\partial P}{\partial t}$$

令

$$C^* = C_r + S_o \phi C_o + S_w \phi C_w$$

故

$$\nabla \left[h \cdot K \left(\frac{K_{ro}(S_w)}{\mu_o} + \frac{K_{rw}(S_w)}{\mu_w} \right) \cdot \nabla P \right] = C^* h \frac{\partial P}{\partial t}$$

引入含水百分数函数后，饱和度方程：

$$f_w(S_w) = \frac{\dfrac{K_{rw}(S_w)}{\mu_w}}{\dfrac{K_{rw}(S_w)}{\mu_w} + \dfrac{K_{ro}(S_w)}{\mu_o}}$$

$$\frac{K_{rw}(S_w)}{\mu_w} = f_w(S_w)\left[\frac{K_{rw}(S_w)}{\mu_w} + \frac{K_{ro}(S_w)}{\mu_o}\right]$$

代入水相方程：

$$\nabla\left\{Kh \cdot f_w(S_w)\left[\frac{K_{rw}(S_w)}{\mu_w} + \frac{K_{ro}(S_w)}{\mu_o}\right] \cdot \nabla P\right\} = h\phi\frac{\partial S_w}{\partial t}$$

计算 S_w 时因 P 的变化小而忽略了，故水相方程右端项中弹性项 C_w、S_w、$h\frac{\partial P}{\partial t}$ 比饱和度变化项小得多，可忽略不计。

最后把二维二相流动方程组写成如下形式：

$$\begin{cases} \nabla[\lambda(S_w)\nabla P] = C^* h\frac{\partial P}{\partial t} \\ \nabla[f(S_w)\lambda(S_w)\nabla P] = h\phi\frac{\partial S_w}{\partial t} \end{cases}$$

式中：

$$\lambda(S_w) = h \cdot K\left(\frac{K_{ro}(S_w)}{\mu_o} + \frac{K_{rw}(S_w)}{\mu_w}\right)$$

$$f(S_w) = \frac{K_{rw}(S_w)}{K_{rw}(S_w) + \frac{\mu_w K_{ro}(S_w)}{\mu_o}}$$

三维三相方程同理，再加入气相方程即可。

把上述解 P 和 S_w 方程用计算数学求解，写成差分方程，即把微分方程离散化变成代数形式。

上述运动方程、连续方程、状态方程是油藏数值模拟的理论依据，而怎么精确快速地求解出由这三个方程组成的抛物型偏微分方程，是数值模拟的关键所在。不同的求解方法，会有不同的收敛速度，所得到解的稳定性与精确性也大不相同，因此，找出收敛速度快、求解结果稳定性好、精确度高的方法才是最关键的。

三、数值模拟常用方法与常用软件

油藏流体的运动规律主要运用由运动方程、连续方程、状态方程组成的抛物型偏微分方程来描述。这些方程的未知量是流体的压力和饱和度，要计算出这些未知量，以便定量地描述地下油、气、水的分布，在数学上分步进行：第一步把微分方程离散化，建立代数方程组（包括线性的和非线性的）。第二步对非线性的代数方程组要选择一种求解的方法，对油藏问题多数都使用解非线性方程组的牛顿迭代法。该方法把非线性代数方程组线性化，产生线性的代数方程组，每个牛顿迭代步骤都要解大型稀疏线性方程组。第三步就是选择解线性方程组的求解方法。我们就这些过程中使用的主要方法分别描述如下。

（一）离散化方法

离散化就是把连续性问题分开变成可以数值计算的若干离散点的问题。离散化方法有两大类：一类是有限差分法，另一类是有限元方法。工业上应用的油藏模拟方法是有限差分法。对平面问题是五点差分格式，对三维问题使用九点差分格式，当然也有对平面问题使用九点差分格式，对三维问题使用五点差分格式的。另有隐式差分格式和显式差分格式之分。为了适应并行计算机的需要，人们也在研究使用分簇或分条的隐显交替格式等。

1. 显式差分格式

显式差分格式是指除了对时间差分中的一项取 $n+1$ 时间之值以外,其他都取 n 时间之值,就二维五点差分格式而言,其公式如下:

$$\frac{1}{\Delta X_i}\left[T^n_{x_{i+\frac{1}{2}},j}\frac{U^n_{i+1,j}-U^n_{i,j}}{\Delta X_{i+\frac{1}{2}}}-T^n_{x_{i-\frac{1}{2}},j}\frac{U^n_{i,j}-U^n_{i-1,j}}{\Delta X_{i-\frac{1}{2}}}\right]+$$
$$\frac{1}{\Delta Y_j}\left[T^n_{y_{i,j+\frac{1}{2}}}\frac{U^n_{i,j+1}-U^n_{i,j}}{\Delta Y_{j+\frac{1}{2}}}-T^n_{y_{i,j-\frac{1}{2}}}\frac{U^n_{i,j}-U^n_{i,j-1}}{\Delta Y_{j-\frac{1}{2}}}\right]-Q^n_{i,j}=C^n_{i,j}\frac{U^{n+1}_{i,j}-U^n_{i,j}}{\Delta t} \quad (15)$$

其中:n 表示时间步,U 表示未知量。

$$\Delta X_{i+\frac{1}{2}}=X_{i+1}-X_i$$
$$\Delta X_{i-\frac{1}{2}}=X_i-X_{i-1}$$
$$\Delta X_i=X_{i+\frac{1}{2}}-X_{i-\frac{1}{2}}$$
$$\Delta Y_{j+\frac{1}{2}}=Y_{j+1}-Y_j$$
$$\Delta Y_{j-\frac{1}{2}}=Y_j-Y_{j-1}$$
$$\Delta Y_j=Y_{j+\frac{1}{2}}-Y_{j-\frac{1}{2}}$$

都是网格步长,i,j 表示节点的编号,如图 2-2 所示。

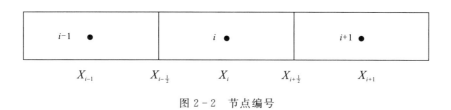

图 2-2 节点编号

T 表示系数,就位置而言,它取上游值;就时间而言,它取上时间步之值。

$$T_{i+\frac{1}{2}}=\begin{cases}T_{i+1} & \text{如果 } i+1 \text{ 点势高}\\ T_i & \text{如果 } i \text{ 点势高}\end{cases}$$

其他 T 值也一样。
用图 2-3 表示出来:

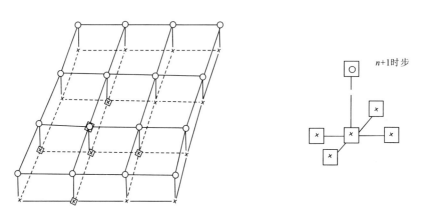

图 2-3 显式差分格式示意图

图 2-3 中,"〇"表示 $n+1$ 时间步之值,"×"表示 n 时间步之值,在计算"〇"点的值时,只使用和它相邻的"×"点之值,而"×"点的值已在 n 时间步计算出来了,所以未知量只有一个,可以显示计算出来。

式(15)中,也清楚地表明只有右端 $U_{i,j}^{n+1}$ 是 $n+1$ 时间步之值,而其他项,如 T_x、T_y、Q、C 等皆取 n 时间步之值,而 n 时间步之值已经算出来了,所以,很容易就可把 $n+1$ 时间步的 $U_{i,j}^{n+1}$ 之值计算出来,这种差分格式极其简单方便,但误差偏大,精度不高。

2. 隐式差分格式

为了模拟的更加精确,人们用差分方程做微分方程的近似时,不采用显示差分格式,而用隐式差分格式,就是说除对时间的差分中的一项取 n 时间步时值之外,其他都取 $n+1$ 时间步,仍以二维五点差分格式为例写出差分方程:

$$\frac{1}{\Delta X_i}\left[T_{x_{i+\frac{1}{2}},j}^{n+1}\frac{U_{i+1,j}^{n+1}-U_{i,j}^{n+1}}{\Delta X_{i+\frac{1}{2}}}-T_{x_{i-\frac{1}{2}},j}^{n+1}\frac{U_{i,j}^{n+1}-U_{i-1,j}^{n+1}}{\Delta X_{i-\frac{1}{2}}}\right]+$$
$$\frac{1}{\Delta Y_j}\left[T_{y_{i,j+\frac{1}{2}}}^{n+1}\frac{U_{i,j+1}^{n+1}-U_{i,j}^{n+1}}{\Delta Y_{j+\frac{1}{2}}}-T_{y_{i,j-\frac{1}{2}}}^{n+1}\frac{U_{i,j}^{n+1}-U_{i,j-1}^{n+1}}{\Delta Y_{j-\frac{1}{2}}}\right]-Q_{i,j}^{n+1}=C_{i,j}^{n+1}\frac{U_{i,j}^{n+1}-U_{i,j}^n}{\Delta t} \quad (16)$$

从式(16)中可以看出,只有右端 $U_{i,j}^n$ 是 n 时间步之值以外,其余都是 $n+1$ 时间步之值,从图 2-4 看得更清楚:

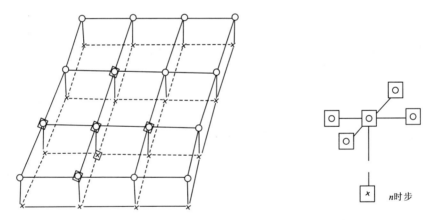

图 2-4 隐式差分格式示意图

从图上看,符号"〇"表示待计算的点,"×"表示已计算出的点,假设要计算 $O_{i,j}$ 点之值,需使用它的邻点 $O_{i-1,j}$,$O_{i+1,j}$,$O_{i,j-1}$,$O_{i,j+1}$ 和 $X_{i,j}$,而用符号"〇"表示的这些点都是 $n+1$ 时间步,都是未知的,因此,不能用简单的公式计算出来。

由此可以看出,方程式(16)已经不是线性方程,而是一个非线性方程,因为在油藏模拟中 T 是压力和饱和度的函数,可表示为 $T(P,S)$,由于它也取 $n+1$ 时间步之值,所以 $T=T(\rho^{n+1},S^{n+1})$,式中 U 表示未知量,可能是压力 P 也可能是饱和度 S 和 T 乘在一起,必然产生非线性项。因此,必须寻找解非线性方程组的方法。

3. 分族显隐式方法

随着并行计算机的出现,人们在寻找有利于并行化的差分格式,显式格式是有利用并行化的格式,但由于历史上人们惯用的显式格式精度差,人们又在进一步研究改善精度的全显式格式。

(二)解非线性代数方程组的牛顿迭代法

上节已经讲到,经过离散化后,产生了非线性的代数方程组,它的形式是:
水相方程:
$$\frac{V_i}{\Delta t}\left[\left(\frac{\phi S_w}{B_w}\right)_i^{n+1,l}-\left(\frac{\phi S_w}{B_w}\right)_i^{n,l}\right]-\Delta TM_w^{n+1,l}\Delta P_i^{n+1,l}+\Delta TM_w^{n+1,l}\Delta P_{cwo}^{n+1,l}-(q_w)_i^{n+1,l}+r_w\Delta D_i=0 \tag{17}$$

油相方程:
$$\frac{V_i}{\Delta t}\left[\left(\frac{\phi S_o}{B_o}\right)_i^{n+1,l}-\left(\frac{\phi S_o}{B_o}\right)_i^{n,l}\right]-\Delta TM_o^{n+1,l}\Delta P_i^{n+1,l}-(q_o)_i^{n+1,l}+r_o\Delta D_i=0 \tag{18}$$

气相方程:
$$\frac{V_i}{\Delta t}\left[\left(\frac{\phi S_g}{B_g}+\frac{R_s\phi S_o}{B_o}\right)_i^{n+1,l}-\left(\frac{\phi S_g}{B_g}+\frac{R_s\phi S_o}{B_o}\right)_i^{n,l}\right]-\Delta T(M_g+R_sM_o)\Delta P_i^{n+1,l}$$
$$-\Delta TM_g^{n+1,l}\Delta P_{cgo}^{n+1,l}-(q_g+R_sq_o)_i^{n+1,l}+(r_g+R_sr_o)\Delta D_i=0 \tag{19}$$

其中: i 表示节点号, $i=1,2,\cdots,NB$
$$NB=N_X*N_Y*N_Z \tag{20}$$

式中: N_X,N_Y,N_Z 分别为 X,Y,Z 三个方向的节点数目; n 为时间步; l 为牛顿迭代步;这里的 T 为达西项系数中的常量部分,即和时间无关的部分; M 为达西项系数中依赖时间而变化的部分; r_w,r_o,r_g 分别为水、油、气的密度。

现在我们得到了一个非线性的代数方程组,其未知量是 $S_{wi},S_{gi},P_i(i=1,2,\cdots,NB)$,我们令方程组(16)中的左端分别为 F_{ui},F_{oi},F_{gi},于是我们的问题就变成求解 S_{wi},S_{gi},P_i 非线性代数方程组的问题:

$$\begin{cases}F_{ui}(S_{w1},S_{g1},P_1,S_{w2},S_{g2},P_2,\cdots,S_{wNB},S_{gNB},P_{NB})=0\\ F_{oi}(S_{w1},S_{g1},P_1,S_{w2},S_{g2},P_2,\cdots,S_{wNB},S_{gNB},P_{NB})=0\\ F_{gi}(S_{w1},S_{g1},P_1,S_{w2},S_{g2},P_2,\cdots,S_{wNB},S_{gNB},P_{NB})=0\end{cases} \tag{21}$$
$$i=1,2,\cdots,NB$$

由于使用牛顿迭代法求解,所以,先计算雅克比矩阵: $\{\partial F_{Hi}/\partial X_j\}$。其中: H 表示 o(油), w(水), g(气), $i=1,2,\cdots,NB;j=1,2,\cdots,NB;X=S_w,S_g,P$。具体写出来就是:

$$\partial F_{ui}/\partial S_{wj},\partial F_{gi}/\partial S_{wj},\partial F_{oi}/\partial S_{wj}$$
$$\partial F_{ui}/\partial S_{gj},\partial F_{gi}/\partial S_{gj},\partial F_{oi}/\partial S_{gj}$$
$$\partial F_{ui}/\partial P_j,\partial F_{gi}/\partial P_j,\partial F_{oi}/\partial P_j$$
$$i=1,2,\cdots,NB$$
$$j=1,2,\cdots,NB$$

其函数值为:
$$F_{ui},F_{oi},F_{gi} \qquad i=1,2,\cdots,NB$$

事实上,由于每个节点除和它的本点有关系之外,只和周围 6 个邻点的未知量有关,所以 F 只对以下变量求导时才是非零的。这些变量是:

$$S_{ui}, S_{gi}, P_i$$

$$S_{ui+1}, S_{ui-1}, S_{wj+1}, S_{wj-1}, S_{uk+1}, S_{uk-1}$$

$$S_{gi+1}, S_{gi-1}, S_{gj+1}, S_{gj-1}, S_{gk+1}, S_{gk-1}$$

$$P_{i+1}, P_{i-1}, P_{j+1}, P_{j-1}, P_{k+1}, P_{k-1}$$

这里 $i+1, i-1, j+1, j-1, k+1, k-1$ 分别表示 x, y, z 三个方向上的左右邻点，因此，我们只存这些非零元素就足够了。在全隐式黑油程序中，我们把本点的系数，即 F 对本点的未知量的导数放在数组 CC 中，它们的排列方式见表 2-4。

表 2-4 黑油模型数值 CC 的排列方式

变量\方程	δS_w	δS_g	δP	δHP
水相方程	$CC(i,1)$	$CC(i,2)$	$CC(i,3)$	$CC(i,4)$
油相方程	$CC(i,5)$	$CC(i,6)$	$CC(i,7)$	$CC(i,8)$
气相方程	$CC(i,9)$	$CC(i,10)$	$CC(i,11)$	$CC(i,12)$
重组分方程	$CC(i,13)$	$CC(i,14)$	$CC(i,15)$	$CC(i,16)$

表 2-4 中，重组分方程是可选择的部分，如果使用 HC（二组分选件），每个节点就多一个方程，多一个未知量。表 2-4 中 i 表示节点号，HC 选件是允许用户把油分成两组分，即分出一个重组分方程，这时体积系数 B_o 不仅依赖于压力而变化，也随密度 ρ 而变化，这种情况，在黑油模型中作为一个选件对待，称为 HC 选件，算题时就增加 HC 这张卡片，以示有重组分方程。

而第 i 个节点 CC 各项的内容如下：

$$CC(i,1) = \partial F_{ui}/\partial S_{ui}$$
$$CC(i,2) = \partial F_{ui}/\partial S_{gi}$$
$$CC(i,3) = \partial F_{ui}/\partial P_i$$
$$CC(i,4) = \partial F_{oi}/\partial S_{ui}$$
$$CC(i,5) = \partial F_{oi}/\partial S_{gi}$$
$$CC(i,6) = \partial F_{oi}/\partial P_i$$
$$CC(i,7) = \partial F_{gi}/\partial S_{ui}$$
$$CC(i,8) = \partial F_{gi}/\partial S_{gi}$$
$$CC(i,9) = \partial F_{gi}/\partial P_i$$

邻点的系数放 TT 数组中，$TT(NB, ND, NEQ*NEQ)$，其中 NB 是节点数，ND 是节点数，NEQ 是每个节点的未知量的个数。

$$ND = \begin{cases} 6 & \text{对三维问题} \\ 4 & \text{对二维问题} \end{cases}$$

$$NEQ = \begin{cases} 2 & \text{对二相问题} \\ 3 & \text{对三相问题} \\ 4 & \text{对 } HC \text{ 选件} \end{cases}$$

具体排列见表 2-5。

表 2-5 数组 TT 排列方式

方程＼变量	δS_w	δS_g	δP	δHC
水相方程	$TT(i,L,1)$	$TT(i,L,2)$	$TT(i,L,3)$	$TT(i,L,4)$
油相方程	$TT(i,L,5)$	$TT(i,L,6)$	$TT(i,L,7)$	$TT(i,L,8)$
气相方程	$TT(i,L,9)$	$TT(i,L,10)$	$TT(i,L,11)$	$TT(i,L,12)$
重组分方程	$TT(i,L,13)$	$TT(i,L,14)$	$TT(i,L,15)$	$TT(i,L,16)$

其中：i 表示本节点，$i=1,2,\cdots,NB$，L 表示邻节点，$L=1,2,\cdots,ND$。

$$TT(i,L,1)=\partial F_{wi}/\partial S_{wi,L}$$
$$TT(i,L,2)=\partial F_{wi}/\partial S_{gi,L}$$
$$TT(i,L,3)=\partial F_{wi}/\partial P_L$$
$$TT(i,L,4)=\partial F_{oi}/\partial S_{wi,L}$$
$$TT(i,L,5)=\partial F_{oi}/\partial S_{gi,L}$$
$$TT(i,L,6)=\partial F_{oi}/\partial P_L$$
$$TT(i,L,7)=\partial F_{gi}/\partial S_{wi,L}$$
$$TT(i,L,8)=\partial F_{gi}/\partial S_{gi,L}$$
$$TT(i,L,9)=\partial F_{gi}/\partial P_L$$

于是可以形成雅克比矩阵：

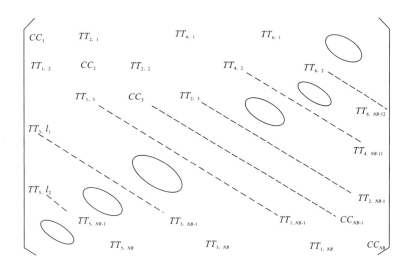

牛顿迭代法的计算过程是：

(1) 给初始值 $P_i^{(1)}$、$S_{wi}^{(0)}$、$S_{gi}^{(0)}$：

$$i=1,2,\cdots,NB$$
$$NB=N_X*N_Y*N_Z$$

其中：N_X,N_Y,N_Z 分别表示 X,Y,Z 三个方向的节点数目。

(2)计算雅克比矩阵和右端项$\{\partial F_{Hi}/\partial X_j\}$。$F_i$可以是$F_{wi}, F_{oi}, F_{gi}$；$X$是$S_{wj}, S_{gj}, P_j$；$i=1,2,\cdots,NB; j=1,2,\cdots,NB$。

(3)解线性系统,产生$P_i^{n+1}, S_{wi}^{n+1}, S_{gi}^{n+1}$。

(4)判断收敛法,如果误差满足要求则退出迭代,否则用$P_i^{n+1}, S_{wi}^{n+1}, S_{gi}^{n+1}$代替前步的迭代值重复(2)~(4)的过程,直至收敛。

该方法是解非线性代数方程组用得最多的方法,油藏模拟中都是使用该方法,它最大的优点是收敛快。

(三)线性代数方程组的解法

线性方程组的求解在油藏模拟中程序量不多,但运算量极大,因为它在三重循环的最内层,因此,研究高速有效地解大型、稀疏线性方程组的方法就成为进行油藏模拟计算法研究的重要课题,一般油藏模拟软件中也有各种各样的解法选件,以下就常用的几种解法进行介绍。

1. 不完全的高斯消去法做预处理的正交极小化方法

该方法是预处理的正交极小化方法,它使用A_3次序的节点编号、不完全的高斯消去做预处理、正交极小化方法加速。

节点排序:仍然假设N_X, N_Y, N_Z分别表示X, Y, Z三个方向的节点数。A_3次序是这样:如果N_X, N_Y都为奇数就是标准排序——先X方向后Y方向最后Z方向,并且先红后黑,如果N_X, N_Y都为偶数,或者其中之一为偶数,则把节点数为偶数的方向增加一排虚节点,然后再按第一种规则排序。经过这样排序后,矩阵结构式(仅对节点方程)为:

$$\begin{bmatrix} D_R & F \\ E & D_B \end{bmatrix}$$

其中:D_R和D_B是对角矩阵;E和F是六对角矩阵。

如果加入井方程,则为:

$$\begin{bmatrix} D_W & H_R & H_B \\ G_R & D_R & F \\ G_B & E & D_B \end{bmatrix} * \begin{bmatrix} X_W \\ X_R \\ X_B \end{bmatrix} * \begin{bmatrix} b_W \\ b_R \\ b_B \end{bmatrix} \quad (22)$$

其中:D_R是$K_R * K_R$的对角矩阵;D_B是$K_B * K_B$的对角矩阵;K_R是红节点的数目;K_B是黑节点的数目。

$$K_B = (NN_X * NN_Y * N_Z)/2$$
$$K_R = NN_X * NN_Y * N_Z - K_B$$
$$NN_X = \begin{cases} N_X + 1 & \text{如果 } N_X \text{ 为偶数} \\ N_X & \text{如果 } N_X \text{ 为奇数} \end{cases}$$
$$NN_Y = \begin{cases} N_Y + 1 & \text{如果 } N_Y \text{ 为偶数} \\ N_Y & \text{如果 } N_Y \text{ 为奇数} \end{cases}$$

式(22)中第三行是黑节点方程,D_W是$N_W * N_W$的对角矩阵,每一块是$NEQ * NEQ$的方阵,D_R是$N_R * N_R$的块矩阵,N_R是红节点数,D_B是$N_B * N_B$阶的块矩阵,N_B是黑节点数,每一块是$NEQ * NEQ$的方阵,X_W是井底流压的未知量,X_R是红节点的未知量,X_B是黑节点

的未知量, b_W, b_R, b_B 是相应的油相端,消元步骤是:

(1) 用 D_W^{-1} 左乘式(22)的第一行得:

$$\begin{bmatrix} I & \hat{H}_R & \hat{H}_B \\ G_R & D_R & F \\ G_B & E & D_B \end{bmatrix} * \begin{bmatrix} X_W \\ X_R \\ X_B \end{bmatrix} * \begin{bmatrix} \hat{b}_W \\ b_R \\ b_B \end{bmatrix} \tag{23}$$

其中: $\hat{H}_R = D_W^{-1} H_R$, $\hat{H}_B = D_W^{-1} H_B$, $\hat{b}_W = D_W^{-1} b_W$。

(2) 式(23)中的第二行减去 G_R 乘第一行,式(21)中的第三行减去 G_B 乘第一行:

$$\begin{bmatrix} I & \hat{H}_R & \hat{H}_B \\ 0 & D_R - G_R * \hat{H}_R & F - G_R * \hat{H}_B \\ 0 & E - G_B * \hat{H}_R & D_B - G_B * \hat{H}_B \end{bmatrix} * \begin{bmatrix} X_W \\ X_R \\ X_B \end{bmatrix} * \begin{bmatrix} \hat{b}_W \\ \tilde{b}_R \\ \tilde{b}_B \end{bmatrix} \tag{24}$$

其中: $\tilde{b}_R = (b_R - G_R) * \hat{b}_W$, $\tilde{b}_B = (b_B - G_B) * \hat{b}_W$。

(3) 用 D_R^{-1} 左乘式(24)的第二行得:

$$\begin{bmatrix} I & \hat{H}_R & \hat{H}_B \\ 0 & D_R - \hat{G}_R * \hat{H}_R & F - \hat{G}_R * \hat{H}_B \\ 0 & E - G_B * \hat{H}_R & D_B - G_B * \hat{H}_B \end{bmatrix} * \begin{bmatrix} X_W \\ X_R \\ X_B \end{bmatrix} * \begin{bmatrix} \hat{b}_W \\ \bar{b}_R \\ \tilde{b}_B \end{bmatrix} \tag{25}$$

其中: $\hat{G}_R = D_R^{-1} G_R$, $\hat{F} = D_R^{-1} F$, $\bar{b}_R = D_R^{-1} \tilde{b}_B$。

(4) 由于 $(I - \hat{G}_R \hat{G}_R)^{-1} = [I + \hat{G}_R (I - \hat{G}_R * \hat{H}_R)^{-1} \hat{H}_R]$,所以用 $(I - \hat{G}_R \hat{G}_R)^{-1}$ 乘式(25)的第二行得:

$$\begin{bmatrix} I & \hat{H}_R & \hat{H}_B \\ 0 & I & P \\ 0 & E - G_B * \hat{H}_R & D_B - G_B * \hat{H}_B \end{bmatrix} * \begin{bmatrix} X_W \\ X_R \\ X_B \end{bmatrix} * \begin{bmatrix} \hat{b}_W \\ \hat{b}_R \\ \tilde{b}_B \end{bmatrix} \tag{26}$$

其中: $P = [I + \hat{G}_R (I - \hat{G}_R * \hat{H}_R)^{-1} \hat{H}_R][\hat{F} - \hat{G}_R * \hat{H}_B]$

$\hat{b}_R = [I + \hat{G}_R (I - \hat{G}_R * \hat{H}_R)^{-1} \hat{H}_R] * \bar{b}_R$

(5) 式(26)的第三行减去 $E - G_B * H_R$ 乘式(26)的第二行得:

$$\begin{bmatrix} I & \hat{H}_R & \hat{H}_B \\ 0 & I & P \\ 0 & 0 & B \end{bmatrix} * \begin{bmatrix} X_W \\ X_R \\ X_B \end{bmatrix} * \begin{bmatrix} \hat{b}_W \\ \hat{b}_R \\ \hat{b}_B \end{bmatrix} \tag{27}$$

其中: $B = [D_B - G_B * \hat{H}_B] - [E - G_B * \hat{H}_R] * P$

$= [D_B - G_B * \hat{H}_B] - [E - G_B * \hat{H}_R][I + \hat{G}_R (I - \hat{G}_R * \hat{H}_R)^{-1} \hat{H}_R][\hat{F} - \hat{G}_R * \hat{H}_B]$

$\hat{b}_B = \tilde{b}_B - E - G_B * \hat{H}_R * \hat{b}_R$

消元到此步,则可产生一个简化系统,这个简化系统可以是:

$$M = D_B - DIAG(E \cdot \hat{F}) - DIAG[G_B \cdot (I - \hat{G}_R * \hat{H}_R)^{-1} \hat{H}_R]$$

或
$$M = D_B - E \cdot \hat{F} - DIAG[G_B \cdot (I - \hat{G}_R * \hat{H}_R)^{-1} \hat{H}_R]$$

到底取什么简化系统,由用户根据消元时新填元素的情况决定,有了简化系统之后,用正交极小化方法解:
$$BX_B = \hat{b}_B \tag{28}$$

解(28)式的正交极小化方法是:

取:(1) $r_o = \hat{b}_B$。

(2) $x_o = 0$。

(3) $r^{n+1} = M^{-1} \cdot r^n$。

(4) $q^{n+1} = r^{n+1} - \alpha_i q^i$。

(5) $x^{n+1} = x^n + \omega^n \cdot q^{n+1}$。

(6) $r^{n+1} = r^n - \omega^n B q^{n+1}$。

(7) $\alpha_i^{n+1} = (Bq^i, Br^{n+1})/(Bq^i, Bq^i)$。

(8) $\omega^{n+1} = (r^n, Bq^{n+1})/(Bq^{n+1}, Bq^{n+1})$。

式中:$i = 1, 2, \cdots, NOR$, $NOR \leqslant NORTH$;$NORTH$ 是要构造的正交向量的数目,重复(3)~(8)直至迭代收敛,则可得到解 X_B,然后回代得到 X_R 和 X_B。

2. D_4 次序高斯消去法

D_4 高斯消去法解线性方程组,必须把节点重新编号,生成一个数组 INO,假如标准节点号是 M,D_4 节点号是 N,那么 $N = INO(M)$。

什么是 D_4 次序呢?对二维问题很直观(表2-6),对应的矩阵形式如图2-5所示。

表 2-6 D_4 次序(二维)

1	10	4	13	7
9	3	12	6	15
2	11	5	14	8

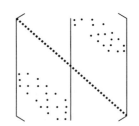

图 2-5 与表 2-6 对应的矩阵形式

对三维问题,有 X, Y, Z 三个方向,假设三个方向的节点数分别是 N_X, N_Y, N_Z,其标准次序的节点号 $M = i + (j+1) * N_X + (k-1) * N_X * N_Y$,其中 $i = 1, 2, \cdots, N_X$, $j = 1, 2, \cdots, N_Y$, $Z = 1, 2, \cdots, N_Z$。(i, j, k) 节点坐标。对 D_4 次序我们令 $ISUM = i + j + k$,则 $3 \leqslant ISUM \leqslant N_X + N_Y + N_Z$,令 ISUME 表示 ISUM 为偶数的节点个数,ISUMO 表示 ISUM 为奇数的节点个数,如果 ISUMO $\geqslant$ ISUME 则先排列使 ISUM 为奇数的那些点。然后再排使 ISUM 为偶数的点,否则反之。总之,先排列点多的那一半,对于多的节点号有相同 ISUM 的情况是:先使 X 尽可能的大,后使 Y 尽可能的大,最后使 Z 尽可能的大,如表2-7所示。

表 2-7 D_4 次序(三维)

i	1	3	2	1	2	1	1	·
j	1	1	2	3	1	2	1	·
k	1	1	1	1	2	2	3	·
LSNM	3	5	5	5	5	5	5	·
N	1	2	3	4	5	6	7	·

注:i 为 x 方向的坐标,j 为 y 方向的坐标,k 为 z 方向的坐标。ISUM=$i+j+k$,N-D_4 节点编号。

按照以上原则,对 $N_X=5$,$N_Y=4$,$N_Z=3$ 的三维问题,排列次序如下:

```
37  11  45  20  54      15  49  23  56  28      53  27  59  30  60
 4  36  10  44  19      40  14  48  22  55      18  52  26  58  29
32   3  35   9  43       6  39  13  47  21      42  17  51  25  57
 1  31   2  34   8      33   5  38  12  46       7  41  16  50  24
          K=1                       K=2                     K=3
```

这样排序之后产生的线性方程组的系数矩阵 A 的结构和二维问题产生的系数矩阵是完全类似的,这里不再列出。

仍然把它简写为:

$$\begin{bmatrix} A_{11} & A_{12} \\ A_{21} & A_{22} \end{bmatrix}$$

其中 A_{11} 和 A_{22} 是对角矩阵,A_{12} 和 A_{21} 是比较规则的稀疏矩阵,对这样的问题求解过程如下:

对方程组:

$$\begin{bmatrix} A_{11} & A_{12} \\ A_{21} & A_{22} \end{bmatrix} * \begin{bmatrix} X_1 \\ X_2 \end{bmatrix} = \begin{bmatrix} b_1 \\ b_2 \end{bmatrix} \tag{29}$$

对式(29)左乘矩阵:

$$\begin{bmatrix} A_{11}^{-1} & 0 \\ 0 & I \end{bmatrix}$$

得到:

$$\begin{bmatrix} I & A_{11}^{-1}A_{12} \\ A_{21} & A_{22} \end{bmatrix} * \begin{bmatrix} X_1 \\ X_2 \end{bmatrix} = \begin{bmatrix} A_{11}^{-1}b_1 \\ b_2 \end{bmatrix} \tag{30}$$

对式(30)左乘矩阵:

$$\begin{bmatrix} I & 0 \\ -A_{21} & I \end{bmatrix}$$

得到:

$$\begin{bmatrix} I & A_{11}^{-1}A_{12} \\ 0 & A_{22}^{-1}A_{21}A_{11}^{-1}A_{12} \end{bmatrix} * \begin{bmatrix} X_1 \\ X_2 \end{bmatrix} = \begin{bmatrix} A_{11}^{-1}b_1 \\ b_2 - A_{21}A_{11}^{-1}b_1 \end{bmatrix} \tag{31}$$

把此式记为:

$$\begin{bmatrix} I & \hat{A}_{12} \\ 0 & \hat{A}_{22} \end{bmatrix} * \begin{bmatrix} X_1 \\ X_2 \end{bmatrix} = \begin{bmatrix} \hat{b}_1 \\ \hat{b}_2 \end{bmatrix} \tag{32}$$

其中：$\hat{A}_{12}=A_{11}^{-1}A_{12}$，$\hat{b}_1=A_{11}^{-1}b_1$，$\hat{A}_{22}=A_{22}-A_{21}*\hat{A}_{12}$，$\hat{b}_2=b_2-A_{21}*\hat{b}_1$。

现在先解 $\hat{A}_{22}X_2=\hat{b}_2$ 得到 X_2，然后把 X_2 代入 $I*X_1+\hat{A}_{12}X_2=\hat{b}_1$，即可得到 X_1。

解 $\hat{A}_{22}X_2=\hat{b}_2$ 的方法是用 Lu 分解法，把 $\hat{A}_{22}$ 分解成 $\hat{A}_{22}=Lu$，L 是下三角矩阵，u 是上三角矩阵，$LuX_2=\hat{b}_2$。令 $y=uX_2$，先解 $Ly=\hat{b}_2$ 得到 y，再解 $uX_2=y$。

D_4 次序高斯消去法有 $GAUSS_1$，$GAUSS_2$，$GAUSS_3$。这是对 NEQ＝1,2,3 的三种不同情况编写的，其方法如以上所述，只是每个节点的方程个数不同而已。

最后，应该提到的一个事实是：由于节点进行 D_2 排序，使得消元的工作量可以节省大约 75％，是一个值得提倡的直接解法。

3. 线松弛(LSOR)方法

线松弛方法(LSOR)在油藏数值模拟中用得最多、使用最早的方法，但在全隐式黑油模型中使用的线松弛方法在几个方面进行了改进：①自选松弛方向，节点重新编号；②增加 Watts 一维校正；③具有优选 w 因子的功能；④NBUCKT 次迭代低松弛一次等等。

(1)节点重新编号。为了实现向量化，在用 LSOR 方法之前要对节点重新编号，它的节点次序是：首先确定松弛方向（来自用户）。

$$\prod 1 = \begin{cases} 1. x \text{ 方向为松弛方向} \\ 2. y \text{ 方向为松弛方向} \\ 3. z \text{ 方向为松弛方向} \end{cases}$$

以下都是用 1 表示 x 方向，2 表示 y 方向，3 表示 z 方向。

在确定了松弛方向之后，看其他两个方向（顺序按 x,y,z），找出其他两个方向中第一个为奇数节点数的方向送入 $\prod 2$，第三个方向送入 $\prod 3$，显然有 $\prod 1+\prod 2+\prod 3=6$。在明确了 $\prod 1$，$\prod 2$ 和 $\prod 3$ 之后，先排 $\prod 2$ 方向最后排 $\prod 1$ 方向，而且奇偶交错，以便保持松弛方向的每一条线节点是相连的，而且红线的邻线是黑线，这就保证了算红线时，邻点都是黑的，从而做到向量化，如果除松弛方向之外，其他两个方向的节点数都是偶数，程序是不允许的。我们看一个实例：设 $N_x=6$，$N_y=5$，$N_z=3$，$\prod 1=3$，则 $\prod 2=2$，$\prod 3=6-\prod 1-\prod 2=1$，它的节点排号是：

5	3	50	8	55	13	60		5	18	65	23	70	28	75		5	33	80	38	85	43	90
4	47	5	52	10	57	15		4	62	20	67	25	72	30		4	77	35	82	40	87	45
3	2	49	7	54	12	59		3	17	64	22	69	27	74		3	32	79	37	84	42	89
2	46	4	51	9	56	14		2	61	19	66	24	71	29		2	76	34	81	39	86	44
1	1	48	6	53	11	58		1	16	63	21	68	26	73		1	31	78	36	83	41	88
	1	2	3	4	5	6			1	2	3	4	5	6			1	2	3	4	5	6
			$K=1$								$K=2$								$K=3$			

上述节点排号有奇节点、偶节点两类。在松弛方向 z 上,每一条线上的节点类型都是一致的,即一条线都是奇节点,或者一条线都是偶节点,邻点都是另一类型的节点,经过这样排序之后的矩阵结构见图 2-6。

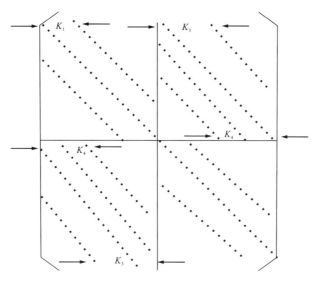

图 2-6 排序后的矩阵结构图

其中:$K_1 = \frac{1}{2}(N_x * N_y)$;$K_2 = \frac{1}{2}(N_x * N_y * N_z)$;$K_3 = \frac{1}{2}N_y$;$K_4 = \frac{1}{2}N_y + 1$

总之,K_1 是 Ⅱ1 和 Ⅱ2 两个方向所组成的节点总数的一半,K_2 是总节点数的一半,K_3 是 Ⅱ2 方向节点数的一半,$K_4 = K_3 + 1$,通过节点重排之后的线性方程组的矩阵形式又可写为:

$$\begin{bmatrix} A_{11} & A_{12} \\ A_{21} & A_{22} \end{bmatrix} * \begin{bmatrix} X_1 \\ X_2 \end{bmatrix} = \begin{bmatrix} b_1 \\ b_2 \end{bmatrix} \tag{33}$$

其中:A_{11} 和 A_{22} 是三条对角线的矩阵,A_{12} 和 A_{21} 是四条对角线的矩阵。

(2)线性方程组的解法。线松弛方法的思想是:在松弛方向上逐条求解,如图 2-7 所示,当计算第 j 条线时,$j-1$ 和 $j+1$ 条线上的值已经求出,因为 $j-1$,$j+1$,条线上的值和 j 条线上有类型不同的值,如果 j 条线是红线,则 $j-1$ 和 $j+1$ 条线是黑线,或者相反,根据此思想把(33)式改写为:

$$\begin{bmatrix} A_{11} & 0 \\ 0 & A_{22} \end{bmatrix} * \begin{bmatrix} X_1 \\ X_2 \end{bmatrix} = \begin{bmatrix} b_1 \\ b_2 \end{bmatrix} - \begin{bmatrix} 0 & A_{12} \\ A_{21} & 0 \end{bmatrix} * \begin{bmatrix} X_1 \\ X_2 \end{bmatrix} \tag{34}$$

分红黑节点写成迭代式有:

$$\begin{cases} A_{11} X_1^{k+1} = b_1 - A_{12} X_2^k \\ A_{22} X_2^{k+1} = b_2 - A_{12} X_1^{k+1} \end{cases} \tag{35}$$

由式(35)的第一式解出 $\widetilde{X}_1^{k+1}$,然后松弛得到:

$$X_1^{k+1} = X_1^k + \omega(\widetilde{X}_1^{k+1} - X_1^k)$$

再把 X_1^{k+1} 代入式(33)的第二式解出 $\widetilde{X}_2^{k+1}$,然后松弛得到:

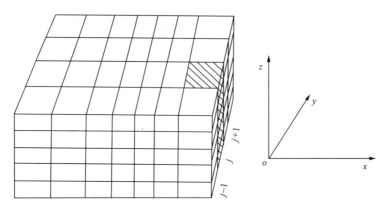

图 2-7 线松弛方法示意图

$$X_2^{k+1} = X_2^k + \omega(\tilde{X}_2^{k+1} - X_2^k)$$

于是得到全部解:

$$X^{k+1} = (X_1^{k+1}, X_2^{k+1})^T$$

4. 不完全分解法做预条件的正交极小化方法

该方向使用不完全的 Lu 分解法产生预条件矩阵,然后,使用正交极小化方法加速,并附加 Watts 校正。

假设我们要求的问题是:

$$\begin{bmatrix} D & H \\ G & A \end{bmatrix} * \begin{bmatrix} S_w \\ X_R \end{bmatrix} = \begin{bmatrix} R_w \\ R_r \end{bmatrix} \tag{36}$$

其中:D 表示 $N_w * N_w$ 的矩阵,N_w 是井方程的数目;H 表示 $N_w * N_B$ 的矩阵;G 表示 $N_B * N_w$ 的矩阵;A 表示 $N_B * N_B$ 的矩阵;N_w 表示隐式处理的井数目;N_B 表示 $N_x * N_y * N_z$ 节点数目;R_w 表示 N_w 个元素的列向量。

式(34)的第一行是井方程,第二行是节点方程。

第一步,使用高斯消去法,消去井方程,使线性系统变成:

$$\begin{bmatrix} I & D^{-1}H \\ 0 & A^* \end{bmatrix} * \begin{bmatrix} X_w \\ X_R \end{bmatrix} = \begin{bmatrix} R_w^* \\ R_r^* \end{bmatrix} \tag{37}$$

其中:$A^* = A - GD^{-1}H$;$R_w^* = D^{-1}R_w$;$R_r^* = R_r - GD^{-1}R_w^*$。

第二步,解 $A^* X_R = R_r^*$:众所周知,A^* 不能分解为两个四对角矩阵的乘积,而分解为上三角阵和下三角阵的乘积,无形之中增加了工作量。

为此,我们找一个近似矩阵 M,它能分解为:

于是利用 A 矩阵的不完全分解,就找到了 M 矩阵,而 $M=Lu$,其中 L 是只含四对角的下三角矩阵,u 是只含四条线的上三角矩阵,所以 $MX=R_r^*$ 很容易的就解出来了,事实上:

令
$$y=Ux_r$$

解 $Ly=R_r^0$,因为 L 是上三角矩阵,所以很方便就可以解出 y,然后解:
$$Ux_r=y$$

就产生了 x_r,但是这个解不是 $A^* * X_R = R_r^*$ 的解,于是要进行迭代,仍然使用正交极小化方法(ORTHMIN)。

令 $x^0=0, r^0=R_r^*$

$$\begin{cases} V^{n+1}=M^{-1}r^n \\ q^{n+1}=V^{n+1}-\sum_{i=n_1}^{n}\alpha_i^{n+1}q^i, n_1=n-\text{NORTH} \\ x^{n+1}=x^n+\omega^n * q^{n+1} \\ r^{n+1}=r^n-\omega^n * Aq^{n+1} \\ \alpha_i^{n+1}=(Aq^i, AV^{n+1})/(Aq^i, Aq^i) \\ W^{n+1}=(r^n, Aq^{n+1})/(Aq^{n+1}, Aq^{n+1}) \end{cases}$$

n 是迭代次数,迭代直至收敛,得到解 X_R,然后回代得到 X_w。

众所周知,如果节点编号是标准次序,即先 x 再 y 最后 z 方向,这样形成的矩阵是 7 对角的。例如:$N_x=5, N_y=4, N_z=2$。

16	17	18	19	20	36	37	38	39	40
11	12	13	14	15	31	32	33	34	35
6	7	8	9	10	26	27	28	29	30
1	2	3	4	5	21	22	23	24	25

$K=1 \quad\longrightarrow\quad x \qquad K=2$

对应的矩阵结构式 7 对角矩阵,但是,它不能分解为两个四对角矩阵。

5. 其他

还有很多计算方法,在直接解法中,有把矩阵非零元素挤在一起的消去方法,有完全分解方法,在迭代法中还有共轭斜量法,最近投入使用的广义最小剩余法、双共轭梯度法,还有一系列使用并行机的新方法,由于篇幅限制,这里不再详述。

四、油藏数值模拟技术的应用

(一)油藏数值模拟的步骤

对一个油藏进行综合的数值模拟研究,往往要花费较大的精力和较长的时间,同时还对计算机硬件和油藏工程技术人员有很高的要求。然而,尽管在不同的项目中,面对的问题千差万别,但大多数油藏数值模拟的基本研究过程是一样的。为了使读者一开始就对数值模拟工作的整体有一个明晰的概念,下面简要介绍一般情况下油藏模拟的研究步骤和时间分配。

(1) 找出问题,确定研究对象(5%)。这是任何一次成功模拟研究的第一步,其目的是确定明确的、可达到的研究目标和范围,即首先是给本次数值模拟研究一个明确的定位。例如,明确要解决的主要问题是什么?需要研究哪些油藏动态特性?这些项目的完成对油藏的经营管理会产生什么影响等等。这些对象必须与所获取的数据和生产历史相适应。即必须明确目的,确定基本策略,划分可用资源以及决定研究所需要了解的方面。

(2) 获取、校正和整理所有油藏数据(30%)。确定了研究对象之后,就要收集油藏数据和生产历史。首先必须对这些不同渠道来源的资料和数据进行鉴别,再反复核实和检查,看收集到的数据是否都符合要求。只有符合研究对象要求的数据才能应用到油藏模型中,否则会导致模型复杂化。如果取得的数据依靠经验和评价进行修正及补充后仍不符合要求,那就需要修正或重新确定研究目标。

(3) 建立油藏模型(10%)。上述步骤完成后,接下来的工作就是对模拟模型进行选择,即确定哪种模拟模型对研究问题和对象最有效。并不是在所有的情况下都需要对油藏进行整体模拟,例如在研究锥进、指进、超低产问题时,应采用单井、剖面或平面模型,这样会大大节省计算成本。通常影响研究方法选择的因素有多种,但其中有三条是最重要的:一是能否找到针对所研究问题的相应模拟器;二是在解决所面对的具体油藏模拟问题时,常常因为需要反映井和开采设施对开采过程的影响,而必须具备对所选定的模拟器进行某些修改的能力;三是研究所允许的时间、计算机、人力及经费的限制,即不允许突破规定的时间和成本的限制。在数据收集、校正和选定模拟模型后,需要建立模拟模型。在这一步中,油藏被划分成网格块。地层性质(如孔隙度、方向渗透性、有效厚度)被赋予这些网格单元。不同的网格单元可能就有不同的油藏性质。然而,同一网格单元中的油藏性质被假定为均一的。由于不同单元具有不同性质,所以水平和垂向上的数据可按情况合并到模型中。在这个研究阶段,模拟网络的所有数据都必须按适当比例处理。

(4) 油藏模型的历史拟合(40%)。一旦建立了模拟模型,就必须按有效的生产数据进行调试,进行历史拟合,这是油藏模拟的一项极其重要的工作。这是由于一个典型模拟模型中的大量数据并不都是确定的,而是经过工程师和地质工作者解释的。尽管这些通常都是对有效数据最好的解释,但它们仍然带有主观因素,而且可能需要进一步校正。只有利用激昂生产和注入的历史数据输入模型并运行模拟器,再将计算的结果与油藏的实际动态相对比,才能确定模型中采用的油藏描述是否是有效的。若计算获得的动态与油藏实际动态差别甚远,我们就必须不断地调整输入模型的基本数据,直到由模拟器计算得到的动态与油藏的实际动态达到满意的拟合为止。历史拟合调整油藏参数的目的是把真实油藏的描述做得尽可能的精确,它是油藏模拟中不能缺少的重要步骤。

(5) 动态预测(10%)。模拟的最后一步就是进行油藏动态预测。获得了好的、可以接受的历史拟合后,就可以利用该模型来预测油藏未来的生产动态,预测的内容包括:油、气、水产量,采油、采气速度,油藏压力动态变化、区域采出程度、油气采收率等。这时,各种不同的生产计划都会得到评估,并且应该对不同生产过程和油藏参数进行敏感性分析。动态预测的准确性明显地取决于采用模型的正确性和油藏描述的准确性与完整性。因此,花一定时间与精力对模拟的结果进行评估,判断它是否达到了预期的研究目的,是十分必要的。

(6) 报告的形成(5%)。数值模拟研究的最后一步是将计算出的结果进行系统整理,得出明确的结论,形成一个清楚、明确的报告。报告的格式,根据研究目的的不同,可以是一份简单的专题报告,也可以是一套具有大量数据图表及多幅彩色附图的多卷报告。然而,无论报告的形式和长短如何,它们都应当以恰当的篇幅、充分的论据陈述清楚研究所使用的模型、计算的依据以及得到的主要成果和结论。

任何模拟研究的主要目的是获得对目标油藏的认识。在大多数数值模拟研究中,对油藏的主要认识是在数据采集、历史拟合和动态预测过程中获得的。在数据采集和历史拟合阶段,所有相关的油藏数据都会被采集、校正,并且被综合到油田模型中。在这个过程中,不可避免地会出现研究开始前所不了解的油藏信息。在动态预测阶段,与目标油藏有关的问题都可能被提出,而且大多数研究目标都能达到。

(二)油藏数值模拟的应用

我们以常规黑油模型为例介绍油气藏数值模拟的一些典型应用。

1. 模拟初期开发方案

(1)实施方案的可行性评价。
(2)选择最佳井网密度和最佳井位。
(3)选择开发层系,选择合理的生产层段。
(4)对比不同开发方式的开发效果。
(5)选择注水方式。
(6)对比不同的产量效果,选择最佳产量,进行合理的配产配注。
(7)进行油藏和流体性质的敏感性研究。
(8)计算流动界面(油水、油气、气水界面)的位置与运动。

2. 对已开发油田历史拟合

(1)证实地质储量。
(2)确定油藏的大小和范围、油层连通情况、边界流动情况。
(3)确定储层、流体特性和含水层的范围。
(4)检验油藏数据。
(5)指出问题、潜力所在区域。

3. 动态预测

(1)评价提高采收率的方法:①一次采油;②注水、注气;③注聚合物、注胶束、注表面活性剂;④注CO_2和其他混相驱;⑤注蒸汽、火烧油层。
(2)确定剩余油饱和度分布:①研究剩余油饱和度分布范围和类型;②单井进行调整,改变液流方向、改变注采井别、改变注水层位;③扩大水驱油效率和波及系数;④解决油田开发中所遇到的问题。
(3)评价潜力和提高采收率的方法:①确定井位、加密井的位置;②确定产量、开采方式;③确定地面和井的设备;④制订挖潜措施。

4. 专题和机理问题的研究

(1)对比注水、注气和天然枯竭的可行性及开发效果。
(2)研究各种注水方式的效果。
(3)研究井距、井网对油藏动态的影响。
(4)研究不同开发层系对油藏动态的影响。
(5)研究各种不同开发方案的各种指标。
(6)研究单井产量对采收率的影响。
(7)研究注水速度对产油量和采收率的影响。
(8)研究油藏平面性质和层间非均质性对油藏动态的影响。
(9)为谈判和开发提供必要的数据。

五、油藏数值模拟技术的发展前景

几十年来,随着油藏数值模拟技术及经验的不断深入发展和积累,以及钻井、采油工艺和配套计算机技术的迅猛进步,油藏数值模拟在油田开发中展现出了多方面的应用价值和深入发展的潜力。随着油藏数值模拟研究的不断深入,油藏数值模拟会越来越精细,主要表现在四个方面:

(1)精细油藏数值模拟走向一体化。今后的油藏数值模拟将会对整个油藏系统进行全隐式的模拟,不仅包括油藏,更包括各种地面管网、应用设备等各个方面,通过对全系统的模拟来对油田开采全局进行把握,实现全局的优化。

(2)数值模拟器走向多功能化。当前的数值模拟器的功能越来越丰富,可以预见到将来会出现基本具备所有数据模拟功能、智能化的数值模拟器。

(3)求解方法会越来越简便、精确。油藏数值模拟研究一直在不断深入,其运算方法也在不断改进,因此,未来的油藏数值模拟中一定会出现更加简便、精确的求解方法。

(4)数值模拟的计算机及其网络技术作为其重要保证将会进一步发展。数兆网格模拟模型已经广泛用于油藏管理、采收率预测、复杂油井定位、计划制订以及开发新油田。对于巨型油藏,为了更细致地进行油藏模拟,目前已经具备700兆的模拟能力。预计千兆网格模拟将会在随后几年实现。应用千兆网格模拟可以更好地了解流体流动特性,研发更好的开采方法。

第三节 水平井及复合井应用新技术

水平井技术于1928年提出,20世纪40年代付诸实施就已成为一项非常有前途的油气田开发、提高采收率的重要技术。到了80年代相继在美国、加拿大、法国等国家得到了广泛的工业化应用,并由此形成一股研究水平井技术、应用水平井技术的高潮。我国也于90年代重视并引导水平井钻井技术的研发和应用。现如今,水平井技术已日趋完善,已被发展为一项综合性配套技术,包括物探、油藏地质、井眼轨迹设计与控制、钻井工艺与钻井液、测井与完井、测量仪器以及采油(气)技术与工艺等,是跨学科多专业的系统工程,成为当今油气田提高单井产量及开发效益最有效的技术手段。

一、水平井及复合水平井技术简介

(一)水平井的分类及特点

水平井是最大井斜角保持在 90°左右,并在目的层中维持一定长度水平井段的特殊定向井,已形成了长半径、中半径和短半径 3 种类型的水平井(图 2-8)。水平井钻井技术是常规定向井钻井技术的延伸和发展。

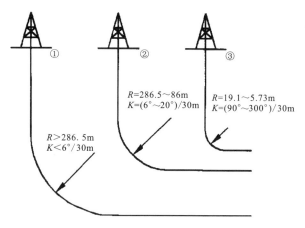

图 2-8 3 种类型的水平井剖面示意图
①长半径水平井;②中半径水平井;③短半径水平井

(1)长半径水平井(又称小曲率水平井):其造斜井段的设计造斜率 $K<6°/30m$,相应的曲率半径 $R>286.5m$。

(2)中半径水平井(又称中曲率水平井):其造斜井段的设计造斜率 $K=(6°\sim20°)/30m$,相应的曲率半径值 $R=286.5\sim86m$。

(3)短半径水平井(又称大曲率水平井):其造斜井段的设计造斜率 $K=(90°\sim300°)/30m$,相应的曲率半径 $R=19.1\sim5.73m$。

应当说明以下几点:其一,上述 3 种基本类型水平井的造斜率范围是不完全衔接的(如中半径和短半径造斜率之间有空白区),造成这种现象的主要原因是受钻井工具类型的限制;其二,对于这 3 种造斜率范围的界定并不是绝对的(有些公司及某些文献中把中、长半径的分界点定为 8°/30m),会随着技术的发展而有所修正,例如最近国外某些公司研制了造斜率在 $K=(20°\sim71°)/30m$ 范围的特种钻井工具(大角度同向双弯和同向三弯螺杆马达),在一定程度上填补了中半径和短半径间的空白区,提出了"中短半径"(Intermediate Radius)的概念。有关中短半径造斜率马达及其在侧钻水平井中的应用将在本书第七章详加介绍;其三,实际钻成的一口水平井,往往是不同造斜率井段的组合(如中、长半径),而且由于地面、地下的具体条件和特殊要求,在上述 3 种基本类型水平井的基础上,又繁衍形成多种应用类型,如大位移水平井、丛式水平井、分支水平井、浅水平井、侧钻水平井、小井眼水平井等。

上述3种基本类型水平井的工艺特点和各自的主要优缺点分别列于表2-8和表2-9中。

表2-8 长、中、短半径水平井的工艺特点

类型\工艺	长半径	中半径	短半径
造斜率	<6°/30m	(6°~20°)/30m	(90°~300°)/30m
曲率半径	>286.5m	286.5~86m	19.1~5.73m
井眼尺寸	无限制	无限制	$6\frac{1}{4}$in,$4\frac{3}{4}$in(1in=0.3048m)
钻井方式	转盘钻井或导向钻井系统	造斜段：弯外壳马达或Gilligan钻具组合；水平段：转盘钻井或导向钻井	铰接马达方式转盘钻柔性组合
钻杆	常规钻杆	常规钻杆及加重钻杆	$2\frac{7}{8}$in钻杆(1in=0.3048m)
测斜工具	无限制	有限随钻测斜仪；电子多点测斜仪；MWD	柔性有限测斜仪或柔性MWD
取芯工具	常规工具	常规工具	岩芯筒长1m
地面设备	可用常规钻机	可用常规钻机	配备动力水龙头或顶部驱动系统
完井方式	无限制	无限制	只限于裸眼及割缝管

由于中半径水平井具有如表2-9所示的突出优点，中半径水平井钻井技术发展迅速，数量增加幅度远大于长、短半径水平井，在每年世界上所钻水平井的总数中，中半径水平井占60%左右(1989年和1990年该值分别为60%和60.3%)。

表2-9 长、中、短半径水平井的主要优缺点一览表

水平井类型	优点	缺点
长半径	1.穿透油层段长(>1000m) 2.使用标准的钻具及套管 3.使用常规钻井设备 4."狗腿严重度"较小 5.可使用选择性完井方式 6.可用各种人工举升采油工艺 7.测井及取芯方便 8.井眼及工具尺寸不受限制	1.井眼轨迹控制段最长 2.全井斜深增加 3.钻井费用增加 4.不适用于薄油层及浅油层 5.钻杆扭矩较大 6.套管用量最大

续表 2-9

水平井类型	优点	缺点
中半径	1. 进入油层前的无效井段较短 2. 使用的井下工具接近常规工具 3. 造斜段多用井下动力钻具及导向系统钻井,可控性好 4. 离构造控制点较近 5. 可用常规的套管及完井方法 6. 井下扭矩及阻力较小 7. 较高及较稳定的造斜率 8. 井眼控制井段较短 9. 穿透油层段长(达到1000m) 10. 井眼尺寸不受限制 11. 可以测井和取芯 12. 可实现选择性完井方法	1. 要求使用MWD 2. 要求使用加重钻杆
短半径	1. 井眼曲线最短 2. 容易侧钻 3. 中靶准确度相对较高 4. 从一口直井中可以钻多口水平分支井 5. 造斜点与油层距离最小 6. 可用于浅油层 7. 全井斜深最小 8. 不受地表条件的影响	1. 非常规井下工具 2. 非常规的完井方法 3. 穿透油层段短 4. 井眼尺寸受到限制 5. 下钻次数较多 6. 要求使用顶部驱动系统或动力水龙头 7. 井眼方位控制受到限制

(二)水平井的应用优势与风险

水平井技术从1863年被瑞士工程师提出以来,经历了一个多世纪的缓慢发展,直到20世纪80年代先进的测量仪器、长寿命马达和新型PDC钻头等技术的发展,水平井技术才大规模高速度地发展起来。进入21世纪以来,水平井技术在全世界范围内得到了广泛的重视与应用。美国2006年钻井47 000口,水平井和大斜度井占1/4;加拿大水平井和大斜度井的数量已经占到总量的65%。我国水平井钻井始于20世纪60年代,之后分别在塔里木、胜利等一些油田进行水平井开发,取得了较好的效果。2003年,中国石油勘探与生产分公司又适时推出"采用水平井技术实现塔里木油田不同类型油藏的高效开发"典型经验之后,进一步加大了水平井技术的应用力度。2006年,中国石油水平井比例已经接近4.5%,其中冀东油田、辽河油田、西南油田、塔里木油田、大港油田5家油田水平井比例均超过10%。与此同时,各大气区也开展了水平井先导试验,在不同类型的气田开展了水平井钻井,见到了初步成效,积累了一定的经验。

水平井技术已成为提高采收率的重要技术措施之一,它广泛应用于薄产层、天然裂缝发育、存在水锥或气顶问题的油藏,低渗油气藏,稠油油藏,气藏,水驱油藏的开发。近年来,水平井钻完井和分段压裂技术也是推动页岩气和致密油等非常规油气大规模开发的核心技术之一。随着页岩气和致密油等非常规油气的大规模开发,美国水平井钻井工作量快速增长,从

2010年起超过直井钻井工作量。2012年美国新钻井数的1/3以上是水平井,六成的钻井进尺是水平井钻井进尺,六成的在用旋转钻机用于钻水平井。随着钻头、钻井液、旋转导向钻井等技术的不断发展以及井身结构的不断优化,水平井"直井段＋造斜段＋水平段"一趟钻将成为未来水平井钻井的一个重要发展方向。目前,我国水平井技术已经成熟,钻井提速提效不断取得新进展,钻井周期不断缩短,但综合水平与美国相比还有较大的差距。

根据国内外水平井技术的理论研究和现场应用,水平井与直井相比,具有如下的优势:①油井泄油面积增大,渗流阻力减小,大幅提高单井产量以及油气藏的采收率,增加可采储量,研究表明,用水平井开发油田,采收率可达到60%～80%;②有效减缓气顶、底水油藏的气、水锥进,提高了临界产量和见气、见水时间,延长无水开采期;③提高二次采油和三次采油的注入能力和驱油效率;④改善注水油藏的注水开发效果;⑤改善低渗透油气藏的开发效果并提高产量;⑥有效开发稠油、致密油、页岩气等非常规油气藏,形成规模产能;⑦有利于更好地了解目的层的性质,水平井在目的层中的井段较直井长得多,可以更多、更好地收集目的层的各种特性资料;⑧有利于环境保护,一口水平井可以替代一口到几口直井,大量减少钻井过程中的排污量;⑨减少海上油藏平台的数量。

国内外的水平井实际应用资料表明,由于水平井的这些特点,使其可以应用到几乎所有类型的油气藏开采中,包括薄砂岩油藏、有底水、气顶的砂岩油藏、裂缝性或溶洞型碳酸盐岩油气藏、稠油油藏、低渗透油气藏、致密油气、页岩油气等非常规油气藏、海上边际油藏、地域空间受限制的油藏、老油田的挖潜改造。

虽然水平井成功的例子很多,但水平井项目也存在一定的风险性。由于地质和工程等方面的原因,都可能使水平井项目失败,这类水平井项目失败的例子也不罕见。从已钻水平井的成功或失败的实际资料中可以看出,有诸多的参数在很大程度上决定了一个水平井项目最终的成功与否,包括:地层损害、地质的不确定性、井眼的大小和井距、钻井和完井成本、油井寿命,其他参数还有垂向渗透率、井的排列方向、水饱和度(水驱中)、井位、油藏压力以及是否可以钻多口水平井等。如果一口水平井不能达到预期的产量,大多数是由于以下原因造成的:生产井段小于钻井长度、地层伤害、垂向油藏渗透率低。总的来说水平井失败的主要原因有3个。

(1)地质条件复杂。1980—1992年间,Elf Aquitaine参与了82口复杂结构井钻井,成功率84%。在那些失败井中,目标确定不当是造成失败的主要原因。三维地震有助于确定水平井目标,但不能详细描述水平井所遇到的油藏。另外油藏的非均质性也造成了沿水平井各井段采油和注水情况的多样性,这很可能导致采或注水的有效井段长度小于钻井长度。尽管可以利用各种先进工具与技术,但由于各种不能预料的地质条件而最终导致水平井失败,仍是失败井的主要原因。钻井风险是石油工业的固有风险,技术进步减少了这种风险,但并不能完全消除风险。

(2)地层伤害。低渗油藏对于地层伤害更加敏感。目前,由于无损害或低损害钻井液及欠平衡钻井技术的进步,从整体来看,地层伤害造成的失败率正在不断地下降。除了地层伤害之外,世界某些地区的疏松砂岩也存在防砂和筛管失败的问题。筛管封堵显著降低了油井产能和油井寿命。一般而言,水平井单位长度的产量小于直井。因此,如果出砂主要是由于油藏中流体速率高造成的,那么可以利用水平井降低出砂问题。据报道,有些疏松重油砂岩的一些水平井经过5～6年的生产,也未出现防砂问题。

(3)水平井井筒内的压降高于油藏内的压降。在低压气藏及一些稠油油藏中,由于井筒内压力接近于油藏压力,减少了井眼底部液量的吸入,同时,当水平段长度超过一定长度时,产能也不再增加。

(三)水平井新工艺

一口水平井的可行性取决于油井产能、原始地质储量以及有关的钻井、完井及操作费用。近年来,由于新方法、新技术的出现,水平井的钻井成本大大降低,钻井成功率也大大提高。正是由于这些新技术、新工具的出现,促使了水平井技术的飞速发展。这些新技术、新方法主要包括老井侧钻、多分支井、挠性连续管柱欠平衡钻井、大位移井等。

1. 老井侧钻技术

从经营的角度来讲,老井侧钻水平井的成本如果接近或低于一口新的直井的成本,那么它的投资一定低于从地面钻一口新水平井的投资。而且,如果直井已钻遇有效层位,那么侧钻水平井的风险比钻一口新的水平井也要小很多。正是由于成本和风险的原因,近年来老井侧钻的数量越来越多(图2-9)。以美国得克萨斯州中南部的Gidding油田为例,该油田受深部构造隆起作用影响,形成典型的局部分布破裂带。有些老井钻遇了多个裂缝带,而有些老井则没有。对那些没有钻遇裂缝带的老井进行侧钻,这些井在没有侧钻前,即使压裂,产量也只有5~8m^3/d,且产量递减很快,但采取老井侧钻措施后,单井产量猛增至24m^3/d。如今,美国的Gidding油田已把老井侧钻作为该油田今后发展的主要方向。另外,Oryx能源公司在南得克萨斯州Pearsall油田也利用老井侧钻的方法取得了优异的成绩,如表2-10所示。

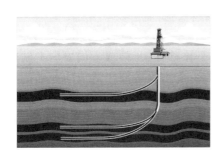 

图 2-9 侧钻水平井剖面示意图

表 2-10 侧钻水平井效果分析

井号	侧钻前日产油量(m^3)	侧钻前累积油量(m^3)	水平段长度(m)	侧钻后日产油量(m^3)	侧钻后累积油量(m^3)	当前日产油量(m^3)	侧钻费用(千美元)
Bagget No. 7	0.795	20 034	73.152	17.013	5883	7.155	
Bagget No. 11	1.113	10 335	42.672	5.724	2544	6.042	
Bagget No. 9	2.385	27 825	289.56	53.742	8586	34.185	685
Panther hdlo No. 11	1.908	11 130	522.732	80.613	795	80.613	700

从表2-10中可以看出,这4口老井在侧钻水平井后的初步产量为以前的5~40倍。生

产7~50个月后,稳定产量仍为以前老井的5~40倍。这证明采用老井侧钻的方法可获得巨大的增产效果与经济效益。

2. 多分支井技术

多分支井技术于20世纪70年代末期产生,它是水平井技术的集成和发展。指的是在一口主井眼(直井、定向井、水平井)中钻出若干进入油(气)藏的分支井眼(图2-10),其主要优点是能够进一步扩大井眼同油气层的接触面积、减小各向异性的影响、降低水锥水窜、降低钻井成本,而且可以进行分层开采。目前,全世界已钻成上千口分支井,最多的有10个分支。

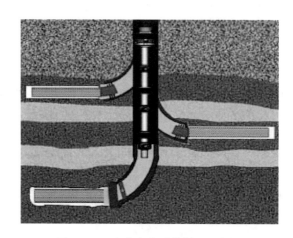

图2-10 多分支水平井剖面示意图

多分支井可以从一个井眼中获得最大的总水平位移,在相同或不同方向上钻穿不同深度的多套油气层,特别是通过老井(死井)分支侧钻到由于水锥等原因造成的死油区和最上部射孔段以上油层中的"阁楼油",可大幅度增加油气层裸露面积和延长油气井寿命,进而使死井复活,提高油(气)采收率,提高油(气)井产量。类分支井井眼较短,大部分是尾管和裸眼完井,而且一般为砂岩油藏。

分支井技术是进入20世纪90年代后才发展起来的。随着中、小曲率半径水平井技术的成熟,从1991年开始,在美国得克萨斯的奥斯汀白垩构造上钻成反向对称的双水平井,1993年在加州近海的Dos Cuadras油田钻成三分支井和加拿大的Pelican湖油田钻成开发薄层油藏的三分支井,1994年又有加拿大的沙斯卡切望的Midale油田的反向对称双分支井。到1995年,美国在各类型的315口井中完成了852口分支井,平均每口井2.7个分支,其中72%为采油井,25%为采气井,2%为注水井,1%为储气井。到1999年3月,国外双分支水平井总水平段长度达到4550.1m(该井垂深1389.9m),多分支水平井总水平段长度达到8318.9m(该井垂深1410m)。

(1)分支井的设计。

多分支井的井身设计因油藏的类型不同而不同,国外一般分单层、多层和块状油藏来讨论。对于单一产层,以钻反向双分支井较为常见。一般是先钻上倾方向的分支井。不过如果下倾方向生产潜能较高,则先钻下倾方向分支井,这样可以在因为某种原因而无法钻上倾方向分支井时,将产量损失降至最低。世界上总水平段长度最长的反向双分支井是Texaco公司在 Brookeland 油田钻成的,总水平段长度达 3404m,其中上倾分支水平段长 1636m,下倾方向分支水平段长 1768m(图 2-11)。

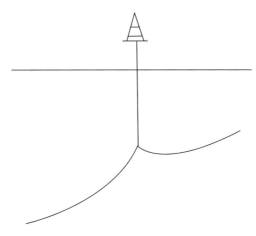

图 2-11 反向双分支井上倾分支和下倾分支示意图

对于多产层油藏开采的多分支水平井通常采用上、中、下分布的多分支水平井(图2-12),也可采用反向多层分布的分支水平井(采用分支回接系统)(图 2-13),在同一直井中把成排的分支井钻到不同的生产层中来开采多层油藏。出于完井的要求,对于多层油藏,一般先钻上层分支井,这样可以使井眼底边侧钻更容易进行。操作上,可裸眼侧钻出分支井,也可套管开窗钻出分支井或通过分支回接系统钻出分支。

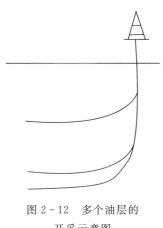 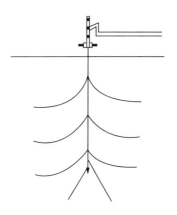

图 2-12 多个油层的　　　图 2-13 使用分支回接系统
　　　开采示意图　　　　　　　开采多个油层示意图

对于杂乱无章分布着高产层地块的块状油藏,纵向裂缝发育的油气藏或复杂地质条件下的油气藏,提高原油产量和地质采收率的决定因素是分支井筒的数量。最好的办法是以众多的分支井筒密集地(相互间隔30~80m)贯穿生产层整个厚度。如俄黑海油气田开采局为了加密原来的井网,钻了一些分支水平井,长度为 100~150m,纵深达到 600~1500m,地层压力不超过静水压力,投产后日产原油 70~140t,而当时的邻近井日产量仅为 9~15t。

在井眼轨迹设计方面,分支井井身剖面与水平井相同,可根据具体情况选定长、中和短半径水平井井身剖面。曲率半径为 12～30m 的短半径水平井能够降低钻井费用,缩短钻井时间,又具有钻分支井的灵活性,还允许将泵下放到更低的位置,因此正在得到越来越多的应用。分支井井径一般较小,不过 Texaco 勘探开发公司认为,钻大直径(215.9mm)与小直径(171.35～165.1mm)分支井具有同样的成本效益,但在大直径井眼中更容易处理复杂情况。

(2)分支井的钻井工艺。

在多分支井钻井工艺方面,最早是从简单的套管段铣开窗侧钻、裸眼完井开始的,这种多分支井具有成本低、钻井工具简单、工艺简单的特点,缺点是无法重入各个分支井和井壁可能坍塌等问题。在这之后又出现了以割缝衬管完井并可进入最低层多分支井的结构模式,但仍不具备选择重入性、机械连接性和水力完整性。从 1993 年以来,预开窗侧钻分支井、固井回接至主井筒套管技术得到了进一步的发展,该技术具有主井筒与分支井筒间的机械连接性、水力完整性和选择重入性,能够满足钻井、固井、测井、试油、注水、油层改造、修井及分层开采的要求,其缺点是操作较为复杂,可靠性需要进一步改进。目前国外主要采用以下四种方法钻出分支井。

开窗侧钻:多采用可回收空心造斜仪器侧钻而较少采用段铣方法,目前可回收空心造斜器的回收率已大于 95%,现已出现了集成的造斜器及铣刀,可通过一次起下钻作业完成造斜器的定向、坐放及套管开窗,如 Sperry-Sun 公司的 RDS 系统。

预设窗口:将一个特制的留有窗口的短节接到套管柱中,窗口由易钻的复合材料组成,下井后用专用工具打开窗口。

裸眼侧钻:运用封隔器及造斜器不仅能进行低边侧钻,也可以实现高边侧钻,还可以直接进行裸眼侧钻,或打水泥塞,然后从水泥塞中造斜,或下裸眼造斜器进行侧钻。

井下分支系统(Down Hole Splitter System):这是一种集侧钻、完井于一体的多用途系统。它便于在主井眼和分支井眼钻出后安装回接完井管柱。

(3)分支井的完井技术。

分支井作为水平井与定向井的集成和发展,其技术难点不再是钻井工艺技术而是完井技术。同水平井及直井相比,分支井完井要复杂得多,主要是分支井根部的连接密封以及分支井眼能否再次进入的问题。目前,国外分支水平井的完井方法主要有三种:裸眼完井、割缝衬管完井和侧向回接系统完井。裸眼完井较为常见,但易出现井壁坍塌等问题。割缝衬管完井虽然能克服这一缺陷,但安装比较困难。如果水平段的岩性比较硬可用裸眼完井或割缝衬管完井,一般较软岩石可用水平井回接系统完井。实际操作中,可根据具体情况进行设计。1992 年 Torch 能源咨询公司开发了一种在反向双分支井中坐放两个割缝衬管柱的完井方法,在该公司钻的一口反向双分支井中获得了成功,这是第一口采用割缝衬管方法完井的反向双分支井,以下为两个完井方法的实例。

纵向垂直裂缝分支井:该方法的实质是当前分支井眼固井后加深,并且将分支井井眼套管的尾管部分安装在主井眼内,并在随后加深时钻碎。如图 2-14 所示,主井眼 1 钻到第一分支井眼 2 的设计分支深度,用造斜器钻进第一分支井眼 2,下带尾管 3 的套管并固井,然后利用造斜器在分支井眼的反倾斜方向钻进主井眼,主井眼 1 加深到第二分支井眼 5 的设计分支井位置,钻进分支井眼 5 并用带有尾管 6 和部分覆盖第二分支井眼设计分支位置的套管加固,封固带有尾管 6 的套管上部,继续钻进主井眼达到设计深度。在结束主井眼钻进时,下入生产套管 8。在下入生产套管 8 之前,分支井眼的进口 4 和 7 清洗粉砂,主井眼 1 与分支井眼 2 和 5 的连同槽是经过在入口 4、7 位置上射孔窗 9 和 10 来实现的。

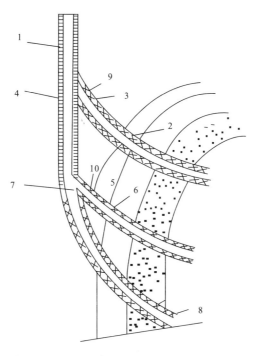

图 2-14 纵向垂直裂缝分支井完井结构示意图

双侧向水平井的衬管完井：美国"火炬"能源公司近年来完成了双反向水平井 Basden No.1—H。该井是采用割缝衬管完井的，图 2-15、图 2-16 是 Basden No.1—H 双反向水平井的完井结构示意图。如图 2-15 所示，首先将带有 $\phi89$ 割缝尾管的 $\phi140$ 尾管段和尾管挂下入井内。Hyf10Ⅱ型尾管挂用水力释放工具下放，$\phi89$ 尾管的井底弯接头大约为 6°，带井底弯接头的目的是给尾管定向，以便准确下入第一分支井眼。同时，使用地面自动记录陀螺仪给开有窗口的 $\phi140$ 尾管定向，以便窗口能准确对准第二分支井眼。尾管挂下至直井段 $\phi178$ 套管内某一适当深度，然后释放尾管。如图 2-16 所示，将 $\phi73$ 尾管和 $\phi73*\phi178$ 贯眼封隔器总成下至窗口的顶部，用陀螺仪进行定向和校准后下放 $\phi73$ 尾管，通过窗口进入第二分支井即可完井。

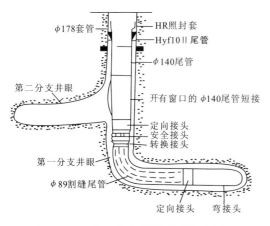

图 2-15 第一分支井眼下尾管示意图

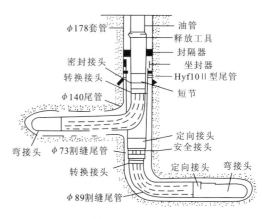

图 2-16 第二分支井眼下尾管示意图

(4)钻分支井成本对比。

由美国及俄罗斯的分支水平井钻井分析指出,一口带水平分支井筒的分支井,钻井和完井的预算总成本约为 50 万美元,其中一半用于钻常规垂直井眼,另一半用于钻分支井筒。因此,若从现有的旧井眼钻分支井筒,可节约一半成本。对于接近晚期的油田来说,利用旧井侧钻分支井筒是很合算的。如果原井是裸眼完井,仅安装楔形斜向器即可侧钻,成本最低。当从套管内侧钻分支井筒时,需磨铣套管,与裸眼完井的情况相比代价很大。但如果把老井套管开窗侧钻与一口新井作成本比较,还是从现有老井套管开窗侧钻合算得多。

3. 挠性连续管柱欠平衡钻井

美国石油学会在《RP53 规范》中定义:负压钻井(欠平衡钻井)是指在钻井过程中允许地层流体进入井内、循环出井并在地面得到控制的一种钻井方式,具体特征如下。

(1)井内钻井液的循环压力低于所钻地层的压力,形成负压状态。

(2)负压钻井时,所钻地层内的流体进入井内,并随着钻井液一同从井眼内被循环出井,利用井控装置控制井口压力,并对井内环空流体施加回压,以控制油、气入侵。

(3)钻井液、油、气以及岩屑在地面被有效分离,分离后的钻井液可循环使用。

(4)负压条件可自然产生,也可采用人工方式,如使用天然气、氮气、空气及泡沫等。

挠性连续管柱钻井技术是 20 世纪 90 年代以来开始应用的,1991 年钻了 3 口井,1992 年钻了 11 口井,1993 年钻了约 25 口井,而到了 1995 年钻了约 50 口。挠性连续管柱钻井,由于其对井场无严格要求,移动性好,起下钻无需接单根,能通过管柱进行开窗侧钻等优点,近年来发展很快。1995—1996 年挠性连续管柱钻井技术与负压钻井技术的结合逐渐成熟起来。目前,以挠性连续管柱为手段的负压钻井在技术上和经济上都获得了巨大的成功。这两项技术的结合,大大地提高了水平井的钻速,降低了成本,同时也大大地降低了钻井对产层造成的损害。在加拿大,一些石油公司曾报道:与常规钻井方法相比,运用欠平衡钻井技术甚至可使水平井产量提高 10 倍。欠平衡钻井技术的关键是产生和保持欠平衡状态(有自然和人工诱导两种基本方法)、井控技术、产出流体的地面处理和电磁随钻测量技术等。欠平衡钻井技术具有很好的应用前景,根据 Maurer Engineering 公司的调查结果,1994 年、1995 年运用该技术所钻井数分别占全美钻井数的 7.2% 和 10.0%(图 2-17)。

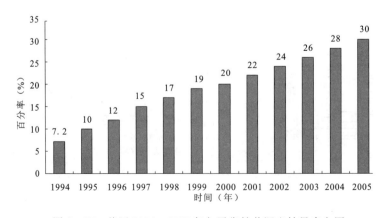

图 2-17 美国 1994—2005 年欠平衡钻井调查结果直方图

4. 大位移井技术

大位移井(ERD)通常定义为水平位移与垂直深度之比(HD/TVD)大于 2.0 的井。大位移井中,当井斜角等于或大于 86°时称之为大位移水平井。特大位移井是指 HD/TVD 大于 3.0 的井。如果大位移井因地质或工程原因在设计轨迹中改变方位则称为三维大位移井。大位移井技术作为水平井技术的一个发展方向,出现于 20 世纪 20 年代的美国,在进入 90 年代后成为钻井技术发展的一个重要方面。目前,在北海、英国南部海岸的 Wytch Farm 油田以及美国加州南部近海的 Pt. Pedmales 油田大位移井钻井活动非常活跃,而且也取得了很大的成功。例如:在挪威北海 Statfjord 油田北部用大位移井技术取代原方案,估计可使开发成本节约至少 1.2 亿美元。1989 年,在加利福尼亚州南部近海的 Pt. Pedmales 油田,Unocal 公司提出运用大位移井技术开发该油田的方案,5 年间共钻大位移井 9 口,与原开发方案相比,开发成本节约近 1 亿美元。在英国 Wytch Farm 油田,运用大位移井技术(已钻 14 口井),代替原开发方案,开发成本可望节约 1.5 亿美元,而且可以提前 3 年生产。

1989—1990 年挪威钻成的 Statfjord C_{10} 井水平位移为 5000m,1991 年在该油田 C_3 井钻出的水平位移为 6100m,1992—1993 年间钻成的 C_2 创下了当时的世界记录,水平位移为 7000m,1994 年的 C_{26} 井则进一步将记录提高到 7853m(测深 9327m,垂深 2770m)。到了 1995 年的 9 月,BP 勘探公司在英国 Wytch Farm 油田钻了第 7 口大位移井 LM-05SP 井,水平位移达到 8035m(测深 8700m),又刷新了记录。1997 年 6 月在中国南海东部钻成的西江 24-3-A14 井水平位移是 8060.7m。在此期间,大位移井技术逐渐成熟。BP 公司于 1993 年开始在陆上向港湾内钻大位移定向井,在完成的 11 口定向井中,其产量由原来的 1112m³/d 提高到 1908m³/d。相当于原来所钻 28 口井产量的 2 倍。1998 年,BP 公司又在英国的 Wytch Farm 油田钻了一口大位移井 M11 井,其水平位移首次超过了 10 000m,达到 10 114m(总井深 10 658m,垂深 1605m)。1999 年 7 月,该公司在同一油田完钻大位移井 M16SPZ 井,水平位移达到了 10 728.4m(总井深 11 278m,垂深 1637m),又创下了新的世界记录。

目前,国外大位移井的技术发展状况如图 2-18 所示。

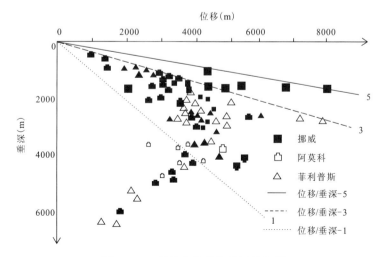

图 2-18 世界大位移井发展趋势图

随着基础学科的发展和科学技术的进步以及新设备的不断出现,大位移井的各项参数指标(位移、侧深等)的世界记录不断被打破,表2-11即为记录的变化情况。

表2-11 大位移井世界记录变化情况

作业者	井号	地点	总垂深(m)	位移(m)	测深(m)
BP阿莫科99.7	M-16SPZ 123天	英国Wytch Farm油田	1636.8	10 728.0	11 277.9
道达尔99.4	CN-1 128天	阿根廷Ara油田	1656.3	10 585.1	11 184.0
BP	M-11Y	英国Wytch Farm油田	1605.1	10 113.6	10 657.9
BP	M-14	英国Wytch Farm油田	1794.7	8937.3	9556.7
Norsk Hydro	30/6-C-26A	挪威北海Oseberg油田	2770.0	7852.9	9326.9
菲利普斯	24-3A-14	中国西江油田	2984.9	8062.0	9235.7
BP	MFF-19C	北海Enmark油田	2156.2	7644.7	9031.5

表2-12显示了国外典型大位移井的钻井情况和有关数据。

表2-12 国外典型大位移井的有关参数和钻井液类型

作业者	位置	井号	造斜点深度(m)	造斜率(°/30m)	最大井斜(°)	最厚井斜(°)	垂直深度(m)	水平位移(m)	测量深度(m)	位移/垂深	测量深度/垂深	驱动方式	钻井液类型
加州联合油公司	美国加州	C-30	85	12~16	95	88	294	1485	1734	5.1	5.09	动力水龙头	水基
加州联合油公司	美国加州	A-21	290	4~6	86	68	1534	4472	5094	2.9	3.3	顶驱	水基
挪威家石公司	挪威北海	C-2	396	0.5~1.5	83	70	2788	7290	8761	2.6	3.1	顶驱	酯基
挪威家石公司	挪威北海	C-26					2770	7850	9300	2.83	3.36		
伍德塞德	澳大利亚	NRA-21	168	1~1.5	70	61	3013	5006	6180	1.7	2.1	顶驱	油基
自由港麦克罗兰	美国墨西哥湾	A-10	30	5	57	50	3449	4582	5839	1.3	1.7	顶驱	水基
阿莫科	英国北海	A-44	244	2	61	27	3899	4952	6763	1.3	1.7	转盘	油基
英国石油公司	英国维奇法姆	M-5			83		1611	8035	8717	5	5.4	顶驱	

目前,大位移井在国外已有了广泛的发展。大位移井的技术关键有以下 5 个方面的内容。

(1)井身剖面。从国外所钻的大多数大位移井来看,大位移井井身剖面主要有以下三种:增斜—稳斜井身剖面、小曲率造斜剖面、准悬链线剖面。其中准悬链线井身剖面的特征是扭矩低,而且可使套管下入重量增大 20%～25%,钻柱与井壁的接触力近似为零。研究表明准悬链线剖面有许多优点,现已成为标准,并在所有大位移井中应用。

(2)钻柱设计。在大位移井钻井过程中,采用常规下部钻具组合会产生较高的扭矩摩阻,所造成的危害大于其能施加足够钻压带来的好处。所以,随井斜角的增大,需要降低下部钻具摩阻并施加最合适的钻压使得常规重量的钻杆处于压缩状态。大位移井钻井过程中,要求旋转系统具有较高的旋转能力。目前顶部驱动系统的扭转能力已高达 $60.76\sim81.34$ kN·m,钻柱的扭转能力应能与之相匹配。BP 公司除了采用高强度钻杆外,还采用了工具接头应力平衡、高扭矩丝扣油以及高扭矩接头、高扭矩连接等方法以保证钻柱具有足够高的扭矩能力。

(3)大位移井的扭矩和摩阻。有效降低钻柱扭矩和摩阻对于确保大位移井钻井成功非常重要。采用合适的钻井液,增强钻井液的润滑性能有效地降低大位移井的扭矩和摩阻。

(4)大位移井的钻井液体系。国外大位移井对钻井液的要求是:井壁稳定性、岩屑的清除及井眼损坏的控制。钻大位移井和钻长而深的水平井时,使用准油基钻井液已成为日益普遍的做法。摩擦系数可降低到 0.17。国外大位移井钻井资料表明,钻大位移井适合的钻井液主要有油基钻井液和合成钻井液,要根据实际情况选用不同的钻井液。

(5)大位移井完井技术。与水平井相比,大位移井的完井固井难度更大,认真设计钻井液、洗井液以及水泥浆的性能是确保大位移井完井固井成功的关键。大位移井一般采用尾管完井方式,并在裸眼段下筛管或割缝衬管。下预制管到裸眼段的完井方案,对成功防砂风险最小。另外,为解决在大位移井中由于摩阻大致使套管难以顺利下至设计深度这一难题,国外近几年应用选择性浮动装置、尾管水力解脱工具以及套管加重法下套管等技术取得了满意的效果。

(四)水平井的发展趋势

(1)水平井钻井技术正在向集成系统发展。

以提高成功率和综合经济效益为目的,结合地质、地球物理、油层物理和各工程技术,对地质评价和油气藏筛选、水平井设计和施工进行综合优化。

兰德马克图形公司开发出一种名为决策空间(DecisionSpace™)的新一代定向井设计软件包,可显著降低油田开发中井眼轨迹的设计周期。这个集成软件包由三部分组成:资产设计师(AssetPlanner™)、轨迹跟踪设计师(TracPlanner™)和精确定位(PrecisionTarget™)。利用该软件包,可以迅速地为新老油田开发方案提供多井平台下的油田开发井眼轨迹设计方案,借助先进的井眼轨迹设计技术和工作流程技术缩短井眼轨迹设计周期。"资产设计师"可以根据储层模型自动生成储层靶区目标。

应用该软件在储层模型内对储层特性进行筛选,从而产生储层油藏目标,使用者可以根据自己的泄油要求优化现场设计。轨迹跟踪设计师可以快速有效地以人机对话的方式建立并显示多种勘探或油田开发方案,在详细的计划实施前,就可以得到可靠的估计。

精确定位软件考虑了在地球物理、地质和机械工程等方面存在的不确定性,从而可以更精确地确定井眼位置。这三部分合在一起,提供了一个完整的定向井设计软件包。

斯伦贝谢等公司开发完成的实时三维大地模型可以模拟钻井中重要的地层特征,根据先导井或邻井的测井资料构建模型,组成一个包含设计井眼轨迹的二维垂直平面,在对比测井资料与模型预测值后,再在钻井过程中修改大地模型,调整井眼轨迹,以保证水平井按计划进入目的层。

(2)水平井技术已用于油田的整体开发。加拿大的 Hay 开发项目,应用新技术进行整体开发,提前 82 个钻机工作日完成 35 口水平分支井。一口三分支井的费用大约是一口直井费用的 2 倍,但其产量达到直井的 60 倍以上。

美国能源部利用水平井来减缓 ELKHills26R 油藏的原油产量递减速度并延长油藏经济寿命。在 7 年间共钻了 14 口水平井,结果获得了较好的经济效益。在这些井的寿命期间扣除成本后的净收入为 2.23 亿美元,成功地控制了产量的递减,使该油藏的最终可采储量比原来提高了 18.5%。

(3)水平井钻井技术向综合应用方向发展。如小井眼水平井钻井、横向多分支水平井钻井、大位移水平井钻井等技术都已投入实际应用。采用的技术包括导向钻井系统、随钻测量系统、串接泥浆马达、PDC 钻头和欠平衡钻井。

加拿大的 Hay 开发项目取得成功是多项新技术综合应用的结果,这些技术和方法包括:①采用分批钻井方式钻井,表层井眼、中间井眼和分支井眼采用不同钻机进行分批钻进;②应用 PDC 钻头和导向马达相结合,钻完某一分支后,把钻头拉回套管鞋里(而不用提到地面换钻头),然后重新定向马达,钻下一个分支;③应用液压推拉机,除了显著增加侧向水平长度外,还能大大提高滑动钻井速度,节省钻机时间。

(4)水平井钻井及开采配套技术已向"工厂化"模型式发展。21 世纪初,"工厂化"作业开始被应用到油气资源勘探开发领域。"工厂化"模式是指应用系统工程的思想和方法,集中配置人力、物力、投资、组织等要素,以现代科学技术、信息技术和管理手段,用于传统石油开发施工和生产作业。"工厂化"水平井钻井技术与传统分散式水平井钻井技术相比,能够提高钻井作业效率和降低钻井综合成本,为非常规油气实现有效开发提供了高效运行模式。美国致密砂岩气、页岩气开发,英国北海油田、墨西哥湾和巴西深海油田,都采用"工厂化"作业的方式。

二、水平井精细油藏描述

油藏描述技术和水平井技术几乎都是在 20 世纪 80 年代发展起来的与油气田开发密切相关的两项重要技术,油藏描述是 20 世纪 70 年代末开始出现,80 年代发展起来,并随着计算机和各种勘探开发技术的发展,油藏描述的内容得到了迅速的扩展和完善,从而形成了一项对油气藏进行综合研究和评价的一门综合技术。精细油藏描述是指油田投入开发后,随着油藏开采程度的加深和生产动态资料的增加所进行的精细地质特征研究及剩余油分布描述,并不断完善储层的地质模型和量化剩余油分布。其本身是一个动态的过程,是针对已开发油田的不同开发阶段,充分利用各阶段所取得的油藏静、动态资料,对油藏构造、储层、流体等开发地质特征做出现阶段的认识和评价,建立精细的三维地质模型,通过油藏数值模拟生产历史拟合即动态资料来验证或修正,最终量化剩余油分布并形成可视化的三维地质模型,为下一步油田开发调整和综合治理提供可靠的地质依据。

水平井的地质设计是水平井钻井技术的重要环节,集地质研究与油藏工程为一体,主要包括钻井目的、井位部署和水平井设计三部分。为保障水平井能准确地命中靶点,进入目标窗口,对不同目的、不同类型油藏的水平井地质设计要进行有针对性的油藏描述,首先要对构造、油层和剩余油分布进行详细研究,准确地标出目标区的油水界面、油层顶底深度,高精度的地质模型,同时对于老油田还要描述水锥半径大小及注水见效情况,进行分析并充分考虑隔夹层的分布和影响。在获取了水平井钻井、录井、测井等资料的基础上,再进而完善对油藏的认识,进一步提高油气田总体开发效益。

因此,针对水平井地质设计的油藏描述应包括三层含义:一是指水平井钻井前,集水平井区块目标层的精细构造解释、沉积微相描述、储层展布、层内夹层描述、储层非均质性分析、流体性质、已钻井生产状况分析、三维地质建模等为一体的油藏描述工作,目的是为下一步数值模拟和油藏工程研究奠定坚实的基础,这是水平井和侧钻井成功与否的关键;二是指水平井随钻过程中,根据地质导向钻井(GGD)、随钻测井(LWD)和井眼三维可视显像等资料,进行裂缝、油层、流体界面和油藏边界研究,以真正地进行实现层面追踪,确保井位与周围生产井、油水界面和油顶之距达到最佳;三是指在完成水平井钻井和相关的录井、测井、测试、开发等工作的基础上,结合水平井的试油、试采等资料开展精细油藏描述,完善钻井前对油藏的认识。

(一)针对水平井地质设计进行的精细油藏描述

由于在提高油田生产能力、增加储量和改善油田整体成本效益方面,取得了很好的经济效益,水平井技术日益得到重视。但是,此项技术的应用仍面临着很多需要解决的问题,其中首要问题之一就是针对水平井地质设计进行的精细油藏描述。

随着水平井钻井技术、随钻测试技术及油藏工程研究的不断发展,水平井应用范围越来越广泛,不同油藏类型水平井设计需要相应的精细油藏描述,除了与常规油藏描述的共性内容之外,还应针对不同类型的油藏有各自的侧重点。

裂缝性油藏:重点是搞清裂缝的发育程度和分布特征,包括主裂缝延伸方向、平面上裂缝连通关系、纵向上裂缝发育段、裂缝密度及断层和区域地应力的关系等。

边、底水断块油藏:重点是搞清构造断裂系统、断层与油气分布的关系。

整装高含水油藏:重点是进行大孔道描述和准确的剩余油分布研究。

稠油油藏:重点是流体性质和油层的展布规律。

构造比较简单的高渗透油藏:重点是搞清储层内部结构和平面、层内非均质性。

低渗透油藏:重点需要研究相对高渗透带的分布、裂缝的发育程度和分布情况。

层状不整合油藏:重点是描述地层的走向、倾向及倾角,油层的层状分布特点,以尽可能地穿过较多油层。

薄互层油藏:只有准确把握精细油藏描述的特殊性,才能保证水平井实施取得理想的效果。

同时,在水平井开发过程中,因为水平井地质设计要考虑油藏整体开发方案要求,纳入整体开发方案中。所以,油藏描述研究成果始终要根据是否能够达到部署水平井的技术要求这一核心,区分新、老区,重点各有所侧重。

1. 水平井用于新区开发

水平井用于新区开发,可以较大幅度地提高初期产能,如塔里木塔中 4 油田的 TZ4-17-H4 井于 1995 年 1 月 3 日投产,投产初期最高日产量达到 1021t,合理产能为 600t。到 1999 年底,该水平井累计产油超过 100×10^4t,含水低于 1%。又如新疆石西油田利用水平井开发裂缝底水油藏,水平井的产能是直井的 4 倍以上。冀尔油田利用水平井外开发底水油藏也取得了较好的外发效果。胜利油田利用水平井蒸汽吞吐整体开发乐安油田也取得了较好的经济效益。

很多成功的水平井开发实例说明:对于新区编制开发方案,论证水平井开采的适应性,油田地质资料和油藏描述的精细程度要求较高。一般要求计发基础井网比较完善,有足够的基础地质资料,三维地震资料达到储层预测要求的分辨率和精度,储层、流体性质的三维空间变化规律能够描述清楚,特别是对于油层厚度较薄的情况,一定要将储层识别出来,并在空间上控制其分布,为水平井设计提供可靠依据。因此,通常情况下对于新区,精细油藏描述需要提供以下资料。

(1)高精度三维地震资料支持的构造解释、储层预测成果:除主要标准层顶面(底面)构造图之外,还必须要有水平井目的层顶面构造图,图幅比例不小于 1:5000,等值线间距不大于 5m,一般为 2m,即目的层构造图要能够反映储层顶面的微幅度变化,为水平井设计提供可靠依据。此外,还要求提供构造剖面图,包括构造横剖面图、纵剖面图等。

(2)岩芯、测井等分析资料要能够满足储层评价的要求,在宏观和微观上提供反映储层特征的小层对比剖面、单砂体的储层物性等值图、隔夹层的平面分布图、等厚度、频率图等。

(3)试油、试采等动态资料要满足清楚认识其油藏类型、流体界面的要求:分析圈闭内部各部位流体的类型和性质、流体的温度、压力系统特征。认识流体界面的形态、位置,流体界面有时受多种因素控制,不一定都是平面,这时要描述清楚界面的形态和起伏情况,提交油藏纵横剖面图。

(4)精细三维油藏地质模型。

构造地质建模:搞清楚目的层顶(底)界面的构造起伏情况,刻画油藏内部的微幅度构造三维空间形态,为水平井设计提供依据。

储层建模:包括储层结构模型,即储层的空间分布形态,储层物性建模,即储层的孔隙度、渗透率在三维空间的分布和变化情况,以及储层内部隔夹层的分布和形态。

流体建模:流体的类型及饱和度在三维空间的分布和变化情况,其中最为重要的是流体界面的形态和位置,因为水平井设计时,其到流体界面的距离是重要的设计依据。

2. 水平井用于老区开发

对于老区,目前很多开发调整同样采取了水平井来挖潜剩余油,应用效果也较好,提高了油藏的最终采收率。如胜利桩 1 断块 1 的平 1 井,开采直井水锥之间的剩余油,于 1998 年 9 月投产,初期日产油 57.5t,含水 29.2%,产量为同区直井的 6 倍多。又如华北油田任平 2 井所在的任北奥陶系油藏是一个典型的裂缝溶洞型层状碳酸盐岩油藏,为了开采油藏的顶部剩余油,于 1997 年 8 月投产,初期日产油 26.5t,后来增加到 45t,产水率一直保持在较低的水平,到 1999 年 8 月,累产油 3×10^4t,含水低于 5%。成功的水平井应用证实了精细油藏描述是成功挖潜的关键所在。根据老区调整方案中水平井的部署,精细油藏描述的主要目标是剩余油的分布,采用静态地质资料、油藏工程分析、油藏数值模拟等手段,对沉积韵律特征、水淹井后储层变化、剩余油饱和度的变化、相对富集区的处置、微幅度构造、裂缝分布方向、储层内部隔夹层、流体及其界面等描述清楚,以寻找准确的挖潜目标。老区水平井地质设计要求精细油藏描述需要重点提供以下内容:

(1)沉积韵律特征、储层非均质性和水淹后储层变化特征,真正韵律顶部和水淹较差的复合韵律层,往往都是剩余油相对富集区。

(2)油层顶面微幅度构造,特别是微幅度构造脊部往往是剩余油分布区,油藏内部小断层、裂缝分布以及由于断层造成的构造变化,断棱位置描述清楚。

(3)确定渗流屏障类型,包括连通体之间的屏障、不同沉积时间单元砂体界面,连通体内部的局部屏障,比如泥岩屏障、钙质屏障和封闭性断层屏障等类型,并描述储层主要的屏障类型。

(4)描述注水前后分层位、分相带、分区块、分岩性的油藏参数变化规律及变化机理,描述这些参数变化的规律及目前的特点,描述开发过程中所采取的增产措施带给储层结构的变化,包括储层物性、微观孔隙结构、黏土矿物、润湿性等变化。

(5)提供油藏含油单元的主要地质控制因素、油气富集的主要因素,再根据油气水层平面和垂向分布特征、水淹层分布状况以及油水关系,分析不同油砂体剩余油分布特征,确定剩余油富集区或富集带及今后挖潜剩余油有利区带。

(二)水平井地质设计对油藏地质资料的要求

水平井地质设计的目的是要让水平段钻遇最有利的位置和方向上的储层,以最大限度地提高对油藏流体的控制程度、提高储量动用程度和驱油效率,最终提高油藏采收率和经济效益,这就要求地质设计必须是在大量可靠的油藏地质资料和前期研究成果的基础之上进行。理论上,在设计之前掌握的资料越多越好,但由于各油田的特殊情况和经济效益考虑,往往难以全面获取资料,但通常需要具备以下基础资料。

1. 高精度的构造解释所需资料

(1)三维地震资料。目前来看,要达到高精度的构造,通常是目的层顶面构造线的等值线间距要达到2m,比例尺不小于1:5000,需要具备三维地震资料,并且对三维地震的要求比较高,采集处理精度可以满足构造成图的要求。

当然如果在老区开发区,共网密度已经足够大,并且地质构造相对简单,比如大庆老区。用钻井资料完全能够满足解释微构造的精度要求,不做三维地震也可以。绝大多数油田特别是新区水平井设计显然是离不开三维地震的。因此这里把高精度三维地震资料作为构造解释的基础资料来要求。

(2)钻井资料。准确的构造解释必须建立在钻井资料的基础上,即要进行水平井设计,工区内必须要有一定的探井和评价井的资料作为依据,钻井资料可以确定地层层位、对地震资料进行标定等。因此水平井部署区至少要有能够控制储层、构造框架的基础井网,否则,设计水平井的风险就很大,从技术上考虑是不现实的。

至于基础井网的密度和井距达到多少才可以设计水平井,则很难给出具体的数值界限。原则上对于储层分布稳定、构造相对简单的油田,基础井网的密度要求可以低些,而对于储层变化大、构造复杂,特别是被断层切割的断块油田则要求基础井网密度大,至少每一个小断块应该有一口评价井或探井作依据。

(3)测井资料。为了建立起地质与地层资料的联系,需要以测井资料作桥梁,要准确描述一个地区各组地层的速度,实现时深转换,最好选择有代表性的井点进行垂直地震测井。即VSP测井。选择井点时不要在一些特殊的位置,如加大断裂带、局部的构造高点或局部的深凹。另外在不同的构造单元,如洼陷、斜坡、凸起上应该分别取得各自的 VSP 测井资料,以便建立比较精确的时空变速度场。

2. 储层研究所需要的基础资料

(1)岩芯、岩屑分析化验资料。主要目的是分析岩石的结构、矿物成分、化学成分、成片作用等,包括岩芯、岩屑薄片分析,粒度分析,扫描电镜分析,X 衍射分析,化学成分特别是同位素和微量元素分析,压汞分析等。除了常规的碎屑岩和碳酸盐岩储层外,针对不同岩性的分析方法和项目可以适当增减,特别是对于特殊岩性油藏如火山岩、变质岩、基岩风化壳等类型的油藏要采用相应的适用分析手段,了解储层的成因和储集空间结构、类型。

通过分析以上影响储层物性的主要因素,特别是储层岩石粒度、孔隙结构、胶结物含量及胶结类型、压实程度等,评价储层成岩作用程度及其可能对开发的影响。

(2)测井解释成果。在岩石物理研究的基础上,建立工区的测井解释模型,对储层进行划分、解释。岩石分析可以直接得到有关储层物性特征的各项参数,但是由于岩芯分析数量有限,不能满足油藏开发和水平井设计对大量储层物性和其他储层特征的要求,因此就要利用大量的测井资料对储层物性进行解释。首先利用测井资料和岩芯分析资料进行交会,即岩芯分析资料标定测井资料达到适合油田或区块实际的测井解释模型精度。

测井资料解释储层特征主要是储层物性孔隙度、渗透率、泥质含量等,通过油田内各井测井资料解释,得到了储层物性的空间分布和变化特征,为水平井设计提供依据。

(3)储层敏感性分析资料。储层敏感性是影响油田开发效果的重要参数,对于水平井来说尤其重要,因为水平井的水平段是在储层中穿越,如果处理不当特别容易造成储层污染,而大多数储层污染通常是无法完全恢复的。一般来讲储层敏感性分析包括水敏、速敏、酸敏、碱敏、盐敏、压敏等。

储层敏感性分析所需要的岩石学分析主要包括岩石薄片鉴定、X 衍射分析、扫描电镜、红外光谱等,主要是得出储层的主要矿物类型和含量。流体分析主要是分析地层水、注入水、钻井液及水泥浆滤液、射孔液(包括压裂液、酸化液、修井液)等当中的离子类型和含量。

通过岩石学分析和流体分析了解储层的微观孔隙结构,包括胶结物和碎屑颗粒的矿物成分、含量、地层流体中的离子组成,对可能造成的储层损害以及损害程度做出预测。在储层敏感性综合评价的基础上,对钻井、完井、注水、修井等过程提出保护油气层的措施。

储层水敏性评价主要是研究储层中水敏矿物的特性,通常是研究储层中的黏土矿物经各种井下工作液浸泡后引起的体积膨胀而导致的水敏性。

(4)储层沉积相研究成果。沉积相是油层沉积时客观环境的反映,对储层特性分析具有重要意义。对于压实程度不高、原生孔隙保留较多的储层而言,沉积相是控制储层物性的重要因素,因此水平井最好设计在有利相带内。

进行沉积相研究需要大量的资料作依据,主要是一些指相标志,如岩性标志、成因标志、电性标志、地震相标志等。岩性标志通常要有岩石的颜色、结构、构造、韵律等能够反映沉积环境和水动力条件的特征。成因标志包括化学成因标志和生物成因标志。化学成因标志通常有黏土、化学岩和生物化学岩的自生颜色、自生矿物、有机质、微量元素(锶、钡、镁、铁、锰、氯等)、碳和氧同位素等,用来分析沉积介质的物理化学条件;生物成因标志则是指生物化石的类型、形态、大小、成分、分布、丰度、保存完好程度、遗迹化石的类型、保存状况、丰度、产状、组合关系及植物根迹等,来分析古沉积环境。电性标志是利用自然电位、自然伽马、电阻率、密度、声波时差等测井曲线来分析古沉积环境,划分沉积相。利用地层倾角测井判断沉积构造(如层理、层面特征)恢复古水流方向。地震相标志是利用地震反射特征、形态和内部结构来划分地震相,然后利用钻井、测井资料标定和解释地震相,实现地震相向沉积相的转换。

(5)储层非均质性研究成果。储层非均质性是指储层在平面上、纵向上的变化情况,包括层内非均质性、层间非均质性、平面非均质性等,主要通过渗透率变异系数、突进系数和极差3个参数来实现。①层内非均质性是描述在一定储层内部储层岩石的粒度、胶结物成分和含量、孔隙结构、物性参数等的变化情况。通常需要岩石薄片分析,压汞、电测曲线形态观察等得出储层的沉积韵律、孔隙结构、胶结类型、渗透率非均质参数(级差、变异系数等)。②层间非均质性是指不同的储层之间岩性、物性、含油性的差异。③平面非均质性是指储层物性在平面上的变化情况。一般包括储层有效厚度、夹层厚度和层数等在平面上的变化情况。

(6)储层裂缝资料。储层是否发育裂缝、裂缝密度、裂缝方向等参数对水平井设计十分重要。因此在进行水平井设计之前就要有比较好的裂缝研究基础。裂缝的研究一般从岩芯观察、地层倾角测井、成像测井等入手进行研究。所以,在水平井设计之前应该具备主力层段的系统取芯资料、探井或评价井的地层倾角测井资料、成像测井资料,具备条件的地区还要利用三维地震资料对储层裂缝的三维空间分布进行预测。

3. 流体及流体界面研究所需要的基础资料

储层流体主要是指原始状态下或水平井钻井前已经存在于储层当中的流体。主要是油、气、地层水和混合水(注水开发过程中的地层水)。要搞清楚地层流体的类型和性质,主要途径和方法包括已钻井的录井、气测资料分析、试油试采生产动态数据等;油、气、水层测井解释结果,流体分析等。

通过已钻井的岩芯、岩屑录井资料,观察油气显示级别,结合气测录井的烃类气体含量和组分,可以帮助判断储层的流体类型。而试油资料得到的则是实际的流体性质和含量的数据,是最直接的证据。通过岩石物理分析和试油资料判断校正,可以对测井曲线进行解释,划分储层并解释流体类型及饱和度,通过测井解释可以给出没有经过试油井层的流体性质分布。流体分析包括原油物性分析和地层水分析。地面原油物性主要是密度、黏度、凝固点、含蜡量、胶质+沥青质、初馏点及馏分等,地层原油物性主要包括地层压力、原油密度、黏度、饱和压力、溶解气油比等。地层水分析包括离子类型及含量、总矿化度、水型、酸碱度等指标。天然气分析包括相对密度、黏度、组分及含量等。

流体界面是油藏地质研究的重要参数之一。流体界面主要是油水界面、气水界面和油气界面,流体界面对水平井设计尤其重要,因为水平井在储层中穿越时如果距离油水界面过近,可能造成水平井钻井失败或水平井开发效果不理想。

4. 温度、压力状况研究所需资料

地层温度、压力状况对水平井钻井施工安全以及油气层保护十分重要,是必须提供的重要参数。因此,在进行水平井设计之前应该有充分的测温、测压资料作依据。温压资料通常通过井下仪器直接测量和钻井参数分析等方法获得,但在目的层段必须是直接测得的温度、压力。利用井点的温压测量结果,建立起油藏范围内的温度、压力场,对水平井可能钻遇的异常温度、压力进行预测,给出每个层段的温度、压力范围和梯度变化。

(三)水平井地质设计对油藏描述的技术要求

在进行水平井地质设计之前,要求要有比较高的前期地质研究为基础,对油藏的认识已经比较清楚,构造、储层、流体特征刻画细致,并能够建立起精细的地质模型。

(1)水平井地质设计对构造研究程度的要求。

水平井地质设计要求有高精度的构造研究成果为基础。除主要标志层顶面(底面)构造图之外,还必须要有水平井目的层(即小层)顶面构造图,图幅比例不小于1:5000,等值线间距为不大于5m,一般应该提供2m间距的构造图,即目的层构造要能够反映储层顶面的微幅度变化,为水平段设计提供可靠依据。

除构造图之外,还要求提供构造剖面图,包括构造横剖面图、纵剖面图,特别要求作出沿水平井投影方向的构造剖面,详细刻画构造的起伏情况。

(2)水平井地质设计对地层划分对比的要求。

地层的划分和对比是构造解释的基础。通常进行地层划分需要具备以下资料:岩屑、岩芯录井资料、薄片分析资料、古生物特别是孢粉分析资料、测井资料等。

通过岩屑、岩芯录井资料,可以观察岩层的颜色、岩性变化,建立岩性柱状剖面,作为地层划分对比的基本依据。另外,岩芯观察分析还可以得到地层的结构构造信息,如粒度变化、层理类型、地层界面特征、含有物情况等,帮助判断地层界限和沉积环境。岩屑、岩芯的薄片分析可以得到更多岩石微观的信息,对研究储层和成片作用意义比较大,也可以作为地层划分对比的依据。古生物分析是划分地层层位,确定地质时代的主要依据之一,也是地层分层和对比的主要参考。在成熟的探区,盆地结构、地层层序基本清楚的情况下,测井资料是进行地层划分和对比的快捷、方便而有效的手段,这是由于测井资料连续性好、曲线特征易于进行井间对比,因此,测井资料在地层划分对比过程中是必不可少的基础资料。由于每个油田、区块地层特征不同,需要选择适合地层特征的测井系列。

经过地层划分对比要提供区块标准地层剖面、地层对比剖面等。

(3)水平井地质设计对储层研究的要求。

储层研究是水平井地质设计的重要内容,储层研究要搞清楚储层的三维空间分布情况、物性变化及其控制因素等。

储层类型研究:要了解储层岩石类型、储层孔隙类型、储层裂缝特征等,提交储层岩石分类图表和参数、储层孔隙结构参数及其分类指标。

储层物性研究:要了解储层物性及其空间变化,同时弄清影响储层物性的主控因素,提供各单砂体的储层物性等值图。

隔夹层研究:了解隔夹层类型、厚度、分布范围以及对储集油气的作用和对流体运动的影响,提供隔夹层的平面分布图、等厚度、频率图等。

裂缝、孔洞研究:对于火山岩储层、碳酸盐岩储层、基岩风化壳储层以及裂缝比较发育的砂岩储层,在常规储层特征研究的基础上,还要结合储层岩芯分析化验和地球物理解释预测,了解裂缝、孔洞的发育情况,提供裂缝、孔洞的空间分布图件,如裂缝密度图、裂缝(孔洞)孔隙度、渗透率等值图、裂缝发育方向图等。

另外,储层研究的综合成果还可以反映在油藏剖面图中。

(4)水平井地质设计对流体研究的要求。

根据钻井、试油试采资料,对流体进行取样分析,在油藏综合研究的基础上,了解油气藏内部流体的类型、分布、界面情况以及相关的温度、压力分布情况,为水平井设计提供依据。

了解圈闭内部各部位流体的类型和性质,包括原油、天然气的组分、物性特征、地层水的类型和性质等。

了解流体界面的形态、位置。另外,流体界面受多种因素控制,不一定都是平面,这时要描述清楚流体界面的形态和起伏情况。

了解流体的温度、压力系统特征。流体在地下的温度、压力特征对流体性质影响很大,同时也是钻井和油藏开发需要十分关注的指标,对钻井施工安全、油气层保护具有重要意义。在水平井设计之前要求提供油藏的地温梯度,压力梯度及其变化情况,建立起油藏范围的温度场、压力场。对于特殊的温度、压力点要进行认真分析,对异常低温、低压或异常高温、高压的成因给出合理的解释和描述。

(5)地质建模——油藏精细描述成果的集成。

水平井设计应该在三维空间完成,因此在进行设计之前通常要求建立精细三维地质模型。水平井就可以直接在三维地质模型中设计和显示。

水平井区精细三维地质建模技术是集水平井区块目的层精细构造描述技术、储层展布、层内夹层、平面物性分析、沉积相带描述、流体性质分析、已钻井生产状况分析等技术于一体的综合建模技术。

构造地质建模:了解目的层顶(底)界面的构造起伏情况,刻画油藏内部微构造的三维空间形态,为水平井设计提供依据。

储层建模:包括储层结构模型,即储层的空间分布形态,储层物性建模,即储层的孔隙度、渗透率在三维空间的分布和变化情况,以及储层内部隔夹层的分布和形态。

流体建模:包括流体的类型及饱和度在三维空间的分布和变化情况,其中最为重要的是流体界面的形态和位置,因为水平井到流体界面的距离是水平井设计的重要依据。

三、水平井油藏工程设计

在制订以水平井为主的油田开发方案中,油藏工程论证为水平井能够科学、合理、高效地开发油田提供理论依据和技术指导,主要包括水平井开发的适应性、产能、井网和地质优化设计四部分。

(一)水平井开发适应性分析

现代钻井技术日新月异,几乎可以在任何类型的油气藏中钻水平井。因此,只要经济上可行,任何类型的油气藏都可以采用水平井进行开采。影响水平井成功与否的三个核心问题是油气藏类型与地质参数、钻采工艺水平和技术经济综合评价。

(1)油气藏类型与地质参数。首先确定适合水平井的候选油气藏类型,即哪些油气藏类型适合水平井,哪些油气藏不适合用水平井开发。主要是研究油气藏地质参数对水平井开采的适应性,油气藏能量大小对开采效果的影响。

(2)钻采工艺水平。主要涉及到油气藏的最大深度、油气层的最小厚度、水平井的类型等,这个问题所确定的标准随着技术的提高是可以改变的。随着钻采技术的发展,使水平井应用到更浅、更深、更薄的油气层,并根据油气藏地质特点选用更复杂的井型。通常从水平井开发的技术优势方面来论证,包括水平井与直井开发的单井产能比、单井和油气藏的高峰产油(气)量、稳产期、含水上升速度和最终采收率等。

(3)技术经济综合评价。这主要是看用水平井开发的经济效益是否高于直井,通常以一口水平井初期产量的经济指标是否高于一口直井的经济指标作为评价标准。但更全面的评价方法是立足于一个油气藏来全面考察应用水平井开发在同期内累积产量的经济效益是否高于直井累积产量的经济效益。主要从投入产出比、投资回收期等方面与直井开发进行对比。此外,水平井适应性论证的方法主要包括类比法、开发先导试验法和油藏数值模拟法三种方法。

类比法:指与国内外其他同类型油气藏成功的水平井开发效果进行对比,如果有可供对比的实例可以作为水平井开发可行性的依据,类比的主要内容包括油气藏类型、油气藏规模、油气藏埋深、流体性质和储量丰度等。

开发先导试验:指在正式开发方案编制之前,对拟采用水平井进行开发的油气藏进行复杂结构井开发先导试验,为复杂结构井方案设计提供依据。

油气藏数值模拟方法:指采用先进的三维地质建模软件,在油气藏地质特征研究、储层预测的基础之上,将油气藏描述的成果具体体现在三维地质模型中,并在模型中进行水平井设计,然后利用油气藏数值模拟软件对水平井开发效果进行预测和对比分析,结合经济评价最终确定是否采用水平井开发。

(二)水平井产能分析

水平井产能分析是水平井油藏工程设计的重要内容,也是水平井优化设计、制订合理的工作制度、开采动态特征分析和调整的重要依据。其计算结果的可靠性直接影响到水平井技术能否取得预测经济效益和对油田开发的最终效果。

水平井产能分析的方法有理论公式法、数值模拟法、试油试采法和经验法等几种,其中理论公式法和数值模拟法是目前主要使用的两种方法。理论公式法,即解析法,是针对地层中流体为单相渗流的情形提出来的,并且忽略水平井筒内的流动,将其视为无限导流介质,运用包括建立数学模型、等值渗流阻力方法、镜像反映原理与势函数叠加方法来求解。数值模拟法主要是利用先进的油气藏数值模拟技术来研究水平井的产能及流体动态关系曲线,该方法考虑了地层中的多相渗流情况、水平井段流动分布为非均价或非对称以及井筒摩阻和重力等因素,更能反映实际情况。

尽管水平井产能计算的解析方法对渗流数学模型做了大量的简化,使得计算结果与实际情况有所偏差,但解析模型形式比较简单,计算所需要的参数较少,且计算量小,应用方便,因此,解析方法仍然广泛于计算水平井产能。本节也主要讨论解析法计算水平井产能公式,分稳态和非稳态产能方程两种。

1. 水平井稳态产能方程

稳态产能方程是预测水平井产能最简单的方法,也是油田开发动态分析中常采用的方法。尽管大多数油藏的压力是随时间变化的,但稳态解易用解析法得到,因此,稳态解仍被广泛地应用,且通过分别扩展随时间而变化的泄油边界和有效井筒半径以及形状因子的概念,可以相当容易地将稳态结果转化为不稳态和拟稳态结果。

(1)Merkulov 公式。1958 年苏联学者 Merkulov 首次提出了计算水平井产能的解析公式,适用于拟径向流(泄油半径内不存在油藏边界)和平行流(井附近无液流边界)。

圆形油藏。水平井位于圆形油藏中心,假设流体不可压缩,恒压边界,考虑地层渗透率各向异性的水平井产能公式为:

$$Q = \frac{2\pi KhL(p_e - p_{wf})}{\mu B \left\{ h \left[\frac{\pi b}{h} + \ln \frac{h}{2\pi r_w} - \left(\ln \frac{a+c}{2c} + \lambda \right) \right] + L \ln \frac{2r_e}{a+b} \right\}}$$

带状油藏。假设水平井位于带状油藏中央,井距为 $2a$,其产能计算公式为:

$$Q = \frac{2\pi KhL(p_e - p_{wf})}{\mu B \left\{ h \left[\frac{\pi b}{h} + \ln \frac{h}{2\pi r_w} - \left(\ln \frac{a+c}{2c} + \lambda \right) \right] + L \ln \frac{\operatorname{sh} \frac{\pi b}{a}}{\operatorname{sh} \frac{\pi}{2a}\left(\frac{a+b}{2} \right)} \right\}}$$

其中:$a = L/2 + 2h$;$b = \sqrt{4Lh + 4h^2}$;$c = L/2$;$\lambda = 0.462\alpha - 9.7\omega^2 + 1.284\omega + 4.4$;$\alpha = L/2h$,$\omega = \varepsilon/h$。

式中:B 为流体体积系数;L 为油层中水平段长度,m;h 为油层厚度,m;r_w 为井半径,m;r_e 为供给边缘半径,m;p_e 为供给边缘压力,Pa;p_{wf} 为井底压力,Pa;K 为储层渗透率,$10^{-3} \mu m^2$;μ 为流体黏度,MPa·s;ε 为水平井轴位置相对于油层厚度中央的偏心距,m。

(2)Borisov 公式。苏联的 Borisov 系统总结了水平井的发展历程和生产原理,提出了假设水平井位于箱体油藏中的产能计算的理论模型(单相流、不可压缩、稳态流动、均质油藏无地层伤害、水平井位于油层中心、泄油区域为椭圆)。

$$Q = \frac{2\pi Kh(p_e - p_{wf})}{\mu B} \cdot \frac{1}{\ln \frac{4r_e}{L} + \frac{h}{L} \ln \frac{h}{2\pi r_w}}$$

式中:L 为水平段长度,m;r_e 为供给边缘半径,m;r_w 为井筒半径,m;p_e 为边界压力,Pa;p_{wf} 为井底流压,Pa。

(3)Giger 公式。1983 年,法国 Giger 等根据 Borisov 公式利用电模型研究了水平井的油藏问题,于 1984 年提出了位于油层中心的水平井产能公式。其假设油藏均质、各向同性,流动呈二维流动,其产能计算公式为:

$$Q = \frac{2\pi Kh(p_e - p_{wf})}{\mu B} \cdot \frac{1}{\ln \frac{1 + \sqrt{1 - (L/2r_e)^2}}{L/2r_e} + \frac{h}{L} \ln \left(\frac{h}{2\pi r_w} \right)}$$

(4)Joshi 公式。1986 年,美国 Joshi 利用电场流理论,假定水平井的泄油体是以水平井两端点为焦点的椭圆体,将三维渗流问题简化为垂直及水平面内的二维问题,利用势能理论导出了水平井产能公式为:

$$Q = \frac{[2\pi Kh\Delta p/\mu B]}{\ln \left[\frac{a + \sqrt{a^2 - (L/2)^2}}{L/2} \right] + \frac{\beta h}{L} \ln \frac{\beta h}{2r_w}}$$

式中:$\beta = \sqrt{K_h/K_v}$,$L > \beta h$,$L/2 < 0.9r_e$;$a = (L/2)[0.5 + \sqrt{(2r_e/L)^4 + 0.25}]^{0.5}$。

以上公式都基于拟三维的思想,因此在形式上具有相似性。研究表明,二维的 Merkulov 公式是最基础的公式,著名的 Joshi 公式只对其进行了小的改进,在相同条件下两者的计算结果相近,而 Giger 由于椭圆泄流区半长轴的相对固定,当水平井较长时其近似效果可能不好。对于不压裂的常规水平井,Joshi 公式和 Borisov 公式的计算结果相近,一般的水平井初期产能预测可采用这两个公式计算。

2. 水平井拟稳态产能方程

实际上,任何油藏都很难以稳态形式出现,当生产井产生的压力扰动传到泄油边界时,拟稳态流动开始。常见的水平井拟稳态产能计算公式有:

(1)Mutalik - Godbole - Joshi 公式。Mutalik 和 Joshi 等提出的水平井拟稳态产能计算公式为:

$$Q = \frac{2\pi K h \Delta p/(\mu B)}{\ln(r'_e/r_w) - A' + S_r + S_m + S_{cAh} - c' + Dq}$$

$$r'_e = \sqrt{A'/\pi}; S_f = -\ln[L/(4r_w)]$$

式中:S_m 为机械表皮系数,无量纲;S_f 为长度 L 在厚度上完全穿透的无限导流裂缝的表皮因子;S_{cAh} 为形状相关表皮数;c' 为形状因子转换常数,$c' = 1.386$。

对于椭圆泄油面积 $A' = 0.750$,而对正方形和矩形泄油面积 $A' = 0.738$。

(2)Mutalik 等的修正公式。Mutalik 等对以上公式作了修正,并给出了修正的水平井拟稳态产能计算公式为:

$$Q = \frac{2\pi \sqrt{K_x K_y} h \Delta p/(\mu B)}{\ln(r'_e/r_w) - 0.738 + S_f + S_{cAh} - c' + \sqrt{\frac{K_x}{K_y}} \frac{h}{L}(S + Dq)}$$

式中:$S = S_p + S_d + S_{dp}$,$S_d = \left(\frac{K}{K_d} - 1\right)\ln\frac{r_d}{r_w}$,$S_{dp} = \frac{L}{L_p n_p}\left(\ln\frac{r_d p}{r_p}\right)\left(\frac{K}{K_{dp}} - \frac{K}{K_d}\right)$,

$$D = 2.22(10^{15})\frac{KLr_g}{\mu}\left[\frac{\beta dp}{n_p^2 L_p}\left(\frac{1}{r_p} - \frac{1}{r_{dq}}\right) + \frac{\beta d}{L^2}\left(\frac{1}{r_w - r_d}\right) + \frac{\beta}{L^2}\left(\frac{1}{r_d} - \frac{1}{r_e}\right)\right],$$

$$\beta = 2.6 \times 10^{10}/K^{1.2}$$

式中:r_w 为水平井底半径;L 为水平井长度;β 为渗透率非均质系数;S_p 为穿透表皮系数,无量纲;S_d 为地层损害表皮系数,无量纲;S_{dp} 为破碎带表皮系数,无量纲;r_d 为破碎带的半径,m;r_w 为水平井底半径,m;r_p 为泄油区井的半径,m;P_d 为附加压力,MPa;x_0 为生产投指端的距离,m;x_e 为生产投的距离,m;C_H 为形状因子,无因次;B 为体积系数,m^3/m^3。

(3)Economides、Brand 和 Frick 公式。Economides 等通过半解析方法,提出了一种水平井产能的拟稳态公式为:

$$Q = \frac{2\pi K x_e \Delta p/(\mu B)}{P_d + \frac{x_0}{2\pi L}(S + Dq)}$$

式中:$P_d = \frac{x_e C_H}{4\pi K} + \frac{x_e}{4\pi L}S_x$;$S_x = \ln\left(\frac{x_e}{4\pi r_w}\right) - \frac{h}{6L} + S_e$;$S_e$ 考虑了水平井在垂直方向上的偏心距,$S_e = \frac{h}{L}\left[\frac{2z_w}{h} - \frac{1}{2}\left(\frac{2z_w}{h}\right)^2 - \frac{1}{2}\right] - \ln\left[\sin\left(\frac{\pi z_w}{h}\right)\right]$;$P_d$ 为附加压力,MPa;x_0 为生产投指端的距离,m;x_e 为生产投的距离,m;C_H 为形状因子,无因次;B 为体积系数,m^3/m^3;Z_w 为水平井偏心距离,m;h 为油层厚度,m。

(4)D. K. Babu 公式。1989 年,D. K. Babu 等由物理模型(图 2 – 19)推导水平井产能计算公式。

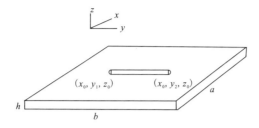

图 2 – 19　Babu 和 Odeh 建立的水平井物理模型图

水平井在一箱形泄油体内,半径 r_w,长度 L,与 y 方向平行。储层厚度为 h,长度(x 方向)为 a,宽度(y 方向)为 b,水平段长度 $L<b$,在 y_1 和 y_2 方向延伸。x_0 和 z_0 分别表示在 x 和 z 方向的位置。井以恒定速度生产。x,y,z 方向的渗透率分别为 K_x,K_y,K_z。孔隙度 ϕ 为常数,流体微可压缩,所有边界均封闭。生产前,泄油体内压力均衡,且等于 P_i(原始压力);生产后压降 $\Delta p = P_i - P$ 随时间、空间而变。

基于以上假设,推导得出水平井拟稳态产能计算公式为:

$$Q_H = \frac{2\pi b \sqrt{K_x K_z}(\bar{p}_R - p_{wf})}{B\mu \left[\ln \dfrac{A^{0.5}}{r_w} + \ln C_H - 0.75 + S \right]}$$

$$\ln C_H = 6.28 \frac{\alpha}{h} \sqrt{\frac{K_z}{K_x}} \left[\frac{1}{3} - \frac{x_0}{\alpha} + \left(\frac{x_0}{\alpha} \right)^2 \right] - \ln \left(\sin \frac{180° z_0}{h} \right) - 0.5 \ln \left(\frac{\alpha}{h} \sqrt{\frac{K_z}{K_x}} \right) - 1.088$$

式中:$\bar{p}_R$ 为水平井所在泄油体的平均压力;B 为流体地层体积系数;C_H 为几何因子,无量纲;A 为面积;S 为表皮因子;C_H 为综合压缩系数。

$$\alpha = \phi \mu C$$

Mutalik – Godbole – Joshi 公式及其修正公式主要考虑了不同油藏形状对水平井产能影响的计算方法。Economides、Brand 和 Frick 公式是根据水平井段首端比末端接触钻井液时间长,形成椭圆体损害带的特点,所推导得到的关于水平井表皮因子的解析公式,它可以直接附加于计算水平井产能的公式(如 Joshi 公式)中,该方程形式与传统的直井产能公式很相似。D. K. Babu 公式首次应用均一流量的假设解决不断变化的井筒压力,但因它利用水平井段中点的压力值代替水平井段,所以还必须计算出其他位置时偏微分方程的解,由于在实际计算中需要考虑的影响因素较多,确定表皮因子和形状因子比较复杂,故实际应用不理想。

(三)水平井井网论证

目前,大多数油田都采用注水开发方式,但基本都采用直井,其注水技术已经成熟,但也暴露出了一些缺点,如启动压力和注水压力高、注水能力差等,此外,随着注水时间的延长,注采矛盾加剧,甚至注不进水。虽然采用高井网密可以提高采收率,但也降低了经济效益。随着水平井钻井技术日趋完善,钻井成本不断下降,使得利用水平井注水开发油藏成为可能。

水平井注水开发研究始于 20 世纪 90 年代初,并相继在国外一些油田得到成功应用。相关研究成果和油田实践表明,利用水平井注采井网开发可增大注入量、降低注入压力、有效保持油藏压力、提高油藏采出程度。水平井注采井网和传统直井井网有很大的不同,水平井井网部署直接影响注入水波及效率和水驱采收率的提高,影响油藏开发效果和经济效益。

论证合理的水平井井网密度通常采用数值模拟方法,根据油层非均质性特点、油水强度差异以及油层分布状况,设计各种注采井网,通过数值模拟预测开发指标和最终采收率,经综合评价,确定合理的注采井网。

1. 井网类型

在现场生产中,井网形式主要受油气田的地质条件控制,按几何形状可分为规则井网和不规则井网两种。当储层均质时适宜用规则井网开采,通常指面积注水井网,常见的面积注水井网有直线型、交错线型、四点、五点、七点、九点、反九点井网。而储层非均质时,适宜用不规则井网开采,往往是规则井网的变形。通常的五点法、七点法、九点法的水平井注采井网形式如图 2-20 所示。

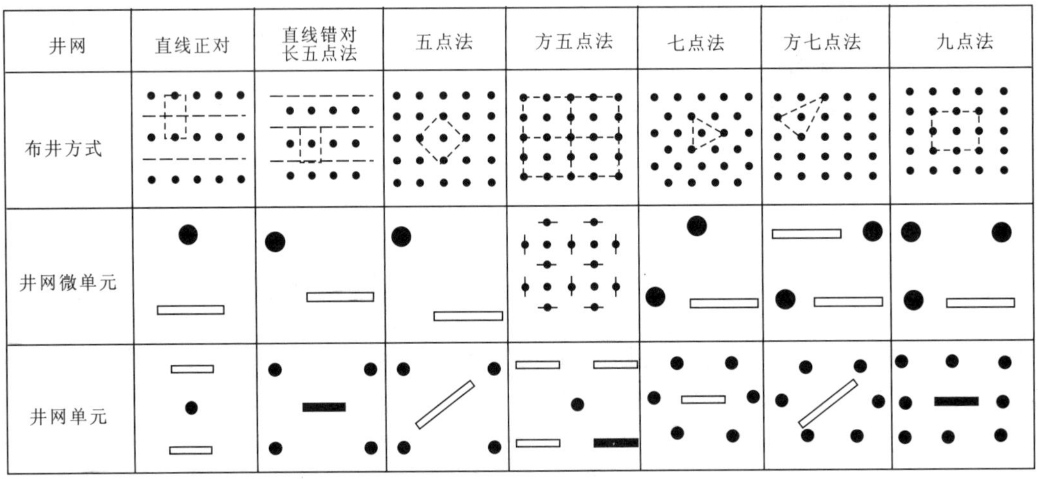

井网	直线正对	直线错对长五点法	五点法	方五点法	七点法	方七点法	九点法
布井方式							
井网微单元							
井网单元							

图 2-20 水平井井网类型示意图

2. 井网指标的优化

通常井网的优化原则是保障注采基本平衡,具有较高的采收率、初始采油速度和单井经济效益,钻井工程容易实施,适合或者能够与裂缝相匹配等。

水平井网的优化设计指标主要有井距、排距、水平段长度、水平井在油藏中的位置、水平井方位等。

3. 水平井井网的主要影响因素

影响水平井井网的主要因素有裂缝穿透比、地应力、混合注采井网中的水平井井别、水平井长度、布井方向、天然气裂缝发育程度、注采井网单元面积、井距、地层参数(渗透率、厚度、流体黏度、流度比等)、水平井与水平方向的夹角、布井方式以及井网形状因子等。

(1)裂缝穿透比。波及系数随水平井压力裂缝穿透比的增加而呈直线递减,主要是因为随着裂缝穿透比的增加,注水井与水平井之间的主流线方向发生了变化,见水时间变短,从而使得见水时的波及系数减小。

(2)地应力。压裂裂缝的延伸方向是沿着最大主应力方向的,故井网部署的原则是注水井和采油井连线方向应避开最大主应力方向。同时井网形式推荐使用矩形五点井网系统,该井网注采比大于反九点法井网,注水强度大,并且是沿裂缝线状注水,即井排方向与裂缝走向一致,这样既避免了油水井水窜,又可扩大人工压裂规模,提高油井产能和注水井注水能力,从而改善注水开发效果。

水平段方向垂直于最大主应力方向时,水平井压裂形成垂直于水平段的横切缝,可实现水平段的多段压裂形成多条裂缝,使其对油层的控制程度大大高于水平段平行于最大主应力时所形成的单条裂缝。但是这种水平井的布井方式存在不利的因素,即注水井可能会沿着距离最近的水力裂缝突进到水平生产井,对稳产造成困难。这就对水平井多次封堵水层工艺提出了较高的要求。

(3)水平井井别对井网开发效果的影响。水平井为生产井时井网初期的含水率明显低于水平井为注入井时的井网含水率,但开采后期却相反,此时,井网的平均注入压力高于水平井为注入井时的平均注入压力,平均注采压差低于水平井为注入井时注采压差,且随井网穿透比的增加,均略有降低,而采出程度高于水平井为注入井时的采出程度,初期相差小,后期差别大。

(4)天然气裂缝发育程度。当井网与裂缝夹角一定时,裂缝越发育,地层流体的渗流能力越强,水平井的见水时间越短,随开采时间的增长,则会降低油藏最终采出程度。当裂缝发育程度一定时,井网与裂缝夹角为 0°和 90°时的最终采收率高于井网与裂缝夹角为 45°时的情况。即水平井平行或垂直于裂缝布井效果好于呈 45°夹角的情况,且水平井垂直于裂缝布井的效果略好于平行于裂缝的情况。

(5)注采单元面积。注采井网的单元面积越大,控制储量越大,注入井对生产井的注水效果减弱,水平井产能减小。井网单元大小对注水波及系数无影响。

(6)井距。以五点法井网为例(图 2-21),井网的横向井距与纵向井距有效比变大时,水平井产能先增大后减小,注水波及系数亦减小。随水平段长度与横向井距之比增加,水平井产能增大,但增大趋势逐渐减小,注水波及系数亦减小,注入水在水平井段上的突破点也随着水平段长度的增加而向水平井端点靠近。总体上,见水时间随井距的增大而增加。

(7)地层及流体参数(渗透率、储层厚度、流体黏度、流度比)。储层渗透率、厚度与井产量成正比关系,渗透率各向异性程度增强,井网的单井产能减小,扫油体积系数增大。流体黏度与井产量成反比关系。注水波及系数与储层渗透率、厚度、流体黏度有关,波及系数随流度比的增加而减小,见水时间随流度比的增加而增长。

(8)井网形式。目前,常见的水平井井网是水平井与直井联合的井网,一般水平井为采油井,直井为注水井或采油井,主要的井网方式有五点法、七点法、改进的七点法、九点法和改进的反九点法等井网,如图 2-22 所示。

不同的布井方式对开发效果影响显著。例如,在相同的井距和生产条件下,五点法井网见水时间最长,七点法和九点法见水时间相当。

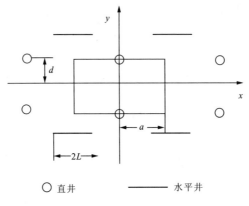

图 2-21 水平井五点法井网示意图

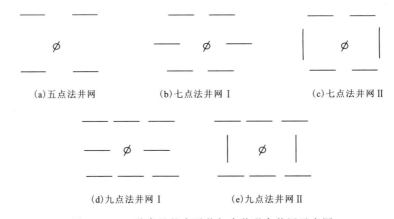

图 2-22 5 种常见的水平井与直井联合井网示意图

(四)水平井地质优化设计

水平井地质设计是水平井钻井施工的基本依据,也是水平井能否达到预期效益的保证,因此,在进行水平井地质设计时必须要有充分的油藏地质资料做保证。水平井地质设计需要的资料包括高精度地震资料、地质构造研究成果、储层评价资料、层内的隔夹层分布、流体及其界面研究成果等。有条件的油田或区块应该在油藏精细描述后的三维地质模型内进行优化设计,并且在水平井钻井过程中,根据随钻资料及时调整轨迹,确保水平井钻井成功率。

水平井地质设计主要技术指标包括以下几方面内容。

(1)水平井在油藏中的位置:指水平井设计时水平段所处的要钻穿的储层部位,如到储层顶(底)面的距离、到油水界面或油藏边界的距离等。如果是老开发区还要考虑水平井穿越剩余油分布区的位置,油藏类型、开发程度不同,水平井设计的位置也不同。

(2)储层钻遇率:指水平段长度与该段钻遇有效储层厚度的比值。通常情况下,储层钻遇率越高越好。

(3)隔夹层钻遇率:指在水平段内钻遇的隔夹层厚度与水平段长度之比或钻遇隔夹层的层数。

(4)水平段长度设计:水平段长度设计要综合考虑油藏特征、储层规模、流体分布以及已有井网等,一般水平段越长产量越高,但是相应成本也会增加,所以并非是水平段越长越好,建议采用数值模拟方法优选水平段长度。

(5)水平段方位设计:由油藏构造形态、流体或剩余油的分布、有效储层展布方向、沉积相带等因素综合确定。

(6)水平段的斜度设计:主要考虑有效储层三维空间展布情况,特别是在水平井方向上目的层顶面的起伏状况,原则上水平井段应该沿有效储层高部位设计,尽量避免穿越流体界面,具体设计时要考虑油藏的实际情况和水平井要完成的地质任务。

(7)靶点深度设计:主要是水平段第一靶点的海拔深度,靶点深度设计一定要准确无误,因为靶点深度误差直接影响水平井的着陆,资料显示,若靶心点预测垂直深度相差1m,着陆时将损失近30m油层段。

第四节　四维地震新技术

地震是石油勘探开发中不可缺少的技术之一,如果说二维地震是以盆地分析为中心,强调盆地的构造与地层对比的话,那么三维地震则是以油藏描述为目的,重点在于构造与地层的精确研究。目前正在迅速发展的四维地震技术则是借助于时间的变化对油藏中的流体存在特征进行差异性研究,目的是对油藏的开发动态进行及时管理。

常规的油藏管理中,人们利用测井、岩芯、地球物理、生产历史、试井等数据随时间的变化来研究油藏的动态变化,如油藏中地层压力、油气水的变化及温度的变化等。但是,常规油藏监测方法有一定局限性,它无法获得大量的井间信息。因此,提出了一种新的地震监测技术,即四维地震油藏监测技术。四维地震油藏监测是在油藏开采过程中,对同一油气田在不同的时间重复进行三维地震测量,利用井中数据对地震数据进行约束、校正及标定,然后将地震数据从井旁向井间外推,获取流体、地层压力和温度等油藏特征参数,把重复观测的地震数据进行差异分析,其差异就反映了油藏的变化,达到动态管理油藏的目的。

一、四维地震技术概述

20世纪90年代中期,出现了四维地震(4D Seimic)的概念,它是在三维地震的基础上将时间作为油藏动态描述的第四维,其中所考虑的时间不是指地震学中常用的术语毫秒,而是油藏动态监测中的时间概念,通常以若干年或若干月为单位,所以四维地震实质上就是在不同的时间单元内,根据油藏监测管理中的实际需要,对同一油藏进行理论上完全相同的重复性三维地震。将这些不同时间内完成的三维地震资料进行对比分析可以识别油藏内的流体变化,这就是四维地震(也称为时移地震)技术的基本工作方法。严格来说四维地震属于差时三维地震(TLS-Time-Lapse Seismic)的一种,而差时地震又属于地震油藏监测(SRM,Seismic Reservoir Monitoring)及油藏描述的一个方面(表2-13)。

表 2-13 四维地震与油藏描述之间的分支关系

研究内容（隶属关系）	使用资料				
	储层综合研究与动态观察	RD:各种资料（地震与非地震）			
		RD 的一个方面	SRM:监测储层内部的地震资料		
			SRM 的一个方面	TLS:重复性地震资料	
				TLS 的一个方面	4D:重复性三维地震资料
					油藏管理、生产决策、开发控制

注：RD 油藏描述；SRM 地震油藏监测；TLS 差时三维地震；4D 四维地震。

二、四维地震的数据采集及资料处理

四维地震数据采集一般要求前后采集的资料有较高的一致性，在观测系统上与老资料具有较好的相似性。

由于我们以前采集的三维地震资料没有考虑到今天要用于四维地震研究，加之以前地震资料采集仪器设备方面的局限性，老资料的设计思想和观测方式可能存在较大的缺陷，因此，在新资料野外采集时，不仅从设计上与老资料尽可能地保持一致，还应考虑新资料的改进对储层的成像认识以及对地下地质结构的细微变化的新认识。新采集资料的观测系统应包含老地震资料的观测系统，即在数据采集方面应具有类似计算机软件具有向下兼容的特点，但也不能为了只强调与老资料采集的一致性而降低新采集资料的标准。

野外采集参数对地震数据起着重要的影响，采集参数选择合适与否，直接导致四维地震采集的成功与失败。这些参数包括定位系统和精度要求、震源深度（指炸药和空气枪系统的深度）、震源组合（长度、宽度、采集点）、震源炸药的药量、可控震源参数（起始和终止频率、相位控制等）、接收器道数与排列长度、道间距、检波器线距、检波器组合、拖缆数目（海上采集）、炮线距、炮检距、覆盖次数、炮检距分布变化、三维采集中炮线和检波线模式。

四维地震资料处理，也称互均化处理，其目的是减少或消除由于非油气藏因素引起的地震资料的不一致性，只保留与油气藏反射有关的动态信息，同时尽可能地使由于油气藏改变而造成的地震响应得到最佳成像。

四维地震资料互均化处理一般分为叠前互均化处理和叠后互均化处理两部分。叠前互均化处理是为了减少和消除采集及处理环节带来的不一致性。叠后互均化处理就是通过比较叠后地震资料的差异进一步消除非生产因素造成的影响，但是不能完全消除非油气藏因素的地震响应，所以应提倡在叠前互均化处理的基础上，再进行叠后互均化处理，处理包括以下关键步骤：①综合利用已有的地震、测井、钻井、地质、开发等多方面资料，建立初始地质模型，用于指导资料处理；②消除地表因素影响，做好一致性处理，达到采集因素差异最小化；③互均衡（Cross-equilization）处理、匹配滤波来消除采集仪器因素的影响；④偏移后地震资料提高分辨率和信噪比处理；⑤叠后资料插值处理。

三、四维地震资料解释

经过采集与处理，四维地震资料能否真正的用于油藏监测与管理在很大程度上取决于对其的解释,解释的结果也直接影响四维地震的经济效益,包括计算和标定由地震属性变化所反映的油气藏特征变化,识别剩余油区、流体突破区、断层、温度和压力变化等,结合地震反演、属性参数提取和岩性预测等特殊处理手段研究油气藏特征及其变化,可利用 3D 可视化手段在 3D 空间进行识别、追踪、解释、成图、评价。四维地震资料解释方法可分为三大类。

（1）以差异数据体为基础的解释方法：它一般使用静态油气藏描述的方法,但值得注意的是,此时使用的资料是两次数据的差,这一点与静态油气藏描述有着本质的区别,物理含义也截然不同。

（2）以两个数据体油藏描述结果的差为基础的解释方法：即单独使用基础或监测数据体进行常规油藏描述,利用两次油藏描述结果的差异,来体现油藏的动态变化,这类方法可以使用所有常规油藏描述的方法。与常规油藏描述相比,它的优越在于,有不同时间的油藏描述结果互相约束、互相对比分析,这样不但可以了解油藏的动态变化,还可以改善常规油藏描述的精度。例如,单靠基础数据统计分析得出的孔隙度图无法剔除流体的影响因素,有了监测数据后就可以分离出流体成分,获得更准确的孔隙度图。

（3）以两个数据体混合使用为基础的交互解释方法：如交互模式识别技术,它利用基础数据和当时已知井的样本进行训练,得到判别准则,然后利用该判别准则对监测数据进行判别分析,通过两次判别分析结果的差反映油藏的变化。

此外,在四维地震解释方法中还有一个值得注意的方向就是地震油藏模拟,它将多次采集的、经过互均化处理后的地震数据作为油藏数值模拟的约束条件,从而提高了油藏数值模拟的精度和预测能力。

四、四维地震技术在油藏管理中的应用

近年来,四维地震油藏动态监测技术发展迅速,已成为一种新的油藏管理工具,已经比较成功地应用于多种不同的地理环境和地质条件,包括海洋和陆地、碳酸盐岩地区和碎屑岩地区,其研究油藏覆盖了多种油气开采方式,包括蒸汽驱、混相驱、CO_2 驱和注水开发等。虽然 4D 地震通过监测油藏所发生的变化来为油藏管理提供依据,但是具体地讲,其在油田开发中的应用又包括不断深化对油藏物性特征的理解、监测油气水的流动、确定剩余油的分布、分析压力和温度的变化以及为多学科综合研究成果的集成提供工具等。

（一）深化对油藏物性的描述及规律

四维地震的实质就是对同一油气田在不同的时间反复进行三维地震勘探,通过特殊的处理后进行解释,设法找出油气藏随时间变化的地震响应,进而精确描述油藏特征参数,包括储层分布、孔隙度和含油饱和度等,细化储层地质模型,为油藏数值模拟提供精确的数据。

（二）追踪油气藏的压力变化,分析油气水运动规律,确定剩余油分布

油藏压力场的研究贯穿于油气田开发的全过程。近年来实验研究表明,油气水混合比变化及有效压力下降会引起地震反射系数变化。在强化采油过程中,注水和注蒸汽会产生不同的地震响应,其声阻差异明显。世界上已经有几个油田成功地监测了水驱前缘与油气水界面的移动。当油气从油藏中流出时,岩石静压力与流体压力差增大,降低了含气砂岩的振幅,通过 4D 地震技术,分析不同时期重复进行的 3D 地震测量之间的振幅变化,再通过频谱滤波,在

时间域和空间域内追踪高振幅区的相似性、差异性和连续性,进而识别出由压力下降或水侵引起的振幅衰减区域以及由于气油比增大引起的振幅增大区域,同时,还可预测剩余油分布的高振幅区域。

该技术已由美国哥伦比亚大学和 4D 技术公司在墨西哥湾 Eugene Island EI330/338 油田的 LF 油藏中成功应用。LF 油藏位于墨西哥湾 A 断块(FBA)滚动背斜的翼部,是一个厚度约 36m 的更新世油藏。该油藏曾于 1985 年,1992 年和 1994 年进行过 3 次地震测量,在 1985 年的地震剖面上有大面积连续的高振幅区,只有部分由于开采引起的油水界面上移而产生的低振幅区。而在 1992 年和 1994 年的剖面上,高振幅区明显减少,只有断块下倾方向存在高振幅区,但油水界面并未沿构造倾向上移。1985 年和 1992 年剖面上的强振幅区在 1994 年的剖面上明显变弱,而开采资料表明,远离断层轴部的 A-11 井比位于翼部的 A-6 井产出更多的气,说明油气运动方向开始改变,由向上倾方向运动改变为向下倾方向运动,与传统的重力驱油作用的预期结果相反,其原因是压力降低使 A-11 井地区脱气。通过对比 3 次地震剖面,识别出在上倾方向存在油环,在 EI330/338 区块交界处存在剩余油。这些认识已初步得到了钻井的证实。

(三)成为多学科资料集成的纽带

四维地震用于油藏监测,涉及很多技术领域,除地质技术、三维地震技术、测井技术外,还涉及油藏特征分析技术、现代试井分析技术、油藏模拟技术及地震模型技术等,此外还应用了很多正在发展的钻井、完井、地震等方面的技术,如四维三分量横波地震技术、AVO 技术、多向钻井技术、四维地震重力梯度测井技术等,计算机技术是上述这些技术必不可少的手段。油藏监测是一多学科大规模的地学难题,至少需要 4 个不同领域的石油技术专家——油藏专家、地球物理学家、地质学家、石油物理学家通力协作,分析解释四维地震数据以监测油藏的变化。

(四)为油田开发实现计算机控制提供可能

4D 地震技术的目的是监测油气藏内流体运动及其压力、温度变化,达到提高油气藏采收率的目的。通过 4D 地震资料处理方法的不断改进,以及不同属性正、反演模型的有机结合,有可能使油藏工程人员实时地了解某一油气田所有井的压力、温度和产量的变化,可在采油工程、油藏工程、地质和地球物理人员综合评价各种资料时,应用可视化技术,从而交互地调整开发方案,控制油气藏的生产。

五、四维地震技术的发展前景

四维地震技术把时空观念引入到油田的管理和开发,给油田的生产和管理带来了观念的转变,对油气藏的合理规划和开采产生了积极的影响。四维地震技术最大的特点是通过观测随时间推移地震数据间的差异来描述地质目标体的信息变化,来认识储层内的动态变化,有效寻找剩余油气资源。但四维地震技术并不能应用于所有的油井或气井,其使用的基本条件是:在随时间推移的地震勘探观测过程中,被观测的地质目标体存在明显的储层属性(如储层压力、储层温度、岩石孔隙流体性质等)变化,并能导致岩石物理性质的变化,使地震波穿越地质目标时,可引起反射时间、反射频率、反射振幅的变化等,但这不是说四维地震技术就没有广阔的市场,以我国为例,目前国内油气田的平均采收率不足 40%,如果在勘探资金有保障的前提下,对部分油井或气井进行四维作业,可以使相当一部分老的油井或气井"返老还童",特别是许多油气田在二次开采、三次开采以及聚驱、水驱和气驱等开采中技术已达到或接近国际先进水平的情况下,采取四维地震技术对驱油、驱气过程进行有效观测,是提高采收率的重要环节,但由于四维地震技术对数据采集和数据处理的要求较高,不仅要尽可能地保持不同时间数据采集和数据处理的一致性,还要消除由天气、勘探设备、接收等因素改变引起的变化,从而使这一技术目前在国内乃至国际勘探界仍处于探索和完善阶段。

第五节 提高原油采收率技术

采收率是衡量油田开发水平高低的一个重要指标。它是指在一定的经济极限内,在现代工艺技术条件下,从油藏中能采出的石油量占地质储量的比率数。采收率的高低与许多因素有关,不但与储层岩性、物性、非均质性、流体性质以及驱动类型等自然条件有关,而且还与开发油田时所采用的开发系统(即开发方案)有关。同时,石油的销售价格和地质储量计算准确程度对采收率也有很大的影响。

提高采收率技术,即国外通常指的强化(EOR)和改善(IOR)采收率技术,可概括为改善水驱、化学驱、稠油热采、气驱、微生物采油和物理法采油六个方面。目前,进入矿场规模化应用的提高采收率技术集中在热采、气驱和化学驱三大类。热采产量在 $20.77 \times 10^4 m^3/d$ 以上,约占世界 EOR 总产量的 59.1%,气驱产量为 $9.21 \times 10^4 m^3/d$ 以上,约占世界 EOR 总产量的 26.2%,化学驱产量在 $5.18 \times 10^4 m^3/d$ 以上,约占世界 EOR 总产量的 14.7%。改善水驱技术在我国已提到了战略高度,微生物采油和物理法采油技术尚处于探索阶段。

世界提高采收率项目主要集中在美国、中国、加拿大、委内瑞拉和印度尼西亚 5 个国家。中国已成为世界提高采收率技术应用大国,蒸汽吞吐、聚合物驱和复合驱技术应用规模均居世界前列。

一、改善水驱技术

水驱是应用规模最大,开采期限最长,调整工作量最多,开发成本(除天然能量外)最低的一种开发方式。改善水驱技术按中、高渗透的高含水油藏和低渗透油藏两个方面进行概括。

(一)高含水油藏改善水驱技术

高含水油田储层以中、高渗透为主体,所占储量规模最大。随着开发程度越来越高,剩余油分布越来越复杂,高含水、地面设施老化和套管损坏等问题日益严重,给进一步提高采收率带来了严峻的技术与经济挑战。开发调整的做法可以概括为如下几个方面。

(1)层系划分越来越细,井网越来越密。我国大庆油田在基础井网上,已经实施了三次井网加密与层系重组。胜利油田形成了河流相储层分油砂体井网完善、三角洲相储层细分韵律层井网完善和多油层层系井网重组及立体开发等技术。

(2)注采系统调整力度逐渐加大。随着多层砂岩油藏不断的层系细分和井网加密,注采系统不断完善与强化。一方面,水油井数比逐渐增加,井距逐渐减小,并以增大驱替压力梯度、提高水驱控制程度为核心。另一方面,在油田开发后期,实施强化采液的同时,应采取各种措施降低无效注水量和产水量,通过提降结合,优化注采结构。

(3)水平井成为厚油层韵律段的挖潜手段。20世纪90年代以来,国外水平井技术已作为常规技术用于几乎所有类型的油藏,尤其是用于气顶、底水和裂缝性油藏的开发。在我国水驱开发油田,水平井主要用于正韵律厚油层顶部和断块油藏的开发。

(4)周期注水方法得到广泛应用。苏联,美国和我国王场、扶余、大庆等油田开展了周期注水的矿场试验,大都取得了积极的成果和新的认识,使周期注水方法成为改善油田水驱效果的一种措施和手段。

(5)调堵调驱技术普遍受到关注。调堵调驱技术以扩大波及体积为核心,该技术包括井筒控制的机械方法和化学方法,由于成本方面的优势,化学方法已经成为可适应不同油藏条件提高采收率的战略措施。另外,深部调剖技术已受到普遍关注。我国油田开发领域将油层深部调堵调驱技术看成水驱与三次采油相结合的"2+3"提高采收率技术,从解决层间逐渐向解决层内矛盾转移,实现了单井向区块转变,浅调向深调转变,单轮次向多轮次转变等三个转变,从作为降水增油的战术措施向提高采收率的战略措施转变,但仅处于研究试验阶段,还没有大规模推广应用。

(二)低渗透油藏改善水驱技术

世界上对低渗透油田没有统一的标准,苏联将储层渗透率小于$100\times10^{-3}\mu m^2$算作低渗透储层,美国把渗透率低于$10\times10^{-3}\mu m^2$的储层算作中-差储层,中国把渗透率为$(0.1\sim50)\times10^{-3}\mu m^2$的储层统称为低渗透储层。该类储层具有喉道半径很小、比表面积较大、黏土矿物发育、压敏效应强、裂缝发育等特点,在开采中一般难以建立有效的驱动体系,单井产量低,经济效益差,产量递减快,采收率低,甚至难以动用。为改善开发效果,除注气外,国内外发展了以下几种代表性的注水开发技术。

(1)超前注水开发。适用于压力系数较低、吸水能力较强的油藏。超前注水方式已在长庆油田推广应用,共动用地质储量$7.8\times10^8 t$,建成产能$462\times10^4 t$,超前注水对应852口井,初期平均产量比非超前注水区油井高1.35t/d,提高了20%~30%。

(2)采用大井距、小排距开发压裂一体化。针对低渗透油藏,通常采用人工裂缝,形成大井距、小排距的裂缝-井网模式,改变渗流场,克服启动压力梯度,有效建立驱动体系。对于天然裂缝发育的储层,采用沿裂缝方向注水的线性注水方式,最大程度地扩大注入水波及体积。

(3)实施活性水降压增注技术。苏联曾在罗马什金油田实施注表面活性剂试验(采用低含量活性剂,浓度为0.05%),平均每吨表面活性剂增油47.5t,提高采收率2%~6%。我国低渗透油田的活性剂驱油技术目前还处于室内研究阶段,在中原、河南、胜利、大庆等油田矿场试验表明,采用低含量活性剂体系是低渗透油田开展降压增注的一项有效增产措施,值得在低渗透、特低渗透油田推广。活性水增注技术的主要问题是油层吸附性较强,应当优选低吸附的表活剂或牺牲剂。此外,应高度重视表活剂与黏土矿物反应以及与原油乳化而增加的阻力。

(4)采取多井段分段压裂水平井技术。低渗透油藏水平井技术在美国和我国都得到广泛应用。目的是增大泄油半径、增加单井储量控制程度、提高单井产量,降低百万吨产能投资。

二、化学驱技术

化学驱是EOR的一个重要方面,是通过水溶液中添加化学剂,改变注入流体的物理化学性质和流变学性质以及流体与储层岩石的相互作用特征而提高采收率的一种强化措施。我国在化学驱方面,以大庆油田和胜利油田为代表,发展快速。其主要原因是我国储层为陆相沉积,非均质性较强,陆相生油原油黏度较高,更适合于化学驱。因此我国原油稳产的需求推动了化学驱技术的发展。

(1) 聚合物驱。聚合物驱主要靠增加驱替黏度,降低驱替液和被驱替液的流度比,从而扩大波及体积。大庆油田于1972年开展聚合物驱先导性现场试验,1993年开展工业化现场试验,1996年实施工业化推广,随着规模的不断扩大,目前已成为年产油1000×10^4 t规模、累计产油1×10^8 t 的EOR技术,同时在聚合物驱认识上、技术上都得到了长足的发展。大庆油田聚合物驱的对象,依据储层渗透率和厚度划分为一类、二类和三类储层。目前一类储层已经全面铺开,二类储层已经工业化推广,三类储层正在开展现场试验。一类储层聚合物驱的主要做法可以概括为如下几个方面:分子量逐渐加大到$2500\times10^4\sim3500\times10^4$;聚合物注入量不断加大到 1000mg/L;注聚浓度逐渐增大到 1300~2000mg/L;采用独立的层系井网;注重全过程调整;注重配套工艺技术。

(2) 复合驱。1994年以来,大庆油田采用进口表面活性剂开展了5个三元复合驱试验,取得了在水驱采收率基础上再提高20%的明显效果,并依此明确了三元复合驱为聚合物驱之后的三次采油主导技术。为了在油田全面推广,降低注剂成本,采取表面活性剂国产化路线,开展多个区块的三元复合驱工业化。针对矿场出现的问题,大庆油田已将三元复合驱作为储备技术,推广步伐趋缓。

国内目前也在探索以石油磺酸盐为主剂的弱碱驱和表面活性剂-聚合物二元复合驱。胜利油田在三元复合驱先导现场试验取得成功后,考虑到结垢和破乳难的问题,采取了二元复合驱的方法,使用以胜利油田原油为原料合成的石油磺酸盐作为主剂,通过与非离子表面活性剂之间的复配和协同效应,可以在无碱条件下达到超低界面张力,并于2003年在孤东七区西南部开展矿场先导试验,采收率可提高12%,解决了结垢和破乳难的问题,确立为复合驱主导技术,开始在油田全面工业化推广。

(3) 泡沫驱。20世纪50年代,Bond等提出利用泡沫降低气体流度的专利,1961年Fried提出利用泡沫降低气相渗透率,扩大波及体积,从而提高采收率。由于在油藏中难以形成稳定的泡沫体系,泡沫稳定性成为研究的重点。

(4) 聚表剂一元驱。聚表剂是近年来通过在聚丙烯酰胺分子上"接枝"多种功能基团而生成的一种新型化学注剂,也有人称之为功能聚合物或高分子表活剂。理化性能评价和岩芯驱替试验结果表明,聚表剂具有增黏、增溶乳化和吸附调剖多种机理及抗盐、抗氧和抗菌等功能。等效用量情况下效果好于三元复合驱(可提高采收率20%~30%),矿场试验见到初步效果。

(5) 聚合物驱后化学驱。大庆油田在聚合物驱后相继开展了高浓度聚合物、聚表剂和泡沫驱矿场试验。胜利油田在聚合物驱后开展了二元驱、泡沫复合驱、非均相二元驱和活性高分子驱油井组试验,取得了一定的增油效果。

三、稠油热采技术

从世界范围来看,热采是应用规模最大,也是最为成熟的EOR技术,是开采稠油(或重油)最为有效的方法。根据作用方式和作用机理,热采技术可以概括为蒸汽吞吐、蒸汽驱、热水驱、火烧油层和蒸汽辅助重力驱(SAGD)5个方面。

(1)蒸汽吞吐。蒸汽吞吐具有施工简单、收效快、风险小、适用性强等优势,因此成为广泛的热采方式。同时它也为蒸汽驱创造解堵、热联通和降低地层压力等条件。其主要局限性是作用范围小,为增温降压过程,采收率一般小于20%。随着开采对象逐渐变差,蒸汽吞吐技术在多井整体蒸汽吞吐、蒸汽+助剂吞吐和水平井蒸汽吞吐等方面不断发展。

(2)蒸汽驱。随着技术的不断进步,适合于蒸汽驱的原油黏度、深度、厚度、含油饱和度、渗透率、压力水平等界限也不断放宽,适用范围逐步扩大。近几年在蒸汽泡沫、凝胶调驱、分注选注、水平裂缝辅助蒸汽驱(FAST)、多层薄互层油藏利用热板效应逐层上返等技术取得了新发展。

(3)热水驱。热水驱由于热焓较低,提高采收率幅度较低,因而没有成为热力采油的主导技术。但与蒸汽驱相比,在流度控制和扩大波及体积方面占有优势,并且地面工程简单,从而在一定程度上得到了应用。热水驱还可以作为蒸汽驱或火烧油层的后续开采方式,充分利用热量,改善整体技术与经济效果。

(4)火烧油层。大规模实施火烧油层技术的主要有罗马尼亚、美国、苏联和加拿大,预计采收率平均为50%。火烧油层具有注入剂(主要为空气和水)来源广、价格低、油层中生热、热损失低、只烧掉原油中的焦碳物(重质组分)、可用于较深油藏(小于3500m)的特点。目前火烧油层技术正朝3个方面发展:一是以富氧、过氧化氢(H_2O_2)等为代表的燃烧物注入的多样化;二是以水平井辅助火烧油层(THAI)和重力辅助火烧油层技术(COSH)等为代表的新型助采技术的运用;三是火烧油层与蒸汽驱等开采方式的复合应用。

(5)蒸汽辅助重力驱(SAGD)。SAGD技术是针对特超稠油或沥青的开采,随水平井技术发展而发展起来的一种特殊的蒸汽驱技术原理。在加拿大、委内瑞拉和我国的辽河油田都得到了比较广泛的应用。SAGD技术已发展到直井注气水平井开采方式、水平井对同向注采方式、水平井对反向注采方式、单井SAGD技术、蒸汽-氮气辅助重力泄油方式(SAGP)、溶剂-SAGD方式等。加拿大不同类型的重油油田已开展了10多个SAGD试验区,并建成了7个商业化开采油田,SAGD开采方式最终采收率超过50%,最高可达70%。

四、注气技术

随着油田开发的需求、开发机理认识的深入和工艺技术的进步,注气技术不断得到发展,已从保持地层能量的二次采油技术发展到三次采油提高采收率技术的混相驱、非混相驱。按照注气的类型,可以将注气技术分为烃类混相驱、CO_2驱、N_2驱、烟道气驱和空气驱五类。

(1)烃类混相驱。烃类混相驱主要指通过天然气与原油的混相,气-液传质作用,气体的溶解使原油体积膨胀、黏度降低以及重力稳定驱替等机理提高原油采收率。由于注水可行更高且成本低,20世纪90年代后期,注天然气项目开始减少。与国外相比,我国开展天然气驱研究时间较晚,仅在长庆、吐哈、大庆、中原等油田进行了小规模试验。由于有较高的吸气能力,注天然气在低渗透油藏中对提高采收率具有一定的潜力。同时在一些地区,政府熄灭火炬计划也要求天然气回注,从而使天然气驱具有一定的前景。

(2)CO_2驱。一般情况下,CO_2在地层中处于超临界状态,在原油中具有较高的溶解性能和萃取作用,进而具有易形成混相状态和低界面张力、降低原油黏度及增加原油弹性能量等方面的机理,从而使CO_2驱成为重要的、最具前景的注气开采技术。由于陆相原油不易与CO_2混相,天然CO_2气源紧张,防窜、防腐技术尚未过关等条件的制约,CO_2驱在中国还未工业化推广,需要在以下几个方面进一步攻关:一是加强非混相或近混相机理的研究;二是攻关低成本的工业废气提纯技术和输送技术;三是加快现场试验步伐,形成完整的油藏、采油和地面工程等方面的配套技术。

(3)N_2驱。氮气的密度小于油藏气顶气的密度,黏度则与气顶气接近,并且具有良好的膨胀性,形成的弹性能量大,这种特性适合于块状油藏和倾斜油藏采用顶部注气按重力分异方式驱替原油,并且不存在腐蚀问题。氮气驱始于 20 世纪 70 年代中期,美国在这方面处于技术领先的地位。不仅在实验室进行了系统的实验研究,而且对不同类型油田的不同开采方式成功地进行了注氮气现场开发,并取得了一定的效果。我国注氮气提高采收率技术发展较晚,1995 年华北雁翎油藏开始了注氮气先导试验,至 1998 年底,提高采收率幅度只能达到 3%~5%。我国目前开展的注氮气矿场研究主要在低渗透油藏,对其他油藏类型还在试验阶段。由于油藏条件的不同,国内开展的氮气驱均为非混相驱。

(4)烟道气驱。烟道气驱组分中 80%~85% 的 N_2 和 15%~20% 的 CO_2 是其驱油的有效成分,作为驱油剂需要对其进行脱水、除尘。烟道气驱油机理主要是 CO_2 非混相驱和 N_2 驱,一般为非混相驱和重力驱。由于经济的原因(尤其是捕集、处理和输送的原因),导致其应用规模较小。但由于温室气体减排的要求,烟道气的埋存和利用正在引起高度的关注。

(5)空气驱。空气驱油机理包括烟道气驱油机理、升温降黏作用、混相驱机理和原油膨胀机理等。相比其他气驱来说,空气驱具有气源丰富、成本低等优点,是一种很有发展前景的提高采收率技术,比较适合高温油藏。但是由于地下氧化反应的不可控性、低温氧化导致油品性质变差以及腐蚀问题,目前空气驱项目很少。20 世纪 60 年代以来,国外在针对空气驱提高轻质油藏采收率的室内研究、数值模拟等方面做了大量的工作,现场空气驱油配套技术逐渐完善,各试验区块提高采收率 5%~15%。国内胜利油田、大庆油田进行了注水后期空气驱矿场试验,现场应用见到初步效果。随着国外空气驱配套技术以及国内中小型空气压缩机的迅速发展,以及低温氧化理论的进一步完善,有必要扩大空气驱现场试验规模。

五、微生物采油和物理法采油技术

(1)微生物采油。微生物采油技术(MEOR)具有成本低、作业简单、适应范围广、无污染等特点,被称为与热力驱、混相驱和化学驱具有同等地位的第四大提高采收率的技术。由于技术本身的复杂性和局限性,以及没有足够的矿场试验数据证明它的经济效果,该项技术还没有得到大规模工业化的应用。目前微生物技术已不同程度地应用于微生物单井吞吐、微生物调剖和微生物驱 3 个方面,在清防蜡、处理原油污染方面也得到了一定的应用。但随着生物工程技术的发展,微生物驱被看好是一项前景技术。采油微生物菌种的开发是微生物采油技术的首要问题。微生物驱与化学调驱等其他方法协同可以产生事半功倍的作用,将是微生物采油技术的发展方向之一。

(2)物理法采油。随着物理学新理论、新技术引入石油开采领域,逐步形成了以改善油水井近井地带渗透性、提高单井产量为目的的物理采油技术,主要包括机械波和磁处理两个方面,电磁波和微波也进行了探索。物理法采油技术具有适应性强、可以改善油层中油水相对渗透率、不污染油层、工艺简单等优点,还可以与化学驱优势互补,形成复合型技术。超声波采油、水力振荡解堵、低频振动处理油层、井下低频电脉冲和高能气体压裂等技术已在矿场尝试应用,但由于作用深度较小,作用强度低,不能解决能量补充等问题,还没有见到明显的效果,因此试验规模较小。物理法采油技术已经引起关注,但是作为战略性 EOR 手段还没有真正提到日程上来。

为了提高各类油气田的采收率,应综合运用各种水驱工艺技术,控制和改造陆相油藏高含水后期储层,实现注水开发的针对性和有效性。推广应用好常规稠油热采技术,同时提前储备超稠油、中深层、薄层水平井等开发技术。为适应温室气体减排的要求,在开展 CO_2 驱矿场试验的基础上,借鉴国外经验加快 CO_2 捕集与驱油埋存技术研究。化学驱技术向高温高盐油藏、大孔道油藏和聚合物驱后油藏发展。

第六节 人工智能技术的应用

人工智能(Artificial Intelligence,简称 AI):是一门综合性很强的边缘科学,诞生于 20 世纪中期,由专家系统、模糊理论、人工神经网络和遗传算法四大方向构成。近年来,该技术得到了迅速的发展,其研究对象进一步延伸,扩展到了所谓的智能活动的外围过程,如听觉、视觉、语言识别及应用等,使人工智能的研究范围更全面,更接近于人脑。

专家系统(Expert System,简称 ES):一类具有专门知识和经验的计算机智能程序系统,通过对人类专家的问题求解能力的建模,采用人工智能中的知识表示和知识推理技术来模拟通常由专家才能解决的复杂性问题,达到具有与专家同等解决问题能力的水平。其次,ES 是人工智能技术中发展最早、应用最广泛的一种技术,它主要解决非结构化的问题,如故障诊断、报警处理、系统恢复、检修计划安排和规划设计等问题。

模糊理论(Fuzzy Logic):是 L. A. Zadeh(扎德)教授于 1965 年创立的模糊集合理论的数学基础上发展起来的,主要包括模糊集合理论、模糊逻辑、模糊推理和模糊控制等方面的内容;Fuzzy 技术的发展大大增加了用智能方法进行识别聚类和分析时的有用信息,可以提高分析和识别的准确性,减少递归运算的次数,提高分析、识别及聚类的速度,在一定程度上解决了专家系统、模式识别的智能机器人中的一些问题。

人工神经网络(Artificial Neural Network,简称 ANN):是 20 世纪 80 年代以来人工智能领域兴起的研究热点。比专家系统、模糊理论具有更高的水平,ANN 是由大量处理单元互联组成的非线性、自适应信息处理系统,不仅能解决多维非线性问题,而且还能解决定性以及定量问题,是计算机与人工智能、非线性动力学、认知科学等相关专业的热点,是当今人工智能新技术,也是众多学科相互交叉的前沿学科。

最近十多年来,人工神经网络的研究工作不断深入,已经取得了很大的进展,除了具有专家系统、模糊理论所具有的推理外,还具有较强的形象思维能力、逻辑推理与归纳能力、分布式储存、联想记忆、并行处理和集体效应等一系列类似人脑作用机理的特点,并在模式识别、智能机器人、自动控制、预测估计、生物、医学、经济等诸多领域得到了广泛的应用,提高了人工智能的水平。

遗传算法(Genetic Algorithm,简称 GA):是模拟达尔文生物进化论的自然选择和遗传学机理的生物进化过程的计算模型,是一种通过模拟自然进化过程搜索最优解的方法。它是由美国的 J. Holland 教授 1975 年首先提出,其主要特点是直接对结构对象进行操作,不存在求导和函数连续性的限定;具有内在的隐蔽性和更好的全局寻优能力;采用概率化的寻优方法,能自动获取和指导优化的搜索空间,自适应地调整搜索方向,不需要确定的规则,可广泛地应用于组合优化、信号处理、机器学习、人工生命和自适应控制等领域,是目前有关智能计算中的关键技术之一。

石油工业领域所采集到的信息具有时间的非均质性、变异性、多样性和复杂性等特点,因而存在着大量不精确性、不确定性。对这些难题往往运用自然科学和技术科学的传统理论等方法很难对其处理与分析。AI 以其特有的分布处理、自组织、自学习、高度非线性和容错能力,大大弥补了油气工业领域中常规数值处理和分析方法的不足,因而在油气勘探和开采领域中得到了迅速的发展和广泛的应用。同时,随着石油行业人士对智能化油田、智能井、实时分析解释大量数据以实现工艺优化的热情和兴趣日益增长,对高效、稳定、耐用的智能工具的需求也大大增强。

近年来,AI 技术已在石油工业的许多领域得以应用,常见热门应用领域是地质、开发、油气藏工程、油气田开采和油气集输等(表 2-14)。

表 2-14 人工智能技术在石油各领域应用分类简况表

专业	分支领域
地质	盆地评价、沉积相分析、油气资源评价、勘探目标评价等
地球物理	测井解释、地震资料处理等
地球化学	岩石分析、气相色谱分析等
钻井完井	钻井过程控制、事故诊断、完井设计、地层伤害评价等
开发	油气田开发方案评价、三次采油方法选择、油气藏管理等
油气藏工程	试井解释、油气藏模拟、动态分析、水驱监测等
开采	采油气系统、开采过程控制与设计、酸化、压裂、防砂、堵水、机械采油诊断、仪器与故障诊断、监视、提捞作业等
油气集输、加工	管道检测、安全管理、油气机械设计、油气化学、炼制、油气加工等

一、人工智能技术在油气勘探中的应用

石油勘探开发领域涉及开放复杂巨系统问题,知识管理就显得极为重要。在油气勘探开发中,专家系统、遗传算法、人工神经网络技术作为人工智能的典型代表技术应用较为活跃,而人工神经网络技术在石油勘探开发领域应用最早,技术手段较为成熟,在油气勘探中主要应用有以下几个方面。

1. 预测渗透率

石油地质勘探及开发中渗透率是较关键的参数,利用传统回归分析法,通过建立孔隙度和渗透率的相关关系式,用孔隙度的资料来精确预测渗透率是很困难的,这种方法的预测结果往往忽视了最大值和最小值。相反神经网络系统可以预测渗透率的精确变化。预测渗透率的孔隙度资料可来自测井资料和钻井岩芯。BP(Back Propagation)网络(采用 BP 算法的多层神经网络模型)对预测渗透率较为有效。首先使用孔隙度值作为输入层,渗透率值作为输出层。这

里必须指出的是,输出层要包括样品的位置(即 x、y 和 z 坐标)及计算点邻近上下的几十个孔隙度值,最终仅输出一个渗透率值;然后再移动所要计算渗透率的点位,同样输出坐标及该点上下相邻的几十个孔隙度值,然后再输出一个渗透率值,如此往复,便可得出孔隙度与渗透率的非线性对应关系。

2. 自动识别岩性

识别岩性可利用反向传播算法(Back Propagation Algorthm,简称 BP 算法),这种方法对测井解释岩性较为有效。输入层为声波时差、电阻率、自然电位及自然伽马曲线等测井曲线的特征值,隐层由 3~5 层组成,输出层为泥岩、砂岩及灰岩的期望值。在具体计算过程中,输入层及隐层的多少通常凭经验获得,并没有严格的规则可循。

神经网络经训练后,便将已知深度的测井曲线赋予相应的输入神经元,这些值通过网络到达输出层,之后输出层就能识别出测井曲线上的输入值代表的特定岩性。通过选取岩类及输出神经元,便可识别岩性。

这种方法优于传统的图形交会法和统计法。若采用 BP 和 SA(Simulate Annealing,模拟退火算法)算法相结合,则判别岩性的正确率比单独使用 BP 算法要高。该方法具有良好的识别能力,它不需要像统计法那样复杂精细的预处理,并且有较高的容错性、方便性及良好的适应性。

3. 进行地层对比

地层对比对研究岩性、岩相及油气横向连贯等研究有重要的意义。神经网络结合有序元素最佳匹配进行地层对比,可以克服各测井参数值的不规则给地层对比带来的不良影响,并可简化对比方法,降低工作量,从而达到提高地层对比的精确性。利用该方法对地层进行对比主要有如下几个步骤:特征提取、网络训练、提取复合曲线、计算自动分层、自动确定关链层、自动对比地层。这里须指出的是,在地层对比过程中可将神经网络同经验及数学地质的其他方法相结合进行综合对比分析。这些方法包括因子分析、马尔科夫链、最优分割法、聚类分析等。

4. 描述油气藏非均质性

含油气岩石的孔隙度、渗透率、油气水饱和度为油气藏的主要非均质性参数,而实验室测定、测井解释及统计方法为这些参数主要获取途径。神经网络的出现使这些参数的预测更加可靠准确。在实际应用中可以把深度、伽马射线、体积密度及深感应测线输入到神经网络中,经过神经网络的训练,可得到渗透率、孔隙度等参数的预测值。

人工神经网络在石油领域方面的不断发展完善,尤其是它能解决各种非线性问题,这为神经网络在石油勘探及开发等诸多方面的应用开辟了广阔的天地。

二、基于遗传算法的地层压力实时监测

在钻井工程中,地层压力是一项很重要的参数。根据地层压力的变化,合理选择钻井液密度有利于套管柱的合理设计以及钻进安全。实施欠平衡或平衡钻井技术有利于油气藏的保护和提高钻速。而在新探区参照地层压力选择井位对提高探井的成功率有重要意义。

在计算地层压力时一般以泥岩正常压实趋势线的变化为依据,为了克服这种方法的局限性,用遗传法来直接计算地层压力。

1. 遗传算法简介

遗传算法是模拟自然界生物进化过程与机制求解极值的一种自组织、自适应人工智能技术。它模拟了孟代尔和达尔文进化论的遗传变异理论,提供从智能生成过程的观点对生物智能的模拟,适合于非线性以及线性的任何类函数,具有可实现的并行计算行为,能解决任何实际问题,具有广泛的应用价值。研究者对遗传算法的基本操作,如选择、杂交(重组)和变异等,已提出了一些参考算法可供借鉴和使用,根据具体要解决的问题生成遗传算法使用的初始群体即可。用遗传操作来实现群体的进化,最后会得到使目标函数计算值满足给定误差要求的最优解。基本流程如图 2-23 所示。

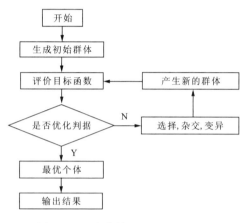

图 2-23 遗传算法的基本流程图

在应用遗传算法解决具体问题时,要做两方面的工作:一是根据求解问题的参数值域以及个数生成初始群体;二是由目标函数建立一个适应度计算函数。最简单的目标函数形式可表示成:$\dfrac{1}{|目标函数的计算值-目标函数的测量值|+0.01}$。设目标函数的测量值为 f_1,计算值为 f_2,进而适应度计算函数为 $F=\dfrac{1.0}{abs(f_1-f_2)+0.01}$ 在分母中包含一个常数 0.01 是为了防止分母为 0 而产生无解的错误。

2. 用遗传算法计算地层压力使用的新模型

(1)钻速模型。

$$v = \frac{5.068(W-m)J^{a_1}Z}{2k_d \exp(a_2 p)R}$$

$$p = 9.8056 \times 10^{-3}(\rho - \rho_o)H$$

$$J = \frac{6748.65 q^2 \rho \sum_{j=1}^{n} d_j^4}{7.5(\sum_{j=1}^{n} d_j^2)^4} \tag{38}$$

式中:v 为机械钻速,m/h;W 为钻压,kN;Z 为转盘转速,r/min;k_d 为可钻性极值,是待定常数;J 为钻头有效喷嘴水功率,kW;R 为钻头直径,mm;p 为拟井底压差,MPa;ρ 为钻井液密度,g/cm³;ρ_0 为地层水密度,g/cm³;H 为井深,m;q 为排量,L/s;d_j 为钻头喷嘴直径,mm;a_1,a_2,m 为待定常数。

(2)模型原理。

拟井底压差 P 是根据钻井液密度和地层水的密度计算出来的。如果根据实钻数据提取得到的井底压差系数 a_3,在异常压力层段比正常压力井段呈现出下降趋势,并且压力越高下降越快,便可把地层压力信息从钻速中直接分离出来。在用遗传算法得到钻速中的待定常数 a_1,a_2,m,k_d 后,可计算井底压差为 0 时的机械钻速 v_0,v_0 除以实测机械钻速 v 可直接得到压力计算模型,用遗传算法直接计算出地层压力。

对一个系统而言,系统的特征是由其特征参数确定的,系统的行为是由控制变量确定的。对钻进过程而言,特征参数是钻速方程中反映钻头和地层相互作用的那些待定参数,而控制参数是钻压、转速等这些操作参数。用遗传算法计算地层压力一定要在算法上仔细设计。由于在钻井工程中用统计分析的方法较多,而很少使用遗传算法,在某种意义上遗传算法解决了用回归分析解决的问题。用回归的方法确定一个地区的钻速方程,要收集大量的数据,这些数据是操作参数和机械钻速的对应组合。使用回归方法求出这些特征参数的统计平均值,而用遗传算法解决特征参数的提取问题时,使用的数据则是一组操作参数和对应的机械钻速,并根据经验给出特征参数的解空间(大量的特征参数的组合),通过有指导地随机搜索,在解空间中寻找最优的特征参数。如果初始解空间中没有找到最优解,程序利用选择、重组、变异等遗传算法改变解空间直到找出满足要求的最优解。

三、压裂方案经济优化智能专家系统

常规压裂方案经济优化的一个突出问题是可供选择的压裂方案太少,实际上仅相当于求局部最优解而非全局最优解。另外,常规压裂方案经济优化方法还具有很大的局限性,如要求设计人具有丰富的现场经验,以及熟练的裂缝模拟和油藏模拟软件的操作技能等。为此,蒋廷学、汪永利、丁云宏等设计了一种智能化的压裂设计专家系统,采用随机生成的办法,先随机生成几十个、上百个待选压裂方案,然后运用遗传算法的变异和杂交两种方法对诸多压裂方法进行优选,经过多代遗传变异后,最终可以形成依据经济净现值大小排序的压裂方案系列,进而从中选出最优方案。同时,智能专家系统考虑了油价和利率在特定范围内的随机波动,因而是一个符合实际的模型,经现场实验,取得了比常规压裂更好的效果。

1. 智能专家系统的结构设计

所谓智能专家系统,即是指在进行压裂方案的经济优化时,当给定油藏地质参数后,模型能自动给出净现值最大的优化方案,即使是不懂压裂专业的人员,也能正确设计出最佳的压裂方案,其结构见图 2-24。

2. 数学模型的建立

(1)经济净现值评价模型。

$$NPV = \sum_{t=1}^{N} \frac{q_o \left[K_e, h_e, \varphi_e, \chi_f(K_f \omega_f), \Delta p, \mu_o, t \right] \cdot p(t)}{I(t)} - C \tag{39}$$

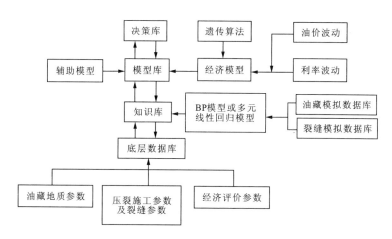

图 2-24 压裂方案经济优化的智能专家系统逻辑结构图

式中：N 为计算的月份，$q_o[K_e,h_e,\varphi_e,\chi_f,(K_f\omega_f),\Delta p,\mu_o,t]$ 为压裂后第 t 个月的总产量，t；K_e 为储层有效渗透率，$10^{-3}\mu m^2$；h_e 为储层有效厚度，m；φ_e 为储层有效孔隙度，%；χ_f 为裂缝的支撑半缝长，m；$K_f\omega_f$ 为裂缝导流能力，$\mu m^2 \cdot cm$，其中 K_f 为在储层的闭合压力下的渗透率，μm^2，ω_f 为裂缝支撑缝宽，cm；Δp 为压裂后生产压差，MPa；μ_o 为地下原油黏度，$MPa \cdot s$；$p(t)$ 为压裂后第 t 个月的油价，元/t；C 为不同压裂方案的施工总成本，元；$I(t)$ 为压裂后第 t 个月的贴现率。如用单利法，则 $I(t)=1+t_i$；如用复利法，则 $I(t)=(1+i)^t$，i 为利率。

(2) 压裂后月产量模型的建立。

在精细评价储层地质参数的基础上，可用油藏模拟软件考察不同支撑半缝长、导流能力和时间下裂缝井的产量动态。为将压裂后月产量表达为上述 3 个参数间的定量关系式，初步选定 10 种支撑半缝长，按穿透比划分为 0.1,0.2,0.3,…,1.0，导流能力选 3 种，初步确定：最小值为 $10\mu m^2 \cdot cm$，平均值为 $15\mu m^2 \cdot cm$，最大值为 $20\mu m^2 \cdot cm$，共须进行 30 次油藏模拟计算。计算时间以经济评价的年限为依据。

有了油藏模拟结果，再采用多元非线性回归法来拟合压裂后产量与有效渗透率、有效厚度、有效孔隙度、支撑半缝长、导流能力、生产压差、地下原油黏度及时间的关系。

利用多元非线性回归法，假设压裂后月产量 $q_o(K_e,h_e,\varphi_e,X_f,(K_f\omega_f),\Delta p,\mu_o,t]$ 与有效渗透率 K_e、有效厚度 h_e、有效孔隙度 φ_e、支撑半缝长 X_f、导流能力 $K_f\omega_f$、生产压差 Δp、地下原油黏度 μ_o 和时间 t 的关系式为：

$$\begin{aligned}q_o[K_e,h_e,\varphi_e,\chi_f,(K_f\omega_f),\Delta p,\mu_o,t]&=a_0+a_1K_e+a_2h_e+a_3\varphi_e+a_4X_f+a_5(K_f\omega_f)+a_6\Delta p\\&+a_7\mu_o+a_8t+a_9K_e^2+a_{10}h_e^2+a_{11}\varphi_e^2+a_{12}x_f^2+a_{13}(K_f\omega_f)^2+a_{14}\Delta p^2+a_{15}\mu_o^2+a_{16}t^2+a_{17}K_eh_e\\&+a_{18}K_e\varphi_e+a_{19}K_e\chi_f+a_{20}K_e(K_f\omega_f)+a_{21}K_e\Delta p+a_{22}K_e\mu_o+a_{23}K_et+a_{24}h_e\varphi_e+a_{25}h_e\chi_f\\&+a_{26}h_e(K_f\omega_f)+a_{27}h_e\Delta p+a_{28}h_e\mu_o+a_{29}h_et+a_{30}\varphi_e\chi_f+a_{31}\varphi_e(K_f\omega_f)+a_{32}\varphi_e\Delta p+a_{33}\varphi_e\mu_o\\&+a_{34}\varphi_et+a_{35}\chi_f(K_f\omega_f)+a_{36}\chi_f\Delta p+a_{37}\chi_f\mu_o+a_{38}\chi_ft+a_{39}(K_f\omega_f)\Delta p+a_{40}(K_f\omega_f)\mu_o\\&+a_{41}(K_f\omega_f)t+a_{42}\Delta p\mu_o+a_{43}\Delta pt+a_{44}\mu_ot\end{aligned} \quad (40)$$

将式(40)转化为 44 元线性关系式，然后用最小二乘原理，可最终求出式(40)中的 45 个系数。

(3) 压裂工艺参数间定量关系模型。

压裂工艺参数主要包括注入排量 q、支撑剂铺置浓度（与裂缝导流能力 $K_f\omega_f$ 对应）及前置液百分数。裂缝参数主要包括支撑半缝长 χ_f 与裂缝导流能力 $K_f\omega_f$。油藏地质参数主要包括有效渗透率 K_e、有效厚度 h_e、有效孔隙度 φ_e、与上隔层就地应力差 $\Delta\delta_1$ 及与下隔层就地应力差 $\Delta\delta_2$。上述三类参数中,独立参数实际上为 9 种,即注入排量、裂缝导流能力、前置液百分数、支撑半缝长、有效渗透率、有效厚度、有效孔隙度、与上隔层就地应力差和与下隔层就地应力差。在三维裂缝模拟软件上,可用上述 9 项参数模拟出须用到的压裂液总量和加砂量(石英砂或陶粒砂)。而压裂液总量和加砂量是计算不同压裂方案成本的主要指标。因此,由裂缝模拟结果可分别建立压裂液总量及加砂量与上述 9 项参数间的非线性对应关系。

四、ANN 在储运工程中的应用

在油气储运研究中,其问题一般都具有规模大、试验数据少且是非线性的特点。如果用一般的方法处理,不仅求解难度大,而且处理效果达不到预期要求。因此,将人工神经网络引入储运工程的研究中,提供了解决问题的新途径,并显著降低了问题研究的难度。因此,本书将从管道综合可靠度中的决策评价和天然气消费的预测两方面来探讨神经网络在储运工程中的应用。

1. 人工神经网络技术在评价管道综合可靠度决策中的应用

管道运输的技术可靠性、风险性和安全性历来备受人们关注。管道工程属于柔性、多自由度的结构体系,不同于建筑结构。在进行结构可靠性分析时,多会从最基本的一根管子出发,总体上看为一个或多个基本单元的串联、并联、串并联、网格系统进行研究。管道综合可靠度显然是一个多维非线性函数,而采用神经网络模型可以发挥其非线性映射能力强、建模快的优势,尤其对管道统计数据模糊、不完整结构的缺陷可以进行智能化处理。

首先建立具有评估结构能力的两层前向神经网络(图 2-25)。根据可靠性理论,管道的结构应力函数(41)是一个关于时间的多变量随机过程。运用两层前向神经网络,将代表结构抗力的 7 项指标映射为 4 大指标,即代表结构抗力的强度抗力、几何变形抗力、系统联接抗力和管道防腐抗力。

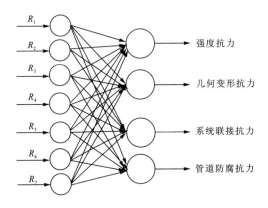

图 2-25 两层前向神经网络图

$$结构应力函数:R = g(R_1, R_2, R_3, R_4, R_5, R_6, R_7, T) \tag{41}$$

式中:R_1 为容许剪切应力;R_2 为容许拉应力;R_3 为屈服强度;R_4 为焊缝强度指标;R_5 为管材韧性指标;R_6 为管道的刚度和稳定性要求;R_7 为管道的防腐能力;T 为时间。

其次，建立三层前向神经网络模型(图 2-26)。在这个三层前向神经网络模型中，输入层神经元代表荷载组合、管材物理特性、管道几何尺寸和介质输送温度以及时间等构成的参变量，隐层神经元的输入代表荷载组合产生的荷载效应，而输出是基于可靠度原理的失效模式评估表达式，输出层为管道结构综合可靠度的评价指标，隐层激发函数采用 Sigmoid 函数。这样，将代表失效模式的 4 个隐层神经元视作一个串联系统，输入层到输出层的映射可以用串联系统的可靠度计算模型确定。

$$荷载效应函数：S = f(S_1, S_2, S_3, S_4, T) \tag{42}$$

式中：S_1 为荷载组合；S_2 为管道几何尺寸；S_3 为管材物理特性；S_4 为介质输送温度；T 为时间。

$$管道结构的综合可靠度：P_R = P(Z = R - S > 0) \tag{43}$$

式中：P_R 为综合可靠度；P 为概率；Z 为可靠度；R 为结构应力函数；S 为荷载效应函数。

为使多层前向人工神经网络的输出尽可能与期望输出一致，可以通过网络的学习或训练来达到这一目的。采用有导师学习类型，通过试验获得反实际系统输入、输出关系的数据，将这些数据作为网络训练的学习样本。在计算中不断修正网络，使误差控制在最小范围内。这样，将不同的荷载组合方式输入网络，计算出与结构相应的荷载效应值，并与相应的结构能力比较分析就可以得到对应的综合可靠度水平。

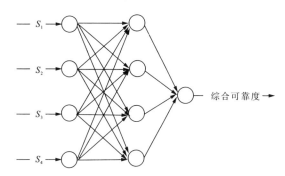

图 2-26 管道结构综合可靠度三层前向网络模型示意图

2. ANN 在天然气消费中的预测应用

天然气的消费具有随时间不均匀性的特点。通过预测天然气的消费，绘出天然气需求量曲线图，以输气干线的输气值为基准线，则可确定调峰用气量。但是天然气的消费规律十分复杂：第一，时间性强，冬天用气量大，其他季节相对较少，在一天之中就餐时间用气量大，其他时间用气量小；第二，天然气消费与天气、温度甚至当地居民生活习惯、用户类型有关。天然气消费预测与许多因素相关，各个因素之间互不联系，使系统存在分散性、随机性、多样性。对于这样复杂的问题，运用常规的数学方法很难计算，同时也得不到理想的结果。而人工神经网络技术则可以避免这些困难，将显式函数的自变量和因变量变为网络的输入输出，使传统的函数关系转化为高维的非线性映射。现介绍一种基于自适应反馈预测模型(Adaptive Feed Forward Forecaster, 简称 AFFF)和自适应函数连接预测模型(Adaptive Functional Link Forecaster, 简称 AFLF)的天然气日消费组合预测模型(图 2-27)。该模型由两部分组成，第一部分中两种自适应 ANN 预测模型将并行计算并得到各自独立的天然气日消费预测值，这些结果将输入到第二个部分的组合预测模型中进而得到最终预测结果。

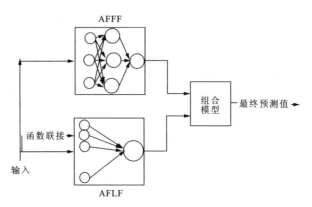

图 2-27 AFFF 与 AFLF 组合预测模型示意图

在这个模型中 AFFF 是一个含有 Sigmoid 节点和基于容错训练的 BP 三层反馈感知器神经网络。AFFF 的输入向量包括以下参数：过去两天日消费量 $G(k-1),G(k-2)$；过去两天的日平均温度 $T(k-1),T(k-2)$；过去一天的日平均风速 $W(k-1)$；预测日的预测平均温度 $T(k)$；预测日的预测平均风速 $W(k)$。所有这些输入值均应标准化在 $[0,1]$ 之间。AFFF 的唯一输出节点就是预测日的日消费量 $G_1(k)$。与传统的反馈 ANN 不同，AFFF 是自适应预测器，在线预测时要根据当天的实际情况不断地改变网络的权重。

另一个预测模型 AFLF 是一个无隐层的含有 Sigmoid 输出节点和基于 BP 学习规则的两层反馈神经网络。AFLF 的输入向量类型与 AFFF 一样，但在输入前要采用非线性方法将训练样本处理后再输入网络，输入向量有：前一日消费量函数 $G^2(k-1),\cos[\pi,G(k-1)]$；前一日温度函数 $T^2(k-1),\cos[\pi,T(k-1)]$；预测日预测温度函数 $T^2(k),\cos[\pi,T(k)]$。G、T 值域 $[0,1]$。AFLF 的唯一输出值就是预测日的日消费量 $G_2(k)$。与 AFFF 一样，AFLF 在线预测时也要不断改变网络权重。

在得到 G_1 和 G_2 值以后，通过线性或非线性的方式进行组合求解并得到最终的天然气日消费量的预测值。常用的组合方式有平均值法、最小二乘回归法、模糊逻辑法、自适应反馈 ANN 法、自适应函数连接 ANN 法等。

第七节　非常规油藏开发技术

一、非常规油气藏的定义

在常规油气资源逐渐枯竭、油气产量下降以及世界各国对油气需求日益增加的供需矛盾下，勘探开发非常规油气资源已势在必行。近年来，随着勘探、开采技术的发展，非常规油气资源已得到一定规模的开发，对常规能源形成了重要战略性的补充。在不久的将来，非常规油气资源的大规模开发必将颠覆以常规油气资源为核心的全球能源格局，形成以新兴非常规油气资源为中心的新能源格局。

非常规油气资源是与常规石油、天然气资源相对而言的，不同学者对其有不同的理解，目前并没有十分明确的定义。一般来讲,非常规油气资源通常是指在气藏特征、成藏机理、赋存状态、分布规律及开采技术等方面有别于常规油气藏、不能完全用现有常规方法和技术进行勘探、开发与加工的石油天然气资源,可分为非常规石油和非常规天然气。非常规石油资源主要包括致密油、页岩油、稠油、油砂、油页岩等,非常规天然气主要包括致密气、页岩气、煤层气、甲烷水合物等。其中资源潜力最大、分布最广,且在现有的技术和经济条件下最具有勘探开发价值的是稠油、致密油气、页岩油气和煤层气等。

非常规油气藏在全球分布十分广泛,是世界上待发现油气资源潜力最大的油气资源类型。我国非常规油气藏分布亦十分广泛,无论是在中部的鄂尔多斯盆地和四川盆地,还是西部的塔里木、准噶尔、吐哈盆地,以及东部的松辽盆地、渤海湾盆地等均有广泛分布,而且资源潜力巨大。

二、非常规油藏与常规油气藏的区别

目前,世界石油天然气工业已进入常规油气与非常规油气并重发展的时代,而且非常规油气在世界油气新增储量和产量中所占的比例越来越大,对非常规油气的勘探开发已成为世界石油与天然气工业发展的必然趋势和必由之路。

一般认为,非常规油气是一个动态的、主要受开采技术影响的概念。常规油气与非常规油气的界定是人为的,大多从地质特征和勘探角度、经济效益和开采技术角度进行界定,二者的区别也就主要体现于二者的界定标准。

从地质方面来讲常规油气藏与非常规油气藏的区别主要是常规油气藏油气运聚动力是浮力,而非常规油气藏的运聚动力主要是膨胀压力或者生烃压力。常规油气藏的储层主要是中、高渗透率的储层,而非常规油气藏的储层则是低渗透率储层。非常规油气藏没有油水界面,而常规油气藏有油水界面。常规油气藏的流体压力主要是常压,而非常规油气藏是有由超压向负压最终到常压的旋回变化,超压是油气向低渗透致密储层中充注运移的主要动力,主要是由邻近的烃源岩在大量生烃期间所产生,并在幕式排烃过程中传递到储层中(表2-15)。

表2-15 常规与非常规油气藏特征对比表

油气藏类型 圈闭特征	非常规油气藏	常规油气藏
圈闭储层	低渗透致密地层	中高渗地层
圈闭盖层	不需要直接盖层	需要直接盖层
充注动力	以超压为主	以浮力为主
渗流方式	低速非达西流	达西流
圈闭形态	受超压梯度和岩石物性控制,具有不规则烃水边界和形态	受构造和遮挡层(盖层)形态控制,一般有规则的烃水边界
油(气)水关系	油(气)水混杂、分异差或形成油(气)水倒置的动态界面	受重力分异,油(气)在上,水在下,有明显的油(气)水界面
流体压力	有由超压向负压最终到常压的旋回变化	主要是常压
圈闭分布	在地层中可大面积连续分布	在地层中一般是局部非连续分布
含烃饱和度	一般大于35%	一般大于50%

从开发技术角度来看,非常规油气为只有采用最先进的开采技术组合才能采出的油气或为普通勘探开采技术难以表征和进行商业性生产的油气。从经济方面来讲,次经济和经济边缘的为非常规油气,经济的为常规油气。但随着勘探开发技术的进步,人们认识油气藏能力的提升、先进开采技术的常态化应用和开采成本的大幅降低将使部分非常规油气资源转变为常规油气资源。

三、非常规油气藏开发的关键技术

由于非常规油气藏的特殊成藏机理与赋存状态、复杂的储层特征与流体性质,使其规模、效益开发难度极大,必须要有针对性的特色勘探开发技术。国内外长期针对稠油、致密砂岩油气、页岩气、煤层气等的勘探开发实践,形成了一系列较为成熟有效的核心技术,这些技术各展所能、相得益彰,推进了非常规油气资源的勘探开发进程。主要包括地震叠前储层预测、缝洞储层定量雕刻、水平井钻井(参阅本章第四节)、大型加砂压裂、微地震检测、稠油热采共6项核心技术。其中高精度的储层预测技术和使油气藏形成规模开发的提高单井产能技术是技术攻关的重点,也是非常规油气藏能否大规模有效益地开发的关键。另外,储层评价、产能评价、储层保护、钻井与生产污水处置等技术也是非常规油气藏能否成功开发的重要技术。

(一)地震叠前储层预测技术

地震反演根据地震资料的不同分为叠前和叠后,叠后是指对常规水平叠加数据的反演,即零偏移距地震数据的反演,叠前反演是指对非零炮检距地震数据的反演。地震叠前反演技术是利用叠前 CRP(Common Reflection Point)道集数据、速度数据(一般为偏移速度)和井数据(横波速度、纵波速度、密度及其他弹性参数资料),通过使用不同的近似式反演求解得到与岩性、含油气性相关的多种弹性参数,并进一步用来预测储层岩性、储层物性及含油气性。

由于实际的地震资料并非自激自收的地震记录,地震资料的野外采集是多炮多道的观测系统,每一个炮集或道集均记录了不同炮检距的反射信息,即每一个 CDP(Common Depth Point)点或 CMP(Common Middle Point)点记录的不同道集具有不同的炮检距,每一道上的反射振幅随炮检距不同而变化,尤其在炮检距变化范围较大时,AVO(Amplitude Versus Offset,振幅随偏移距的变化)问题便更加突出,而且随炮检距的变化,子波的频率和相位也在变化,因此水平叠加必然会导致信息的丢失。用叠后资料做反演,在进行油气预测时,预测的精度和成功率会受到影响。AVO叠前反演使用的是叠前道集,反演的参数考虑了入射角因素,并与纵波速度、横波速度、密度参数有关,因此,叠前地震包含了大量的地震信息,既包括纵波也包括横波信息,使反演获得的岩性、物性信息更加丰富、可靠。比如,储层物性参数变化时,在纵波和横波信息上有着显著不同的表现,利用这种显著差异性,可以实现储层和流体准确成像,这在单一叠后纵波资料上无法完成。

近年来,非常规油气勘探开发对地下储层预测和油气分布的成像精度要求越来越高,物探地震叠前预测技术受到各大石油公司的高度重视,国内外均投入了很大的力量进行相关领域新技术的研发及应用研究。目前,地震叠前储层预测技术已进入大规模工业化应用阶段。

国外地震叠前储层预测技术发展迅速、方法类型多样,并推出了功能齐全、特色各异、综合性强的商用软件。国内随着勘探开发对象由中高渗碎屑岩常规储层向致密砂岩、缝洞型碳酸盐岩等非常规储层转变,已开展了地震叠前储层预测技术研究,形成了以面向地震叠前反演的保真精细处理、基于岩石物理分析的敏感因子优选、层序格架约束下的层位精细检测配套技术系列。同时,强化应用基础研究,探索了岩性阻抗反演、流体阻抗反演、弹性阻抗反演、叠前同步反演、波动方程叠前弹性参数反演、多波波动方程同时反演、PGT(Pouered Gomma-gamma Tool)含气饱和度定量预测等叠前储层预测、流体检测新技术,为进一步提高非均质储层预测精度奠定了基础。

此外,近年国内石油公司还开展了全数字三维地震采集处理、高密度地震采集处理等配套技术攻关,使得地震叠前道集数据的分辨率、保真度有了较大幅度的提高,地震面元的方位角、炮检距、覆盖次数等属性分布更加均匀,为进一步提高地震叠前储层预测应用效果提供了保障。

地震叠前储层预测技术在各探区均见到了明显的应用效果。如在四川龙岗地区深层碳酸盐岩气藏识别应用中,礁气藏预测符合率为75%、滩气藏符合率为88%,在四川盆地须二段地震叠前含气性预测中,符合率大于80%。

(二) 缝洞型储层定量雕刻技术

缝洞型储层泛指以裂缝及洞穴为油气储集空间的储层。这类储层岩性有火山碎屑岩、岩浆岩、变质岩及碳酸盐岩,且以碳酸盐岩居多,其储集空间和渗流通道以裂缝及与其连通的溶孔、溶洞为主,此类储层通常为高渗透性储层。现有资料表明,全世界已探明的石油资源量有一半以上蕴藏在碳酸盐岩中。我国的碳酸盐岩分布也十分广泛,主要分布在塔里木盆地、鄂尔多斯盆地、四川盆地、渤海湾盆地以及中国南方和海域相关的盆地,其最大沉积岩厚度可达6000m,发育有四套烃源岩,即下寒武统、下志留统、上下二叠统、下三叠统。因此,缝洞型油气藏是我国油气勘探、开发中的一种十分重要的油气藏。越来越多的地质学家和地球物理学家认为,未来的很长一段时间内,缝洞型油气藏将是我国乃至世界勘探、开发最主要的油气藏类型之一。

缝洞型储层受沉积、成岩和断裂共同作用控制,具有极强的非均质性,一般基质孔隙不发育,形成产能主要依靠有效发育的裂缝和溶孔、溶洞。缝洞型储层又具有多尺度性,有矿物尺度、岩石尺度、地层尺度和地质尺度的缝洞,由于地震勘探目前的分辨率只能达到几米到十米,除了地质尺度的大型缝洞体之外,多数单个缝洞是无法用地震勘探方法分辨和识别的,但众多细小缝洞组成的缝洞系统或缝洞发育带可能被检测到。用钻井、测井方法可以识别局部井点缝洞发育情况,但又难以控制缝洞系统横向的不均匀性变化规律。

1. 缝洞储层的地震识别

缝洞型储层前期研究主要是利用地震剖面"相面法"进行定性识别目标,但是由于受深层地震资料信噪比低的影响,缝洞难以精确成像。近年来,已有学者对缝洞储层定量雕刻技术攻关成功,初步实现了复杂缝洞型储层的雕刻与定量化评价,已在塔里木盆地奥陶系、鄂尔多斯盆地奥陶系等缝洞型油气勘探发现中发挥了关键的作用。

钻井前,缝洞型油藏没有其他地质及相关资料可用,其储层的雕刻主要依靠地震资料,以高保真地震成像处理为前提,以模型正演和岩石物理分析为基础,通过"三定法",实现缝洞型储层或油气藏的定量化预测。"三定"指的是:①定位置,利用高精度三维地震和各向异性偏移技术,实现地震信息的高精度成像;②定形态,利用振幅雕刻技术和方位方向异性技术,实现缝洞体系立体描述;③定规模,利用岩石物理分析和正演模拟技术,实现储集空间定量化预测。

碳酸盐岩缝洞体系地震定量雕刻技术系列包括 4 项核心技术:①井控地震保真处理技术,能够促进地震剖面串珠反射更加清晰、数量明显增多;②叠前地震偏移技术与各向异性处理技术,能够精细刻画不同级别的断裂系统;③溶洞模型正演技术,能够建立缝洞大小,填充与地震响应图版;④三维可视化雕刻技术,能够对裂缝、溶洞进行独立雕刻和融合研究,分析缝洞系统的连通型,精细描述缝洞的空间信息。

2. 缝洞型储层的测井识别

油气藏钻井开发后具有丰富的钻井、录井、测井等资料,可实现对储层的定量化精细描述。但是对于缝洞型储层,传统常规测井信息及测井解释理论难以准确地描述此类复杂储层的四性特征和定量计算各地质参数。近些年发展起来的现代测井技术,包括微电阻率扫描成像、核磁共振成像、井周声波扫描成像、交叉偶极声波测井等技术,为缝洞型复杂储层的地质评价提供了更丰富的信息资源,可以更精细地开展储层储集空间结构分析、孔喉渗流特性分析、岩石非均质性和各向异性分析、裂缝类型和有效性评价、储层参数建模、流体性质识别以及沉积特征与地质构造解释等。其中最具代表性的是核磁共振测井、微电阻率成像测井、偶极声波测井,分别代表了"核、电、声"3 个领域发展的最新测井技术在油气勘探开发中的广泛应用。

1)核磁共振测井

核磁共振测井就是根据核磁共振(NMR)资料可以进行储集空间结构分析、有效孔隙度下限确定、渗透率估算及流体性质识别等的原理,对核磁共振测井资料处理与解释,为评价缝洞型储层提供较为准确的参数。

(1)核磁共振测量信号幅度及其衰减时间(弛豫时间)能够反映岩石孔隙度和孔隙结构:核磁共振幅度与岩石氢核含量成正比,通过对幅度进行刻度,可以反演出岩石孔隙度。由此可以进行储层空间结构研究。

(2)缝洞型储层评价中需确定有效储层孔隙度和渗透率下限。当储层中主要发育微孔隙时,其中的流体主要表现为束缚流体,在通常压差下不能流动,为无效储层。当孔隙较大时,可动流体含量增大,达到一定程度时,流体在一定压差下可以自由流动,从而形成有效储层,对应的孔隙度为有效储层孔隙度下限。利用核磁共振资料,通过对不同孔隙度岩石横向弛豫分布特征、孔隙度与核磁分析的束缚水饱和度关系的分析,从而确定有效储层孔隙度下限。

(3)缝洞型储层的渗透率主要受地层孔隙度、孔径大小、喉道宽窄及裂缝发育程度等因素控制,利用核磁测井提供的有效孔隙度、可动流体孔隙度等信息所计算的渗透率可大大提高渗透率的计算精度。由于核磁共振渗透率考虑了孔径大小的分布,所计算的渗透率比其他测井方法更准确可靠,但仍然不能客观反映裂缝对储层渗透率的贡献。

(4)通过采用适当测量方式突出孔隙流体(油、气、水)中的含氢量、扩散系数和纵向弛豫时间(T_1)对横向弛豫时间(T_2)的影响程度,就可以对储层流体进行识别。目前有三种识别流体性质的方法:根据标准 T_2 分布特征判别流体性质、利用扩散系数差异识别流体(移谱法)、利用流体恢复时间差异(纵向弛豫 T_1)识别流体(差谱法)。核磁共振测井法对于以孔隙或溶孔(孔洞)为主的储层流体性质的判别效果较好,但需要相对较好的储层物性,即孔隙度大于 6%,此时,流体性质的变化所引起的响应差异才够充分,并且测井参数的选取必须恰当。由于核磁共振测井受井眼、信噪比等方面的影响较大,同时还受测井设备本身技术的限制,因此,在实际使用过程中应充分结合其他综合资料合理使用。

2) 微电阻率成像测井

地层微电阻率成像测井是一种重要的井壁成像方法，它利用多极板上的多排纽扣状的小电极向井壁地层发射电流，由于电极接触的岩石成分、结构及所含流体的不同，引起电流的变化，从而反映井壁各处的岩石电阻率的变化，据此可显示电阻率的井壁成像。自20世纪80年代斯伦贝谢公司的地层微电阻率扫描测井(FMS)投入工业应用以来，得到了迅速的发展，如今已是井壁成像的重要测井方法。现已发展为三种模式的微电阻率成像测井，包括全井眼模式测井(FMI)、4极板模式测井、地层倾角测井。利用成像测井资料可以进行裂缝孔隙度确定、溶洞特征及原、次生孔隙定量分析。

(1) 在微电阻率成像测井图像上从各种地质现象中分析识别出真正的天然裂缝后，基于FMI图像分析确定出裂缝参数。裂缝定量计算的参数包括裂缝张开度、裂缝面孔隙度、裂缝线密度、裂缝长度。

(2) 通过对微电阻率成像测井资料进行图像分析处理，可以计算孔洞的面孔率、孔洞的大小(直径)及孔洞的密度，从而达到溶洞定量特征分析。

(3) 在碳酸盐岩孔洞型储层中，不仅有洞穴，还有基质孔隙和裂缝等储集空间，即次生孔隙包括溶蚀孔、洞及裂缝，多重介质储层的测井响应特征比较复杂。当孔洞越小、孔隙的均一程度越高、裂缝的发育程度越低，则所用测井方法越简单；当孔洞越大发育成洞穴，孔洞的非均质性越强，裂缝发育程度越高，常规测井方法计算的缝洞参数精度越差，则需要用成像测井资料计算次生孔洞参数。

3) 偶极声波测井

成像测井计算了溶蚀孔洞参数，这些参数值的大小代表了储层的好坏，但与产能关系密切的参数是储层渗透性，因此需要建立储层参数与渗透性的关系，用渗透率参数来评价溶蚀孔洞对产能的贡献。由于现在还没有较好的手段直接测量多重介质储层的渗透率，因此，可以利用测井计算的斯通利波渗透率来评价。

(1) 斯通利波与储层渗透率具有密切的关系，它是一种管波，其在井筒的传播过程中会由于孔、洞、缝的存在而发生能量的衰减和时差的增大，并且如果储层空隙空间类型不同，斯通利波的响应会有明显的差异。因此，斯通利波可以较好地反映储层的渗透性。

(2) 孔隙空间结构对斯通利波信息的影响具有多重性，即孔隙空间的类型、大小、形状、分布不同，斯通利波信息的响应特征将发生很大的变化。通过斯通利波信息对孔、洞、缝的响应研究，从而实现对孔、洞、缝的识别。

(3) 通过与测井方法计算渗透率比较，斯通利波的解释结果与地层测试结果可以提供直接的渗透率剖面(测量时包含了流体的实际流动)，但斯通利波渗透率与其他方法反映渗透率的机理不同，所以不能简单地对其值进行刻度。理论与实际应用均表明：斯通利波信息能较好地反映储层的渗透性，特别是对有效储层的识别，斯通利波更是一种非常重要的信息。

(4) 斯通利波除了受储层岩性、物性影响外，还在很大程度上受储层渗透性影响。在实际应用中，通常采用反映斯通利波能量衰减的渗透率和斯通利波流体移动指数评价储层的渗透性。通过对斯通利波与油气产能的关系研究，认为能量衰减越多，流体移动指数越大，其渗透性越好，产量也越高。总之，由于斯通利波信息受井眼、孔、洞、缝等诸多因素的影响，目前利用斯通利波渗透率来评价产能还只处于定性半定量阶段。但充分利用斯通利波的信息来研究复杂孔隙空间结构的储层渗透性以及对产能进行预测是一个极好的途径。

(三)大型压裂技术

水力压裂就是利用地面高压泵,通过井筒向油层挤注具有较高黏度的压裂液。当注入压裂液的速度超过油层的吸收能力时,则在井底油层上形成很高的压力,当这种压力超过井底附近油层岩石的破裂压力时,油层将被压开并产生裂缝。这时,继续不停地向油层挤注压裂液,裂缝就会继续向油层内部扩张。为了保持压开的裂缝处于张开状态,接着应向油层挤入带有支撑剂(通常石英砂)的携砂液,携砂液进入裂缝之后,一方面可以使裂缝继续向前延伸,另一方面可以支撑已经压开的裂缝,使其不至于闭合。再接着注入顶替液,将井筒的携砂液全部顶替进入裂缝,用石英砂将裂缝支撑起来。最后,注入的高黏度压裂液会自动降解排出井筒,在油层中留下一条或多条长、宽、高不等的裂缝,使油层与井筒之间建立起一条新的流体通道。压裂之后,油气井的产量一般会大幅度增长。

水力压裂技术自1947年在美国堪萨斯州试验成功至今已经历了近半个世纪的发展,作为油井的主要增产措施正逐渐受到世界各国石油工作者的重视和关注。特别是自20世纪80年代末以来,在压裂设计、压裂液、添加剂、支撑剂、压裂设备和监测仪器以及裂缝检测等方面都获得了迅速的发展,使水力压裂技术在缝高控制、高渗层防砂压裂、重复压裂、深穿透压裂以及大砂量多级压裂等方面都出现了新的突破。现在水力压裂技术作为油水井增产增注的主要措施,已广泛应用于低渗透油气田的开发中,通过水力压裂改善了井底附近的渗流条件,提高了油井产能,在美国有30%的原油产量是通过压裂获得的。国内低渗油田的产量和通过水力压裂改造获得的产量也在逐渐增加,特别是现在正处石油工业不景气的时代,对水力压裂技术的广泛应用和深入认真的研究有望给石油工业注入新的活力与生机,水力压裂技术的最优实施和关键性技术的突破,将给石油工业带来不可估量的前景。

1. 直井大型压力技术

通常所指的大型压裂是针对直井的相对中小规模压裂而言的,虽然目前未对大型压裂做出明确界定,但公开出版的文献中普遍将压裂液用量400m³以上、加砂量50m³以上、最高施工泵压60MPa以上,同时动用了数台较大功率机组且有较大排量和较长作业时间的压裂作业称为大型压裂。这是一种综合技术的配套应用,其主要目的是采用大排量、大砂量在地层中造出一条长、宽、高都超过常规压裂的裂缝,通过加大裂缝的几何尺寸扩大油井泄油半径,并提高裂缝导流能力,从而达到延长稳产期的目的。

大型压裂不仅应用于低渗透薄互层砂岩油藏、低孔-特低渗薄互层油藏、低渗砂砾岩油藏、潜山裂缝性变质岩油藏、火山岩油藏、致密页岩气藏、低压气藏、低渗透砂岩气藏等,而且也用于碳酸盐岩油气藏酸压改造,以及煤层气压裂。

1)大型酸化压裂改造技术

酸化压裂早已经是油气井增产增注的重要手段,大规模酸压改造,更是以解除近井地带污染,力争形成一定的酸蚀裂缝,恢复和提高地层渗流能力,沟通含油体系,以达到增产为目的。大规模酸压一般指在常规酸压效果差的基础上,将酸压液体用量加大到2000m³以上,施工多采用压裂液加酸液的施工工艺。

大型酸压设计大都遵循"高泵压、大排量、大液量、小井段、缓速酸、低滤失"的思路。油田的开发实践经验表明,低孔、低渗、裂缝欠发育的地层,普遍需要大型酸化压裂,以达到增产目的。近年碳酸盐岩深层酸化压裂在选层、酸液体系、施工规模、泵注程序、管串结构、酸后返排、酸压监测和压后评估等方面形成了一整套技术。特别是利用振幅变化率、相干体、JASON反演等地震资料分析储集体距井筒距离,以此为基础设计合理的动态和酸蚀缝长,可以确保酸压能有效沟通地层发育的天然缝洞储集体。

2) 分层压裂技术

通常开采的油藏都存在井段长、层数多、非均质性普遍存在的问题。特别是由于层间非均质性的影响,使得常规压裂只能对其中的某一层段进行改造,而其他大多数层位并未得到改造,且往往出现得到改造的层位并不完全是设计层位的情况,使压裂改造效果受到很大的影响。分层压裂技术就是为了达到克服层间非均质性的影响,使压裂能够充分改造不同物性特征的储层,从而实现纵向各层的均衡动用来达到提高储量动用程度和单井产能的目的而产生的。

目前已推广使用的分层压裂技术有投球分层压裂、不动管柱分层压裂、桥塞分层压裂、封隔器分层压裂、连续油管分层压裂、预制式分层压裂、液体分层压裂等。

3) 大型加砂压裂的控制缝高技术

对薄油层或阻挡层为弱应力层的油层进行压裂时,裂缝可能会穿透生产层进入上下盖底层中,这样既达不到深穿透的目的,同时也浪费了大量的支撑剂和压裂液。为此必须控制裂缝的高度,尽可能将裂缝控制在油气层内。近几年来,国内外研究的裂缝缝高控制技术有以下几种。

(1) 建立人工隔层控制缝高。这种方法主要是根据地层条件,在压裂加砂之前,通过携砂液注入轻质上浮或重质下沉暂堵剂,使其聚集在新生成裂缝的顶部或底部,形成一块密实的低渗区,形成人工隔层。再适当提高施工压力,就能限制裂缝向上或向下延伸。如果要同时限制裂缝向上或向下延伸,就必须将轻质上浮或重质下沉暂堵剂同时注入地层,形成上下人工隔层。

(2) 注入非支撑剂液体段塞控制缝高。这种方法主要是在前置液和携砂液中间注入非支撑剂的液体段塞,液体段塞由载液和封堵颗粒组成,大颗粒形成桥堵,小颗粒填充大颗粒间的缝隙,形成非渗透性阻隔段,以达到控制缝高的目的。

(3) 调整压裂液的密度控制缝高。这种方法主要是根据压裂梯度来计算压裂液的密度。如果要控制裂缝向上延伸,就要采用密度较大的压裂液,使其在重力作用下尽可能向下压开裂缝。反之,如果要控制裂缝向下延伸,就必须使用密度较小的压裂液。

(4) 冷却地层控制缝高。这种方法是先低排量注入低温液体冷却地层,降低地层应力,这时的注入压力必须小于地层的破裂压力。当冷却地层的范围和应力条件达到一定要求时,再提高排量,注入高浓度降滤剂的低温前置液,压开裂缝。在注入低温液体冷却地层期间,将注液压力提高到造缝压力,进而采用控制排量和压力的方法控制缝高的延伸。这种方法主要用于胶结性较差的地层和用常规水力压裂难以控制裂缝延伸方法的油气层。

4) 低伤害大型压裂改造技术

储层伤害主要是指压裂过程中滤液的侵入深度及伤害程度,压裂后由于滤饼和残渣及返排时未返排的压裂液聚合物等影响,使裂缝导流能力大为降低。这对于低孔、低渗储层尤为严重,储集层保护也是大型压裂技术研究的重要方向之一。目前的低伤害压裂技术有基于压裂实时监测和诊断处理、能够有效控制现场施工进程的变参数大型压裂改造技术和压裂施工中加入液氮提高造缝及携砂能力、降低液体密度、提高压裂液返排的液氮助排低伤害压裂技术，以及针对超深、致密、高温高压地层的致密气藏低伤害大型压裂技术。

5) 重复压裂技术

重复压裂是指油井或水井经过第一次压裂失效后，通过对其同井同层进行第二次或更多次的压裂，从而提高油气井产量。这种方法不仅适用于改造低渗透地层，而且也适用于改造中渗和高渗地层。要重新达到增产的目的，重复压裂所形成的裂缝要比前次压裂形成的裂缝长，导流能力要比前次大。

2. 水平井分段压裂技术

国内外于20世纪80年代开始研究水平井的压裂增产改造技术，到2003年，美国实现了水平井多段压裂技术的巨大突破，其使用的液量和砂量都是直井大规模压裂无法比拟的，大幅增加了非常规油气藏储量的动用程度，提高了单井产量。依托水平井分段压裂技术的突破，美国实现了Barnett页岩气的快速发展，也加快了页岩气领域从发现到开发的节奏。

水平井分段压裂技术可以按照水平井完井方式和分段压裂工艺方式分类。根据完井方式的不同，水平井分段压裂技术主要可分为以下几种。

(1) 裸眼完井分段压裂改造。针对地层岩性致密，水平段井壁稳定，裸眼完井可以增大油气泄流面积，水动力学完善。目前，裸眼完井分段压裂国内外主导工艺是管外封隔器分段压裂，该工艺管柱一次性下入，通过投球进行分段压裂改造，施工效率极高。另外，水力喷射在裸眼完井中也得到了应用，主要分为拖动管柱水力喷射分段压裂和滑套式水力喷射分段压裂两种工艺。但是，这种工艺也存在自身的局限性，需不断的完善以满足后续工艺需求。

(2) 筛管、尾管完井等分段压裂改造。对于水平井以筛管、尾管和套管固井等方式的完井，通常采用的分段压裂方式是(连续)油管拖动水力喷射分段压裂，通过油管喷砂射孔，环空加砂压裂，并利用高速流体在喷嘴出口处形成负压进行有效封隔。该工艺技术的最大优点在于集射孔、压裂和隔离一体化，而且一趟管柱可以在水平井段中快速、准确地进行多段压裂，且裂缝起裂位置确定，施工安全性较高，是一种非常有效的改造措施。

但是该工艺施工排量受限(油管内径较小)、施工规模较小，改造体积有限，不能进行大规模的改造，另外，喷嘴的耐磨性以及有效性等均是制约水力喷射分段压裂的瓶颈。

(3) 套管固井分段压裂改造。水平井套管固井完井分段压裂工艺主要以机械封堵分段压裂为主，包括以下几种工艺。

桥塞机械封隔分段压裂：该工艺施工相对简单，但工序繁多，通洗井——下桥塞至预定位置坐封——释放桥塞—井筒试压—射孔—压裂—试气求产—打捞桥塞，多段压裂重复以上步骤，施工逐段进行。目前，该工艺技术在油气井中应用相对较少。

连续油管带底封分段压裂：该工艺技术通过连续油管与配套工具在井下的精确定位、连续拖动、喷砂射孔、逐级压裂最终实现一趟管柱完成多级压裂，可以大大缩短作业周期。从矿场应用情况来看，该工艺现场应用效果较好，推广前景广阔，但目前限制该工艺技术的瓶颈是封隔器重复坐封的有效性。

泵送桥塞射孔联作分段压裂：该工艺技术属于机械封堵分层压裂技术，由于其具有分层压裂段数不受限制、压裂层位定位精确、封隔可靠性高等优点，受到各作业公司的欢迎。目前，该工艺技术以美国 Baker & Hughes 的 QUIK Drill 可钻式复合材料桥塞、Halliburton 的 FasDrill 系列快钻压裂桥塞以及 Schlumberger 的 Diamondback 复合压裂桥塞分段压裂为代表。为了适应越来越苛刻的地层条件,目前该工艺技术桥塞耐压差已达 103.4MPa,耐温 232℃。

液体胶塞隔离分段压裂:该技术主要利用液体胶塞和砂子隔离已压裂井段,然后进行后续段的压裂,逐层进行压裂施工。施工结束后冲砂冲胶塞合层排液求产。液体胶塞和填砂分隔分段压裂方法施工安全性高,但所使用的液体胶塞浓度高,对所隔离的层段伤害大,同时压后排液之前要冲开胶塞和砂子,冲砂过程中对上下储层均会造成伤害,特别是致密低渗油气层,而且施工工序繁琐,作业周期长,使得综合成本升高。

(四)微地震监测技术

1. 微地震监测技术介绍

微地震监测技术就是通过观测、分析生产活动中所产生的微小地震事件来监测生产活动的影响、效果及地下状态的地球物理技术。与地震勘探相反,微地震监测中震源的位置、发震时刻和震源强度都是未知的,确定这些因素恰恰是微地震监测的首要任务。完成这一任务主要是借鉴天然地震学的方法和思路。微地震事件发生在裂隙之类的断面上,裂隙范围通常只有 1~10m。地层内地应力呈各向异性分布,剪切应力自然聚集在断面上。通常情况下这些断裂面是稳定的,然而,当原来的应力受到生产活动干扰时,岩石中原来存在的或新产生的裂缝周围地区就会出现应力集中,应变能量增高的情况,当外力增加到一定程度时,原有裂缝的缺陷地区就会发生微观屈服或变形,裂缝扩展,从而使应力松弛,储藏能量的一部分以弹性波(声波)的形式释放出来产生小的地震,即微地震。大多数微地震事件频率范围为 200~1500Hz,持续时间小于 1s。在地震记录上微地震事件一般表现为清晰的脉冲,微地震事件越弱,其频率越高,持续时间越短,能量越小,破裂长度也就越短。

微地震监测技术自 20 世纪 90 年代提出以来,已先后出现了地面测斜仪压裂监测、地面电位法裂缝监测、地面微地震监测、浅井组合监测和井下微地震监测 5 种微地震监测技术。

(1)地面测斜仪监测技术。该技术是通过在地面压裂井周围布置一组测斜仪来测量地面由于压裂引起岩石变形而导致的地层倾斜,经过地球物理反演确定造成大地变形场压裂参数的一种裂缝监测方法。通过在压裂形成的变形场内地下 12m 深处安放多只倾斜仪,可测得压裂作业产生的变形场,通过测得变形场的反演可获得裂缝的方位、倾角等参数。

(2)地面电位法监测技术。该技术是利用电位法理论,在水力压裂过程中,当高/低矿化度液体进入压裂层段后,由于压裂液相对于地层为一个良导体,液体的注入会造成原地面电场的变化,大部分电流集中到低阻体带,造成地面的电位发生变化。若在被测压裂井周围环形布置多组测点,采用高精度的电位观测系统,观测压裂施工前后的地面电位变化,通过监测压裂液引起的地面电场变化获得裂缝方位、长度、形态等参数(图 2-28),特别适合于浅井大型水力压裂。

(3)地面微地震监测技术。该技术是在监测目标区域地面上布置大量监测站点进行微地震监测,通过监测数据确定微地震事件及其震源(图 2-29)。这种监测方法优势是施工比较简单、成本低,且可直接获得微地震震源的二维坐标,有利于准确描绘储层中压裂缝的位置形态。但是,由于微地震的能量很小,若被压裂的储层很深,则微地震波的信号就很难被布置于地面的传感器识别,导致接收信号信噪比变差,数据处理方法要求变高,所以该方法适合于较浅的压裂储层。

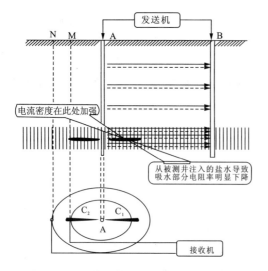 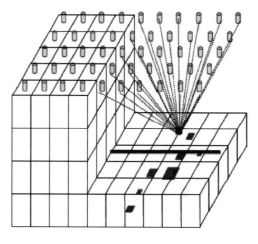

图2-28 电位法井间监测技术原理示意图　　图2-29 地面微地震监测技术原理示意图

(4)浅井组合微地震监测技术。该技术是在压裂井周围区域,钻取4～5口深度200～300m深的观测井,在每口观测井中放置至少10级井下检波器,实时采集压裂过程中产生的微地震(图2-30)。当然,如果在压裂井旁有深井可供观测,并在观测井中放置多级井下检波器与浅井监测同时进行观测,或在压裂前后进行一次3D3C VSP,可以更好地提高裂缝监测的成果质量。该技术克服了压裂井旁必须要有数千米深观测井的不利条件,更适合于大井距气田的微地震压裂监测。

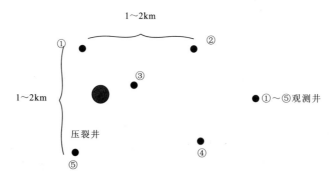

图2-30 浅井组合微地震压裂监测技术示意图

(5)井下微地震裂缝监测技术。该技术是通过光缆将三分量实时采集检波器以大级距、多级分布的方式布置在压裂井邻井内,通过监测压裂井裂缝端部岩石的张性破裂和滤失区微裂隙的剪切滑动造成的微地震信号,获得裂缝方位、高度、长度、不对称性等方面的空间展布特征。该技术(图2-31)是目前国际上最先进的裂缝监测技术,具有传输速率高,超低采样速率,过滤低频噪音,接收频率响应高,处于井底位置全方位感应纵、横波信号,精确度高的特点。但该技术的运用需要合适的监测井,相比地面监测费用较高。

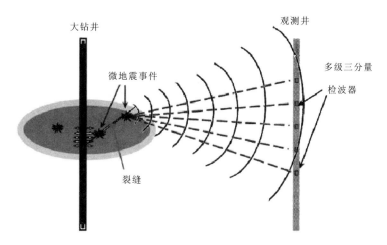

图 2-31 井下微地震裂缝监测技术示意图

2. 微地震监测技术在油田开发中的应用

目前许多学者应用微地震技术解决了众多具体的问题,在油气田开发领域的应用有以下几个方面:①地应力方向监测;②储层水力压裂裂缝空间形态监测;③油藏生产过程中的动态监测;④识别可能引起储层分区或充当过早见水流动通道的断层或大裂缝,描述断层的封堵性能;⑤裂缝型储层中的流体流动各向异性监测;⑥注水开发油藏中的注水前缘及流体分布监测;⑦稠油油藏开采中的火烧油层前缘监测;⑧煤层气开采中的矿山安全监测。

而在非常规油气藏开发中微地震监测技术的应用主要是在地应力监测、水力压裂裂缝形态监测等方面。

(1)微地震在地应力监测中的应用。地应力是由于地壳内部垂直和水平运动的力及其他因素的力导致介质内部单位面积上产生的作用力,它一直存在并影响着地层中的岩石和流体。地应力场不仅对天然裂缝在油田注水开发中的作用有重要影响,而且与井网优化、人工压裂裂缝的取向和导流性能密切相关。水力压裂产生的裂缝受地层三向应力制约,裂缝的延伸方向与地层中最大主应力方向平行,而垂直于最小主应力,测量出水力裂缝的延伸方向也就知道了地层应力的方向。对于井眼方位角(水平井筒与最大主应力方向之间的锐夹角)较小的水平井,压裂施工形成的人工裂缝形态较为简单,无需采取特殊技术措施即可保证压裂施工的成功,对于井眼方位角较大的水平井,压裂形成的人工裂缝扭曲严重,导致近井人工裂缝形态复杂,极大地增加了压裂施工难度。因此根据地应力的方向优化钻进轨迹设计,对钻井与压裂改造意义重大。

(2)微地震在水力压裂裂缝监测中的应用。我们知道,水力压裂技术已经成为开发非常规油气藏必不可少的增产方法,能有效监测井下人工裂缝延伸的方位、大小、形态等空间展布特征,直观地展示裂缝形态,为优化压裂参数、分析地质构造、研究地层岩石力学提供依据,微地震监测技术因此被应用到水力压裂裂缝监测中。

对油层实施水力压裂时,当迅速升高的井筒压力超过岩石抗压强度,岩石遭到破坏形成裂缝,裂缝产生和扩展时,必将产生一系列向四周传播的微震波,通过对接收到的微震波信号进行处理,就可确定微震震源位置,进而计算出裂缝分布的方位、长度、高度、缝型及地应力方向等地层参数。同时,结合井口压降监测还可获得闭合压力、液体滤失系数、液体效率、主裂缝宽度等参数。这不但可以给出压裂后裂缝的空间几何形态,评价压裂液性能和压裂工艺效果,而且可给出避免油、水井连通,发生水淹、水窜的排列方向以及为下一步制订地质方案提供科学依据。

实际作业时一般通过在邻井(作为观察井)中放置多级三维地震传感器(通常为检波器)阵列进行裂缝检测。通常将现有的生产井作为观测井,在检测前取出井中的生产油管,并在储层上方放一个临时桥塞。检波器阵列位于待压裂地层的上方,分布范围从顶部到底部约200m。检测要求使用低固有噪声的灵敏检波器,并能连续提供井下测量数据。在压裂结束时使用低浓度支撑剂,应用四维微地震技术检测裂缝的形状,确定裂缝的方向、长度和高度。在压裂处理期间,微地震波的位置随时间从作业井向外移动,指示裂缝不断延伸。检测数据不仅可以描述射孔层附近的裂缝,也可提供相应的裂缝增长方向的图像。

(五)稠油热采技术

1. 稠油简介

稠油,顾名思义,是一种比较黏稠的石油,亦称重质原油或高黏度原油,这是相对稀油而命名的,并不是一个严格的范畴。按黏度分类,把在油层温度下黏度高于50MPa·s原油称为稠油。稠油除黏度高外,密度也高。通常根据稠油黏度和密度范围的不同将稠油分为普通稠油、特稠油和超稠油三类(表2-16)。不同油田根据开采的需要,还会将其进一步细分,比如渤海油田根据开发特点又将普通稠油细分为:50*~150* MPa·s、150*~350* MPa·s、350*~10 000MPa·s三个级别。

表2-16 中国石油稠油分类标准

稠油分类		主要指标	辅助指标	开采方式
名称	类别	黏度(MPa·s)	20℃时相对密度(g/cm³)	
普通稠油	I-1	50*~150*	>0.920	注水、化学驱
	I-2	150*~10 000	>0.920	蒸汽吞吐、蒸汽驱
特稠油	II	10 000~50 000	>0.950	蒸汽吞吐、蒸汽驱、蒸汽辅助重力泄油
超稠油	III	>50 000	>0.980	化学辅助蒸汽吞吐、蒸汽辅助重力泄油

注:*指油层条件下黏度,无*指油层温度下脱气油黏度。

世界上稠油资源极为丰富,据统计,世界上证实的常规原油地质储量大约为$4200×10^8$t,而稠油(包括高凝油)油藏地质储量却高达$15\,500×10^8$t,主要分布在加拿大、委内瑞拉、俄罗斯、伊拉克、科威特、美国和中国等国家。我国稠油资源丰富,陆上稠油、沥青资源约占石油资源总量的 20% 以上,预测资源量 198×10^8 t,目前已探明地质储量 20.6×10^8 t。稠油油田主要集中在辽河油区、胜利油区、克拉玛依油区、河南油区和渤海油区。最近几年在吐哈盆地、塔里木盆地也发现了深层稠油资源。由此可见,稠油开采的潜力巨大。

2. 稠油组成及性质

稠油油井生产过程中所产生的沉淀物(结蜡块)常为固态或半固态,颜色呈黑褐色或深褐色,成分以石蜡为主,同时胶质与沥青质以及钻井液所携带的砂粒等掺杂其中。这些沉淀物使得原油黏度很高,高含蜡原油的流变特性随温度变化较大,在不同温度下表现出不同的流变特性。

当油温高于原油析蜡点时,蜡晶基本上全部溶解于原油中,溶解的石蜡可以认为是一种石蜡和石油溶剂分子间具有相互作用的均匀介质,其黏度是油温的单值函数,表现为牛顿流体的特性。

在油温由析蜡点降至异常点的过程中,蜡晶不断析出,体系的分散颗粒浓度随之增加,并形成很细的分散体系,黏度特性基本上仍表现为牛顿流体。

当油温低于异常点时,原油中析出的蜡使体系内部的物理结构(如颗粒取向、形状和排列)发生了质的变化。原油黏度不再是温度的单值函数,而与剪切速率也有关系,表现为假塑性流体特性,并且伴随有触变性。当油温降至失流点或凝固点以下时,蜡晶析出量大大增加,体系中分散颗粒的浓度也相应增大,颗粒开始相互连接成网,体系中的连续相和分散相彼此逐渐转相,此时的原油具有触变、屈服-假塑性流体特性。

3. 稠油的温度特性

高凝、高含蜡稠油中蜡晶的形成和聚结直接受温度的影响。当稠油温度高于析蜡温度时,一方面,油中的蜡晶颗粒会部分或全部溶解;另一方面,沥青胶质将高度分散,减小了结蜡凝固的可能性。随着稠油体系的冷却,蜡晶将按分子量的高低依次不断析出、聚结、长大,使油凝固,同时沥青胶质也依次均匀地吸附在已析出的蜡晶上或共晶长大,加剧了稠油的凝固。稠油的温度越低,其黏度越高,越不利于开采。

油井生产时油流从井底向井口的流动过程中,温度是逐渐降低的。温度降低的因素主要有两个:一是与地温梯度有关,即油流上升过程中由于地层温度是逐渐降低的,因而油流通过油管和套管不断把热量传给地层,使油流体本身温度降低;二是与稠油中气体析出有关。当气体从稠油中分离出来时,体积膨胀,流速增加,因而需要吸收一部分热量,使稠油本身温度降低。

4. 稠油开采的难度

在油田的石油开采中,稠油具有特殊的高黏度和高凝固点特性,在开发和应用的各个方面都遇到一些技术难题。就开采技术而言,胶质、沥青质和长链石蜡造成原油在储层和井筒中的流动性变差,要求实施高投入的三次采油工艺方法。就运输而言,高黏、高凝稠油的输送必须采用更大功率的泵送设备,并且为了达到合理的泵送排量,要求对输送系统进行加热处理或者对原油进行稀释处理。就炼化技术而言,重油中的重金属会迅速降低催化剂的效果,并且为了将稠油转化为燃料油,还需要加入氢,从而导致炼化成本大大增加,另外,渣油量大、硫、氮、金属、酸等难处理组分含量高,也是炼油厂不愿多炼稠油的原因。可见,稠油的特殊性质决定了稠油的采、输、炼必然是围绕稠油的降黏降凝改性或改质处理进行的。

对应用广泛的有杆抽油井而言,在开采稠油时,由于黏度过高,含蜡量大,使得油管的油流通道减小,抽油杆柱的上、下行阻力增加,下冲程时易出现驴头"打架"现象,上冲程时驴头负荷增加,严重时会使抽油杆卡死在油管中,甚至造成抽油杆断裂的井下事故。此外,对于油层温度较低的井,在抽油泵固定阀、固定阀罩及其以下部位由于压力低,在生产过程中也容易形成堵井,而要被迫进行修井。

对于电潜泵生产井而言,由于电潜泵井排量大,吸入口处压力低,当油层温度较低时,此处容易结蜡并造成叶导轮流道堵塞,钻井液阻力增加,使泵的排量下降,同时会使电机负荷增加,严重的可造成电机经常停机,使电泵机组不能正常运转。

总之,稠油的开采过程中有很多的困难,由于稠油的性质造成开采中的井下事故及其费用,会使采油成本大幅度上升。因此,稠油降黏开采方法的研究对于减少井下事故的发生及降低稠油开采成本具有重要意义。

5. 稠油热采技术

针对稠油黏度大等特征和各油藏的构造差异可采取不同的采油工艺。稠油油藏水驱开采技术主要包括机械降黏、井筒加热、稀释降黏、化学降黏、微生物单井吞吐、抽稠工艺配套等。稠油油藏热采技术主要包括蒸汽吞吐、蒸汽驱、丛式定向井以及水平井、火烧油层以及与稠油热采配套的其他工艺技术等。火烧油层的难点是实施工艺难度大,不易控制地下燃烧,同时高压注入大量空气的成本又十分昂贵。而化学降黏法加入的化学药剂在某种程度上造成地层严重污染。目前国内外对稠油和高凝油开采一般均采用热采方式,电加热技术是在空心抽油杆中穿一根电缆,电缆的一端与空心抽油杆的底端相连,再在由电缆、空心抽油杆构成的回路上施加交流电,通过被加热的空心抽油杆对稠油或高凝油的热传导实现加热降黏。与其他技术相比,具有较高的效率,而且该工艺方法作业比较简单,费用较低,采油比较经济。因此具有明显的优越性,在我国的许多油田得到了广泛的应用。

稠油因其黏度高,密度大,在地层中流动阻力大,所以稠油油藏开采时不但驱替效率低,而且体积扫油效率低,常规开采方式开采效率低。因此,必须采用特殊的工艺技术来开采才能提高稠油油藏的开采效益。随着开采工艺技术的不断进步,针对稠油油藏的有效开采技术也较多,主要有稠油热采、冷采和复合开采三大类,其中热采是目前主要的开采方式,稠油热采技术也是提高原油采收率的关键技术。

思考题

1. 进行油藏数值模拟的意义?
2. 地质建模的难点是什么?
3. 试述水平井技术的优缺点。
4. 试述四维地震技术在油藏管理中的应用。
5. 提高采收率的技术主要有哪些?
6. 人工智能技术在石油工程中的应用有哪些?
7. 非常规油藏开发技术面临的挑战是什么?

第三章　石油合作管理及项目经济评价

学习目标：
- 了解石油勘探开发管理特征
- 掌握项目经济评价的步骤和方法
- 学会油藏开发方案优选的意义和方法

"能源"是当今世界主题的关键词，它拥有着足以席卷全球财富的秘密，也极有可能触发一系列世界地缘政治斗争，能源问题已受到各国政府的空前重视。石油勘探开发正迈着国际化的步伐稳步向前，国内、国际石油合作管理日趋成熟，本章从油藏管理的角度对石油项目的管理模式、油气勘探开发项目经济评价技术进行介绍。

第一节　石油勘探开发管理的特殊性

石油勘探开发管理与其他工商管理不同。每个工商行业都认为其管理与众不同，表面上看通常如此，那么石油勘探开发管理究竟有何特殊之处呢？为什么确实不同？石油勘探开发管理有10个关键性要素使之有别于其他所有行业，尽管其他一些行业的管理中或有其中的少数要素。

（1）毛利率高。毛利率是支付利息、税金和其他形式的收入与总收入之比，国外通常为60%。而大多数工商行业的毛利率为5%～20%。这就产生了许多意义深远的结果，这些结果实质上是反映该行业对待时间的态度。一般来说，石油勘探开发行业是为了节省时间而花费金钱，而低毛利率的其他工商行业是为了节省金钱而花费时间。

从2010年6月1日起，新疆正式将原油、天然气资源税由从量计征改为从价计征，税率定在5%。规定纳税人开采的原油、天然气，自用于连续生产原油、天然气的，不缴纳资源税；自用于其他方面的，视同销售，依照改革后的新规定计算缴纳资源税。三种情况可免征或减征资源税，包括：油田范围内运输稠油过程中用于加热的原油、天然气，免征；稠油、高凝油和高含硫天然气，减征40%；三次采油，减征30%。该资源税改方案对地方政府有利，而石油公司暗暗叫苦。

（2）石油天然气行业的特性是高风险、高危险、高投入、高回报。从事石油天然气生产的企业，必须在抵抗住无数次失败造成的风险，控制住生产过程中随时可能发生的危险，满足资金、科技和时间的投入后，才能实现丰厚的回报。石油天然气勘探是一项极为复杂、大型的系统工程，具有风险大、投资多、周期长、技术工艺复杂等特点。

石油天然气行业的高风险性在于：石油和天然气是深埋在1000～7000m地下的流动液体和气体，生成时间久远，它会经常改变栖身的地方。在钻井工作之前采用的勘探手段，只能证明相关的地质结构,不能证明它的存在。所以,石油天然气勘探带有很大的偶然性。石油勘探不是说投入多少钱就一定能回收多少成果的行业。石油天然气的高危险集中体现在它的易燃、易爆性。无论是油还是气,它在被采出时通常含有一定数量的有毒物质,且有一定的压力。在没有进行加工处理之前,绝大多数的油气都不能直接使用。石油天然气从开采、运输、炼制到用户使用,所有的环节都处在危险状态,需要生产者和使用者采取有效的控制手段,按照规定的程序去做。

石油勘探开发和利用石油天然气是在控制与反控制的矛盾中进行的,生产过程中的所有动作都是控制和反控制的,安全生产实际上是源自控制与反控制的较量。凡是按照规定程序、规定动作进行操作生产,就能让事故隐患消灭在控制之中。而一旦出现事故,都与失控有关。我国的石油行业正面临各类成本急速上升的剧痛,尤其是一大批陆上油田开采了60多年,已进入"三高"时期,未来油气勘探开发的主要方向是低渗透、低丰度、低品位的油气,高投入、高成本、高风险将会一直伴随着石油行业。同时,石油行业也是耗能大户,近年来水、电、气等各类能源价格不断攀升,使得石油操作成本大涨。

(3)原油是一种主要以价格基础的商品。国际油价及其高毛利率受石油输出国组织(OPEC)保护,世界石油市场经过100多年的发展,已经形成了较为完整的现货市场和期货市场体系,其定价机制也日趋成熟。全球范围主要的石油期货市场有纽约商品交易所、伦敦国际石油交易所以及最近两年兴起的东京工业品交易所。期货市场价格在国际石油定价中扮演主要角色,据专家统计,从1993—2001年,沙特轻质原油销往东北亚地区的价格比销往欧洲的价格平均高1.01美元/桶,与销往美国市场的相比,差距更大,有时达3美元/桶以上,甚至出现过直接从沙特购油运回国内,还不如按沙特给美国的价格先从沙特运到美国,再从美国转运到中国的价格便宜,这种现象在国际上叫做"亚洲升水"。

中国目前的石油定价机制是由国家发改委制订原油的基准价和成品油的零售中准价,石油天然气集团公司和石化集团公司购销原油的价格由双方参照基准价协商确定,成品油价格由两大集团在上下8%的幅度内制订具体零售价,基准价和中准价是参照国际市场油价的变动来调整的。这样的定价机制只是价格水平上的国际接轨,并未实现价格形成机制的国际接轨,存在的问题是国内油价被动跟踪国际油价,没有中国独立的报价体系,无法及时反映国内市场供求关系、消费结构的变化,更无法将中国石油市场的变化以价格信号的形式反馈回国际市场,从而参与国际油价的形成过程,甚至出现"买涨不买落"的现象。

(4)石油勘探开发行业中,各个公司之间进行合作的机遇大于竞争的可能性,除非是偶然发生的强行接管之争,公司之间的竞争一般只局限于新区勘探权益之争,如登记区块。因此,这个行业中公司关系的特性是友好、相互支持和协助解决作业中的困难。

(5)联合经营是石油勘探开发行业的正常组织形式。一家勘探开发公司可以参加50个或者更多的联合经营,每个联合经营中的合作伙伴都是不同的,在这些联合经营中,没有可以终生相伴的合作伙伴。国内石油勘探开发行业更多倾向于与高等院校合作,以提高勘探开发水平和对外服务能力。

(6)尽管石油勘探开发行业中各公司之间的竞争有所弱化,但这些公司都在与自然界展开激烈竞争。自然界作为竞争对手虽然不像人那样会进行报复,但绝对是深奥难懂的。

自然界的奥秘所造成的不确定性渗透到这个行业的各个部分。石油勘探开发行业的活动像高尔夫运动,对抗自然界最好的高手才能取胜;而大多数其他行业的活动就像网球运动,只要击败对手就能获胜。

(7) 石油勘探开发公司是管理型公司,雇佣员工人数少,雇员的平均教育程度和知识水平比大多数行业高。地震资料采集、钻井、建造海上钻井平台、敷设输油管线等大量工作是由油公司雇佣并监管的承包商进行的。正如我国三大油公司分上市公司和存续公司一样,为了改变在计划经济体制下形成的"大而全""小而全""政企不分",缺乏国际竞争能力的现状,石油行业作为试点行业率先进行改革,在中国石油大重组之后,各公司进一步改革,以核心业务为基础,并且上市组建股份公司,其他业务留在原企业作为存续企业。

(8) 石油勘探开发行业具有国际化的特点。许多石油专业人员和经理的职业生涯都在国外度过。因此,国际文化意识极为重要。

(9) 石油主权国家所生产的石油往往是政府收入最重要的来源。因此,与其他私有化行业相比,主权国家政府更倾向于插手石油勘探开发行业。

(10) 石油的稀缺性。经济学最重要的观点之一是认为资源是稀缺的,时间是有限的,选择是有代价的。根据西方经济学的观点,资源的稀缺性会导致竞争,良性的竞争会引起资源的最优配置。

资源是人类赖以生存的物质前提,也是经济社会发展的基础。随着经济的发展,对基础资源的需求越来越大,但某一种资源在地球上是有限的,总有一天将无法满足人类的需求。比如石油,它是现代经济的血液,如果突然没有了,社会经济后果将无法想像。按有关专家统计,地球上的石油资源100年后将面临枯竭,到时人类将使用何种能源替代它。

以上10个方面对石油勘探开发管理的特征进行了描述,其他管理书籍等文献描述可能侧重点有所不同。因为现代石油勘探开发公司的总经理大多数是从事技术工作的,特别是从事石油地质、油藏工程工作的。虽然如此,技术背景并非成为总经理的先决条件,许多成功的总经理职业背景是法律、财会、地产或人事。

第二节 项目经济评价

实施任何工程项目,不论是新油田的开发,还是二次采油或强化采油项目、增产措施、修井、钻加密井,都会使相应机构的花费超过现有开支。在确定某项目是否有资本投入时,需以某种方式对各项目进行对比评价。对任何机构来讲,可利用的资本都是有限的。就管理层来说,总是要放弃一些项目、延缓一些项目,而能立即实施的只是拥有投资机会的一些项目。的确,一个组织机构在困难时期可能有必要从某些活动中撤出来,主动从项目中抽回一部分资本,而不是对其投资。

虽然我们关心的只是工程评价或油气开采中的勘探或开发项目,但在大型综合性石油公司中,炼厂、石油化工厂、油轮队和销售机构都在与勘探开发争资金。大石油公司的管理层有必要考虑投资转向问题从而进入全新领域中,开拓不再依赖油气的多种经营项目。此外,对一个油田的操作或一个组织长期生存所需的研究与开发,福利和社会服务,及许多直接或间接的必要服务都必须投入一定的资金。实际上,"非生产方面"的资金需求量越大,现有资本的有效利用就愈发重要,采用有效的经济评价方法也就成了人们的真正需要。

然而,石油行业是一个风险性很高的行业,这样可能不仅仅要考虑经济评价的问题。对石油经营者有经济吸引力的项目,对银行家则不尽然。若某个项目只能在不利条件下筹资,那么它可能是一个不可回避的项目。同样,若所开展的项目失败了,必然会导致整个组织的失败,即使失败的概率非常小,按理说也不应进行该项目。优秀的工程师和勘探工作者会认识到最高管理层在为公司的高技术风险和政治风险业务的总目标奋斗中所面临的种种限制。工程师或勘探工作者的作用正是要为管理层提供尽可能客观的技术和经济评价,从而使管理者做出较好的投资决策。

一、经济决策的基础

进行油气藏开发决策前,要进行各阶段资料的收集工作。每一阶段都要针对收集资料带来的成本消耗,做一个判断新加资料价值的小决策。几乎总是会出现这样一个阶段:一次或更多次的地震勘探,或再打一口评价井对资料的质量不会有较大的改进,对缩小储量估算或油藏动态的不确定性范围无济于事。此时,有下列三种可能的行动:①由于技术、油井、财政制度等方面变化而推迟决策(或进一步收紧资料);②在现有资料基础上开发探区;③放弃此探区。

若要做出开发探区的肯定性决策,现有资料必须能表明,针对油价、财政制度、政治机构、投资成本和开采动态等的"合理可预见性"价值,最终的财政收入将得到有关组织机构"满意"。"合理可预见性"是指对勘探项目有关的风险已做出评价和贴现处理。"满意"是指对于其他可能的投资机会(可能是世界其他地方的,也可能是油气藏开发之外的其他活动)均具有可比性或更好的收益。其他活动(炼制、化工、核工业、地化和矿产)虽然目前不具有吸引力,也许将来仍如此,但情况不会总是这样。

此外,所进行的投资活动必然要有总回报,不仅要对其自身投资给予回报,而且也要回报所有在放弃的投资活动中或投资失败中的无效开支。所以,经济分析是要评价某项投资可能对公司财政产生的影响,并将此影响与其他某些可能投资项目或某些一般性准则进行比较。那么,评价要素有:①某些特定的预测得以实现,其财政收益如何?②这种收益和其他机会相比怎样?③这些特定的预测实现的机会怎样?出现其他结果时会发生什么情况。

前两个因素构成"经济(项目)分析",第三个因素为"风险分析"。

二、现金流和资金时间价值

经济评价的目的是尽可能地估计出采取或不采取某一举措对公司的财政影响。这些财政影响可能要与分配有固定预算或滚动预算的一定业务范围内各项目进行比较,也可能和公司内其他业务范畴的项目财政影响进行比较,也可能和公司正常活动范围或过去活动范围之外全新领域的投资机会进行比较。而且,最后将和不进行任何投资的结果进行比较。这些可能性中的一些将在下文详细讨论。

在所有这些情况下,有必要对与项目有关的全部现金流做出预测(包括现金流的流入与流出),并将其与其他竞争项目的现金流进行比较,或将总的收益与公司某些标准相联系。表3-1就是一个计算现金流的流入与流出后纯收入的例子,这种财政分析通常称为盈利性分析或经济评价,它假定一个项目的所有成本和所有利润都可用资金表示。在上层决策者看来情况并非总是如此,但从技术评价角度上讲是可行的。

表 3-1　现金流的流入与流出　　　　　　　　　　　　　　　　单位：万元

年	资本性支出	收入	运营成本	税收	纯收入
0	100	/	/	/	/
1		37	5	5	27
2		37	5	5	27
3		37	5	5	27
4		27	4	3	20
5		15	2	1	12
6		10	1	0	9
7		4.5	0.6	0	3.9
合计					125.9

(一)利率和资金时间价值

进行经济分析的较大困难之一是由实施项目的时间因素造成的。在收到项目的任何预计收入前，必定先出现开支消费。海上开发中大部分开支发生在没有任何收入之前，这是投资"前期贷款"的一种极端情况。现金流的典型形态是，先有一段时间的大量开支（负现金流入和现金流出），继而为较长时间较小的正现金流（现金流入），这如表 3-1 的例子所示。

需要强调的是，这些现金流应代表资本消费、油气生产和最终可实现产品价格的最为可能工程估算值。下一步是保证所涉及资金全部名义的账面金额严格相等。

"利息"是指资本贷款收益金额，或资本借入所支付的费用。任何公司或任何个人都可能投放资金以获利，必要时对利息和资本的偿还要有完全保证。利息可以是单利、或者为复利。在商业上复利更为重要。

单利公式为：

$$\text{利息} = vrn$$

式中：v 为投资或资本总和；r 为一个周期的利率；n 为利息周期数。以利率 r（单利）投放 v 单位的资金，累积 n 个利息周期后为 $v(1+rn)$。

更常用的计算是复利计算。每周期利率为 r 时，投入一定的资金，n 个周期后将累积为：

$$v_t = v_0(1+r)^n$$

式中：v_0 为起始时的投放资金总和；v_t 为 n 个周期后累积的利息和资金总值；r 为周期利率（通常为年利率）。时间 n 不一定是年，但利率和时间的单位必须一致。

这个特定的公式假定利息是在每一年的年底一次性付清。若付息的间隔周期更短，则情况略有不同，其一般表达式为：

$$1+r = \left(1+\frac{i}{m}\right)^m$$

式中：m 为付息周期。

例如，一年中分月付息：

$$1+r=\left(1+\frac{i}{12}\right)^{12}$$

当 m 趋于无穷大时,连续复利的情况为:

$$1+r=e^i$$

式中:i 为名义年利率。

当收入呈有规律的形式时,即收入恒定或收入按固定百分比递减时,这种指数表达式特别有用。

注意:对于较低的利率来讲:$\lg(l+r)\approx r\approx i$。

(二)贴现和贴现系数

显然,若某一金额 v_0 在 t 年后的潜在价值为 $v_t=v_0(1+r)^t$,那么将来 t 年时要付的或收入的任何金额 v_t 现在就只值 v_0。即:利率为10%时,投放1000万的资金,5年后价值1610.5万,那么5年后1610.5万的资金现在也只值1000万。

因此不可能将现在或近一段发生的名义支出直接与遥远的将来所收到的名义收入进行比较,因为将来收入的比名义值要少。要使该比较有意义,收入和支出必须基于某一共同的基准时间,通常是一种名义为"现在"的时间。这个时间可能是做出投资决策的时间,或开始投资消费的时间,或在一些情况下为生产开始的时间。

收入和支出(支出发生在相当一段时间内时)要用贴现或递延系数相对某一共同基准时间进行校正或贴现。

现值(pv)＝名义资金额×贴现系数

贴现系数为＞1,开支或收入发生在基准时间前;贴现系数＝1,开支或收入发生在基准时间时;贴现系数＜1,开支或收入发生在基准时间之后。贴现系数可通过整理复利计算公式求得:

$$pv=V_0=v_t\frac{1}{(1+r)^t}$$

贴现系数为:$\left(\dfrac{1}{1+r}\right)^t$

而油气的收入通常为月收入,大型项目分析一般给出的是年度产量与收入估算值。将收入看作为一年的中间时间收到的,就能十分精确地进行校正,使用的贴现公式为:

$$贴现系数=\left(\frac{1}{1+r}\right)^{t-\frac{1}{2}}$$

(三)项目类型

(1)新收入或有期项目:这是指能够开发的新的或迄今尚未开发过有收入来源的项目。当现金流为零或为负值时,通常都应终止此类项目。这和投资项目的总体分类相似。例如,开发一个新的油田或气田、现有油田内新油藏的开发、将原放空的气外销或处理等。

(2)加速项目或非有期项目:石油业是一个吸引人的行业,它开发的是有限且在逐步减少的资源。只增加产量而不增加最终开采量的任何项目都将缩短开采的期限,即为加速开采。在更短的时间内进行资源开发以增加原来项目收益率的项目称为加速项目。就其性质来讲,它们一定会增进(即改造)成为具有新收益的原项目。之所以称为非有期是因为只有当原来项目和加速项目合起来的现金流为负值或零时才能放弃该项目。如下文所述,加速项目必然会出现相对于基本项目亏损的后期阶段。

在整个开发程序中,可能很难准确地定义什么是"原来"的,什么是"加速"的,但也有些例子如钻加密井、压裂和酸化压裂、提升作业和修井以减少低产和停产,这些为加速项目。这些通常是为生产提供基本服务的项目,它们不能直接创造收入或利润,也不能消除亏损和开支。提供公共设施、运输、福利和住宿的项目常被认为属于这一类。由承包商作业提供服务的优势和公司自行作业相比较,就很能说明问题。

(四)盈利性分析

只有当项目完全结束时,人们才能准确地知道任何投资的最终财政收入。我们的目的正是要估算这种收入以确定:①此项目与其他投资机会相比是否更为有利;②是否完全有作此投资的必要;③是在此时投资,还是在其他时间投资。

项目的排队没有一个绝对的标准。不同的组织机构将会有不同的排队次序。同一组织机构在不同的营运领域可能会建立不同的标准。例如,一个组织同时在几个不同的领域都面临着大笔的开发支出(如北海和CIS),所有不能产生早期现金流的项目都得放弃,后来随着开发支出的减少,有递延现金流的一些项目可能会再次具有吸引力。即使公司的目标能在某一时刻清楚地确定,仍然不会有一个盈利标准能充分地描述投资项目的所有特征。

(五)非时间性经济指标和DCF收益率

(1)偿还时间:这是指收回原始投资的时间。以表3-1的现金流为例,偿还的时间不到4年(最终盈利完全忽略不计)。

(2)利润与投资之比:总的纯利与投资之比,即(纯收入-投资):投资,即为单位投资的盈利指标,如表3-1中利润与投资之比(P/I)是0.259,即:$\frac{125.9-100}{100}=0.259$。

这两个标准都没有考虑资金的时值。

(3)DCF收益率:或称IRR,其基本定义为:"导致累积贴现净现金为零的利率(或者为纯收入的累积现值等于投资现值的利率)"。这是最常用的投资评价标准,也是最常被人们误用的标准之一。

以表3-1的数据为例,这种现金流模式的DCF收益率(IRR)为10%。

使用这种特定指标的优点是:①通常是个单一的指标,与任何有"安全"的前提条件或其他利率无关;②与投资规模的大小无关;③与投资期限无关;④相对于后期递延收益讲,它的好处在于早期收益。

这些特征的好处并非永恒不变,且:①此指标不能量化评定一个机构投资的总体财政效果;②后期收益可能会贴现过度,且过分强调早期收益的重要性;③比较不同收益率的项目时,现金流是以不同的利率贴现的;④对有些类型的现金流项目来讲,可能没有DCF收益率,或可能有多种收益率。

然而,作为一个单一的广为人知的、广泛使用的项目经济指标,它是所有经济评价的一个基本组成。常常被错误地描述为:IRR要求项目的收益应该按计得的IRR再投资。

由表3-2的数据和计算明显地可以看出,在计算IRR时,对投资收益没有做任何假设。

错误的概念来源于将项目复利率的含义强加在 IRR 上(实际上并非如此)。若项目的收益可以与 IRR 相等的比率进行再投资,那么,IRR 就相当于项目的复利率。如果项目收益不再用于这种投资,情况就不是这样。但这两种情况下,IRR 的技术都没有考虑项目收益的再投资率。

表 3-2　现金流的累积现值　　　　　　　　　　　单位:万元

年	资本性支出	纯收入	现值纯收入	累积现值
0	100	/	/	−100
1		27	25.74	−74.257
2		27	23.40	−50.853
3		27	21.28	−29.578
4		20	14.33	−15.251
5		12	7.82	−7.360
6		9	5.33	−2.108
7		3.9	2.10	−0.01
合计			99.99	0.00

(六)净现值

项目净现值为总的贴现现金流——现金流入和现金流出、收入和开支,采用的利率等于备选投资的收益率,或换一种说法即为资本的加权平均成本。

若净现值(NPV)为零,并不意味着项目不盈利,而表示该项目仅和所有投资机会的一般情况持平,并不比它们好。用净现值作为经济指标的优点在于它能量化项目对公司财政的影响效果,并对投资机会的收益做出切合实际的假设,能以同一贴现系数设值比较所有的项目。

(七)利润比和资本生产指数

净现值的缺点是它不能把单位投资的利润量化。单位投资的利润是一个比较不同规模项目的理想指标。这一点只要用净现值除以投资现值就很容易做到,从而得到现值利润比,或简称为利润比。

另一个指数是资本生产指数或资本生产比,为:

$$\frac{NPV + PV\ 投资}{PV\ 投资} = 1 + 利润比$$

总之,以某个利率进行贴现的项目净现值等于备选投资的平均收益率,这是一个强有力的经济指标,它表明一个项目相对于一般投资机会的优劣程度。

净现值或现值利润:项目净现金流的现值在备选投资收益率上的贴现,这也是现金流入投资的现值(或叫现值投资更为合适)。

利润比:现值利润与现值投资之比。

资本生产指数:现值现金流入与现值投资之比。

注意:现值利润是高于平均投资机会的利润优势。利润比是一个与投资规模无关的指数,是对投资一美元或一英镑获利多少的度量。

所有这些标准对于指派一个与备选投资收益率相当的有效利率的能力有很强的依赖性。这并不肯定是一件简单的事。通过以下程序对项目进行比较或排队时常难以准确地进行评价。

(八)现值曲线

DCF收益率的评价不可避免地是一个试凑过程。用三个或四个利率贴现现金流,绘制现值现金流相对利率的关系图,然后寻找哪一个值为零的现值现金流(计算机程序会用一个收敛的程序来寻此值,但中值可以抽取)。

所得图线是现值相对于利率的曲线,两个(或更多)项目的现值可在一定的利率范围内进行比较。

(九)收益增长率

净现值或现值利润表明一个项目优于平均再投资机会的程度。作为对投资的一个比值,现值利润比或总的收益比(资本生产指数)投资一美元或一英镑的收益是一个非常有用的无因次指数。另外一个有用的指数是以平均再投资率将项目的收益再投资所得的净效益,将其表示为收益率。这个收益率称为收益增长率或资本增值收益率。收益增长率是使投放的原始资本累积达到同一项目结束价值的利率。

(十)时间跨度的影响

时间跨度被认为是项目的期限。若要比较的许多项目有不同的项目期限,就会产生使用哪个时间跨度或哪些时间跨度的问题。

一种方法是采用每一项目的终期增长率,另一种方法是以期限最长项目的结束时间或更长的时间作为共同的终止时间点。第一种方法的缺点在于不能妥当地比较项目的时间范围,第二种方法的缺点在于计算的收益取决于选定的时间范围。

评价具有不同期限的项目时,人们肯定会选定一个共同的时间跨度。但是时间跨度很长时,收益增长率就会接近备选投资的收益。然而,当两个项目中一个比另一个具有更高的增长率时,这种优势会一直保持与时间范围无关。因此作为一个排队指标,时间范围并不会干扰项目的排队。

(十一)加速项目

油气开发的是有限储量或资源,这显然存在下列可能性:要么较快地开发资源而不断增加投资成本。要么较慢地开发而使用较少的投资成本。任何增加开采速度而不能增加最终开采量的项目,只会缩短开采的期限,即加速开采,这样的项目称为加速项目。在一个崭新的开发方案中,特别是海上,加速项目和基本新收入项目会同时纳入考虑,并作为可行性研究的一部分一起考虑(例如,采用一模板从半潜式平台进行的前期钻井实质上就是一个加速项目),这只是一个最佳方案的全面经济研究。这样就不会单独确定和分离加速内容的经济因素。

在其他情况下，当一个加速项目必须递增成为一个有现有产生收入的项目，应研究这个加速项目相对于基本项目的经济性。这时，加速项目就不能不顾基本项目而单独终止。对这类项目可用的一个术语为"非有期"。由于假定加速对最终产出量没有影响，若早年的产量高于基本项目，那么以后年月的产量肯定会小于基本项目的产量。因此所有加速项目的特点是，当收入小于无加速项目时，它存在一个概念性或名义亏损阶段。

然而生产将会继续下去，直到原项目和加速项目合起来出现亏损为止（这是加速项目的"非有期"阶段）。在未贴现现金流项中，任何加速项目都会出现与投资相等的净亏损，由于及时接转将来的收入，加速项目的盈利能力完全取决于增加的现值。由于盈利能力完全取决于增加的产量，因此重要的是必须要有这样一个市场，使所增加的产量价格等于经济评价所用价格。纯加速项目（即对最终采油量绝对没有影响，或甚至对后期的采油量或修井也绝对没有影响的项目）是很罕见的。准确地定义"什么是""什么不是"加速项目是很困难的。然而许多项目的效果较小或不可预测，一些以增加最终采油量为目标的项目将其盈利过多地依赖于加速项目（这也可能用其他方法实现）。

加速的例子有：①钻井平台安装前的前期钻井工作；②水下完井设备与评价井的连接；③加密钻井（开发钻井投入多少、加密钻井投入多少）；④压裂和酸化（这些作业可能会影响最终开采量，并会影响以后的举升成本）；⑤额外的举升作业和修井、以减少停产和低产；⑥电气化以减少机泵的停机时间等。

涉及加速和其他因素的项目范例有：多数二次采油和强化采油项目在一定程度上会增加对举升设备、地面处理设施上的投资，从而提高产量，那么所增加的产量，只起加速作用，而非新收入。在海上新的开发项目中，要从一个全面的经济角度来考虑综合方案，而不是方案的各孤立内容，在现有油田上实施二次采油方案时，将其分解为加速内容和新收入内容会很有意义。

现在由于加速而产生的净收入为：加速产生的净收入＝有加速的收入－无加速的收入。

如上所述，若累积产量没有变化，在后期的年份中肯定是负值。考虑到这种后期的名义亏损，采用与新收入项目略有不同的定义会更为理想。这些差别可能更注重概念而不是数量，但在这方面是不容忽视的。就新收入项来讲，收入现值等于投资现值的时间称为偿还时间。此时项目的所有花费已收回（从理论上讲可以放弃项目而不会有损失）。若将一个加速项目的偿还时间定义为加速所增加收入的现值等于加速中投资的现值之时，那么，与项目有关的开支不会全部收回。

由于后期的亏损，当有加速的收入小于无加速的收入时，"负"收益的现值（"负"是指相对于基本项目）在认为项目要盈利前也必须收回。对这种情况来讲，最好采用下列更通用的偿还时间定义：①与投资相关的所有开支都已收回的时间；②放弃项目而不会有损失的时间；③项目可视为开始真正全面盈利的时间。

这种时间很难精确确定，而通过一个近似计算可轻而易举地对偿还时间做出较为保守的估算。这包括（用试凑法）寻找分别由加速项目和无加速项目产生相同产量的现值差别等于投资现值之时。即下列情况：

$$V\left\{\sum_{t_0}^{t^*} q'_i f_i - \sum_{t_0}^{t^{**}} q_i f_i - \right\} = PV$$

式中：q_i 为无加速项目的产量；q'_i 为有加速项目的产量；t^* 为偿还时间；t^{**} 为无加速项目的产

量与有加速项目 t^* 时间内产量相等时所花的时间。

$$\sum_{t_0}^{t^*} q'_i f_i - \sum_{t_0}^{t^{**}} q_i f_i$$

所有与加速项目有关的成本都将被删除。

(十二) 加速项目的简化计算

用贴现系数的指数形式常可方便地分析加速项目。即：

$$\text{贴现系数} = e^{-it}$$

式中：i 为连续计算复利的有效年利率。

除非利率较高，通常情况下此利率和名义利率的差很小。这种差别在比较相似项目时可以忽略不计，但有些情况下为保持一致性需要考虑它(利率为 15% 时此差别约为 1%)。

连续的贴现系数便于与简单的产量变化形式结合，如产量稳定与等百分比递减结合。

恒定产量的现值计算：

$0 \sim t$ 年时间间隔内将来累积产量的现值由下式给出：

$$\int q \mathrm{d}t = qt$$

在一段时间内将来累积产量的现值由下式给出：

$$v \int q_t f \mathrm{d}t = vq \int e^{rt} \mathrm{d}t$$

随 t 增大，e^{-rt} 将减小。例如：$r=0.15, t=15, e^{-rt}=0.11$；$r=0.15, t=20, e^{-rt}=0.05$。

而对于产量长时间恒定的情况来讲：

$$PV \left\{ \frac{v \cdot q}{r} \right\}$$

但这是产量的一种异常情况。稳产通常只能短时间维持，且必须要考虑产量递减的情况。

短期和中期生产预测常用的普通产量递减模式为等百分比递减方式。等百分比递减的现值计算由下式确定：

$$\frac{1}{q} \frac{\mathrm{d}o}{\mathrm{d}t} = -b$$

即：每单位产量的单位时间产量的变化为一常数。

积分可得：$(q)_t = q(0) e^{(-bt)}$；当 $q = q(0)$ 时，取 $t=0$。

任一时间的累积产量为：

$$\int q \mathrm{d}t = \frac{q_0 - q_t}{b}$$

在加速计算中这个公式很方便。由于加速项目中假定累积产量是不变的，那么：

$$\frac{q_0 - q_t}{b} = \frac{q'_0 - q_t}{b'}$$

式中：q_0 和 b 均为无加速项目；q'_0 和 b' 均为加速项目；q_t 为经济极限。

现值计算又一次利用了指数贴现系数。$0 \sim t$ 年间将来产量的现值为：

$$pv = \int v(q)_t e^{-rt} \mathrm{d}t = v \int q_0 e^{-bt} e^{-rt} \mathrm{d}t = v \int q_0 e^{-(b+r)t} \mathrm{d}t = vq_0 \frac{[1 - e^{(b+r)t}]}{(b+r)}$$

积分后,该式整理后可去掉 t,但所包含的时间是计算的一个因素。即

$$e^{-(b+r)t} = e^{-\frac{(b+r)}{t}} \cdot \log\frac{q_0}{q_1} = \left\{\frac{q_0}{q_t}\right\}^{[-e^{(b+r)b}]}$$

由于单位必须一致,q 为日产量,而 b 和 r 为年值,一般该公式为

$$PV = \frac{365 v q_0 [1 - e^{(b+r)t}]}{(b+r)}$$

式中:v 为假定不变的单位产值。

下例详细说明了这些公式的使用方法和项目中一些经济指标的计算。

有一个钻加密井的项目,将以 750 万美元的成本使一个小油藏的产量由 7500b/d 加速到 10 000b/d。加速前的递减率为每年 12%,经济极限产量为 10 000b/d,原油净值为每桶 15 美元,另外投资的收益为 15%。请对项目进行评价:

未加速时产值为:

$$\frac{q_0 v [1 - e^{(b+r)t}]}{b+r}$$

$$t = f_0 \log\frac{q_t}{q} e = \frac{0}{0.12} \log e \frac{1000}{7500} = 16.8 (年)$$

$$PV = \frac{(7500)(365)(15)(1 - e^{0.27})(16.8)}{15\ 050(万美元)}$$

有加速时,新的递减系数将为:

$$b = \frac{b(q'_0 - q_t)}{(q_0 - q_t)} = \frac{0.12(10\ 000 - 1000)}{(7500 - 1000)} = 0.166$$

t 经计算为 13.5 年。

有加速的现值为:

$$PV = \frac{(10\ 000)(15)(365)(1 - e^{-1.35 \times 0.32})}{0.32} = 16\ 880(万美元)$$

收益为 15% 时的现值利润为:$(18.3 - 7.5) \times 10^6 = 1080$(万美元),利润比为 1.44,CPI 为 2.44。偿还时间计算如下:一年后,加速项目已生产 9213 桶原油,其现值为 4685 万美元。原来项目要产这么多原油需用 1.33 年,其现值为 4578 万美元。三年后,加速项目将生产 23 500 桶油,其现值为 10 560 万美元。原项目要产这么多油需用 3.93 年,其现值为 9950 万美元。此时的差别为 610 万美元,比投资略小。三年半后,加速项目将生产 26 379 桶油,其现值为 11 527 万美元。原项目要产等量的油需 4.57 年,其现值将是 10 780 万美元。其差别为 748 万美元。偿还时间为 3.5 年。

三、风险分析

在不确定环境中进行风险投资决策,这种做法的意义和水平确定着我们这个行业的特点。因此,石油管理的任务不仅限于储量的技术评价或油藏管理,还包括技术和经济的风险决策、成本和相关风险的评价,确定不确定性和亏损风险之间的平衡程度。就不确定性而言,油藏管理主要关注的并非不惜成本地减少这种不确定性,或精确地计算出这种不确定性,而是要在风险环境下准确地评价它,并认真地管理它。

因决策是在有风险的环境中做出的,因而可称其为战略性或战术性的决策。进行开发决

策时,战略决策与当时获取的信息和风险程度间的平衡有关。因此,人们必须在收集信息以减少风险和限制要收集的资料量以保护项目的经济效益这两者之间找到折中方案。

1. 风险根源的回顾

(1)经济和政治的因素:将来产品的价格,将来的资本费用,将来操作和报废的成本,通货膨胀率和汇率,税收政策和税率,矿区使用费,利润分享政策,保护、枯竭和环境政策。

(2)技术因素:地质特征不利,渗透率发育不利,意外的渗透率差异,腐蚀、结垢和出砂问题。

2. 对风险的考虑

处理风险的一种方法是利用所需或最低预期收益率,对于被评价的具有风险项目,这一收益率会增大。

在所有风险评价中,必须对一个项目或多个项目的风险做出某些估算。当事件为随机性事件时,即其结果是可能结果总体中的一个,则必须考虑特定事件或几组事件的概率。若有可能用标准的频率分布和统计方法来描述结果的可能范围,就可用蒙特卡罗法,它是一种很好的油气地质储量估算方法。

人们可能会奇怪,当考虑某单一特定事件时,如某一含油构造,是否能应用随机方法？和通常掷骰子和抽签类的统计性例子不同,指定的概率常常没有理论基础,实用的经验性概率的估算常常也没有相关的数据基础。在许多风险分析中,有必要求助于主观性概率,或称之为可信度。它是以主观判断和经验为基础的。

在油藏管理范围内,评估的战略决策可以按如下分类:静态评估决策,通过钻井和地震评估地质储量;动态评估决策,通过先导性试验、测试、早(后)期生产等评价采收率。

静态评估也代表着第一阶段的评估活动,其目的是力求达到最佳开发。动态评估涉及后续开发和生产的最佳化。战术性决策包括日常的信息控制,如排出一定预算范围内的参数优先顺序、选定最适宜参数等。例如,物探和钻井哪个更合适。征购油气探区、投资地震勘探(一维和三维)和进行钻探的决策中都有很大的不确定性。含油层的存在及其数量,所希望找到的油气种类都是不确定性的根源。在无法外输的环境中钻一口气井相当于钻一口干井,所涉及的这些不确定性和风险都被称为技术问题。

为使这些技术风险降到最低,油藏管理小组常根据资料做出若干个尽可能切合实际的开发方案。在这些方案中,通常有一个最乐观的方案和一个最悲观的方案。以最悲观的方案为基础,对最少开支或合理亏损做出预测。与管理机构(如政府机关)洽谈时,应至少已做完上述各项工作。编制这些方案时,必须充分利用一些类比概念。根据现有条件,这些类比可分为:①同一地区的同一油藏,有些情况下,某一油藏邻近区域的数据可用来确定要勘探或评估区块的特征。这样做时,流体的连续性是一种非常有用的工具。然而即使是成熟的油藏,区块划分有时也会导致错误的结论,如在英国的Beryl油田,虽然是老油田,由于隆起,这些区带受到了风化侵蚀;所以在1992年的新钻探中完全错过了产层;②具有相似地质和构造史的油藏;③通用性类比,这种情况下应使用相当保守的数据:区域统计对类比来说价值极大。当这些统计结果可靠时,在钻井前就能很好地了解探区。在美国和加拿大,有些地区拥有这种统计资料,它们非常有价值。

除了所讨论的这些技术风险外,还有诸如油气价格的稳定性或波动之类的经济风险,还有政府税收制度及合同条款改变等政治风险。

储量的成本和临界规模:开发中涉及到的不变费用(开始生产和输送所需要的成本)和与油藏和(或)生产水平相应的比例费用。有必要确定对不变费用和比例费用而言是能偿清负债和盈利的储量临界规模。不变费用高时(如海上)储层的临界规模就特别重要。一旦通过评估或先导试验证明其探明储量已从技术上超过了储量临界规模,就可决定开发。因此,开发决策评估的目的就是要增大技术所证实的储量大小,使之超过储量的临界规模。

任何评估都涉及到以下 4 种风险。

(1)错误开发的风险:与开发油田决策所进行的评估有关。油藏管理小组特别关注对已证实储量的过度估算问题,因为那将意味着收益比预计的要低,甚至不能偿还全部投资。

另一种风险与生产动态有关。这可能包括由于过高地估计井的产能而低估了达到稳产所需要的井数以及分离设施的要求、未能预测过早含水或见气问题、低估了举升要求、低估了气举或泵送能力。这些都可能会影响储量。

由于有了错误很难改正,这些问题对项目的经济效益可能影响甚大。进一步钻井需要有钻井时间和钻机,提高分离/气举能力会影响交付时间,海上井槽数目有限、平台大小不够,枯竭油田在钻新井时有困难等等,这些问题从技术上加以解决并非易事。

其他风险还有如投资和操作成本的转变、油气价格等经济参数、汇率和通货膨胀率。

(2)不良开发的风险:与更好地确定开发规模所需的评估有关。若只是根据已确定证实储量的资料就开始开发,这种开发就可能欠佳。若只根据概算储量就投入开发,就会有过度投资的风险。这是因为油田的储量可能并不比证实储量多,因而会少于概算储量。

(3)不开发或开发太晚的风险:与错误的战术选择所产生的低劣评价有关。对探区进行评价时,会因现有预算的限制而对这些探区进行排序。

对项目排序时应考虑以下因素:①总亏损,对不经济油田评价的投资;②潜在亏损,延误对一个有经济活力油田的评价;③潜在总亏损,未加评价就完全放弃了被视为不经济的油田,但这个油田可能经证实是经济的。

(4)作出不正确评价的风险:与战术选择不佳有关。面临压力要以最低成本尽快地找到一定量的证实储量时,就会出现这种情况。

选定评价井位以确定临界量的存在与否。若所钻的井与探井距离太近,即使它是一口产油井,也不能增进人们对油藏的了解。

另一个例子是资料收集中的虚假经济性。花费几个月时间和几百万美元打一口不取芯也不测试的评价井是很不经济的。测量的费用可由下式来评价:

$$p = \frac{\Delta R}{C} = \frac{增加的储量}{测量费用}$$

式中:p 为单位测量费用的储量增加值;ΔR 为增加的储量;C 为测量费用。

一口没有取芯、测井、试井数据的井若处于合适的构造位置上,则会有它自己的 p 值。$p_{测} > p_{井}$,就有必要进行测量;$p_{测} < p_{井}$,在进行任何测量前有必要深思熟虑;$p_{测} = 0$,但提高了储量的可信度,进行测量也许是可行的。

误用资料解释技术会产生不完整或完全错误的结果,这也会导致错误的评价。

(5)开发井的风险:对于陆上油藏,若有现成的管线,陆上开发的不变费用只限于输送投资。这比海上的成本要少得多。而且在海上环境下,除非所评价油田为接力性或非常小,否则评价井都会经历钻井、测试、固井、封堵和报废等阶段。通常不会保留任何踪迹,也不可能再利用它。因此在海上,有些探边井有钻入水体的风险。而陆上的井,评价井若出现肯定的结果将会被人们利用,因而没有像海上那样的风险。

陆上原油开发距输油管网十分近或就在其附近时,储量的临界规模(即能偿还最低程度开发所需不变费用和比例费用的最小储量)是很小的。发现井能用来生产,其产量只需能偿还处理和连接管线的成本。

钻开发井前,若井的产量能偿还井的投资和操作成本,并能从中获利,人们就会做出钻井的决策。井打完之后,投产的决定取决于产量能否偿还其单井处理和管线连接的成本。因此,开发井的风险为:①过高估计采收率和单井地质油量;②长期过高估计产量,由于不能立即感觉到问题的存在,在陆上会产生严重过高估计的后果,在所有井都已钻完后,即大部分资本已投入后,常常才会发觉问题;③过高估计井的产能;④过高估计一口井的泄油量。

四、经济评价

对技术方案经济效益分析评价的方法很多,概括起来可分为两大类,即按是否考虑资金的时间价值,可分为静态评价方法和动态评价方法。

(一)静态评价方法

静态评价方法是指在不考虑资金时间价值的情况下,对技术方案在经济寿命期内的收支情况进行分析、计算和评价的方法,主要有投资回收期法、投资效果系数法、追加投资回收期法、追加投资效果系数法、年折算费用法等。

1. 静态投资回收期(P_t)法

静态投资回收期法,又称投资返本期法或投资偿还期法。所谓投资回收期是指投资项目从投资建设之日起每年所获得的净收益(包括利润和折旧)回收(抵偿)全部投资(包括流动资金投资)所需要的时间,一般以"年"为计算单位。

1)定义式

静态投资回收期是反映项目财务上投资回收能力的重要指标,是用来考察项目投资盈利水平的经济效益指标。静态投资回收期的公式如下:

$$\sum_{t=0}^{P_t}(CI-CO)_t = 0$$

式中:P_t 静态投资回收期;CI 为现金流入;CO 为现金流出;$(CI-CO)_t$ 为第 t 年的净现金流量。

静态投资回收期亦可根据全部投资的财务现金流量表中累计净现金流量计算求得,其详细计算公式为:

$$P_t = 累计净现金流量开始出现正值的年份数 - 1 + \frac{|上年累计净现金流量|}{当年净现金流量}$$

2)判别标准

用投资回收期评价投资项目时,需要与根据同类项目的历史数据和投资者意愿确定基本投资回收期比较,或与石油行业规定的基准投资回收期(P_c)进行比较,以判别项目的可行性。判别标准如下:若 $P_t \leqslant P_c$,可以考虑采纳该项目;若 $P_t > P_c$,应该舍弃该项目。

表3-3是某项目建设期、生产经营期10年的现金流量,试求该项目的投资回收期。

表3-3 某项目现金流量表   单位:万元

序号	年份 项目	建设期					生产经营期				
		1	2	3	4	5	6	7	8	9	10
1	现金流入			2560	3200	3200	3200	3200	3200	3200	4574
1.1	产品销售收入			2560	3200	3200	3200	3200	3200	3200	3200
1.2	回收固定资产余值										802
1.3	回收流动资金										572
2	现金流出	1400	390	2401	2680	2546	2559	2559	2564	2564	2564
2.1	固定资产投资	1400	390								
2.2	流动资金			420	152						
2.3	经营成本			1643	2106	2106	2106	2106	2106	2106	2106
2.4	销售税金及附加			195	227	227	227	227	227	227	227
2.5	所得税			143	195	213	226	226	231	231	231
3	净现金流量	−1400	−390	159	520	654	641	641	636	636	2010
4	累计净现金流量	−1400	−1790	−1631	−1111	−457	184	825	1461	2097	4107

由表3-3中累计净现金流量可以看出:第五年为−457万元,第六年为184万元,根据公式计算可得:

$$P_t = 累计净现金流量开始出现正值的年份数 - 1 + \frac{|上年累计净现金流量|}{当年净现金流量}$$

$$= 6 - 1 + 457/641 = 5.7(年)$$

即:该项目的投资回收期为5.7年。

目前,我国尚未制订出部门或行业统一的基准投资回收期。然而,P_c 的合理与否直接关系到对工程项目的正确评价。因此,各部门、各行业应依据自身的具体情况制订出合适的 P_c 值。石油开采暂定基准投资回收期为6年,石油加工为10年,作为评价时参考的标准。

3)对 P_t 指标的评价

P_t 指标的优点:P_t 指标的最大优点是经济意义明确、直观、计算简便,便于投资者衡量项目承担风险的能力,同时在一定程度上反映了投资效果的优劣,因此,P_t 指标在实际工作中得到了广泛的应用。

P_t 指标的缺点及局限性有以下几个方面。

(1) P_t 只考虑投资回收之前的效果,不能反映回收投资之后的效益大小。例如,有三个工程项目可供选择,总投资均为 2000 万元,投产后每年净收益如表 3-4 所示:

表 3-4 三个工程项目 P_t 指标对比表

年份	项目 A	项目 B	项目 C
1	1000	1000	1000
2	1000	1000	1000
3	—	1000	1000
4	—	—	1000

从投资回收期指标看,项目 B、C 在回收投资以后还有收益,其经济效益明显比项目 A 好,可是从 P_t 指标看是反映不出来它们之间的差别。

(2) P_t 指标由于没考虑资金的时间价值,无法正确地判别项目的优劣,可能导致错误的选择。

例如,某项目需要 5 年建成,每年需投资 10 亿元,全部投资为贷款,年利率为 10%。项目投产后每年回收净现金 5 亿元,项目生产期为 20 年。若不考虑资金时间价值,投资回收期为 10 年($10 \times 5 \div 5$)。也就是说,只用十年就可回收全部投资,以后 10 年回收的现金都是净赚的钱,共计 50 亿元,不能不说是一个相当不错的投资项目。其实不然,如果考虑贷款利息因素,情况将大为不同:

$$投资时欠款 = 10 \times \left(\frac{(1+10\%)^5 - 1}{10\%} \right) = 61.051(亿元)$$

$$投产后每年利息支出 = 61.051 \times 10\% = 6.1051(亿元)$$

可见每年回收的现金还不够偿还利息,因此,这是一个极不可取的项目。

(3) P_t 指标没有考虑项目的寿命期及寿命期末残值的回收。

总之,静态投资回收期不考虑资金时间价值,不考虑投资项目全过程收益情况,加之基准投资回收期难以准确制订,这些都可能导致评价、判断的失误。

因此,P_t 指标不是全面衡量投资项目的理想指标,只能用于粗略评价或者作为辅助指标,应和其他指标结合起来使用。

2. 投资效果系数(E)法

投资效果系数法又叫简单投资收益率法,是以投资效果系数 E 作为经济评价指标来评选投资方案的一种方法;即是指工程项目投产后,每年所获净收益与投资之比。此时的净收益可以是达产年份的净收益,亦可以是经济寿命期内的年平均净收益,二者计算结果不同。为简便起见,常常假设:①工程项目投产后,能连续发生效益,且各年净收益基本相同;②多方案比较时,认为各方案经济寿命期大致相同。

(1) 投资效果系数的计算公式为:

$$E = \frac{CI - CO}{I} = \frac{NCF}{I}$$

式中：E 为投资效果系数（或简单投资收益率）；NCF 为年净收益。

（2）判别标准。求出的投资效果系数 E 必须与国家规定的基准投资效果系数 E_c 进行比较，以判别该投资项目的可行性。若 $E \geqslant E_c$，可以考虑接受该项目；若 $E < E_c$，可以舍弃该项目。

基准投资效果系数 E_c 与基准投资回收期 P_c 之间关系密切，一般可以认为二者互为倒数，即：$E_c = 1/P_c$。

（3）对 E 指标的评价。投资效果系数指标有着与静态投资回收期指标类似的优缺点，即计算方便，意义明确，但没有考虑资金的时间价值，其评价结论依赖于基准投资效果系数的正确性，因而在实际工作中投资效果系数指标仅作为一种辅助指标。

3. 追加投资回收期（ΔP_t）法

追加投资回收期法又叫差额投资回收期法或增额投资回收期法，是评价互斥方案的常用方法之一。比较两个互斥方案时，可能出现两种情况。

第一种情况是：方案 Ⅰ 的投资 I_1 比方案 Ⅱ 的投资 I_2 小，而方案 Ⅰ 的年净收益 NCF_1 却比方案 Ⅱ 的年净收益 NCF_2 大，即 $I_1 < I_2$，而 $NCF_1 > NCF_2$。显然，方案 Ⅰ 优于方案 Ⅱ。

第二种情况是：方案 Ⅰ 的投资和年净收益均大于方案 Ⅱ 的投资和年净收益，即 $I_1 > I_2$，而 $NCF_1 > NCF_2$。对于这种情况就无法立即判断出哪个方案更经济。而现实生活中这种情况更为普遍，例如，采用自动化程度高的设备，技术上先进，其投资额比采用一般机械化设备高，但自动化设备通常又比机械化设备生产效率高、质量好、废品率低、操作工人少，故其年净收益比一般机械化设备要高。那么投资大的方案比投资小的方案所多支出的投资额能否带来更多的年净收益（或年经营成本更小）？此时可以采用追加投资回收期法予以分析、评选。

通常投资大的方案比投资小的方案经营成本低或净收益大。我们把投资大的方案比投资小的方案所多支出的那部分投资额称为追加投资或差额投资或增量投资。追加投资回收期是指投资大的方案用其每年所多得的净收益或节约的经营成本来回收或抵偿追加投资所需的时间，一般以"年"为单位。

（1）为简便起见，假设相互比较的互斥方案寿命期相同，且各方案寿命期内各年净收益或经营成本基本相同，那么每两个互斥方案的各年净收益或经营成本之差额也基本相同，则追加投资回收期的计算公式有两个：

$$\Delta P_{t2-1} = \frac{\Delta I}{\Delta NCF} = \frac{I_2 - I_1}{NCF_2 - NCF_1}$$

$$\Delta P_{t2-1} = \frac{\Delta I}{\Delta C} = \frac{I_2 - I_1}{C_2 - C_1}$$

式中：I_1、I_2 分别为方案 Ⅰ 与方案 Ⅱ 的投资额，且 $I_1 > I_2$；NCF_1、NCF_2 分别为方案 Ⅰ 与方案 Ⅱ 的年净收益值，且 $NCF_1 > NCF_2$；C_1、C_2 分别为方案 Ⅰ 与方案 Ⅱ 的年经营成本，且 $C_1 > C_2$；ΔI 为方案 Ⅱ 比方案 Ⅰ 多支出的投资，即追加投资；ΔNCF 为方案 Ⅱ 比方案 Ⅰ 每年多获得的净收益；ΔC 为方案 Ⅱ 比方案 Ⅰ 每年所节约的经营成本。

如果两个方案各年的净收益或经营成本之差额不等时，则追加投资回收期的计算公式为：

$$\sum_{t=1}^{\Delta P_t} \Delta NCF_t = \Delta I$$

或

$$\sum_{t=1}^{\Delta Pt} \Delta C_t = \Delta I$$

式中:ΔNCF_t 为第 t 年两个方案的净收益之差额,可理解为第 t 年投资大的方案比投资小的方案多获得的净收益;ΔC_t 为第 t 年投资大的方案比投资小的方案所节约的经营成本。

(2)判别标准。计算出追加投资回收期 P_{t2-1} 后,应与基准投资回收期 P_c 相比较。当 $\Delta P_{t2-1} \leqslant P_t$ 时,说明投资大的方案Ⅱ优于投资小的方案Ⅰ;当 $\Delta P_{t2-1} > P_t$ 时,说明投资小的方案Ⅰ优于投资大的方案Ⅱ。

多方案相比较时,可以用追加投资回收期法进行环比。方法是按照上面计算公式将方案两两相比,每比较一次,用判别标准选择一次,淘汰一个方案。将保留下来的优选方案与下一个方案相比较,再淘汰一个。依次比较选择,直到选出最优方案。

(3)对 P_t 指标的评价。最佳投资回收期指标在两个方案比较中具有直观、简便的优点,但它仅仅反映方案的相对经济性,并不说明方案本身的经济效果。

例:设有三个互斥方案,其投资与年净收益如表 3-5 所示。若基准投资回收期为 3 年,试比较选优(假设三个方案其他条件相同)。

表 3-5 三个方案的投资与年净收益   单位:万元

项目	投资	年净收益
方案Ⅰ	20	8
方案Ⅱ	24	12
方案Ⅲ	36	18

解:根据公式,先比较方案Ⅰ与Ⅱ:

$$\Delta P_{t2-1} = \frac{I_2 - I_1}{NCF_2 - NCF_1} = \frac{24-20}{12-8} = 1(年)$$

由于 $\Delta P_{t2-1} < P_t$,故方案Ⅱ优于方案Ⅰ。再比较方案Ⅱ与Ⅲ:

$$\Delta P_{t2-1} = \frac{I_3 - I_2}{NCF_3 - NCF_2} = \frac{36-24}{18-12} = 2(年)$$

由于 $P_{t2-1} < P_t$,故方案Ⅲ优于方案Ⅱ。即方案Ⅲ为最优方案,方案Ⅱ为次优方案,方案Ⅰ最差。

4. 年折算费用(Z)法

有些互斥方案寿命相同,提供的服务或产出也相同,如水力发电和火力发电,铁路运输与公路运输等等。有些互斥方案的净收益无法计算,如环境保护、社会公用设施方面的工程。对于这种类型的互斥方案的评价,不需要进行全面的比较,可以只计算比较其不同的部分,即分析计算各方案的费用,选择费用最小的方案为最优方案。而方案的费用主要指投资和各年经营费用。由于投资常常是一次性的,且在项目建设初期支出,而经营费用是项目投产后每年发生的,二者不能再简单相加,必须通过一定方法将初始投资分摊到各年(常用基准投资效果系数进行换算),然后再与各年经营费用相加,所得的结果即为方案的年折算费用。根据各方案年折算费用的大小进行选择,以年折算费用最小的方案为最优方案。

根据各方案年折算费用的大小进行选择,以年折算费用最小的方案为最优方案。其计算公式为:

$$Z = C + E_c \times I$$

式中:Z 为年折算费用;I 为总投资;C 为年经营费用;E_c 为折算系数,一般用基准投资效果系数进行计算。

例:设有三个互斥方案(表3-6),均能满足相同需要,且寿命相同。若基准投资效果系数为0.2,试比较优选。

表3-6 三个方案的投资与年经营费用　　　　　　　　　　　　　　单位:万元

项目	方案Ⅰ	方案Ⅱ	方案Ⅲ
投资	1000	1100	1300
年经营费用	120	115	95

解:由公式可计算出:

$$Z_{\mathrm{I}} = 120 + 0.2 \times 1000 = 320(万元)$$
$$Z_{\mathrm{II}} = 115 + 0.2 \times 1100 = 335(万元)$$
$$Z_{\mathrm{III}} = 95 + 0.2 \times 1300 = 355(万元)$$

由于 $Z_{\mathrm{I}} < Z_{\mathrm{II}} < Z_{\mathrm{III}}$,故方案Ⅰ优于方案Ⅱ优于方案Ⅲ。

对年折算费用指标的评价:该指标计算非常简便,易于快速得出各方案的优劣。但必须有 E_c 的具体数值,且 E_c 值的大小直接影响到方案的取舍。

因此,用该指标正确选择方案的首要条件是 E_c 的合理性。

(二)动态评价方法

动态评价方法是在考虑资金时间价值上的基础上,根据技术方案经济寿命期内各年现金流量对其经济效益进行分析、计算、评价的一种方法。

动态评价方法主要包括净现值法、净现值比率法、内部收益率法、外部收益率法、动态投资回收期法等。

1. 净现值(NPV)法

净现值法是动态评价的最重要的方法之一。根据各投资方案净现值的大小,可决定方案的取舍。

(1)净现值的定义及计算。

净现值(Net Present Value,记为 NPV)是指在基准收益率 i_c 或给定折现率下,投资方案在寿命期内各年净现金流量之现值的代数和。

其计算公式为:

$$NPV = \sum_{t=0}^{n} (CI - CO)_t (1 + i_c)^{-t}$$

式中:NPV 为净现值;$(1+i_c)^{-t}$ 为第 t 年的贴现系数(或折现系数);i_c 为基准收益率;n 为投

资方案的寿命期，年；$(CI-CO)_t$ 为第 t 年的净现金流量。

若工程项目只有初始投资 I，以后各年末均获得相等的净收益 A，寿命期末残值为 S，则：
$$NPV=-I+A(P/A,i_c,n)+S(P/F,i_c,n)$$

（2）判别标准。

若 $NPV \geqslant 0$，可以考虑采纳该投资项目；若 $NPV<0$，则应舍弃该投资项目。

多方案比选时，应选择净现值最大的方案，净现值越大的方案相对越优（净现值最大准则）。

2. 净现值比率法

净现值比率法又称净现值指数法，是在净现值法基础上发展起来的，可以作为净现值法的一种补充。

（1）净现值比率法的定义及计算。

净现值比率（Net Present Value Rate，记为 NPVR）是项目净现值与项目投资总额现值之比，其经济涵义是单位投资现值所能带来的净现值。其计算公式为：

$$NPVR=\frac{NPV}{I_p}=\frac{\sum_{t=0}^{n}(CI-CO)_t(1+i_c)^{-t}}{\sum_{t=0}^{n}I_t(1+i_c)^{-t}}$$

式中：I_p 为投资现值，即如果工程项目的投资是分次投入，应将各次投资均换算为现值后相加；I_t 为第 t 年的投资。

（2）判别标准。净现值反应了方案的相对经济效益，净现值比率越大，投资方案的经济效益越好。其判别标准如下：

若 $NPVR \geqslant 0$，可以考虑采纳该投资项目；若 $NPVR<0$，则应舍弃该投资项目。

净现值指标与净现值比率指标两者关系密切。一般情况下，净现值大的方案，其净现值比率也大，但有时净现值大的方案，其净现值比率并不大。当用净现值与净现值比率两个指标在选择方案发生矛盾时，应根据不同情况，做出恰当的选择。在资金供应充足即无资金限额时，可以追求最大收益，而不太注重资金的利用效果是否最大。此时应以净现值作为主要的评价标准。选择净现值最大的方案为最优方案。在资金供应紧张或各方案投资额相差很大时，应强调资金的利用效率，即单位投资追求较高的收益。此时应以净现值比率作为主要的评价标准，选择净现值比率最大的方案为最优方案。

3. 内部收益率法

内部收益率法与动态收益率法一样，也是动态评价的一种重要方法。

（1）内部收益率法的定义及计算。

能够使投资目的净现值等于零的折现率就是该项目的内部收益率（Internal Rate of Return，记为 IRR）。

内部收益率的定义式为：

$$\sum_{t=0}^{n}(CI-CO)_t(1+i)^{-t}=0$$

由上式求得的 i 即为内部收益率。

可见,内部收益率与净现值不同,它不代表方案寿命期内的绝对收益,而是一个用百分数表示的利率,用这个利率计算方案的净现值可使净现值等于零。所以,它不是一个任意的 i,而是特定条件下的 i,因而常用 IRR 表示。故上式可写为:

$$\sum_{t=0}^{n}(CI-CO)_t(1+IRR)^{-t}=0$$

若方案只有一次初始投资 I,以后各年有相同的净收益 A,残值为 L,则内部收益率的计算公式为:

$$-I+A(P/A,IRR,n)+L(P/F,IRR,n)=0$$

内部收益率的经济含义是,在这样的利率下,项目的寿命终了时,恰好以每年的净收益回收全部投资。因此,内部收益率是指项目占用的尚未回收资金的收益率,而并非是初始投资的收益率。内部收益率越高,资金的回收能力越大,相同投入回收的资金就越多;相反,资金的回收能力越小,相同投入回收资金就越少。

(2)判别标准。

计算出内部收益率 IRR 后,应与基准收益率 i_c(或 $MARR$)相比较,以判断其经济可行性。即,若 $IRR \geqslant i_c$(或 $MARR$),则认为方案在经济上是可取得;若 $IRR < i_c$(或 $MARR$),则认为方案在经济上是不可取的。

在多方案的比选中,若各方案的内部收益率 IRR_1、IRR_2,…,IRR_n 均大于基准收益率 i_c,均可取,则此时应与净现值指标结合起来考虑。一般选择 IRR 较大且 NPV 最大的方案,而非 IRR 越大的方案越好。

4. 外部收益率法

在计算内部收益率时,实际上隐含着这样一个假设:项目逐年的净收益均按计算所得的收益率即内部收益率投资于项目内部。但是,一个项目逐年所得的净收益往往不一定能以与其投资相同的收益率再投资于项目本身。如果假设逐年所得的收益率以基准收益率($MARR$ 或 i_c)再投资,这就意味着项目的部分收益不是再投资于项目内部,而是投资于项目的外部,这种情况往往更为现实,这时就用外部收益率法进行分析评价。

(1)外部收益率法的定义及计算。

外部收益率(External Rate of Return,记为 ERR)是投资的终值与用基准收益率计算的累计再投资收益值相等的利率(或收益率)。其计算公式为:

$$\sum_{t=0}^{k}I_t \cdot (F/P,ERR,n-t)=\sum_{t=1}^{n}NCF_t \cdot (F/P,i_c,n-t)$$

式中:I_t 为第 t 年投资额;k 为项目寿命期中历次投资的最后年份,即最后一次追加投资的年份,若项目建设没有追加投资,则说明项目在建设期初有一次投资;NCF_t 为项目投资后第 t 年的净收益。

若项目仅有一次初始投资 I,以后各年每年末净收益相同为 A,且残值为 L,则有

$$I \cdot (F/P,ERR,n)=A(F/A,i_c,n)+L$$

外部收益率的经济意义可以这样理解,把一笔资金投资于外部收益率为 ERR 的项目,无异于将该资金存入一个利率为 ERR,且以复利计息的银行中所获得的价值。

ERR 求解可用插值法求其近似解。

(2)判别标准。

从外部收益率的经济含义可看出,外部收益率越高越好。因此,若 $ERR \geq i_c$,项目可行;若 $ERR < i_c$,项目不可行。

目前,外部收益率应用较少,但它有一定优点:就经济意义来说,它比 IRR 更合理,因为 ERR 关于再投资的假设比较符合实际,而 IRR 的假设前提往往难与实际相符;一般说来,ERR 可避免多解,即只有唯一正实数解,而且常常能直接求出精确解。其不足之处是:内部收益率与基准收益率之差可以表示为项目的额外收益率,而外部收益率却不能反映这种额外收益率。

5. 动态投资回收期法

投资回收期是分析工程项目投资回收快慢的一种重要方法。作为投资者,非常关心投资回收期。通常,投资回收期越短投资风险就越小。投资回收快,收回投资后还可以进行新的投资。因此,投资回收期是投资决策的重要依据之一。为了弥补静态投资回收没有考虑资金时间价值的缺陷,现引入动态投资回收期的概念。

(1)动态投资回收期法的定义及计算。

动态投资回收期是在基础收益率或一定折现率下,投资项目投产后的净收益现值回收全部投资现值所需的时间,一般以"年"为单位。

动态投资回收期一般从投资开始念算起,其定义如下:

$$\sum_{t=0}^{P'_t}(CI-CO)_t(1+i)^{-t}$$

式中:P'_t 为动态投资回收期。

实际计算时一般采用逐年净现金流量现值的累计值并结合以下插值公式求解 P'_t。

P'_t = 净现金流量累计现值开始出现正值的年份数 − 1

$$+\frac{上年净现金流量累计现值的绝对值}{当年净现金流量现值}$$

(2)判别标准。

采用动态投资回收期法进行方案评价时,应将计算的动态投资回收期 P'_t 与国家规定的基准投资回收期 P_c 相比较,以确定方案的取舍。故其判别标准是:若 $P'_t \leq P_c$,项目可行;若 $P'_t > P_c$,项目不可行。

动态投资回收期指标的优点是概念明确,计算简单,突出了资金回收速度。需要注意的是,动态投资回收期与静态投资回收期相比,尽管考虑了资金的时间价值,但仍未考虑投资回收以后的现金流量,没有考虑投资项目的使用年限及项目的期末残值。此外,人们对投资与净收益的理解不同往往会影响该指标的可比性。因此,它常常被广泛地用作辅助指标。只有在资金特别紧缺、投资风险很大的情况下,才把动态投资回收期作为评价方案最主要的依据之一。

五、油田开发项目经济评价实例

张天渠油田开发项目经济评价是在油藏地质设计、油藏工程设计、钻井完井工程设计、采油工程设计、地面工程设计的基础上进行的早期开发方案设计项目评价。

(一)张天渠油田早期开发方案基础数据

张天渠油田地处鄂尔多斯盆地伊陕斜坡中部、陕西省定边县砖井乡张天渠村黄土地带,油田范围内沟壑纵横,梁峁交错,地面相对高差大 200~300m。该油田在 1996 年 8 月投入开发,开采层位为长二油层,1998 年探明储量为 $275×10^4$t。设计三套早期开发方案。

方案 1:早期注水,以七点法面积注水方式进行开采,8 口生产井,8 口注水井。注采比为 1:6,井距为 400m。

方案 2:早期注水,以九点法和五点法面积注水相结合的方式进行开采,24 口生产井,8 口注水井。注采比为 1:3,井距为 600m。

方案 3:中期注水,35 口井生产井,生产一段时间后,6 口井转注水,以七点法面积注水方式进行开采,井距 400m。该项目为滚动勘探开发项目,边建设边生产,建设期 1 年,生产期 12 年。方案基础数据及产能建设见表 3-7、表 3-8。

表 3-7 张天渠油田开发基础数据表

方案	动用含油面积(km^2)	井距(m)	初始日产油(m^3/d)	总井数		见水时间(年)	见水日产油(m^3/d)	日注水(m^3/d)	见水后开采时间(年)	开采年限(年)	平均井深(m)
				采油井	注水井						
方案 1	2.6	400	17.00	8	8	3.60	23.69	23.83	13.68	17.28	1963.65
方案 2	2.6	600	25.00	24	8	2.55	29.74	42.69	10.18	12.73	1963.65
方案 3	2.6	400	25.00	35	6	3.53	29.74	53.75	8.74	12.27	1963.65

表 3-8 张天渠油田产能计算数据表

时间(年)	1	2	3	4	5	6
原油产量(10^4t)	27.202	27.202	27.202	28.833	30.635	30.635
时间(年)	7	8	9	10	11	12
原油产量(10^4t)	30.635	30.635	30.635	30.635	30.635	30.635

(二)投资估算与资金筹措

该油田属新建项目,其开发投资包括开发钻井投资、地面建设投资、建设期利息、流动资金估算等。

1. 固定资产投资测算

(1)勘探投资:计入沉没成本。

(2)钻开发井投资。根据总体开发方案提供的资料,张天渠油田各方案开发井单位进尺成本平均约为 2800 元/m,平均井深 1963.65m。

开发井钻井投资＝单位进尺成本×平均井深×开发井数

(3)采油工程投资。

(4)地面建设,系统工程费用投资。根据总体开发方案提供数据,单井地面建设、系统工程费用平均为 68 万元/口(表 3-9)。

表 3-9 张天渠油田固定资产投资估算表

序号	工程或费用名称	地面建设及系统工程费用	其他费用	合计(万元)	其中外币	占固定资产投资比例(%)
1	固定资产投资			37 279.525 08	0	100
1.1	工程费用			29 655.456	0	79.548 910 39
1.1.1	勘探工程			0	0	0
1.1.2	开发工程			29 655.456	0	79.548 910 39
	其中:开发井 48 口	平均井深 1963.65m		26 391.456	0	70.793 434 04
	地面建设及系统工程费用	单井地面建设系统工程费用 68 万元/口		3264	0	8.755 476 345
1.2	其他费用(土地购置费)			400	0	1.072 975 042
1.3	预备费			7224.069 082	0	19.378 114 57
1.3.1	基本预备费			3558.654 72	0	9.545 869 246
1.3.2	差价预备费			3665.414 362	0	9.832 245 324
2	固定资产投资方向调节税			0	0	0
3	建设期利息			0	0	0
	合计			37 279.525 08	0	100

(5)其他费用:该项目土地购置费估算为 400 万元。

(6)基本预备费:为工程费的 12%。

(7)差价预备费:以工程费用为基础计算,建设期物价上涨率 6%。

2. 固定资产投资方向调节税

根据国家规定,石油部门勘探开发业取零税率。

3. 流动资金测算

依据"石油工业建设项目经济评价方法与参数"规定,流动资金应占各年平均经营成本的 25%～30%。根据实际情况,本次经济分析取流动资金占固定资产原值的 1%,流动资金的 30%自筹,70%贷款。其中方案 1 流动资金 188.4 万元,方案 2 流动资金 211.45 万元,方案 3 流动资金 372.8 万元。

4. 资金筹措与建设期利息

根据新财会制度规定,企业在设立时必须有法定资本金,并不得低于国家规定限额。该项目资本金按固定资产投资的30%考虑,其余70%申请银行贷款,年利率10%,分6年还清长期借款。

5. 项目总投资

项目总投资＝固定资产投资＋固定资产投资方向调节税＋流动资金＋建设期利息

(三)总成本费用测算

根据"方法与参数"及中国石油天然气总公司财务局"关于执行财政部新财务制度若干问题的规定",总成本费用包括油气产品的生产成本、财务费用、管理费用和销售费用。

1. 生产成本测算

根据总体开发方案提供的数据,该油田成本取值如表3-10所示。

表3-10 生产成本参数表

材料费	3.44元/t	燃料费	3.26元/t
动力费	0.04元/t	工人工资	8.32元/t
职工福利费	1.17元/t	修理费	1.83元/t
轻烃回收费	13.54元/t	井下作业费	6.50元/t
测井试井费	4.45元/t	油气处理费	18.53元/t
储量使用费	82.29元/t	油田维护费	171.67元/t
折旧费	油井折旧年限取5年,地面油建折旧年限取10年,残值率3%,采用直线折旧法		
经营成本	占销售收入的比例为6%		

2. 财务费用

财务费用为生产期间支付的长期借款利息和流动资金利息。该油田取24.85元/t。

3. 管理费用

管理费用包括上级管理费、摊销费、矿产资源补偿费,该油田取25.85元/t。

4. 销售费用

销售费用按销售收入的0.5%计,该油田取5.87元/t。成本和费用估算见表3-11。

表 3-11 成本和费用估算与分析参数表

序号	项目名称	单位	数值
1	与井有关的费用定额		
1.1	材料	万元/(a·井)	1.15
1.2	燃料	万元/(a·井)	0.25
1.3	动力	万元/(a·井)	0.52
1.4	工资	万元/(a·井)	0.85
1.5	福利	万元/(a·井)	0.15
1.6	井下作业	万元/(a·井)	2.50
1.7	测井试井	万元/(a·井)	0.90
1.8	修理	万元/(a·井)	0.80
1.9	油田维护费用定额	元/t	40.0
1.10	其他	万元/(a·井)	4.00
2	折旧年限	a	5.00
3	与油气生产产量有关的费用	元/t	
3.1	轻质油回收	元/t	7.00
3.2	储量使用费用定额	元/t	59.00
4	油气处理费用定额	万元/(a·井)	7.00
5	与注入剂有关的费用		
5.1	注水注气	元/t	12.00
5.2	热采	元/t	0.00
6	其他参数		
6.1	上产期固定成本比例		0.72
6.2	进口原材料费用占经营成本比率		0.05
6.3	进口零部件费用占经营成本比率		0.07
6.4	经营费用中的国内比例		1.00
7	管理费用定额	万元/(a·井)	4.20
8	销售费用定额	元/t	5.87

(四)销售收入、销售税金及附加估算

1. 销售收入

张天渠油田的产出物为原油,商品率为96%,原油价格为1200元/t。

销售收入＝原油产量×商品率×价格

2. 销售税金及附加

本项目应缴纳税金包括增值税、城市建设维护税、教育费附加及资源税。

3. 增值税

增值税为价外税。根据实际情况,取销售收入的12%,即:增值税=销售收入×12%。

(1)城市建设维护税:根据总体开发方案取增值税的5%。
(2)教育费附加:根据总体开发方案取增值税的3%。
(3)资源税:根据总体开发方案取12元/t计算。
(4)企业所得税:根据总体开发方案所得税取税后利润的33%。

4. 利润

在利润的分配中,每年按可供分配利润的10%提取盈余公积金,其余为未分配利润。

(五)财务评价及不确定性分析

1. 财务盈利能力分析

(1)财务指标计算及方案优选。各方案财务评价指标见表3-12。

表3-12 各方案财务评价表

方案	内部收益率	财务净现值(万元)	投资回收期(年)	投资利润率(%)
方案1	小	19 627.69	3.41	17.362
方案2	中	51 248.36	1.96	35.252
方案3	大	104 470.2	1.75	40.361

注:上述内部收益率及财务净现值均为税后值。

从表3-12可以看出,三套方案的内部收益率均大于基准收益率12%,财务净现值也均大于0,投资回收期均小于基准投资回收期6年,均为合理方案。其中,方案3的内部收益率和财务净现值均为最大,且投资回收期最短,单位投资利润即投资利润率最高,所以方案3九点法应为最优方案,方案2为次优方案。

(2)方案3盈利能力分析。

判断项目财务盈利能力大小的评价指标有内部收益率、净现值等动态评价指标和投资回收期、投资利润率等静态评价指标,其中税前内部收益率和税前净现值为最主要的动态评价指标,投资回收期为最主要的静态评价指标。表3-13为方案3的损益表,根据损益表可计算投资利润率、投资利税率和资本金利润率。

财务评价指标计算结果为财务内部收益率12%,投资利税率53.05%,财务净现值为104 470万元(大于0),表明该项目有盈余能力,在财务上是可行的。

表 3-13　方案 3 主要评价期损益表　　　　　　　　　　　　单位：万元

项目＼评价期	1	2	3	4	5	6
产品销售收入	31 336.70	31 336.70	31 336.70	33 215.60	35 291.50	35 291.50
成本及费用	16 183.00	16 183.00	16 183.00	16 827.30	17 539.20	12 419.30
销售税金及附加	4387.66	4387.66	4387.66	4650.74	4941.40	4941.40
利润总额	10 766.10	10 766.10	10 766.10	11 737.60	12 810.90	17 930.80
弥补的前年度亏损额	0	0	0	0	0	0
所得税	3552.80	3552.80	3552.80	3873.40	4227.60	5917.18
税后利润	7213.27	7213.27	7213.27	7864.17	8583.31	12 013.70
可供分配利润	7213.27	7213.27	7213.27	7864.17	8583.31	12 013.70
盈余公积金	721.327	721.327	721.327	786.417	858.331	1201.37
应分配利润	6491.94	6491.94	6491.94	7077.75	7724.98	10 812.30
本年应分配利润	0	0	0	0	0	0
未分配利润	6491.94	6491.94	6491.94	7077.75	7724.98	10 812.3
累计未分配利润	6491.94	12 983.90	19 475.80	26 553.60	34 278.50	45 090.80

2. 财务清偿能力分析

偿还投资贷款的资金来源主要为每年的折旧、摊销和未分配利润。

依据资金来源及运用表、借款还本付息表计算固定资产投资借款偿还期。应用公式：

$$I_d = \sum_{i=1}^{P_d} R_t$$

式中：I_d 为固定资产投资借款本金和建设期利息；P_d 为借款偿还期；R_t 为第 t 年可用于还款的资金，包括税后利润、折旧、摊销。

计算得 $P_d = 2.2$ 年，小于还款要求期限，故该项目具有清偿能力。

3. 不确定性分析

由于石油开发项目具有高投入、高风险的特点，因而，石油开发项目经济评价必须进行不确定性分析。

不确定性分析主要是盈亏平衡分析和敏感性分析。

(1) 盈亏平衡分析。

项目在第一年即达到设计生产能力，这时年固定成本 6863.6 万元，年可变成本为 7780.7 万元，年销售收入 31 336.7 万元，年销售税金及附加为 4387.7 万元。计算盈亏平衡点：

$$BEP = 年固定成本/(年销售收入 - 年可变成本 - 年销售税金及附加)100\% = 40\%$$

该项目只要达到设计规模的 40%，即年产量达到 11 万吨，企业就可保本，风险较小。盈亏平衡图见图 3-1 所示。

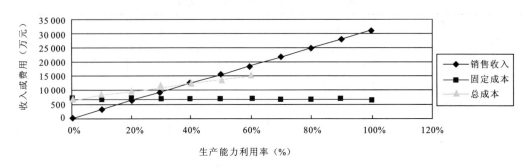

图 3-1 张天渠油田开发方案盈亏平衡图

(2)敏感性分析。

对产量、价格、投资、经营成本诸因素的敏感性分析见表 3-14。绘制敏感性分析图如图 3-2 所示。

表 3-14 敏感性分析表　　　　　　　　　　　单位:万元

产量	FNPV	价格	FNPV	投资	FNPV	经营成本	FNPV
−20%	78 315.39	−20%	82 728.4	−20%	110 698	−20%	106 963.7
−10%	91 392.81	−10%	93 599.3	−10%	107 649	−10%	105 717.1
0%	104 470.2	0%	104 470.1	0%	104 470	0%	104 470.2
10%	117 547.6	10%	115 341.5	10%	101 161	10%	103 223.5
20%	130 625.1	20%	126 212.6	20%	97 722	20%	101 976.7

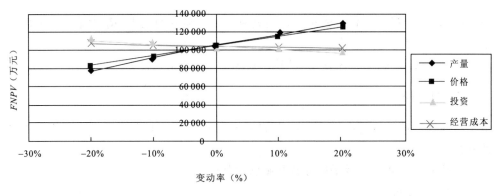

图 3-2 张天渠油田开发方案敏感性分析图

从表 3-14 和图 3-2 可以看出,该项目从产量、价格、投资和经营成本四个指标的变化程度对 $FNPV$ 的影响看,产量的变化最为敏感,价格、投资次之,经营成本的变化最不敏感。当产量、价格降低 20%,投资、经营成本增加 20% 时,项目仍具有较高的 $FNPV$。因此,项目的抗风险能力很强。

（六）评价结论及建议

1. 评价结论

（1）选取方案3"九点法"作为张天渠油田早期开发实施推荐方案。在油价为1200元/t情况下，方案3的经济评价指标与行业指标对比表明该开发方案的主要经济指标均高于行业基准值。因此，从现行行业评价指标看，方案3具有较强的财务盈利能力，偿债能力以及风险承受能力，是具有较好经济效益和社会效益的可行性方案。

（2）产量和价格是影响项目经济效益的最敏感因素。敏感性分析表明，张天渠油田开发建设项目对产量和价格的反应最为敏感，其次是投资和经营成本。

2. 建议

从敏感性分析可以看出，经济效益对于产量和油价最为敏感。因此，在项目的实施中要十分注意产量的控制及对市场油价的关注。

（1）积极推动技术进步，引进先进设备及技术，利用各种措施提高产量，同时要利用先进技术降低成本，使得该开发方案在产量及价格发生不利变化时仍能有较强的抗风险能力。

（2）建议项目实施过程中注意保护好油气层，做好地质跟踪分析，并按油藏方案设计及时注水，补充地层能力，确保实现预计的原油产量指标。

思考题

1. 影响石油勘探开发管理的关键因素是什么？
2. 试对比国内外油田勘探开发管理模式。
3. 油田开发项目经济评价的要点有哪些？
4. 简述油田开发方案优选经济评价指标。

第四章 稳产管理与递减管理

学习目标：
- 熟悉稳产管理的主要内容
- 了解递减管理的方法
- 掌握递减管理过程中增产措施和油井维护

第一节 稳产管理

继勘探、评估、开发规划开始工作之后应进行稳产管理。它的内容包括实施诸如钻水平井、钻加密井和尽量提高单井的整体可用性等新技术的改善采油效率方法，以保持持续的稳产，减缓递减的发生，研究加大现有设施能力的可能性，从而增加稳产产量。

在油田开采寿命的早期，手头数据十分有限的情况下，油藏管理小组就应做出重大决策。随着数据采集和油藏管理工作的逐步进行，由于储层参数有关的不确定性降低，决策的风险亦降低。

一旦达到稳产产量，决策仍不可停止。寻找机会改善效率和所执行的开发计划盈利性是十分重要的。至此，管理小组应当寻求增产项目。这些项目应当根据产量和成本增加对现有开发计划现金流预测的影响评价结果而确定。

现考虑这样一种情况，增产项目可延长稳产期，但不能提高最终采收率。通过钻水平井或总体钻加密井可以做到这一点。由于最终采收率不变，油田开采寿命就会缩短，从这种意义上来看，可将其视为加速项目。图 4-1 表示的是，若在开采时间 t_1 和 t_2 时决定执行增产项目所产生的现金流及其对原始现金流的影响。

图 4-1(a) 表示的是按原开发计划得出产量及增产项目的影响。图 4-1(b) 表示的是原开发计划的现金流，图 4-1(c) 则是增产项目带来的变化。若考虑增产项目的实施获得成功，由于增产项目的实施，t_1 与 t_2 之间会出现净现金流的递减。t_2 之后，现金流增加，反映出稳产期延长带来的影响。递减一旦开始，就会相当快，项目的寿命将缩短。图 4-1(d) 是因图 4-1(b) 和图 4-1(c) 之间的差别而获得的项目增加现金流。

为了确定增产项目的价值，可采用 NPV 净现值计算所用的相同方法。即，确定贴现率后计算出增产现金流 NPV。由于一些公司在确定贴现率时不允许考虑任何风险，对此开发中的风险，增产项目的风险十分低。另一方面，一些公司采用较高的贴现率（将风险覆盖住），想使自己与他人平起平坐。

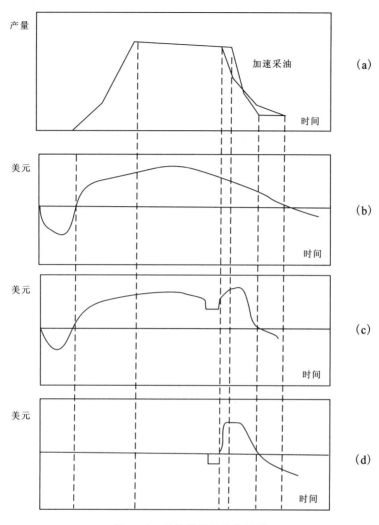

图 4-1 项目递增经济分析图

很明显,在这些增产项目执行中,应从基建费用中扣除税费(投资的段收减免)。同样,所增加的原油产量不需要另加 OPEX:

$$税后 Capex = Capex - Cape \times TAX$$

$$增产的原油价值 = 油价 \times (1-TAX) \times (1-ROYALTY)$$

实施增产项目时还应考虑下列各个方面:公司的税务部门必须参与计算;增加的收入对项目及公司财务总额的影响均应考虑到,这是因为产量的增加会使公司有可能涉及另一税收范畴。

第二节 递减管理

稳产阶段结束时,实际上已了解到了可获自储层的所有静态资料。几乎不再需要钻井,再钻加密井可能只会对油气藏模型和局部有所影响。油气田开采后期也不可能再开展大规模的地震工作,除非从油气田动态来看,这样做会使产量大大提高。

在这个阶段,人们尤其是长期从事油气田工作的人员十分容易放松优化油气藏动态的工作,认为这种无保证的递减是不可避免的。对于研究的工程师和管理者,递减阶段的工作可能是一件值得干的任务,此时,查明产量低的原因并加以补救会带来很大的经济效益。在该阶段,油藏工程师、采油工程师和设备工程师之间的协作将成为油气田管理小组最重要的工作方式,但确定加密井、再钻和重新完井等,使油田返老还童的作用亦不容忽视。

一、递减开始时的认识程度

采取压力保持措施的油气田中,递减往往伴随有首次产水或气油比升高等迹象。

那么第一个问题便是:这种现象与模型的预测一致吗?如果一致,有计划对付目前这种局势吗?如果有,那么是关闭含水高/高产气量的井?修井?又或者进行作业(若可能)以封隔层段?还是任其发展?

若这些现象与模型预测结果不一致,应采取何种措施?是查明出问题的井?查明井内出问题的层段?还是重新进行数据解释,修改或重新进行历史拟合?迹或是分析这些现象对于油气藏短期和长期的意义?

根据降低的产量对油气田动态进行评价或再评价之后,按历史拟合的结果应可得出最大限度地克服这些问题所需的可能的短期修井计划。

二、修井作业的优化

大多数油气田最终都会有一系列待解决的关于设备问题的修井作业。若现有的修井设备只限于下列工作内容,对于海上设施会是十分严重的问题。

一台钻机进行加密井、再钻作业、油管上提、大规模重新完井、套管修补作业。

一台钢丝作业机进行钢丝绳作业、滑套移位、气举凡尔操作、仪具下井与收回、下记录仪。

一台电缆设备进行测井、再钻井、下生产测井仪、重新射孔。

将这些工作安排得尽量减少对生产和井下的干扰是至关重要的。从尽量有效地利用设备角度出发排出作业的先后顺序,将问题井适当地排在前面,会大大减缓递减。

对于陆上油气田,设备条件可能限制性少一些(通常可能从其他落实设备中再加一台修井机或一台钻机),但正确地评价先后顺序仍会使设备经济有效地使用。

这方面工作的有效计划和资源的有效利用都要求油藏工程师和采油工程师进行合作。

油藏工程师要做好以下工作:①确定能够使产量尽可能地升高、增产时间最长的修井方案;②与采油工程师一起估计修井作业的时间规模,或成功率和成本;③确定各种修井方案的总盈利性;④了解计划的修井作业所需资源、成本和时间规模;⑤能够就最有可能产生好结果的作业井及修井作业提出建议;⑥能对核准的修井作业做出计划,并与承包人一起有效地实施作业。

三、加速开采和增加投资

上面已重点指出,应通过最佳地安排作业达到最高盈利率的目标。必须认识到,递减阶段进行的许多作业并不能真正多采原油。这些作业的效果是使原油开采的时间提前。

若加密钻遇未衰竭砂体或断块,则可多采原油。若加密井开采的是部分衰竭砂体或断块,它只能加速该砂体或区块的枯竭,这部分产量最终也能以自然枯竭的方式从相应井内采出。

若对那些有待除垢/清垢和加除垢剂处理的井实施关井,是不会使关井期间的应有产量丧失的。这部分产量只是推后至该井再次投产时采出。

即使如此,加速采出的原油具有价值,迟后采出的原油具有成本。

递减期间进行短期预测和评价有若干个简单的公式。它们十分适用于项目的排队。其基本假设为,不管单井储层单元或是油田的原油产量,短期递减都可以用指数关系来描述(其他情况将在下文简要介绍)。

在此假设下:

$$q_t = q_0 e^{bt}$$

$$Q_t = \frac{q_0 - q_t}{b}$$

$$t = \frac{\log\left(\frac{q_t}{q_0}\right)}{b}$$

如果 b 为年产量递减率,则 q_0 和 q_t 应当分别为 0 及 t 年的年产量;Q_t 为 0 到 t 年期间的累积产量。

如只考虑加速采油,则无加速的累积产量将相同。

例如:油藏的产量从 q 加速到 q',初始递减率 b 为:

$$Q = \frac{q - q_t}{b} = \frac{q' - q_t}{b'}$$

式中:q_t 为经济极限;b' 为加速后的新递减量。

结果,加速会增大递减率。

这些公式直接与连续贴现率相结合就可得出现值。例如:一个油藏以 $b\%$ 年的速率递减时未来开采量的现值为:

$$pv = \frac{vq_0 [1 - Exp - (b+r)t]}{b+r}$$

式中:v 为产量的单位价值;q_0 为初始年产量;r 为计算贴现用的利率。

对于长期预测,指数递减可能不适宜,公式简化为 $pv = \frac{vq_0}{(b+r)}$。

使用该公式,不用计算 $\frac{q_0}{b}$ 就可将项目的现值与加速开采的 $\frac{q_0}{b}$ 相比较。

一种对快速评价很适用的近似关系式就是计算加速开采油量的价值(或退后开采油的成本 v)。

$$价值 = vxr/(b+r)$$

四、修井和开采操作

一口油井的开采寿命中可能会出现一系列的问题,需采取修补措施。最早出现的问题是井压力不足以将流体举升到地面,这可能是因为储层压力降低、井底流入动态降低、含水增大造成液柱变重以及气液比降低所致。只有在超压油藏中才会出现罕见的自始至终的自喷,一些情况下从一开始投产就需进行人工举升。

1. 人工举升

对于人工举升方法已做过简要介绍。针对所要求的产量，常常要选择采油方式。最初选定了某种采油方式常常并不妨碍日后将其改变为另一种采油方式。

在陆上，尤其是那些低产油田中，井下往复泵、有杆泵或水力泵的使用使选择范围进一步扩大。对于高产量和海上油田，一般选用离心泵、气举和射流泵等。

(1) 电动潜油泵：这种泵可以达到高产量，泵和单井能力都没问题。由于大量的油井（比如30口）运行寿命为300~500天（这属十分好的情况）时每个月需进行约两次修井作业，每次修井作业约花费50万美元，故泵的运行寿命是一个较大的问题。在电潜泵频繁地停泵和开泵的情况下，即使应用先进的变频技术、软启动控制技术，泵的运行寿命仍会十分有限。

此外，电潜泵的产量和负荷最佳工作范围有限，单井产量的含水变化时可能亦需换泵。

电潜泵应用的最佳条件为：产量较稳定、停泵次数不多，具有油管上提能力，不会影响其他钻井和修井作业。

(2) 气举。从现代钻井设备的理论来看，一口井通过装备可借助钢丝绳工具将其转至气举。如在初始时需要计划采用气举，但环形空间不能用于注气，做了如此计划部署后，可能需要进行修井作业。自喷期间若使用偏心工作筒并配上桥塞，就可利用钢丝绳工具将一个或多个桥塞换成气举。很明显，严重的腐蚀条件结垢和出砂问题也可能需要进行修井。投产前计划的采油方式不一定是最佳方式，在首次进行人工举升之后的一定时间内这可能并不重要，但为了日后的修井作业，应当计划采用最佳的采油方式。

虽然气举并不消耗气，但必须拥有气。可能的用气量为$(1\sim2)\times10^6\,\text{ft}^3/\text{d}$(井)，全部气举总用气量很大。如出现紧急停产或即使是计划外停产，这部分气就会大多丧失。对气体压缩的需要（不管是否需要专用气举压缩设施）这一点亦应慎重考虑。

(3) 其他人工升举方法。有杆泵、水力泵和柱塞泵均只适用于低产量的陆上系统。经良好设计的系统将有利于达到所要求的产量。

水力涡轮驱动的离心潜油泵可避免电潜泵常见的电气和启动问题。存在严重的腐蚀问题而不能使用电机驱动时，它们可能是一种选择。但问题在于需提供高压、高排量的动力液来驱动涡轮。另外，除非环形空间内可以通过动力液，否则需使用直径有限的第二根油管柱。此外若用水做动力液，处理和分离设备应具有处理这些额外水量的能力。

(4) 射流泵在海上人工举升中找到了用武之地。虽然射流泵也具有与水力潜油泵相同的某些局限性（动力液和动力液输送要求），但它们的最大优点是井下没有运动部件。空井条件允许时，泵可靠钢丝绳下入和收回，大大地减少了修井的问题。

一个完全优化的人工举升系统会使产量增加15%~20%。此类系统的设计和实施将包括：全面调查各井的产能；可靠地预测井底流入动态、产量、含水和气液比方面的可能趋势与变化；系统在处理这些变化方面所需的灵活性；系统的实施情况；任何一个具体系统对修井总体方案的影响；气源、压缩、电源、用做动力液的注入水等条件具备情况；监测和维护要求。

在最大限度地提高产量和递减阶段获得的最终产量方面，人工举升方法的选择及其性能（一个油田不一定只限于使用一种方法）是最重要的因素之一。

2. 井底流入动态关系

如前所述,将油藏的产量与油井、井低流动压力相关联。在有限的条件下,它可由一个简单数字——采油指数(P)来定义。全面理解所有生产井的井底流入动态对于油藏的有效管理十分关键,它是油田后期管理最重要的单一因素。

很明显除了从油藏流入井内的油,油井中不会再产出更多的油,尽可能地提高原油产量是递减阶段的主要目标。

投产的早期,人们不会太看重低标准的完井或低标准的 IPR,它们甚至不被人们注意,而完成整个钻井阶段的工作可能被放在更重要的位置。

随着产量递减,尤其是含水的增高,产层受到不应出现的限制变得日益不可容忍。生产的早期,低产能区的高表皮系数和低标准产能可能会被高产能区某种良好动态所掩盖。如果认识不到这一点,且若已对此做了补救,那么这种低标准的产量可能被认可为正常情况。

这样,尤其是油井需修井时,应对该井整个产层进行研究,看情况是否得到总体改善。除了对油井潜在动态初期有过错误解释或忽略外,含油层和产层的 IPR 也会随时间变化。微粒和细砂会运移、桥堵和部分堵塞近井地带。射孔段或井设备会出现结蜡、沥青质或腐蚀生成物沉积。即使以饱和度出现的水和气的运动也会使相对渗透率对油的流动产生不利的影响。

对一口井的井况和潜在产能的最可靠的了解是进行综合测试,包括井下测压结合开展生产测井。这种测试不能经常进行,有必要预先仔细地进行研究测试计划、测试监测和评价。

对工作小组的要求为:审查所有测井、取芯和测底数据,确定油井在整个开采寿命中的理论产量;这种资料可能全部或部分地获自模拟研究;对照各井的理论产能,确定哪些井的生产动态严重低下;这是一项不断监测的工作与方法;研究各项地上测量结果(井口压力、水样、产量)及其不良动态的各种可能原因。

对照模拟预测结果检查有无水突破的可能性。筹划一个试井方案,确保所有被视为重要的资料均可从测试中获取。

例如,除了标准产能测试外,还有:P/T,指示出低产能层段和(或)井以及气侵入点;伽马测井指示出结垢点;油管井经仪测量指示出腐蚀/漏失点;出砂探测仪探明问题。

测试的策划需要管理小组和采油操作组之间密切合作,决不可低估采油操作组。比起一直从事模拟研究的理论工程师,具有长期工作经验的优秀操作人员对油井动态的了解和解释常常会充分得多。

测试后,管理小组应决定:测试能定义出各问题吗?各问题可以补救吗?可以及应当采取何种补救措施吗?

下面将讨论各个问题。一些作业是日常性工作,一些可能对该地区油田或有关人员均为新措施。在此时,只能将重点放在一项技术及一个方针之上。

如果发现一些本应投产的区带没有开采,且未发现任何具体问题,应对这些区带重新射孔。

如果曾用挤水泥来堵水,应对这些层选择注水泥堵水。

如果原射孔作业在对应层段未收到满意的效果,重新射孔则将有所帮助。

除非涉及大型修井作业,否则重新射孔必须使用过油管射孔枪。虽然它们并非最有效的射孔方法,但新射的孔眼会十分有效。

若出于技术考虑采用一个当地未尝试过的新方案,例如砾石填充、除垢、多分支井等,在无明显原因的情况下最先的尝试会出现很高的失败率,这种情况十分常见(即使再优秀的承包商来实施)。若持之以恒地实施这种方案,成功率便会提高。这一般归咎于服从学习规律的进步过程——当地人员逐步熟悉任务、设备和步骤以及少量改造,承包商则逐步设法适应当地条件。

那么如果一项新技术在它处已获成功,而该技术在当地虽采用了但开始时未见成功,则应坚持下去(同时以不懈的努力弄清失败的原因),直至有证据表明该技术不适用于当地条件。

3. 动态差的具体原因

油气藏产水或产气会影响其动态差,原因是:高渗层水淹、水的锥进、水泥胶结差、射孔段位置不对、一般可行预测的水运动。可采用的补救措施有挤水泥,重新射孔、注聚合物、下部射孔段的回堵、中间层的跨隔封隔。

其中一些作业可以采用连续油管机穿过井内油管实施。如果作业未成功或早期问题过于严重,那么可能需要将该井侧钻至新位置,按计划完井,尽量减少问题的发生。

(1) 出砂问题。出砂会构成十分严重的问题,造成油井堵塞、设备包括处理容器堵塞和(或)冲蚀,有时也会造成套管和尾管串的事故。问题多出现在浅部的年轻地层中(固结程度较差),但也有例外的情况。

地层出砂和出问题的趋势往往与下列因素有关:岩石强度和胶结程度、粒间摩擦力、压实作用和应力状况。又因下列原因,产水气招致或加重出砂问题:减小粒间摩擦力、使毛细管力束缚的微粒移动、化学作用。

若出砂问题能够可靠地预测,最好的补救措施有赖于早期的完井计划。在这方面,防范总比救治好。完井补救措施有砾石填充、筛管、化学固结。

虽然这些措施会降低产量,但由于缩短停产时间,整个油田的动态大大改善。

如果已经出现严重的出砂问题,砂控措施的效果可能会很低,尤其是井筒周围已大范围出现不稳状态时更是如此。此时则可以采用上述补救措施,但在这种情况下,完井套管(尾管)后而气出现空穴,很难实现有效的砾石填充。

(2) 结垢问题。当注入水与地层水配伍,并从油井内产出时一般就会出现这类问题。所结出的垢,尤其是硫酸钡和硫酸锶气很硬,会堵塞射孔段、生产设备、出油管线,在产量高的生产井内沉积量可能达数千千克。这种潜在问题的鉴别方法为水分析,注入水中的硫酸盐和地层水中的钡、锶可能会构成此问题。

(3) 补救措施。如果发生了问题,且曾一度忽视了该问题,则可能需要进行大型机械性修井作业、刮生产衬管和重新射孔,所以应采取防范性措施。如果见水(含水)中最初有迹象时就使用了补救措施,就有可能避免重大问题的发生。

常用的补救措施为:挤注防垢剂到井筒周围的地层,并让地层吸收。防垢剂随着生产出现解吸并抑制垢的形成,需根据经验和水分析结果,反复挤注防垢剂。如果问题发生在井筒较高处,由于存在温度降低问题,经该点下方连续注入防垢剂也会奏效。如上述措施仍无法解决问题,则需采用注入水除硫酸盐这种极端办法。

4. 油井增产措施

如果上述内容仍未能触及影响动态的生产问题,也应记住这些方法仍有可能改善油井的产能。

上文已经讨论过射孔的重要性和重新射孔的可能性。消除表皮效应和改善动态的其他可能方法有酸化、水力压裂。

(1)酸洗("基质"酸化)。盐酸可用来溶解地层的碳酸盐岩胶结物,增大局部渗透率。土酸(HCl/HF)可用来溶解泥质黏土颗粒状微粒,以达到同样的目的。

(2)水力压裂。当施加的压力超过"破裂"压力时,就会压出垂直裂缝并使其延伸。这些作业可以产生小的微裂缝,其设计目标是只作用于近井地带,消除表皮。也可诱发大型裂缝,其延伸长度可达数百英尺。随后应采用支撑剂或溶蚀裂缝壁面(酸压)等方法使裂缝保持张开。

五、递减期间的地面生产系统

地面生产系统(分离器和气处理系列)是为稳产阶段而设计的。

水处理系统是为预测的最后水淹而设计的(虽然在分阶段的开发过程中,出现含水后才增加水处理系统)。

一级分离器的压力是针对(一般)气处理量、气体流速和滞留时间等限制性因素而确定的。

将井液通过油嘴和出油管线送至分离器所需的井口压力将是油井产量的一个限制性因素。

一旦开始递减,尤其是见水和产水是导致递减的原因时,地面生产系统就不再是最佳系统。第一或第二口井开始含水时,第一个可能措施就是降低这些井的井口压力。这样做会暂时改善升举动态,这可能意味着井压力现已不足以向第一级分离器运送井液。此时显然应该直接将这些井的井流送至二级分离器。但油井的总产液量可能比以前低。如具备有两套分离器,就有可能将一套用于含水井。如含水井变多,二级分离器就有可能过载,此时需利用第一级分离器来处理含水。要使单井和有关设施有效地运行,需对油藏(生产系统)开展全面评价。必须确定人工举升系统高效运行所需的最佳井口压力,并估算油气水产量。还应确定油井与第一、二级分离器的最佳分布方案以及新条件下的最佳分离器压力。

在开采的晚期,油气产量和井口压力很低,一部分生产系统可能成为多余的,应考虑停运或封存设备。

对于气系统亦应给予足够的重视,气的外输可构成重要的收入来源,因燃料或气举可能需要外购天然气。如果研究表明,增加注水能力或举升的动力液能力对空间和完备程度有要求,气体压缩机的价值可能难以确定。

现在的问题是使整个生产系统与生产能力的需要相适应,但首先要保证尽量增大油气生产能力。

六、减小规模和减员

前述已讨论过减小工艺系列规模以优化系统某部分的可能性。

设施规模减小的同时还应考虑减员的问题。多年来人们已经认识到,人员(尤其是海上或边远地区的人员)是十分昂贵的。边远地区的工作人员需要食宿、洗衣、娱乐设施和定期休假。

减员对总操作成本的影响很大。尤其是海上采气操作中,有采用无人或正常无人操作设备的倾向,前者不需要住宿设施,人员按日进出工区。而正常无人操作设备拥有有限的基本紧急住宿条件,很少出现需要进行24h监测的重大工作方案。

油田处于递减阶段时,应经常检查人员配置的工作和监督水平,但切勿使人员的数量和质量减少对产量维持和增加的可能性产生不利的影响。

七、工作监督

递减时常常出现减少工作量这种倾向,从有问题的油气田将最能干的监督人员抽调到稳产油气田(问题较少)。有经验的优秀操作监督人员可从单井或设备性能的细小异常觉察到可能出现的重大变化。在有效的预防性维护方案的计划与监督方面,这种经验是十分宝贵的。预防性维护工作涉及单项设备(如泵、压缩机)、设备系列(如油或气处理系列)和单井产量以及压力等动态的预测。其要求系统的各个部分的相互关联不会导致某部分意外事故,给整个系统带来不良的影响。这将包括重新调节泵、重新启动压缩机、清洗及蒸汽吹扫分离器,有计划地开展这些工作,防患于未然。否则就会因为一连串个别事故使油气藏接二连三地停产。海上油气田常安排有计划的维护周期,尤其是夏季油气低耗期。重要的是监测所有设备的性能,应制订一项对生产干扰最少的全面维护计划。有了整个系统的定期计划、各子系统的一系列应急计划,结合各种作业的质量监控,停产时间就会降至最少。

思考题

1. 为什么要进行稳产管理?
2. 递减管理的主要内容有哪些?
3. 油藏工程师如何对修井作业进行优化?

第五章　油藏管理案例库

学习目标：
- 熟悉中国石油工程设计大赛的内容
- 掌握不同类型油藏管理案例库的编写方法
- 比较国内外油藏管理案例的优缺点

案例 1　低渗透油藏开发管理案例库
——第一届石油工程设计大赛（综合性案例）

摘　要：在 M 油田开发地质研究基础上，应用油藏工程方法论证了合理开发方式、注水开发可行性、合理井网密度、注采能力，并标定采收率。设计了三套开发方案：方案一为枯竭式开采方案，部署 10 口油井；方案二和方案三均为注水开发方案，三角形井网。其中：方案二部署 16 口油井、5 口注水井；方案三部署 10 口油井、3 口水井。应用 Eclipse 数模软件预测了油藏产能和单井产量。最后应用盈亏平衡的经济学原理对三套方案进行了经济评价，优选出方案三为最佳方案。

关键词：油藏工程；数值模拟；开发方案；经济评价

M 油田位于 A 市 MN 区和 W 省 HZ 市之间的胜利村西南约 1km，区内村庄遍布，交通便利。M 油田 MM 断块为新增储量区，没有形成开发井网，周围无井站和集输管网及配套设施。研究区内已有三口探井，M3、M2、M1 先后完钻，其中 M3 是一口老井。钻探证实 MM 断块油藏埋深 2680～2913m，油藏中部海拔 -2797m。M1、M2 井试油证实为工业油流井，M3 井油层分布稳定，未揭示油水界面。

一、油田地质概况

1. 构造特征

研究区处于 MM 断块，位于 M 油田的南部，受南侧 L1、西侧 L2、东侧 L3 三条断层夹持，向北西倾斜，为断块圈闭构造。构造形态为东南突起的"L"型，如图 5-1 所示。圈闭幅度 320m，圈闭面积 $6.1km^2$，断层沿构造降低向发育，对油气分布起控制作用。

2. 地层特征

钻井揭示 M 油田的地层自上而下依次为：第四系平原组，新近系的明化镇组、馆陶组，古近系的东营组、沙河街组以及中生界。沙河街组沙三段为目的层段，主要发育浅灰色、灰褐色

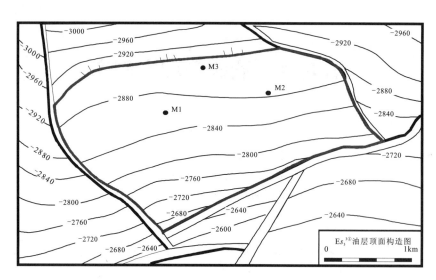

图 5-1 M 油田 MM 断块区域构造位置图

细砂岩,总厚度 330~350m,与下伏中生界为不整合接触关系。

本区主要的含油气层为在沙河街组内沙三段的沙三Ⅲ油组(Es_3^3),它可划分为 2 个砂组:$Es_3^{3①}$ 地层分布比较稳定,厚度 70~100m,砂岩发育;$Es_3^{3②}$ 在 M 油田钻遇井较少。

表 5-1 沙河街组沙三段 I 油组 M1~M3 小层数据表

井名	解释序号	油层组	小层编号	砂层井段(m)	电测解释成果	砂层厚度(m)	小层数据 有效厚度(m)			小层数据 物性			油层组数据 砂层厚度(m)	油层组数据 有效厚度(m)			油层组数据 物性
							一类油层	二类差油层	三类油水层	$K(10^{-3}\mu m^2)$	$\phi(\%)$	$S_o(\%)$		一类油层	二类差油层	三类油水层	$K(10^{-3}\mu m^2)$
M1	1	I	40	2871.8~2873.4	油层	1.6				4.15	9.31	51.62	4.4				
	2		41	2878.8~2881.6	油层	2.8				22.35	12.7	61.73					
M2	1	I	48	2892.7~2895	干层	2.3				2.22	8.87	3.6	5.9				
	2		50	2902~2905.6	油层	3.6				13.54	11.35	55.45					
M3	1	I	7	2908~2910	干层	2							7.4				
	2		9	2914.6~2920	油层	5.4											

参照 $Es_3^{3①}$ 地层划分对比,$Es_3^{3①}$ 总体上可分为 2 个连通的小层,砂体平均深度 2891.8~2900.4m,平均厚度 1.96~3.93m,第 2 个砂体含油性明显优于第 1 个,如表 5-1 所示。

3. 储层特征

储层岩性以长石砂岩和岩屑长石砂岩为主,胶结物以方解石为主,其次为泥质。含油层段测井相的自然电位曲线以齿化箱型或指形为主,如图5-2所示,沉积环境为近岸水下扇。

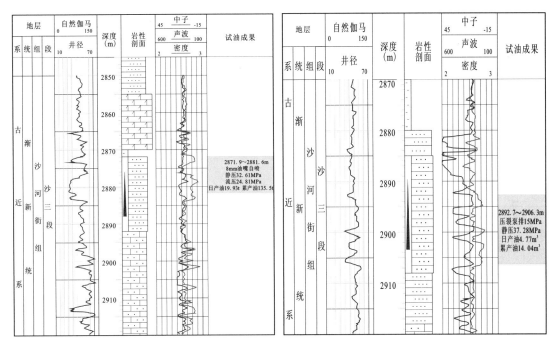

图5-2 M1、M2井综合柱状图

Es_3^3油组最大孔隙度21.9%,最小孔隙度7.1%,集中分布在10%~18%之间,平均15.9%;渗透率最大值$67×10^{-3}\mu m^2$,最小$0.3×10^{-3}\mu m^2$,集中分布在$(0.3~5)×10^{-3}\mu m^2$之间,几何平均$3.4×10^{-3}\mu m^2$。MM断块Es_3^3孔隙度、渗透率等值线及有效厚度等值线、砂厚等值线分布表明:理想孔渗条件和有效厚度集中分布在M1、M3井控制的地区。渗透率级差为210,突进系数为18.53,说明油藏非均性强。

4. 油藏类型

MM断块油水界面深度2912m,位于断块北西向外缘的构造低部位。据M1井$Es_3^{3①}$高压物性分析,油藏饱和压力为9.80MPa,地层压力为35.52MPa,压力梯度为1.09MPa/100m,地温梯度为3.54℃/100m。地面原油密度为$0.8366~0.8409t/m^3$,地面原油黏度为5.33~6.65mPa·s,凝固点为20~26℃,含蜡量为10.14%~11.28%,含硫量为0.09%~0.1%。根据吕鸣岗(2005)等原油性质的分类标准,MM断块原油属中黏度、高蜡低硫、轻质常规油。并根据测井综合解释资料和构造圈闭展布特征,综合判断M油藏为层状构造、边水驱动、正常压力系统的未饱和油藏。

5. 地质储量

采用容积法计算油藏地质储量为$86.87×10^4 t$。依据储量评价标准,综合评价认为:该储层属中深层、中孔、特低渗、小型规模、低丰度Ⅳ类储量,如表5-2所示。

表 5-2 M 油田 MM 断块 $Es_3^{3①}$ 油气藏储量综合评价表

项目	数值	评价
单井千米日产油量,t/km·d	0.0015	特低产
米采油指数,t/MPa·d·m	0.58	—
流度,$10^{-3}\mu m^2$/MPa·s	1.6	—
储量规模,10^4t	86.87	小型油田
埋藏深度,m	2880~2920	中深层
地质储量丰度,10^4t/km²	17.69	低丰度

二、油藏工程方案设计

1. 开发方式论证

开发方案设计以在最短时间内获取最大产量收益,收回投资为第一原则。

首先通过单储压降(D_{pr},每采出 1% 地质储量的平均地层压降)来反映油藏天然能量的充足程度。

$$D_{pr}=\frac{\Delta P}{R}=\frac{(P_i-P_e)N}{N_P} \tag{1}$$

式中:N 为地质储量,10^4t;N_P 为压力下降 ΔP 对应的累积采油量,t;P_i 为原始地层压力,MPa;P_e 为目前地层压力,MPa;R 为压力下降 ΔP 后的油藏原油采出程度,百分数。

计算表明,D_{pr} 为 333.97MPa,根据油藏天然驱动能量及边底水活跃程度分级简表,判断天然能量不充足,如表 5-3 所示。

表 5-3 河街组沙三段的 Es_3^3 油组油藏天然能量指标计算表

层系	P_i(MPa)	P_e(MPa)	ΔP(MPa)	N_P(t)	N(10^4t)	$R(\%)$	D_{pr}(MPa)	天然能量评价
$Es_3^{3①}$	37.82	32.61	5.21	135.5	86.87	0.0156	333.97	不充足

据 M1、M2 井的试油试采资料,在天然能量的开采下,油井的产能指标均出现下降趋势,M1、M2 井含水率跳跃变化之后分别稳定在 17%、25%,如图 5-3 所示。主要表现为以下特征:①产油能力下降迅速;②地层能量不足。

对 M1 井的累计产油量和产油量做线性拟合,发现其产量变化满足调和递减规律。

根据递减指数递减定义可求得调和递减的产量与开发时间的关系式:

$$Q=\frac{Q_i}{1+D_it} \tag{2}$$

式中:D_i 为开始递减时的瞬时递减率,33.94%;Q_i 为开始递减时的产油量,385.94t。

试油资料分析表明地层压力随着产液量的增加而下降,根据其拟合关系,可预测原始地层压力为 37.821MPa,单位产液量的地层压降为 0.0385MPa,亦充分说明地层能量不足。

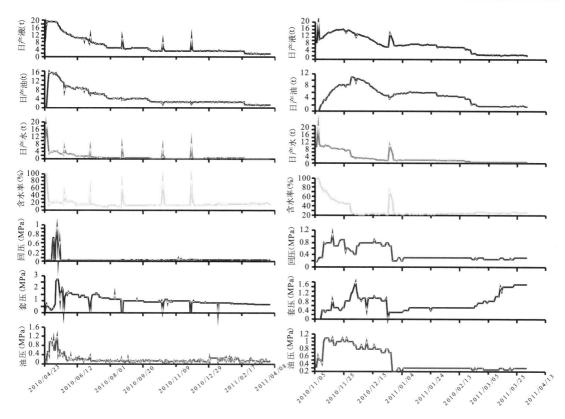

图 5-3 M1、M2 井试采生产动态图

因此,在开采中需补充地层能量,方案首选注水开发。

2. 注入方式和时机选择

M 油藏油层主要呈条带状分布,含油面积 4.91km²,形态不规则,同时油层受断层控制,为典型的渗透非均质油藏,因此,采用面积注水方式比较适用。利用流度比确定面积注水注采井数比为 1:2,则应采用四点法注水方式。鉴于油藏天然能量不足,宜采取早期注水措施。

3. 开发层系和井网井距

沙河街组沙三段的 Es_3^3 油组为本区仅发育一层含油层位,因此采用一套层系合采。

井网密度与水驱控制储量、井间干扰、最终采收率、采油速度和经济效益有着密切的联系,因此确定井网密度是确定油田开发方案的基础。

确定井网的方法主要有采油速度法、谢尔卡乔夫公式法、交汇法(经济合理采油速度和经济极限采油速度交汇)和经验公式法。由于资料的限制,这里采用交汇法计算井网密度。

分别确定了经济合理井网密度和经济极限井网密度为 2.14 口/km²、6.95 口/km²。

由于此次设计用三角形井网[5,12],故:

$$D=1.0746\sqrt{\frac{1}{f}} \quad (3)$$

式中:D 为井距,km;f 为井网密度,口/km²。

计算可知井距介于407.6～734.5m之间,方案中取井距400m。

4. 开发井的生产和注入能力

M1井静压32.61MPa,流压24.8MPa,生产压差7.81MPa,日产油量19.93t;M1井油层有效厚度为4.4m,则采油指数为2.55t/d·MPa,因此,米采油指数为0.58t/d·MPa·m。

合理生产压差是合理地层压力和合理井底流压之差。油田合理地层压力界限的确定,原则上既可以保持较大的生产压差,又能适应目前采油工艺技术水平的需要,其上限不高于原始压力,下限不低于饱和压力,总体水平保持在原始地层压力的75%～80%范围内为宜。因此M1、M2井合理地层压力P_r为28.3658～30.2568MPa。

当井底流动压力大于饱和压力时,随着井底流压的降低,油井产量随之增加。而当流压降到一定界限以后,再降低流压,油井产量反而会减少,这一流压值即为采油井的合理流压下限值。前人研究给出了最低允许流动压力($P_{wf\min}$)与饱和压力以及地层压力之间的定量关系式,即:

$$P_{wf\min}=\frac{1}{1-n}\left[\sqrt{n^2P_b^2+n(1-n)P_bP_R}-nP_b\right] \quad (4)$$

$$n=\frac{0.1033\alpha T(1-fw)}{293.15B_o} \quad (5)$$

其中油层温度由下面公式计算:

$$T=20+\frac{3.54h}{100}+273 \quad (6)$$

式中:P_b为饱和压力,MPa;P_R为目前地层压力,MPa;α为天然气溶解系数,m³/(m³·MPa);f_w为含水率,%;B_o为原油体积系数,无因次;T为油层温度,K;h为油层中深,m。

分别计算M1、M2井的井底流压如表5-4所示,因此,其合理生产压差分别为15.79～17.68MPa、15.18～17.07MPa,单井合理产能分别为40.26～45.08 t/d、38.71～43.53 t/d。

表5-4 最低允许流动压力计算表

井名	层位	α (m³/m³·MPa)	f_w	P_b (MPa)	P_R (MPa)	h (m)	t (K)	B_o	n	$P_{wf\min}$ (MPa)
M1	$Es_3^{①}$	8.022	0.17	9.80	32.61	2880.2	394.96	1.3542	0.68	12.58
M2	$Es_3^{①}$	8.022	0.25	9.80	37.28	2903.8	395.79	1.3542	0.62	13.19

由于缺少试注资料,可靠地确定其注入能力要比确定其生产能力更难。根据油水相对渗透率曲线来确定其注入能力成为解决该问题的唯一路径。

注入能力可以用吸水指数来评价。根据达西定律,米吸水指数与米采油指数满足公式:

$$\frac{J_w^*}{J_o^*}=\frac{(K_{rw})_{Sor}}{(K_{ro})_{Swi}}\cdot\frac{\mu_oB_o}{\mu_wB_w} \quad (7)$$

式中:$(K_{rw})_{Sor}$为残余油饱和度下水相相对渗透率,$0.32\times10^{-3}\mu m^2$;$(K_{ro})_{Swi}$为束缚水饱和度下油相相对渗透率,$1\times10^{-3}\mu m^2$;J_o^*、J_w^*分别为米采油指数、米吸水指数,m³/d·MPa·m;u_o、u_w为油、水黏度,分别取2.11mPa·s、1mPa·s;B_o、B_w为原油体积系数、原始地层水体积系数,分别取1.3138、1。

则油藏注、采能力比值(米采油指数/米吸水指数)为 0.887,米吸水指数为 $0.61\text{m}^3/\text{d}\cdot\text{MPa}\cdot\text{m}$。

合理注入压力的界定主要遵循以下几个原则:①确保全部油层或绝大部分油层同时吸水;②确保注采平衡或完成一定产量指标为前提;③注水工艺能达到压力范围内;④注入压力上限原则上不宜超过储层岩石的破裂压力。是注水井井底流压与合理地层压力之差。

根据吉林油田合理注水压差的求取标准,先后确定储层破裂压力 $P_破$、注水井井底流压 P_{wfh}、注水井井口压力 P_{uk}、注水井井筒水柱压力 P_{uh},M1、M2 井的 $Es_3^{3①}$ 的注水井合理注水压差分别为 12.29~14.18MPa、12.64~14.53MPa。因此,其单井最大注水量分别为 37.31~43.05m^3/d、31.40~36.09 m^3/d,如表 5-5 所示。

表 5-5 单井注入能力计算表

井	层位	H (m)	$P_破$ (MPa)	P_{wfh} (MPa)	P_{uh} (MPa)	P_{uk} (MPa)	P_r (MPa)	合理注入压差 (MPa)	J_w^* ($\text{m}^3/\text{d}\cdot\text{MPa}\cdot\text{m}$)	h (m)	单井注入量 (m^3/d)
M1	$Es_3^{3①}$	2880.2	47.28	42.55	28.8	13.75	28.37~30.26	12.29~14.18	0.69	4.4	37.31~43.05
M2	$Es_3^{3①}$	2903.8	47.67	42.9	29.03	13.87	28.37~30.26	12.64~14.53	0.69	3	20.08~26.14

5. 标定采收率

一般情况下,对处于开发前期阶段的油气藏,采收率评价方法主要有三种:经验公式法、表格估算法、类比法。这时所需要的主要参数有沉积环境、岩性、流体性质、驱动机理、开发规划等。M 油藏处于开发初期,故确定采用经验公式法。

利用国家储量委员会推荐的方法、长庆油田经验公式、中石化总公司储量研究室多元回归经验公式、Guthrie 和 Greenberger 法(1955)计算的采收率分别为 22.82%、19%、4.26%、6.90%,最终标定采收率为 16.8%。

原油地质储量和采收率的乘积即为可采储量。由标定采收率 16.8%、地质储量 86.87×10^4t,可知可采储量为 14.64×10^4t,以此为物质基础确定开发方案。

6. 方案设计

油藏总体设计了三套开发方案:方案 1 采用枯竭式开采,充分考虑地貌和地形分布特征,布井 10 口,其中利用老油井 3 口,新钻油井 7 口,如图 5-4 所示。结合 M1 井调和递减模式预测单井产能,其他井产能按地层系数比例折算。

对油藏 15 年内产能进行预测,发现产量在最初几年内迅速递减,在第 6~12 年基本维持平衡,产量仅 500t/a。累计产油量 0.49×10^4t,综合含水率 30%,采出程度达 0.56%,如图 5-5 所示。

方案 2 和方案 3 均采用注水开发方式。图 5-6 中用深色标记油井,浅色标记水井,方案 2 部署 21 口井,其中油井 16 口。同时采用油藏工程方法和数值模拟方法预测产能。

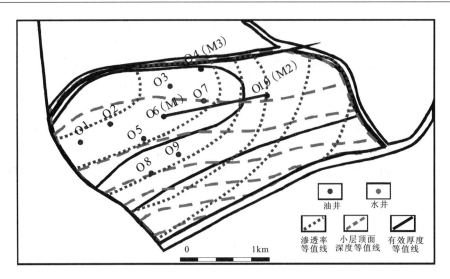

图 5-4　方案 1 井位部署图

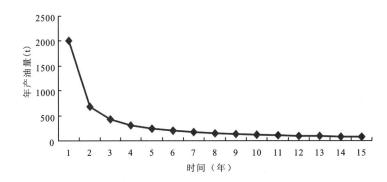

图 5-5　方案 1 油藏累计产油预测分布

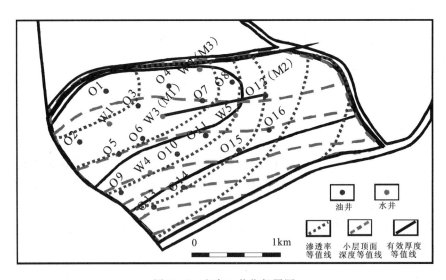

图 5-6　方案 2 井位部署图

一定的产液量会造成一定的地层压降,那么单位注水量则必然使地层压力在一定范围内上升。在一个开发单元中,确定一定的注水量,可对水井周围的油井贡献一定的生产压差,通过采油指数可计算对应的产液量,若含水率的变化规律明确,则可确定产油量,按照此方法迭代则可实现单井和油藏产能的简单预测。

油藏工程法预测的产量先增后减,在第 6 年和第 7 年达到最大值,在第 15 年的产量减到极小值,约 5000t。第 15 年末累计产油 14.55×10^4t,综合含水率 96%,采出程度 16.74%,如图 5-7 所示。

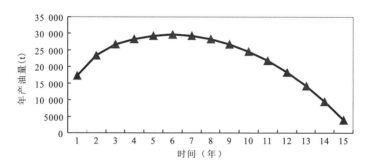

图 5-7　油藏工程法对方案 2 油藏累计产油预测分布图

运用 Petrel 软件建立断层模型、网格模型、层面模型、孔隙度模型、渗透率模型、有效厚度模型等三维地质模型,以此为基础应用 Eclipse 软件进行数值模拟,设计井网,采用定产油量方式生产。其中利用低渗透油田的采油速度与地层流动系数、井网密度之间的统计关系计算得出采油速度为 2.3%。

同时依据地层系数(kh)比例,结合井位部署图进行区块内单井产能预测,15 年中累计产油量为 11.85×10^4t,综合含水率为 96.35%,采收率为 13.64%。

通过 Eclipse 进行数值模拟对油藏 15 年内的含油饱和度变化进行预测,同时结合方案 2 单井中 O9、O12、O13、O14、O15 等井产油量低的特点(图 5-7、图 5-8),形成了部署方案 3 的思路,即撤销以上油井和 W5 注水井的部署计划,总计部署油井 10 口,水井 3 口,其中老井转注 2 口(M1 井、M3 井),新钻注水井 1 口,如图 5-9 所示。

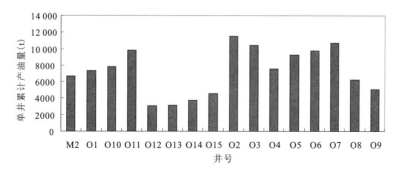

图 5-8　数值模拟法对方案 2 各井预测累计产油量分布图

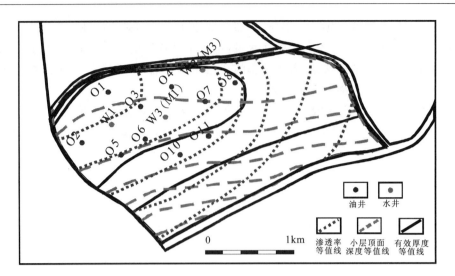

图 5-9　方案 3 井位部署图

利用油藏工程法对方案 3 进行产能预测表明产量随时间先增后减，总体上产量不及方案 2，如图 5-10 所示，15 年后的累计产油量为 $12.44 \times 10^4 t$，综合含水率为 96%，采收率为 14.32%。

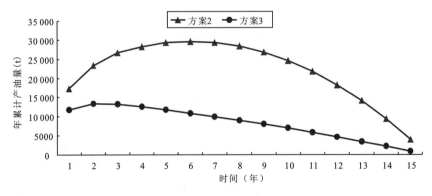

图 5-10　方案 3 与方案 2 年累计产量对比图

数值模拟法对方案 3 的产能预测与上述结果基本吻合，预测区块累计产油量 $8.9560 \times 10^4 t$，含水率为 96.4%，采出程度为 10.3%，该油藏的各井累计产油量分布如图 5-11 所示。

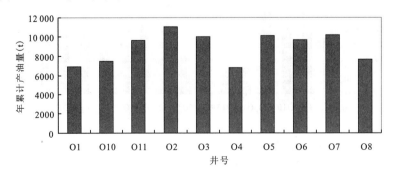

图 5-11　数值模拟法对方案 3 累计产油量预测分布图

三、经济评价

1. 方案对比

以累积净现金流量为标准,以最大化经济效益为目的对三套方案进行优选,方案3(油藏工程法)的累积净现金值为6534.6,对比其他设计方案为最大,因此,方案3为最优方案,如表5-6所示。

表5-6 方案优选对比分析表

方式	方法	方案	井数(口)	采出程度(%)	含水率(%)	累积净现值	优选
衰竭	类比	方案1	10	0.56	30%	−6043.53	×
注水	油藏工程法	方案2	21	16.74	96	3805.09	×
		方案3	13	14.32	96	6534.60	√
	数值模拟法	方案2	21	13.64	96.35	379.99	×
		方案3	13	10.32	96.38	2180.36	×

2. 项目概况

M井区从2011年投产,生产期取15年。根据地质、油藏工程提供的产量,到2025年累计可生产原油 12.44×10^4 t。该项目为滚动开发油田,其特点是边建设边生产,建设期3年。

3. 投资估算和资金筹措

项目投资为固定资产投资、固定资产投资方向调节税、流动资金、建设期利息之和。其中固定资产投资为12 148.5万元,30%为自有资金,70%为银行贷款,固定资产贷款年利率为8%。根据国家规定,石油部门勘探开发行业取零税率。流动资金投资为313.47万元,其中流动资金的30%为自有资金,70%为银行贷款,年利率为10%。由于该油田为滚动开发油田,即边投入边产出,因此利息直接进入财务费用,不计入总投资中。总计投资12 461.97万元。

4. 成本与费用估算分析

根据《方法与参数》及中国石油天然气总公司财务局《关于执行财政部门新财务制度若干问题的规定》,该项目具体生产成本有折旧费、财务费、管理费、销售费、矿产资源补偿费、经营成本,总计17 737.65万元。具体生产成本参数依据宝浪油田参数指标。

5. 销售收入、销售税金及附加估算

根据原有商品量和销售价格估算销售收入。该油田原油价格为1750元/t,原有商品率根据实际情况,确定为96%。

本项目应缴纳的销售税金包括增值税、城市建设维护费、教育费及附加资源税。在利润分配中,每年按可供分配利润的10%提取盈余公积金。其余为未分配利润(用于还款利润在

内)。还清借款后,以折旧费归还以前年份偿还借款垫支的利润,并将这部分未分配的利润转入分配。

6. 财务评价

现金流出在前 3 年居高,第 4 年突降后平缓变化,并因为建设期结束而高于现金流出,项目开始盈利。计算净现金流量和累计现金流量表明,静态投资回收期及动态投资回收期分别为 7 年和 10 年,财务净现值税后为 544.71 万元,说明本项目除能满足行业的最低要求外,还有超额盈余,因而在财务上是可行的。

本项目从投资、经营成本费用、销售价格、产量四个指标的变化程度对财务内部收益率和净现值的影响来看,计算内部收益率为 14.35%,高于行业标准(12%)。其中,投资的变化最为敏感,产量和价格的变化敏感性相差不大,仅次于投资的敏感性,成本的变化最不敏感。同时,当投资增加 5%,成本再增加 20% 时,产量降低 5%,其财务内部收益率仍然高于基准收益率。

因此,从项目的可行区域上来看,项目的抗风险能力较强。如果采取措施提高产量,经济效益会更好。

7. 评价结论

该油田储量较丰富,地质结构不太复杂,开采条件较好,财务评价指标均可行。因此,该项目的开发建设是可行的,对国家和地区的经济发展有利。

四、结论

(1)本区油藏类型为中孔、特低渗非均质性较强的低丰度、小型油藏,地质储量为 86.87×10^4 t。

(2)通过油藏工程方法对开发方式、注水可行性、注采能力、合理井网密度、标定采收率进行综合分析,设计了 3 套开发方案:方案 1 为枯竭式开采方案,部署 10 口油井;方案 2 和方案 3 均为注水开发方案,三角形井网(其中方案 2 部署 16 口油井、5 口注水井;方案 3 部署 10 口油井、3 口水井)。并通过油藏工程法和数值模拟法预测了油藏和单井产能。认为方案 2 产量最高,方案 3 次之。

(3)经济评价结果表明:方案 3 的内部收益率为 14.4%,大于 12%,财务净现值税后为 544.71 万元,投资回收期 10 年,按行业标准认为方案 3 的开发建设是可行的,具有国民经济效益和社会效益。

案例 2　致密气藏开发管理案例库

——第二届石油工程设计大赛(综合性案例)

摘　要:M 气田开发方案设计包括气藏地质、气藏工程、钻完井工程、采气工程、地面工程设计、HSE 工程、经济评价与财务分析七部分内容。气藏地质部分主要对气藏圈闭类型、储层特征、流体性质及分布、压力温度系统进行研究认识,对该气藏进行了储量计算及综合评价;气藏工程部分论证了气藏开发相关指标,开发方式,确定了直井为主的井型,按照滚动开发的思路,确定了一套经济最优的可行开发方案,并对气田开发指标进行了预测;钻井工程部分以相关规定为依据,参考本区块的特点及实施要求,完成了钻井设备与钻具组合设计、气层保护设计、固井和完井设计;采气工程主要依据气藏开发方案,完成了管柱结构、射孔完井、压裂增产、人工助采及采气特殊问题的相关技术等采气工程内容设计;地面工程部分根据气藏特点、采气开发方案和区块特点,设计了地面相关的配套工程方案;HSE 部分对自然因素形成的危害和生产过程中产生的危害进行了危险有害因素分析,并给出了对应的防护措施,真正做到了整个气藏建设符合健康、安全、环保的工程标准;经济评价部分主要是对气藏部分提出的开发方案进行优选,并给出了相应的敏感性分析。

关键词:气藏工程;开发方案;经济评价;地面工程;HSE

一、气田地质概况

(一)构造特征

M 气田构造位置处于 MM 盆地 MM 斜坡,具备良好的天然气成藏条件。下伏陆相-海陆交互相煤系地层呈广覆式分布且成熟度高。总体近南北向 NPEDC9、NPEDC10 砂体在平缓的西倾单斜背景下,与侧向的河流间湾泥质岩遮挡及北部上倾方向的致密岩性遮挡一起构成了大面积的岩性圈闭(图 5-12)。工区内已钻探 10 口井,编号分别是 M1 到 M10(图 5-12),完钻后先后在 2006 年(M1、M4)和 2007 年(M5、M6)投产。对 10 口探井的 NPEDC9 和 NPEDC10 砂层组进行了取芯,用以实验室化验分析,同时,收集、整理并录入了 100 余块样品的物性资料进行统计分析。

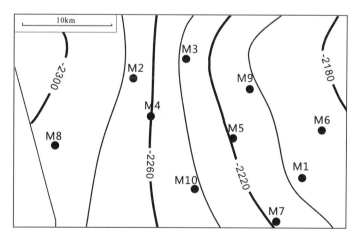

图 5-12 NPEDC9 顶面构造图

(二)地层特征

M 气田钻井揭示的地层自上而下依次为:第四系、白垩系、侏罗系的 NPEDC1 组、NPEDC2 组、NPEDC3 组,三叠系的 NPEDC4 组、NPEDC5 组、NPEDC6 组、NPEDC7 组,二叠系的 NPEDC8 组、NPEDC9 组、NPEDC10 组、NPEDC11 组,石炭系的 NPEDC12 组,奥陶系的 NPEDC13 组(表 5-7)。

表 5-7 研究区地层层序特征表

界	系	分层	底界深(m)	层厚(m)	主要岩性描述
新生界	第四系		30	25.2	
中生界	白垩系		985	955	无
	侏罗系	NPEDC1	1020	35	
		NPEDC2	1440	420	
		NPEDC3	1650	210	
	三叠系	NPEDC4	2435	785	
		NPEDC5	2745	310	
		NPEDC6	2845	100	棕红色泥岩夹灰色砂岩
		NPEDC7	3125	280	灰绿色砂岩夹棕褐、浅棕色泥岩
古生界	二叠系	NPEDC8	3421	296	上部棕红色泥岩夹肉红色砂岩,下部肉红色砂岩夹棕红色泥岩
		NPEDC9	3656	235	上部以杂色、灰色泥岩夹灰绿色砂岩为主,下部以灰白色砂岩夹深灰色泥岩为主
		NPEDC10	3762	106	深灰色泥岩与灰白色砂岩互层,夹煤线及煤层
		NPEDC11	3797	35	深灰色生物碎屑灰岩、灰黑色泥岩夹浅灰色砂岩和煤层
	石炭系	NPEDC12	3820	23	灰黑色煤层、深灰色泥岩、砂质泥岩、薄层灰岩、铁铝岩
	奥陶系	NPEDC13	3840	20	褐灰色白云岩

(三)储层特征

收集、整理并录入了研究区 10 口取芯井 100 余块样品的物性资料进行统计分析,结果表明:本区孔隙度分布在 0.4%~20% 之间,平均 7.2%;渗透率分布在 (0.001~2398)×10^{-3} μm^2 之间,平均值为 0.43×10^{-3} μm^2。其中,孔隙度主要分布在 5%~10% 之间(占 56.5%),渗透率主要分布在 (0.1~1)×10^{-3} μm^2 之间(占 55.9%)。

储集空间以溶孔为主,该区块砂岩储层孔隙类型多样、演化机理复杂,依据成因可分为粒间孔、粒间溶孔、长石溶孔、岩屑溶孔、铸模孔、晶间微孔、杂基溶孔、收缩缝和微裂隙等。对比储层分类评价标准,本区储层类型为特低孔超低渗型储层。

（四）气藏类型和驱动类型

目前对气田的分类方法较多，因用途和目的不同，分类的依据也不同。天然气藏分类主要有单因素分类和多因素组合分类两种，以单因素分类居多。单因素分类使用的指标大致可分为三大系列：为勘探服务的、为开发服务的和为经济评价服务的。

M 区块气藏类型为正常温压系统、岩性封闭、孔隙裂缝型、特低孔超低渗、常规天然砂岩、定容型干气藏。

气藏靠自然能量最基本的驱动方式仅有气驱和水驱，水驱又因水体类型及驱动能量大小不同可划分为若干亚类。

我国目前发现的气藏以封闭型的边、底水气藏居多。M 区块气藏属于岩性圈闭气藏，储层的分布受砂体展布和物性的控制，局部存在地层水，但纵、横向上都无统一的气水界面，因此认为该气藏属于无边、底水定容弹性驱动气藏。

（五）储量计算及评价

国内外油气藏储量的计算方法主要有容积法、物质平衡法、压降法、产量递减曲线法、水驱曲线法、矿场不稳定试井法。本案例选取容积法、Petrel 软件建模两种方法计算 M 气田地质储量。

1. 容积法储量

容积法是气藏地质储量计算中的一种传统方法，也是储量计算中最常用的方法。在气藏勘探早期，要准确计算储量是比较困难的，在气藏投入试采及开发前，容积法是唯一可用的利用静态资料进行储量计算的方法，它有很宽的适用范围，对不同圈闭类型、驱动类型的孔隙型及裂缝-孔隙型气藏，在不同勘探开发阶段都可使用。容积法计算储量的实质是计算地下岩石孔隙中油气所占的体积，然后用地面的质量单位或体积表示。

依据《石油天然气储量计算规范》(DZ/T0217—2005)，采用容积法计算天然气地质储量，公式为：

$$G = 0.01 A h \varphi S_{gi} \frac{P_i T_{sc}}{P_{sc} Z_i T} \tag{8}$$

式中：G 为原始天然气地质储量，$\times 10^8 \text{m}^3$；A 为含气面积，km^2；h 为平均有效厚度，m；φ 为平均有效孔隙度，%；S_{gi} 为平均原始含气饱和度，%；T 为平均地层温度，K；T_{sc} 为地面标准温度，293K；P_{sc} 为地面标准压力，0.101MPa；P_i 为气藏原始地层压力，MPa；Z_i 为原始气体偏差系数。

依据该计算方法，针对不同层位（NPEDC9 和 NPEDC10）确定相应的参数选值原则并计算各参数值，最终得出地质储量。下面就不同的参数取值进行论证。

(1) 含油面积 $A(\text{km}^2)$。根据小层含气面积分布图，首先根据比例尺确定区域圈闭面积的有效值为 838.54km^2；而后确定含气面积占区域圈闭面积的比例，求取各小层含气面积。

通过 Petrel 软件的网格化处理，可知 NPEDC9-1、NPEDC9-2、NPEDC10-1、NPEDC10-2、NPEDC10-3 小层含气面积比例分别是 51.30%、94.37%、0.60%、24.65%、27.28%，对应的含气面积为 430.14km^2、791.33km^2、5.00km^2、206.69km^2、228.74km^2。

(2)平均有效厚度 h(m)。利用等厚线面积权衡法,以有效厚度等值线图为基础,以相邻两条等厚线的面积为权,对计算单元内的有效厚度进行加权平均。该方法主要使用于油气田开发阶段。

在 petrel 软件中将砂体有效厚度等值线图网格化,数出相邻等厚线之间的网格数占全区面积的比例即可求取面积。

$$h = \frac{\sum_{i=1}^{n} \left(\frac{h_i + h_{i+1}}{2}\right) A_i}{\sum_{i=1}^{n} A_i} \tag{9}$$

式中:h 为平均有效厚度,m;h_i 为第 i 块有效厚度等值线,m;A_i 为相邻两条等值线间第 i 块面积,km^2;n 为等厚线间隔数。

(3)平均有效孔隙度 φ。利用等值线面积加权法,以孔隙度等值线图为基础,以相邻两条等值线的面积为权,对计算单元内的孔隙度进行加权平均。

$$\varphi = \frac{\sum_{i=1}^{n} \left(\frac{\varphi_i + \varphi_{i+1}}{2}\right) A_i}{\sum_{i=1}^{n} A_i} \tag{10}$$

式中:φ 为平均有效孔隙度,%;φ_i 为第 i 块孔隙度等值线的数值,%;A_i 为相邻两条等值线间第 i 块面积,km^2;n 为等值线间隔数。

基于上述方法,最终确定 NPEDC9-1、NPEDC9-2、NPEDC10-1、NPEDC10-2、NPEDC10-3 小层的平均有效孔隙度分别为 4.35%、6.17%、2.62%、3.97%、2.66%。

(4)平均原始含气饱和度 S_{gi}。平均原始含气饱和度研究主要采用测井计算、J 函数法、渗透率贡献值法和相渗法四种方法。考虑到 J 函数法、渗透率贡献值法和相渗法获得的含气饱和度是均质气藏理论上能够达到的最大值,而实际上研究区储层非均质性较强,气藏实际含气饱和度往往偏低,因此综合评估,选用测井解释的原始含气饱和度等值线面积权衡法获得的平均值,作为储量计算参数。测井计算原始含气饱和度用阿尔奇公式计算,对于同一解释层内的每个测井数据点的含气饱和度,采用算数平均法计算平均含气饱和度。

$$S_{gi} = 1 - \sqrt[n]{\frac{abR_w}{\varphi^m R_t}} \tag{11}$$

式中:R_w 为地层水电阻率,0.04~0.065Ω·m,计算中取 0.05Ω·m;φ 为孔隙度,%;R_t 为电阻率,Ω·m;S_{gi} 为原始含油饱和度,%;a、b 为经验系数,与岩性有关($a=1.0$,$b=0.97$);m 为胶结指数($m=1.86$);n 为饱和度指数($n=1.95$)。

上述地层参数(a、b、m、n)是根据相似油气田苏里格气田的数据而确定的[引自硕士论文《苏里格地区致密砂岩含气性评价及产能预测》(张静,2011)中盒 8 段数据]。由上述方法计算取得的 NPEDC9-1、NPEDC9-2、NPEDC10-1、NPEDC10-2、NPEDC10-3 的含气饱和度分别是 34.46%、60.56%、25.94%、49.26%、16.46%。

另外可能在参数选取上存在一定的误差,因此,含气饱和度的计算还要充分考虑测井解释的结果,在整理小层数据表的基础上,根据各个小层的含水饱和度以及砂体厚度,进行含水饱和度的厚度加权平均,得到小层的平均含水饱和度,推算出对应的含气饱和度数据分别是 56.16%、57.89%、59.70%、59.37%、54.00%。

综上所述,将两种结果进行算术平均得到小层的平均原始含气饱和度分别为45.31%、59.23%、42.82%、54.32%、35.23%。

(5)其他参数的确定。由资料包提供的数据:平均地层温度根据M4、M5实验数据取平均值为407.75K;地面标准温度T_{sc}为293K;地面标准压力P_{sc}为0.101MPa;气藏原始地层压力P_i的求取上NPEDC9取M4井的地层压力测试数据33.17MPa,NPEDC10取M5井的地层压力测试数据33.08MPa;原始气体偏差系数Z_i取M4、M5实验数据平均值1.0128。

根据公式分别对NPEDC9-1、NPEDC9-2、NPEDC10-1、NPEDC10-2、NPEDC10-3小层进行储量计算,最后进行累加即为本区气藏储量,总计$431.4598\times10^8\text{m}^3$,如表5-8所示。

表5-8 容积法气藏地质储量计算表

小层	$A(\text{km}^2)$	$h(\text{m})$	$\varphi(\%)$	$S_{gi}(\%)$	$T(\text{K})$	$P_i(\text{MPa})$	$G_i(10^8\text{m}^3)$	$G(10^8\text{m}^3)$
NPEDC9-1	430.14	3.17	4.35	45.31	407.75	33.17	62.606 25	431.4598
NPEDC9-2	791.33	5.16	6.17	59.23			347.859	
NPEDC10-1	5.00	0.59	2.62	42.82		33.08	0.077 23	
NPEDC10-2	206.69	1.26	3.97	54.32			13.080 01	
NPEDC10-3	228.74	1.57	2.66	35.23			7.837 272	

2. 建模地质储量

Petrel建模中的地质储量计算功能可以验证先前容积法的计算结果,在输入已建立好的孔隙度、饱和度、净毛比模型及体积系数后计算每个小层的储量叠加,得出总地质储量为$439.73\times10^8\text{m}^3$,与容积法的结果十分接近(表5-9)。

表5-9 Petrel建模气藏地质储量计算表

Case	总体积 (10^6m^3)	净容积 (10^6m^3)	孔隙体积 (10^6rm^3)	HCPV oil (10^6rm^3)	HCPV gas (10^6rm^3)	STOIIP in oil (10^6sm^3)	STOIIP in gas (10^6sm^3)	STOIIP (10^6sm^3)	GIIP in gas (10^6sm^3)	GIIP in oil (10^6sm^3)	GIIP (10^6sm^3)
Case	56 759	6072	441	0	232	0	0	0	43 973	0	43 973
Zone	4431	0	0	0	0	0	0	0	0	0	0
NPEDC9-1[1]	598	287	18	0	8	0	0	0	1929	0	1929
Zone	5533	0	0	0	0	0	0	0	0	0	0
NPEDC9-1[2]	1046	526	37	0	18	0	0	0	4275	0	4275
Zone	1318	0	0	0	0	0	0	0	0	0	0
NPEDC9-2[1]	1619	959	73	0	32	0	0	0	7459	0	7459
Zone	1749	0	0	0	0	0	0	0	0	0	0
NPEDC9-2[2]	2518	1620	126	0	69	0	0	0	11 031	0	11 031
Zone	1656	0	0	0	0	0	0	0	0	0	0

续表 5-9

Case	总体积 (10^6 m³)	净容积 (10^6 m³)	孔隙体积 (10^6 rm³)	HCPV oil (10^6 rm³)	HCPV gas (10^6 rm³)	STOIIP in oil (10^6 sm³)	STOIIP in gas (10^6 sm³)	STOIIP (10^6 sm³)	GIIP in gas (10^6 sm³)	GIIP in oil (10^6 sm³)	GIIP (10^6 sm³)
NPEDC9-2³	3778	2336	168	0	96	0	0	0	17 274	0	17 274
Zone 6	10 974	0	0	0	0	0	0	0	0	0	0
Zone	10 554	0	0	0	0	0	0	0	0	0	0
NPEDC10-2	588	107	5	0	2	0	0	0	500	0	500
Zone	9779	0	0	0	0	0	0	0	0	0	0
NPEDC10-3	616	236	13	0	6	0	0	0	1504	0	1504
Segment 1	56 759	6072	441	0	232	0	0	0	43 973	0	43 973

注:$1rm^3 \approx 1m^3$;$1sm^3$(标立方)= 6.29 桶 = $1m^3$。

3. 采收率标定

气藏投入开发以前,主要依靠静态地质资料、岩芯试验分析资料和已开发气藏的开采经验数据,用类比法来估算采收率。气藏投入开发以后,随着采出程度的增加,可以用开发动态资料确定最终采收率。计算气藏采收率的关键问题是还要确定气藏的废弃压力,比较细致的还是要在编制开发方案时通过数值模拟计算和技术经济分析得出。

通过多种方法对 M 气藏的采收率进行了标定(表 5-10),最终标定本区气藏的采收率为 70%。

表 5-10 标定采收率综合取值

方法	取值范围	综合取值
废弃压力确定采收率	62%	70%
天然气储量计算规范	<60%	
气藏可采储量标定方法	30%~50%	
国内外气田开发经验	75%~95%	
加拿大学者狄索尔斯	>30%	
四川石油管理局	>85%	
GB/T19472-2004 DZ/T 0217-2005	80%~95%	
原中国石油天然气总公司	30%~60%	

二、气藏工程分析

1. 开采方式

烃类气体具有高弹性、高流动性、低密度、低黏度、低凝固点、低馏分、含盐少、含硫少、含蜡少、含胶质沥青质少这两高、四低、四少的特点,由于气体的高弹性,气藏地层压力很快发生再分配,严重影响其产量,使得气藏开发有别于油藏开发。气藏的开发通常利用天然驱动能量,纯气驱气藏采用消耗式开采,有水的气藏初期为气藏,以后转为弹性水驱或水驱,都不采用人工补充能量的措施。气藏开发过程一般分为产能建设期、递减期、低压低产期三个主要开发阶段。且气藏的经济极限采收率比较高,气驱气藏可达80%~95%,而且在稳产期结束时的采出程度也比较高,可达50%~60%。水驱气藏的采出程度为40%~65%,在开发方案的设计、优选时采气速度比较高。采用消耗式开采具有较高的采收率。

该气藏属于干气气藏,为提高采收率,建议采用天然能量的衰竭式开采为主,辅以地面增压开采或其他人工助采方式。

2. 开发井产能评价

气井产能是气田开发的核心,是储层物性、改造效果的综合体现,是衡量气田是否经济有效开发的主要指标。对M1、M4、M5、M6井的试气数据和生产动态进行分析,M气藏有如下特点:①单井产量较低,M1、M4、M5、M6井的无阻流量均在$20\times 10^4 m^3/d$。②试井过程中油压和套压下降速度快,反映了井底流压的下降趋势。当关井恢复压力时,经过长时间的恢复,压力变化不大。③开发井的产能方程的建立。气井的流入特性,通常是通过产能试井认识的。根据短期产能试井录取的资料,经过整理,可以确定反映该井流入特性的产能方程。

3. 合理产能分析

(1)单位地层系数采气指数。

由于J与q_{sc}呈双曲线关系,这样常规的(米)采气指数配产应用意义不大,故定义单位地层系数采气指数为:

$$J^* = \frac{q_{sc}}{Kh\Delta p^2} = \frac{1}{1.291\times 10^{-3} T\mu Z[S^* + \ln\frac{0.472 r_e}{r_w}]} \tag{12}$$

式中:T为地层温度,℃;μ为气体黏度,mPa·s;S^*为视表皮系数;Z为偏差系数;r_e为泄流半径,m;r_w为井径,m。

由于对于一套开发气藏而言,地层温度T、气体黏度μ、偏差系数Z差异不大,泄流半径r_e、井径r_w取对数后对J^*的影响亦不大,因此,J^*就主要因各井污染程度不同而不同,即J^*主要与视表皮S^*有关,在很大程度上就能代表整个一套气藏的采气能力。

由大赛提供的试采资料显示M5井的3628~3630m射孔层段的相关数据中地层压力为28.7743MPa,井底流压为15.8839MPa,q_{sc}为$7.0985\times 10^4 m^3/d$,计算出气单位地层系数J^*为$83\times m^3/d\cdot m\cdot \mu m^2 \cdot MPa^2$,具体见相关计算数据表5-11。

表5-11 单位地层系数采气指数计算表

p(MPa)	p_{wf}(MPa)	q_{sc}($10^4 m^3/d$)	K($10^{-3}\mu m^2$)	h(m)	J^*($m^3/d\cdot m\cdot \mu m^2 \cdot MPa^2$)
28.77	15.88	7.09	0.26	2.00	83

(2)合理生产压差。

根据气田开发经验取原始地层压力的10%~15%作为合理的生产压差,通过生产数据得到 M1、M4、M5、M6 原始地层压力分别为 31.77MPa、31.74MPa、32.49MPa、26.25MPa，故其合理生产压差范围分别为 3.18～4.77MPa、3.17～4.76MPa、3.25～4.87MPa、2.63～3.94MPa。

(3)合理生产产能。

根据前面确定的单位地层系数的采气指数，确定了合理生产压差后就可以利用公式计算合理生产产能：

$$Q_合 = J^* \times K \times h \times \Delta p \tag{13}$$

计算得到工区 10 口井的合理生产产能范围如表 5-12。

表 5-12　各井合理产能计算表

井名	$kh(10^{-3}\mu m^2 \cdot m)$	p_i(MPa)	Δp(MPa)	$Q_合(10^4 m^3/d)$
M1	2.49	31.77	3.18～4.77	0.66～0.99
M2	0.78	33.66	3.37～5.055	0.21～0.32
M3	2.83	33.83	3.38～5.07	0.80～1.19
M4	1.11	31.74	3.17～4.76	0.29～0.44
M5	7.17	32.49	3.25～4.87	1.93～2.90
M6	4.98	26.25	2.63～3.94	1.09～1.63
M7	4.27	33.79	3.78～5.07	1.20～1.80
M8	3.53	34.00	3.4～5.1	1～1.49
M9	4.14	33.87	3.4～5.08	1.16～1.74
M10	5.92	33.84	3.38～5.08	1.66～2.49

4. 合理采气速度

影响采气速度的因素主要有以下两个原因：

(1)气藏储渗条件。气藏储渗条件是影响气藏采气速度的内在因素，气藏储渗条件差的气藏，单井产量低，要提高气藏采气速度，势必要钻很多的开发井，影响气藏开发的经济效益。

(2)市场需求。采气速度主要取决于气藏储渗条件和驱动类型，其次受市场需求、地面建设和后备资源增长状况制约。对于气驱气藏，采气速度的高低对气藏最终采收率没有影响，而水驱气藏截然相反。其他各国气田开发速度不一致，如罗马尼亚，要求气田采气速度必须达到 5%，苏联一般为 5%～7%。从气田规模来看，一般情况下，大气田采气速度低一些，中小型气田采气速度高一些。从气藏驱动类型来看，水驱气田的采气速度比气驱气田低，一般小于 4%。

结合本气藏的特点，从采气速度、稳产年限和稳产期采出程度关系来看，采气速度在 2.0%～5.0%之间比较合理，既有较长的稳产期，又有较高的稳产期采出程度。

5. 合理开发层系

M气藏是一个具有层状特征的岩性砂岩气藏单砂体的相对渗透率在纵向上分布不均一,储层有力层系主要集中在 NPEDC 9-2^2 和 NPEDC 9-2^3 两套单层渗透砂体间,且目的层段间顶底的跨距较小,在45~75m之间,平均为59m。综合对该气藏的研究,均表明该套层系具有一定的规模和产能,且储层性质、天然气性质、压力系数相近,流体组分差异较小,可以采用多层合采的开采方式。

6. 开发井网论证

(1)井网形式。开发井网形式应适应砂体的走向和分布,对储量的控制程度高且兼顾区内已有气井井位。通过研究其储层物性的分布规律发现 M 气藏在顺物源方向即南北方向连续性较好,东西方向较差,单井控制处储量低,具有初期产量低、压降快稳产能力差的特点。因此采用南北排距大于东西井距的菱形井网。

(2)合理井距。开发井距的确定应根据气藏地质、储层参数分布特征,使单井能控制足够的储量,保证井具有一定的生产能力、应有控制面积,一定的供气能力,一定的经济效益。对于低渗、非均质性强、低丰度的气藏来说,由于其单井产能低,要形成一定的规模或达到经济极限值以上。另一方面,在一定的开采时间内,低渗气藏有效的泄气范围有限,稀井网不利于储量动用和提高采收率。因此,寻求合理的井距和井网密度是低渗气藏开发的关键。

应用储量丰度计算法、经济评价方法、单井产能法、合理采气速度法、储量法来确定气藏的合理井距,计算结果见表5-13。可以看出经济评价方法的经济井距较小,这表明,该地区的采气效益好。因此这里主要是由采气速度决定合理井距,先前论证的合理采气速度为2%~3%,故合理井距为985~1206m。

表 5-13 计算结果对比表

方法	变量变化	井距
储量丰度法(10^8m^3/km^2)	0.84	1726
	1.2	2063
	1.56	2352
合理采气速度法(%)	1%	1706
	2%	1206
	3%	985
经济极限法(10^8m^3/km^2)	0.84	436
	1.2	497
	1.56	594

(3)水平井可行性论证。通过类似储层地质特征的开发经验来看,对于非均质性强的气藏总体上适合直井开发,但利用水平井开发气藏是提高气井产能、改善开发效果的重要手段。论

证 M 气藏能否适用水平井开发意义重大(表 5-14)。

表 5-14 水平井论证指标计算表

指标名称	相应标准	水平井目标区	符合情况
气藏深度(m)	<4000	3598~3700	√
气层厚度(m)	>6	2~9.12	*
地层温度(℃)	<125	120.89~124.32	√
渗透率($10^{-3}\mu m^2$)	>0.2	0.05~0.42	*
千米井产量(m^3/d)	>1×10^4	0.5~1.16	*

注:√表示符合;*表示部分符合。

开发水平井长度是水平井的关键参数,普遍的认识规律是随着水平井长度的增加,增大了井筒与气层的接触面积,进而增大了气井的泄流体积,从而产量也随之增高,然而随着长度的延伸,成本也会增大,因此需要综合考虑地质特征、钻井成本等相关因素确定合理的水平井长度,避免盲目地追求长水平井的开发,通过相关气藏经验确定水平井的长度为 700~1000m。

另外水平井方位及延伸方向也是影响水平井开发效果的重要因素,一般认为水平井方向与压裂方向垂直式最好,通过大赛提供的资料显示,压裂裂缝方向为 NE69.8°~81.3°,故确定水平井延伸方向应为 NW-SE 方向,且初步认为 NW15°为最优方向。

7. 开发方案部署及方案优选

M 气田作为一个大型气田,在相邻区域的能源供应中占有重要地位,这就要求 M 气田在初期具有一定的产能,且稳产期相对较短,在这里统一规定各方案的建产气为 3 年。另外为稳定市场供应,要有 5 年及以上的稳产期,为此在前面一次布井实施的实验模拟研究结果和认识的基础上,设计了 4 套方案(表 5-15)。

方案 1:在目前已有的 10 口井(M1、M2、M3、M4、M5、M6、M7、M8、M9、M10)的基础上均匀新布 60 口直井,井位见图 5-13,总体上构成排距 3331m、井距 3314m 的菱形井网,初期采气速度达到 1.2%,以 $5\times10^8 m^3$ 年产气量稳产 6 年。

方案 2:在目前已有的 10 口井(M1、M2、M3、M4、M5、M6、M7、M8、M9、M10)的基础上均匀新布 113 口直井,总体上构成排距 2591m、井距 2144m 的菱形井网,初期采气速度达到 2.5%,以 $(8~9)\times10^8 m^3$ 年产气量稳产 10 年。

方案 3:在目前已有的 10 口井(M1、M2、M3、M4、M5、M6、M7、M8、M9、M10)的基础上均匀新布 177 口直井,总体上构成排距 2120m、井距 1822m 的菱形井网,初期采气速度达到 3.6%,以 $(10~12)\times10^8 m^3$ 年产气量稳产 10 年。

方案 4:在目前已有的 10 口井(M1、M2、M3、M4、M5、M6、M7、M8、M9、M10)的基础上均匀新布 142 口直井,总体上构成排距 1457m、井距 1176m 的菱形井网,初期采气速度达到 5%,以 $(10~12)\times10^8 m^3$ 年产气量稳产 10 年。

上述四套方案皆需要进行对应直井压裂才能投产,压裂用先期论证的将生产井附近裂缝方向的裂缝长度的网格渗透率提高 50 倍来等效实现。

表 5-15 方案 1～方案 4 分批部署安排表

时间(年)	方案 1	方案 2	方案 3	方案 4
2011	30	37	49	40
2012	20	26	39	30
2013	20	26	38	19
2015		7	13	9
2017		7	13	6
2018		0	0	5
2019		10	17	6
2020		0	0	5
2021		10	18	5
2022		0	0	5
2023		0	0	22
总井数	70	123	187	152

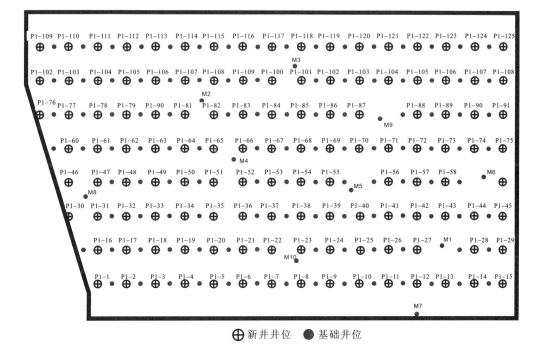

⊕ 新井井位　● 基础井位

图 5-13 方案 1 井位部署

方案 1～方案 4 的开发指标预测见表 5-16，从表中可以发现各方案分批布井的目的已达到，也就是各方案有其对应的建产期、稳产期、减产期，其中方案 1 的稳产期最短只有 3 年，方案 2～方案 4 的稳产期皆得到 10 年，且至 2030 年的累积气量总体上是随着井数增加而增加的,如从方案 1 的 70 口井对应累积产气量 $91.98\times10^8\,m^3$,方案 2 的 123 口井对应累积产气量 $157.66\times10^8\,m^3$,但这种增加幅度并不是固定不变的,方案 4 比方案 3 的井数少了 35 口,但至 2030 年末累积产气量仅仅比方案 3 少 $1.4\times10^8\,m^3$,这就说明不能简单认为提高采收率就是提高生产井井数。

由于方案 1 的井数和产能要比其他方案小很多,这在经济上没有可比性,故只在方案 2～方案 4 中进行了方案优选。

运用数值模拟方法比较了方案 2～方案 4 的地质储量变化,生产井数,累积产气量(表 5-16),可以看出方案 4 有较少井和相对较高的采出程度,并且其单井的采气量也是最高的,虽然从预测末期的产量递减规律来看方案 3 比方案 4 要好,但单纯从这 20 年内的经济角度来看认为方案 4 是推荐的最优部署井网。方案 4 在 2011—2014 年有 3 年的建产期,在后 10 年内进入稳产期,在原有的 10 口井基础上新布 144 口生产直井,并且在直井段采用压裂等增产措施。

方案 2～方案 4 综合评价见表 5-17。

表 5-16　方案 1～方案 4 开发指标预测对比表　　　　单位:$10^8\,m^3$

时间(年)	方案 1		方案 2		方案 3		方案 4	
	年产气	累积产气量	年产气量	累积产气量	年产气量	累积产气量	年产气量	累积产气量
2006	0.07	0.07	0.07	0.07	0.07	0.07	0.07	0.07
2007	0.05	0.12	0.05	0.12	0.05	0.12	0.05	0.12
2008	0.06	0.18	0.06	0.18	0.06	0.18	0.06	0.18
2009	0.04	0.22	0.04	0.22	0.04	0.22	0.04	0.22
2010	0.05	0.27	0.05	0.27	0.05	0.27	0.05	0.28
2011	2.23	2.50	3.63	3.90	3.74	4.02	4.28	4.56
2012	3.68	6.18	6.02	9.92	7.01	11.02	7.79	12.35
2013	5.39	11.57	8.33	18.24	10.19	21.21	10.19	22.54
2014	5.32	16.89	8.14	26.38	10.03	31.24	10.08	32.62
2015	5.27	22.16	8.70	35.09	10.69	41.93	11.14	43.77
2016	5.20	27.36	8.50	43.59	10.44	52.37	10.98	54.74
2017	5.14	32.50	8.94	52.53	11.29	63.66	11.39	66.13
2018	5.07	37.57	8.69	61.22	11.09	74.75	11.89	78.02
2019	4.99	42.55	9.24	70.46	12.21	86.96	12.16	90.18
2020	4.90	47.45	8.98	79.43	11.83	98.79	12.22	102.40
2021	4.81	52.27	9.40	88.83	12.68	111.47	12.19	114.59
2022	4.73	57.00	9.05	97.89	12.09	123.56	11.99	126.58
2023	4.66	61.66	8.70	106.59	11.47	135.03	11.94	138.52
2024	4.59	66.25	8.32	114.91	10.88	145.91	10.90	149.42
2025	4.51	70.77	7.96	122.87	10.27	156.18	9.97	159.39
2026	4.42	75.18	7.62	130.49	9.68	165.86	9.06	168.46
2027	4.33	79.52	7.28	137.77	9.14	174.99	8.30	176.76
2028	4.24	83.76	6.93	144.70	8.62	183.61	7.63	184.39
2029	4.16	87.91	6.62	151.32	8.10	191.72	7.04	191.43
2030	4.06	91.98	6.34	157.66	7.60	199.31	6.48	197.91

表 5-17 方案 2～方案 4 综合评价表

方案	井数(口)	累积产量($10^8 m^3$)	单井采气量($10^8 m^3$)	采出程度(%)
方案 2	123	157.66	1.28	36.00
方案 3	187	199.31	1.05	45.51
方案 4	152	197.91	1.29	45.23

三、钻井与完井工程

1. 井身结构设计

直井井身结构优化首先考虑井涌压井条件,根据 M2、M4、M6、M8 井压力数据,按照自下而上的设计方法进行井身结构设计。然后借鉴相似储层的邻井实际井身结构,确定井身结构的设计思路。中间套管下入深度的确定:

已知 $H_{pmax}=3750m$,有:

$$\rho_f = \rho_{pmax} + S_b + S_f + \frac{H_{pmax} \times S_k}{H_{ni}} \quad (14)$$

式中: ρ_f 为第 n 层套管以下井段发生井涌时,在井内最大压力梯度作用下,上部地层不被压裂所应有的地层破裂压力梯度,g/cm^3;ρ_{pmax} 为该井段中所用地层孔隙压力梯度的等效密度,g/cm^3;H_{ni} 为第 n 层套管下入深度初选点,m。

代入各设计系数得:$\rho_f = 0.95 + 0.05 + 0.03 + \frac{3750 \times 0.060}{700} = 1.35(g/cm^3)$

由地层压力预测图查得:700m 处的 $\rho_{f700}=1.47g/cm^3$,因为 $\rho_f < \rho_{f700}$ 且相接近,所以确定一开下入深度初选点为 700m(表 5-18)。

表 5-18 井身结构设计数据表

开钻次序	井深(m)	钻头尺寸(mm)	套管尺寸(mm)	套管下入层位	套管下入深度	环空水泥浆返空
一开	600	346	273.1	白垩系	700	井口
二开	3750	241.3	177.8	NPEDC12 组	3797	井口

2. 套管设计

套管层次和每层套管的下入深度已经确定,相应的套管尺寸和井眼直径也确定了。套管尺寸的确定一般由内向外依次进行。套管和井眼之间要有一定的间隙,间隙过大则不经济,过小不能保证固井质量。间隙值一般在 9.5～12.7mm 范围内,最好为 19mm。套管设计还要考虑 H_2S 气体危害。

该气田的套管设计考虑了套管内压、套管外压、拉伸载荷,以及弯曲力的影响。通过行业标准设计规范要求选择安全系数,最小可接受的安全系数为:抗内压 $S_i=1.1$;抗外挤 $S_c=1.1$;抗拉 $S_t=1.8$。

3. 钻井液设计

当井筒内压力状态处于过平衡状态时,地层流体被压死,流不进井筒内,且钻井液侵入地层,上窜速度值很小(小于 10m/h 或者为零)。当井筒内压力状态处于近平衡状态时,地层流体缓慢进入井筒内,上窜速度值为 20~40m/h。当井筒内压力状态处于欠平衡状态时,地层流体大量侵入井筒内,上窜速度明显增大。钻井液密度是影响井筒内压力状态的重要因素,即钻井液密度的大小直接影响上窜速度的大小。根据 M 气藏的实际情况,设计钻井液密度与类型如表 5-19 所示。

表 5-19 钻进过程中钻井液设计表

井段	钻井液密度(g/cm³)	钻井液类型
表层井眼	1.00	无固相钻井液
技术井眼	1.05~1.10	两性金属离子聚合物非渗透钻井液

4. 钻井设备与钻头钻具组合设计

M 气田钻井深度在 3750m 左右,工程施工的最大负荷约为 2000kN(技术套管的最大重量)。依据钻机负荷的选择原则和安全需要,钻机额定负荷能力应超过钻井最大负荷的 1.25 倍,且能够满足 3000m 及以上钻井的需要。因此,选用 ZJ-50D 钻机,该钻机可满足 3000~5000m 油气井的钻井要求。采用 AC-SCR-DC 驱动传动,3 台主柴油发电机组,可按需要全部或任意两台并网使用。绞车为内变速、密封式、开槽滚筒、强制水冷、冷风式电涡流刹车。采用旋升式自升钻台,井架、绞车可低位安装。

选择的钻头与使用是否合理直接影响到钻井速度的提高和钻井费用的降低。选择钻头类型的原则是:选择适应地层硬度、抗压强度和地层可钻性的钻头型号,使钻头的平均钻速和进尺达到最高,综合钻井成本最低。因此钻头类型优选的理论和方法是科学钻井最重要的内容。

根据岩性和分层资料显示,表层井眼附近的地层岩性以砾石和粗粒砂岩为主,低抗压强度,地层可钻性高,选择用软地层三牙轮铣齿钻头(钻头 IADC 代码 117),钻井成本低。一般来说,软地层牙轮钻头的齿高、齿宽、齿距都较大。技术井眼附近井段选择钻头的原则就是最大限度地提高机械转速(过平衡钻井时为 50~200m/h,欠平衡钻井一般能提速 5 倍以上),以尽可能降低或防止钻头泥包。其岩性以细砂岩、泥岩为主,也有部分煤层发育,高抗压强度,选择使用 PDC 钻头(IADC 代码 S248)。虽然钻头成本较高,但单个钻头的进尺较高,起、下钻次数少,井壁在钻井液中的浸泡时间短。

根据已有钻井资料分析,本构造陆相地层研磨性强,岩石可钻性差,导致钻井速度慢,易斜、易坍塌、易漏失,井身质量控制难度较大。陆相地层的防斜打直是井身质量控制的难点,在陆相地层主要采用塔式或塔式钟摆钻具,配合合理的钻井参数来防斜打直。利用柔性钟摆来处理井斜较大井段的钻进。在井斜控制中大尺寸钻铤起到了很好的作用。为保证井组中钻进的安全,必须对直井段井身质量进行监测,为井眼防碰提供依据。

根据实际需要,采用塔式钻井组合。钻具组合如下:

(1)一开:ϕ311.20mm 钻头+ϕ229mm 双向防震器+ϕ229mm 钻铤+ϕ203mm 钻铤+ϕ165mm 钻铤+ϕ139.7mm 钻杆。

(2)二开:直井,ϕ215.90mm 钻头+ϕ172mm 螺杆钻具+ϕ165mm 螺杆钻铤+ϕ214mm 钻具稳定器+ϕ159mm 钻铤+ϕ139.7mm 钻杆;全井,使用钢级 G105 的钻杆,防止出现 H_2S 对钻杆的影响。

对上部易蹩跳钻地层钻进时,应在钻具上加减震器和悬浮器,可减少钻具的疲劳破坏,同时可改善钻头在井底的工作状况。

为保证气藏钻井安全,钻进中在钻铤间应装钻具投入式回压阀、旁通阀(旁通侧孔尽量大、通径能够保证投入式止回阀的通过)。

5. 钻井过程中对气层的保护

根据储层的特点,防止气层损害的主要要求为:

(1)选择与储层相配伍的钻井液体系。陆相储层选用两性金属离子聚合物非渗透钻井液,不仅与储层岩石相配伍,而且要与储层流体相配伍。

(2)钻进气层井段,在考虑井壁稳定、井漏、井喷等地层因素,保证井下安全的情况下,钻井液密度应尽量靠底限,开展近平衡压力钻井,尽量减少压差对气层的损害。密度附加值:气层 $0.07\sim0.15g/cm^3$。

(3)进入目的层段要求严格控制钻井完井液的滤失量,API 失水量≤4ml,HTHP≤12ml,防止其堵塞气层的孔隙孔道,尽量减少液相对气层的损害。

(4)在气层井段坚持以预防为主、防堵结合的原则,一旦发生井漏,首先分析原因,考虑适当降低钻井液密度,再采用非渗透等技术措施。

(5)加强固控设备的使用和维护,控制无用固相和含砂量,含砂量不超过 0.3%。

(6)钻开目的层后起、下钻和开泵操作要平稳,减少压力激动,避免井漏及井喷事故的发生。

(7)预测的目的层位有可能出现偏差,现场技术人员应密切地与地质录井配合,根据地质实际预测提前做好保护气层的工作。

(8)储集层应使用可酸化解堵的防漏、堵漏剂,禁止使用永固性防漏、堵漏剂。

(9)提高目的层的钻井速度等,缩短钻井完井液对气层的浸泡时间,减少钻井完井液对目的层的污染。

(10)气层井段采用非渗透加屏蔽暂堵技术保护储层。添加 1%KSY 非渗透抗压处理剂、2%聚合醇防塌剂、2%磺化沥青封堵裂缝保护储层,滤液和固相不会渗透到储层中去,杜绝液相、固相和高分子处理剂对储层的伤害,获得最佳效果。聚合醇的浊点应根据井下温度进行调节。

(11)生产套管固井实施近平衡压力固井技术,控制水泥浆的失水,防止水泥浆漏失或水泥浆失重引起环空窜槽等损害气层。

6. 固井和完井设计

1)固井要求
(1)水泥浆返高和套管内水泥塞高度必须符合设计要求。
(2)注水泥井段环形空间内的钻井液应全部被水泥浆替走,不存在残留现象。
(3)水泥石与套管及井壁岩石应有足够的胶结强度,能经受住酸化压裂及下井管柱的冲击。
(4)水泥石凝固后管外不冒油、气、水,环空内各种压力体系不能互窜。
(5)水泥石能经受油、气、水长期的侵蚀。

2)完井要求

(1)最大限度地保护储集层,防止对储集层造成伤害。

(2)减少油气流进入井筒时的流动阻力。

(3)能有效地封隔油气水层,防止各层之间的互相干扰。

(4)克服井塌或产层出砂,保障油气井长期稳产,延长井的寿命。

(5)可以实施注水、压裂、酸化等增产措施。

(6)工艺简单、成本低。

3)水泥浆性能要求

(1)油井水泥在使用前应进行严格的试验,以检验其性能。

(2)对加入上述外加剂的水泥浆要进行其性能试验,以满足现场施工的要求。所进行的试验包括水泥浆密度、稠化时间、失水量、自由水、流变性、水泥石抗压强度试验以及水泥浆与前置液、钻井液的配伍性试验等。

(3)水泥浆性能设计时,要发挥领浆的压稳作用,尾浆与领浆的静胶凝强度呈阶梯状发展,即尾浆的静胶凝强度在达到240Pa时,领浆的静胶凝强度要小于48Pa,因为水泥浆静胶凝强度在48Pa和240Pa之间的过渡期内发生气窜的危险性最大。

4)水泥浆体系设计

针对技术套管封固段长,采用变密度双凝固井,固井水泥浆采用低密度加高密度高强度防气窜水泥浆体系,固井前必须进行承压堵漏。

如果全井采用同一密度的水泥浆,会增加固井施工困难和风险,也可能造成水泥浆候凝期间失重而发生"窜槽",影响固井质量,故可采用变密度双凝水泥浆。即下段水泥浆稠化时间一般较短,满足固井施工要求即可,下段水泥浆已终凝后1小时上段水泥浆才开始初凝。下段水泥浆具有较低的失水、自由水和较高的水泥浆密度,上段水泥浆选用低密度水泥浆。

推荐低密度水泥浆体系(聚合物非渗透防窜防漏双作用低密度水泥浆体系),该体系外加剂主要有:非渗透降失水剂SUP-101S、防气窜剂SUP-104S、分散剂SUP-103S、缓凝剂SUP-102L等(表5-20、表5-21)。

表5-20 水泥浆体系设计表

套管程序	水泥浆体系
一开	普通水泥浆
二开	上段:聚合物非渗透防窜防漏低密度水泥浆;下段:高密度高强度防气窜水泥浆

表5-21 主要水泥浆添加剂及加量要求表

水泥浆体系	添加剂名称及加量
普通低失水水泥浆	消泡剂0.1%~0.2%、降失水剂0.2%~0.5%、早强剂0.6%~1.0%
聚合物非渗透防窜防漏双作用低密度水泥浆	消泡剂0.1%~0.2%、非渗透降失水剂SUP-101S 1.5%、防气窜剂SUP-104S 1%~3%、分散剂SUP-103S 1.5%、缓凝剂SUP-102L 0.3%
胶乳防窜水泥浆	消泡剂0.1%~0.2%、胶乳降失水剂L10-200 20%、胶乳高温稳定剂SF100 1%、高温缓凝剂HTR100 1%、分散剂Diacel RPM 0.5%

5) 前置液的选择

使用具有携带加重剂能力很强,流变性能调节范围宽,无自由水、无颗粒沉降,低失水加有稀释型化学冲洗剂的隔离液调节浆柱压力。它对钻井液、水泥浆及钻井液与水泥浆的污染胶凝物均有显著的稀释分散作用,对界面有良好的化学冲洗及水润湿效果,能防止钻井液和水泥浆胶凝憋泵,并在较小排量时达到紊流状态,可弥补高密度钻井液、高密度水泥浆流变性能及井身质量欠佳所造成的顶替效率低等方面的不足,从而充分提高顶替效率,增加界面胶结强度,降低施工风险。

四、采气工程

采气工程是在气藏开发地质和气藏工程研究的基础上,以气井生产系统分析为手段,着重研究不同类型气藏天然气在井筒中的流动规律,并在科学合理利用气藏天然气能量的原则下,采用最优化的采气工程方案与相应的配套系列工艺技术措施,把埋藏在地下的天然气资源最经济、安全、有效地开采出来,以实现气田长期的高产、稳产并获得较高的经济采收率。

1. 油管管柱

在气井中油管至少有 4 种作用:第一,如果在靠近井底处下有封隔器,则可以保护套管不受油管内流体的高压作用;第二,它可以保护套管不受液体的腐蚀作用;第三,如果油管尺寸合理,可使井内不会滞留烃类液体和水;第四,油管尺寸必须很大,使气井能通过最大的气量。综合起来,油管尺寸应该由井的产能、携液能力、成本以及机械设计等方面决定。对各种规格的油管,根据不同油管中气流的压力损失大小,选择不扼制产量的合理尺寸,当然这种油管尺寸还要能够携液自喷,因此,应考虑利用携液理论优选小油管尺寸。

采气井建议采用直井采油管柱,结构简单,主要由油管鞋、筛管、油管接箍、油管挂等井下工具组成。对于直井采气井,杆柱和泵所下的位置可以深一些。

在管材的选择上,目前国内常用碳钢油管,采用碳钢加缓蚀剂的防护方式,但这种方式在生产期内至少要进行一次井下作业,而选用耐腐蚀材质 13Cr 合金钢油管将会避免在生产期内进行井下作业并且不需要加注缓蚀剂。基于产气组分(不含硫化氢,含二氧化碳)以及完井后的井段有较长生产周期的考虑,故选用 13Cr 合金钢油管。

2. 射孔

针对本区气藏储量丰度较大的情况,为提高天然气采出程度,决定实施射开全部渗透砂体的方案。射孔是用射孔弹穿透油层套管和套管外的水泥环,使气层和井底沟通。工业化中在打开气层大量使用的射孔方式有 3 种:电缆输送式套管射孔、油管传输射孔、电缆输送式过油管射孔。

3. 采气方式

按照不同的地质特点和开采特征(如压力、产量、产油气水和气质情况等),气井可以分为不同的类别。对于开发初期的气井,地层能量充足,依靠其自身能量就可以将天然气举升到地面,这就是常说的自喷开采即一次开采。而进行一段时间开采之后,气层能量降低,并且由于井筒积液,对地层造成额外的静水回压,导致气井自喷能量持续下降。通常,如果这种情况持续下去,井筒中聚集的液柱终会将气压死,导致气井停产。因此,就要采用人工给井筒流体增加能量的方法将气液从井底举升到地面上来,即采用人工举升方式。

4. 增产措施

M气藏主体属于超低渗储层,地层气藏埋深 $3624 \sim 3694m$。孔隙度分布在 $0.4\% \sim 20\%$ 之间,平均为 7.2%。渗透率分布在 $(0.001 \sim 2398) \times 10^{-3} \mu m^2$ 之间,平均值为 $0.43 \times 10^{-3} \mu m^2$。其中,孔隙度主要分布在 $5\% \sim 10\%$ 之间(占 56.5%),渗透率主要分布在 $0.1 \sim 1$ 之间(占 55.9%),表明储层主体属超低渗储层。地层温度约为 $130℃$,地层压力约为 $33MPa$,地温梯度约为 $3.36℃/100m$,压力梯度约为 $0.921MPa/100m$,为正常的温压系统,根据该井 NPEDC9 层位高压物性分析,临界压力为 $5.80MPa$、临界温度为 $-69.5℃$,油气藏类型为干气。根据试采结果,气井自然产能低,必须压裂投产。目前,该区块 4 口井已进行了压裂施工。

根据总体开发方案部署,直井需要进行压裂投产。故结合低孔低渗气藏压裂经验,采用水力整体压裂。在高于岩石破裂压力下,将压裂液和支撑剂挤入地层被压开的裂缝中,形成具有良好导流能力的裂缝,达到增加气井产量的目的。

五、地面工程设计

根据国家有关方针政策,结合生产管理特点,初步确定以下编制原则:

(1)遵守国家及本行业的相关法规和政策,严格执行国家及行业的有关方针、政策、标准、规范和法规。

(2)贯彻"安全、可靠、成熟、实用、效益、节能、环保"的指导思想,以提高经济效益为中心,采取各种有效措施,优化总体布局。

(3)根据研究区块的地理位置及环境特点,地面建设应满足油藏、钻井、采油工艺需要,整体设计,分步实施,考虑适当预留,建设规模、设备能力和布局上应具有灵活性及适应性。

(4)在确保安全生产的前提下,尽量简化工艺流程并做到工艺合理、安全、经济、高效地运行。

(5)充分考虑环境保护、节约能源、职业安全卫生和污染源的控制,地面工程的设计必须符合安全、环保、节能降耗等有关规范要求,确保万无一失。

(6)重视环境保护,采取有效措施防止环境污染和水土流失。

(7)以提高经济效益为中心,采取有效措施,优化总体布局,简化工艺,提高开发水平和综合经济效益。

(8)充分利用 M 气田已建工程,总结生产运行的经验教训,根据实际情况制订更加合理的工艺方案,并为后期开发提供依据,同时实现近远期相结合。

(9)采用国内外先进成熟的技术,选择高效可靠的设备。尽可能采用国产设备,降低工程投资,提高经济效益。

(10)进行多方案比较,寻求最佳的总体工艺方案。

(11)工程建设本着就地取材,施工方便,利于维护的原则。

(12)保护自然环境,做好水土保持,将工程建设对环境的影响降到最低。

设计范围:M 气田新建 $11 \times 10^8 m^3/a$ 产能建设的地面集输工程,开发生产辅助设施,及与之相配套的道路、给排水、供电、通讯、管道防腐及阴极保护、自控系统和投资估算等内容。充分利用集输覆盖区 MN 区的设施,将 M 井区天然气经集气后管输至 MN 区,进行外输。

1. 工程概况

(1)天然气集气。单井集气采用高压集气工艺,气井井场不设其他设施,从集气站集中注入甲醇防冻,将天然气直接送至集气站后进行加热、节流、低温分离处理。

单井采气管道根据不同单井配产采用 $\Phi 60 \times 6.3$ 和 $\Phi 48 \times 5.5$ 的 $20^{\#}$ 钢无缝钢管,共计 400km,注醇管道与采气管道同沟敷设,采用 $\Phi 27 \times 5$ 的 $20^{\#}$ 钢无缝钢管,共计 400km,各集气站的天然气集中通过集气干线送至 $\Phi 660$ 主干线,集气干线采用 $\Phi 219.1 \times 5.6$、$\Phi 168.3 \times 5$、$\Phi 114 \times 4$ 的 $20^{\#}$ 无缝钢管,共计 30km。

(2)集气站。新建集气站 9 座,分别为 $1^{\#}$、$2^{\#}$、$3^{\#}$、$4^{\#}$、$5^{\#}$、$6^{\#}$、$7^{\#}$、$8^{\#}$、$9^{\#}$ 集气站,集气站设置规模与气田开发的整体规模相匹配,同时与已建工程的集气站相结合,合理布置。

$1^{\#} \sim 7^{\#}$ 站集气规模按 $40 \times 10^4 \mathrm{m}^3/\mathrm{d}$ 设置;$8^{\#}$、$9^{\#}$ 站集气规模按 $30 \times 10^4 \mathrm{m}^3/\mathrm{d}$ 设置。

集气站内采用集中加热、轮换计量、节流膨胀制冷、低温分离流程,主要设置加热炉、计量分离器、生产分离器、油水缓冲罐、注醇泵、甲醇储罐、氨冷机组、换热器、低温分离器、清管装置等,各站内回收的凝液通过罐车拉运至甲醇集中处理站集中处理。

(3)道路。新建气田内道路(按照站外辅助公路标准修建)60km,井场土路 120km。

(4)通信。站场采用移动蜂窝网固定电话进行通信,开发生产辅助设施基地内建有一套初装容量为 50 门,终期为 100 门的程控交换机及配套设备,各集气站采用无线上网形式,通过 GPRS(General Packet Roelio Service)或 CDMA(Code Division Multiple Access)将主要数据传输至调度中心。

(5)自控。各新建集气站设置工业控制计算机和 PLC(Programmable Logic Controller)系统,实现数据的实时采集和显示。

(6)电力。从附近 C 村通过高压电线输电。架设 10kV 的电线到气厂。

(7)热工与暖通。新建集气站内利用站内水套炉的热水作为站区内采暖的热源,各房间内设散热片采暖,值班控制室、休息室内设吊扇。

开发生产辅助设施是为了保证生活和采暖用热,锅炉房以采暖供热为主,并且当其中一台锅炉检修时,另一台锅炉要能满足采暖和生活用热。故锅炉房安装两台全自动燃气热水锅炉(额定负荷 1.4MW),锅炉房安装容量为 2.8MW。

甲醇集中处理站新上两台 4t/h 燃气蒸汽锅炉,满足生产及生活需要。

(8)建筑。集气站及甲醇集中处理站生产建筑的建筑面积共 5000m²,包括各集气站的值班室、阴极保护间、库房、厨房、宿舍、天然气发电机房、注醇泵房、氨冷压缩机房等。

开发生产辅助设施的建筑面积共 15 000m²,包括办公楼、公寓楼、金属材料库、化工材料库、小车库和配电室、维修工房、锅炉房。

(9)防腐及阴极保护。集气干线覆盖层使用三层结构聚乙烯防腐层,采气管道、注醇管道采用环氧富锌底漆+环氧煤沥青面漆。管道阴极保护采用深井阳极。

(10)给排水消防。各集气站给水采用从邻近水源充足的村庄抽调来为基地供水,建设相应的水塔。

各集气站配备一定数量的手提式干粉灭火器和推车式干粉灭火器,开发生产辅助设施除按要求配备一定数量的手提式磷酸铵盐干粉灭火器外,设消防给水管网,相应配置室外消火栓,消防给水引自站内给水管线。甲醇集中处理站可燃液体储罐采用固定式烟雾灭火装置,同时配备一定数量的移动式灭火器材并设消防给水管网,相应配置室外消火栓。

2. 地面集输

该块为新增储量区,没有形成开发井网,周围无井站和集输管网及配套设施,A 向东 22km 可进入最近的配套集输设施覆盖区 MN,该区的天然气处理能力已达到饱和,外输能力还有富余,且留有接入点。

该地区位于沙漠地带附近,井场周围便道较多,多为村级道路,路面松软,不能行驶大型车辆,交通通讯较为不便,工区西南方向有一可以提供充足电力水源的村落。

3. 集气工程

由上述 $11\times10^8 m^3/a$ 新建产能的叙述,可根据气藏方案一确定地面工程建设规模为 $80\times10^4 m^3/d$。

根据气藏报告提供的井位部署情况以及 M 气田井口参数,和气田所在区域的当地环境进行分析,确定其地面工程新建 2 座集气站,并建设了甲醇集中处理站,集气管道采用 $\Phi60\times6.3$ 和 $\Phi48\times5.5$ 两种规格的 $20^\#$ 钢无缝钢管,合计 400km,集气干线采用 $\Phi219.1\times5.6$、$\Phi168.3\times5$、$\Phi114\times4$ 的 $20^\#$ 钢无缝钢管,合计 30km,单井注醇管线与集气管线同沟敷设,采用 $\Phi27\times5$ 的 $20^\#$ 钢无缝钢管,合计 400km。

气田集气工程建设规模一览表见表 5-22。

表 5-22 集气工程建设规模一览表

工程内容		单位	总规模	备注
构造区块	生产井数	口	130	
	配产能力(平均)	$10^4 m^3/d$	1.4	
产能建设	$1^\#\sim7^\#$ 集气站	$10^4 m^3/d$	40	
	$8^\#$、$9^\#$ 集气站	$10^4 m^3/d$	30	
	甲醇处理站	m^3/d	150	
	采气管道	km	400	$\Phi60\times6.3$
				$\Phi48\times5.5$
	集气干线	km	30	$\Phi219.1\times5.6$
				$\Phi168.3\times5$
				$\Phi114\times4$
	注醇管道	km	400	$\Phi27\times5$

4. 通信工程

M 气田为新开发区块,站场内无通信系统,由于无线通信方式建设简捷方便,因此对此次设计中的电话部分采用移动电话固定台,安装在值班室,满足通信要求。

5. 给排水及消防

(1)各集气站用水水量和水质:生活用水量 $0.8m^3/d$;其他用水量 $0.3m^3/d$;合计用水量 $1.1m^3/d$。水质应符合《生活饮用水卫生标准》(GB5749-85)的规定。

(2)甲醇集中处理站用水水量和水质:生活用水量 $2.4m^3/d$;其他用水量 $18m^3/d$;循环冷却水量 $100\sim300m^3/h$(不计入用水量);合计用水量 $20.4m^3/d$。水质应符合《生活饮用水卫生标准》(GB5749-85)。

(3)开发生产辅助设施用水水量和水质:办公楼用水量 $17.25m^3/d$;公寓楼用水量 $99m^3/d$;化工库与金属库用水量 $1.2m^3/d$;维修工房及小车库用水量 $1.1m^3/d$;锅炉房用水量 $1.5m^3/h$;其他用水量 $2.0m^3/d$;合计用水量 $157m^3/d$。水质应符合《生活饮用水卫生标准》(GB5749-85)。

为了保护国家财产和公民生活的安全,在工程建设中认真贯彻"以防为主、防消结合"的消防方针,遵循国家有关方针政策,从全局出发统筹兼顾,做到促进生产、保障安全、方便使用、经济合理。

6. 供电工程

M气田开发方案地面工程,共计新建产能 $11\times10^8m^3/a$。共新建集气站9座($1^{\#}\sim9^{\#}$集气站),甲醇处理站1座以及开发生产辅助设施等。用电负荷及用电量如下:

(1)新建集气站。各新建集气站主要用电负荷为注醇泵、氨制冷压缩机、电伴热带、电气仪表等生产用电及照明、热水炉等生活用电,电气仪表用电按二级负荷考虑,其他用电为三级负荷。

每座集气站安装负荷约120kW。

(2)甲醇集中处理站。甲醇集中处理站主要用电负荷为循环水泵、水源井泵等动力及照明用电,计算负荷约为330kW。其中二级负荷120kW,其他为三级负荷。

(3)开发生产辅助设施。用电负荷测算:办公地点(近期按100人办公考虑,同时考虑中、远期发展要求,可满足250人办公)岩芯库、化工库、金属库、维修工房、锅炉房、小车库、变配电室等,基地总建筑面积测算为 $15\,000m^2$。以上安装负荷320kW,计算负荷152kW,为三级负荷。

7. 供热和暖通

根据气田开发要求,本次设计需:①为开发生产辅助设施提供冬季采暖用热负荷、常年生活热水用热负荷;②为新建集气站和甲醇集中处理站的值班控制室、休息室等提供冬季采暖用热负荷。

8. 维修抢修

站场维修和抢修的主要内容有动力设备的维修,管道及管道附件的维修,仪表、电气设备的维修以及其他内容的维修。

9. 运输与道路工程

工艺站场的平面布置应满足天然气进出站场方向、站内工艺流程、消防、安全、卫生及施工等要求,并考虑到站址的地形、地质、气象等自然条件。平面布置要满足国家有关技术、安全、防火等标准规范的要求,做到节约用地、节省投资。

为满足生产及消防需要,工艺站场设 3.5m 宽消防道路,并与站外道路相接。

为改善站场生产环境,减少污染、净化空气、美化厂容,在满足防火要求的前提下,利用道路两旁及其他空地种植适宜于当地生长的低矮花卉或草皮,进行绿化。

随着 M 气田的滚动开发,现有道路不能满足今后生产的需要。交通不便,不仅制约着气田的发展,而且由于土路尘土飞扬,恶化了当地的环境,影响职工健康。另外,大量的生产车辆进出气田,若道路条件受限,在经济上亦造成极大的浪费。为此,需要对 M 气田道路系统进行整体设计,确保气田的生产。

10. 节能

工艺系统生产过程中的主要能耗是燃料气以及电力的消耗,其他能耗为少量生活、生产用水以及用电。

(1)工程充分利用井口的压力,根据不同时期工艺要求进行节流,以满足不设增压设备,直接将天然气外输,使本工程能耗大大降低。

(2)采用密闭清管工艺,减少天然气放空损失。

(3)简化站内流程,减少站场压力损失。

(4)选用新型高效节能设备材料和密封性能好的阀门。

六、HSE 工程

M 气田开发工程的主要危害因素可分为两部分:其一为自然因素形成的危害或不利影响,包括地震、不良地质、暑热、冬季低温、雨雪、内涝等;其二为生产过程中产生的危害,包括气体泄漏、火灾爆炸、机械伤害、噪声震动、触电等多种因素。以上各种危害因素的危害性各异,发生的可能性不一,危害作用范围和所造成的后果各不相同。本气田工程在夏、秋季多阴雨,是影响工程安全的主要气象因素之一。夏、秋季施工应注意井场和住地防洪抗灾,避免人身、财产的损失。

1. 主要防护技术对策措施

针对以上有害因素进行系统的分析,主要采取的防护技术对策如下:

(1)场站与外界采用实体围墙相隔,站内各建筑物间距满足安全防火要求。同时站内生产区和生产辅助区应利用围墙和道路自然分隔,减少两者的相互干扰;站内根据规范要求必须分别设置消防设施和灭火器,并在门前设置显著的禁烟禁火标志和安全牌及进站须知,提醒人们注意安全。

(2)场站内设施选用高质量的可靠性产品。在爆炸危险的场所必须按防爆规范要求选用符合要求的产品。设计并设置机械通风或自然通风、天然气体浓度探测仪及自动报警等装置,并且在关键生产设备及管道上设报警或联锁装置,以保证安全生产,防患于未然。

(3)为防止爆炸,站内电器设备(设施)的选型、设计、安装及维修等均应符合《爆炸和火灾危险环境电力装置设计规范》(GB50058-92)的规定。采取防雷和防静电设计。重要的检测仪表、控制回路及中控室等设置不间断电源。

(4)现场人员穿防静电工作服,且禁止在易燃易爆场所穿脱,禁止在防静电工作服上附加和佩戴任何金属物件,并在现场设置消除静电的解模装置。

(5)根据噪声源和噪声区域的布局,采用低噪声设备,减小输气流速,通过隔声、消声、吸声等综合技术措施,控制噪声危害。

(6)按国家有关规定,设置专门的安全卫生管理机构,配备专职安全卫生人员,配备必要的安全卫生教育和安全卫生监察、检测的仪器和设备。

(7)建立健全各级人员安全生产责任制,并切实落到实处。

(8)建立健全各类安全管理规章制度,并建立安全卫生质量保证体系和信息反馈体系。

(9)制订各种作业的安全技术操作规程。规程中除正常操作运行外,还应包括紧急停车及异常情况处理等内容。严格工艺管理,强化操作纪律和劳动纪律。

(10)加强全员教育和培训,增强安全意识,提高安全操作技能和事故应紧处理能力。建立健全安全检查制度,不断进行安全检查,及时发现和排除隐患,防止事故发生。

(11)建立严格的安全管理制度,对已有设施定期进行全面安全检查,加强用电安全管理,减少或避免触电事故的发生。

(12)按劳动法的有关规定,确保职工的劳保待遇,安排职工定期检查身体。

(13)在设备选用上,根据规定确定合理的经济规模,保证以最小的设备建设投资取得最大的经济效益。

2. 净化厂安全对策措施

净化厂涉及到天然气投入市场的质量,应认真对待,但是本工程只进行外输后统一管理,因此只需进行简单的处理,此工程暂不考虑。

3. 环境污染治理及防范措施

(1)建设期污染防治措施。天然气生产集输项目特点是施工线路长、工程施工涉及的区域范围大、工程量大、时间长、施工人员多。施工期的影响包括施工期噪声、施工期空气、施工期废水、施工期固体废弃物等方面。

为减少施工噪声对沿线敏感点的影响,施工设备应选用优质、低噪设备。尽量避免高噪设备同时运转,调整高噪设备同时运行的台数。施工现场周界有人群时,必须严格按《建筑施工场界噪声限值》(GB12523-90)进行施工时间、施工噪声控制。选用优质低噪设备、夜间严禁高噪声施工作业。

建设期固体废弃物主要来源于废弃物料和生活垃圾,这类固废物应收集后回收或填埋。

(2)运营期污染防治措施。当管道发生事故排放时,天然气与空气混合达到爆炸浓度极限时,遇明火就会发生爆炸,因此,应针对发生事故排放,根据燃气泄漏程度确定警戒区,在警戒区内严禁明火。

运行期噪声主要来自场站机器类噪声、天然气经过管路管壁与之摩擦产生的气流噪声。机器类设备、调压器设备选型尽可能选择低噪声设备。站场周围栽种树木进行绿化,站区内工艺装置周围、道路两旁可种植花卉、树木。

运行期水污染主要来自各场站及辅助设施的工作人员所产生的生活污水。厕所污水经化粪池处理后与其他生活污水一起进入一体化污水处理装置,经达标处理达一级标准后作为绿化用水或排放。

运行期固体废弃物主要是场站工作人员产生的生活污水及更换过滤器作业时产生极少量的废渣。这类废渣与生活垃圾可一同填埋处理。

(3) 事故防范措施。由于环境风险具有突发性和破坏性(有时体现为灾难性)的特点,所以必须采取措施加以防范,加强控制和管理是杜绝减轻及避免环境风险的有效办法。

设计中采取的事故防范措施:选用低噪声的设备,减少对环境噪声影响;事故情况下,天然气采用集中排放;在可能发生天然气泄漏或积聚的场所按照规范要求设置可燃气体报警装置;气化站内设有安全泄放系统,当系统超压时,通过设在系统中的安全阀自动放空;气化站利用道路进行功能分区,将生产区和辅助区分开,减少了生产区和辅助区的干扰,减少危险隐患,同时便于生产管理。

施工阶段的事故防范措施:建立施工质量保证体系,提高施工检验人员的水平,加强检验手段;制订严格的规章制度,发现缺陷及时正确修补并做好记录。

运行阶段的事故防范措施:定期进行管道的测量,及时维修更换,避免爆管事故发生;定期检查管道安全保护系统(如支线阀门、安全阀、放空系统等),使管道在超压时能够得到安全处理,使危害影响范围减少到最低程度;加大巡线频率,提高巡线的有效性:检查管道施工带,查看地标情况,并关注此地带情况,发现对管道安全有影响的行为,应及时制止、采取相应措施并向上级报告。

(4) 自然环境因素污染防治。总体来看,自然危害因素的发生基本是不可避免的,但可以对其采取相应的防范措施,以减轻人员、设备的伤害或损失。

防暑防寒:当环境温度超过或低于一定范围时,会对管道及设备产生不良影响。为防范暑热、冰冻,本工程通过保证覆土深度在冻土层以下的方法,采取伴热、加热手段消除影响。

防雷:雷击能破坏建筑物和设备,并可能导致火灾和爆炸事故的发生。为防止雷电引发的危害,对站场采取避雷带(针)防止雷击,引下线应不少于两根,并沿建筑物四周均匀或对称布置,其间距不大于18m,每根引下线的冲击接地电阻不大于10Ω。防感应雷的措施为建筑物内的设备管道构架等主要金属物就近接至防止接雷接地装置或电器设备的保护接地装置上,控制室和阴极保护间配电箱内分别装设 SPD(Surge Protection Device)浪涌保护器。

抗震:地震对建筑物的破坏作用明显,作用范围大,进而威胁设备和人员的安全,本工程地震基本烈度为6度的区域,可不需特别考虑设防。

其他:不良地质对建筑物的破坏作用较大,甚至影响人员安全。暴雨和洪水导致的滑坡等地质灾害严重威胁管道安全,其作用范围大,每年的雨季、河流汛期出现的机会多。在建筑设计中,为了防止或避免不良地质对建(构)筑物的破坏,根据本地区地基的承载力,按相应的规范要求进行设计。在初步设计阶段进行工程设计时,应对工程当地地质情况进行详细勘查,尽量避开不良地质区域。不能避开时,应进行特殊处理,确保安全。

4. 职业危害防治措施

在进行生产作业时,工艺装置、调压计量装置测控系统包括站内工艺装置的运行参数采集和自动控制、远程手动控制、连锁控制、安全监测和越限报警、安全保护措施。调压器选择超低压切断式,调压器出口压力超压时自动切断。调压装置后设安全放散阀,超压后安全放散。

站区内设置有自动化控制系统,并有可燃气体检测报警器报警设施,安全控制系统能够探测天然气泄露,当其浓度超越报警限值时发出声、光报警信号,安全控制系统能够监测和控制保护设备及其附件,对操作人员提出事故警示,自动启闭相关的保护设备。

紧急情况(如失火等)时,可远程切断进口、出站管电动阀及相关设备的进出口电(气)动阀。

5. HSE 管理

HSE(Health Safety Environment)领导小组,包括组长、副组长、组员。实行 HSE 责任制,将具体的事项和防范对策具体到相关人员,做好形成系统性的 HSE 意识。

为保证天然气生产系统安全运行,在运行管理体系建设上应采取下列措施:

(1)组建安全防火委员会,下设义务消防队、器材组、救护组和治安组,并在当地消防部门的指导下,制订消防方案,定期进行消防演习。

(2)制订事故处置应急预案,建立健全各项规章制度,如岗位安全操作规程、防火责任制、岗位责任制、日常和定期检修制度、职工定期考核制度等。

(3)做好职工安全教育和技术教育,生产岗位职工考试合格后方可上岗。

(4)建立技术档案,做好定期检修和日常维修的工作。

(5)重要部门设置直通外线的电话,以便发生事故时及时报警。

(6)设置消防报警器,发生事故时,迅速通知本单位职工和邻近单位,切实做好警戒。

(7)生产区入口设置(入厂须知警示板)。生产区外墙和生产区内设置明显的(严禁烟火警戒牌)。

(8)严格遵守国家安全部门和燃气行业安全管理的有关规定。

(9)对消防设施加强管理和维护,并对运行管理进行监督检查。

(10)及时扑灭初期火灾,为了迅速扑灭初期火灾,应迅速启动消防给水系统及时进行自救,并使用配置的推车式干粉灭火器、手提式干粉灭火器灭火,以灵活机动有效地扑灭初期火灾。

(11)当发现厂矿内或各部位管线设备发生燃气泄漏着火时,应立即切断气源,封闭有关设备、管线(关闭进出口紧急切断阀切断该部分管线),并采取有效措施,及时向消防部门和中心控制室报警。

本工程工艺上严格进行火灾危险性分类,总体合理布置,充分保证安全防火间距,合理设置消防车通道,建筑上按耐火等级和防爆要求严格执行规范。消防设施配置齐全,功能完善。电气仪表设计按防爆要求进行等。

6. 应急保障体系

天然气生产部门设抢修中心,应在发生事故后 30min 内到达事故点,及时进行抢修。另外,投产运营后,每名操作人员每年应在现场接受 15~30h 的有关安全卫生、紧急应对程序的培训及演练。

加强日常生产的安全检查工作,发现任何异常均应立即采取措施进行处理,站内严禁任何明火火源,在管线的出入口加装紧急切断阀门,确保事故状态下远处快速切断阀门。

管网事故的影响很大,严重的甚至涉及到人民的生命和财产,因此应针对管网常见的事故制订预案。加强对管网的巡检,一旦发现泄漏,一定要查明原因,找出泄漏的源头,及时处理事故。配备专职的检漏人员和专用的检漏仪器,做到防患于未然。在日常生产中应经常进行突发事故的安全教育和模拟演练,提高员工的警觉意识。

七、经济评价与财务分析

1. 基础数据

本次评价的基础数据,取自气田总体开发部署的有关资料,经过整理和分析确定。根据总体规划方案和储量规模,M 气田从 2011 年投产,生产期取 20 年。根据地质、气藏工程提供的产量可知:到 2030 年可累计生产天然气 $197.91\times10^8\,\mathrm{m}^3$。该项目为滚动开发气田,边建设、边生产。建设期 3 年,生产期 20 年。

2. 投资估算与资金筹措

该气田是一个大型的建设项目,其全部投资包括固定资产投资、建设期利息、流动资金等。具体基础参数如表 5-23、表 5-24 所示。本节主要讲述固定资产投资估算。

表 5-23 经济评价参数表

参数名称	参数值
评价期	20 年
建设期	3 年
固定资产贷款比例	占总投资的 70%
流动资金贷款比例	占流动奖金的 70%
固定资产贷款年利率	8%
流动资金贷款年利率	10%
流动资金占经营成本的比例	25%

表 5-24 开发投资参数表

参数名称	参数值
开发井单位进尺成本	2000 元/m
单井地面建设、系统工程费用	145 万元/口

该项目的勘探井投资 10 780 万元,开发井投资为 133 125 万元,地面建设、系统工程费用为 22 040 万元,采气工程费用为 45 600 万元,其他投资 21 280 万元,产能建设总投资换算系数取为 1,固定资产投资为 232 825 万元,开发投资的 30% 为自有资金,70% 为银行贷款。固定资产贷款年利率为 8%。建设投资包括前期勘探投资、开发建设直接投资、其他配套投资。

(1)勘探投资。将 M 气田前期勘探论证视为勘探投入的沉没成本,我们只考虑气田已有探井的投入成本。勘探井 10 口,平均进尺 3850m,探井成本 2800 元/m,M 井区勘探投资 10 780 万元。

(2) 开发建设投资。开发建设投资包括开发建设直接投资和配套工程投资,也即包括钻井工程投资、采气工程投资和地面建设工程投资。

钻井工程投资:钻井工程主要包括钻前准备、钻井工程、录井工程、计井工程和固井工程及钻后治理等,M 井区需新钻开发井 142 口,平均进尺 3750m。单井钻井工程投资计算见表 5-25。

表 5-25 单井钻井工程投资计算表

项目名称	M 井区
一、井型	直井
二、设计井深(m)	3750
三、井身结构	二级
四、周 期(d)	30
五、钻井总成本(万元)	937.5

采气工程投资:一般根据现场实际发生的情况进行计算。依据现场实施的情况,计算单井 1 次压裂的采气工程投资为 125 万元,单井 2 次压裂时部分材料能重复利用,计算采气工程投资为 220 万元,单井压裂三次时投资为 333 万。经方案设计,M 井区气井需重点应用压裂技术,取每口井成本 300 万,采气工程投资为 45 600 万元,如表 5-26 所示。

表 5-26 单井采气工程投资计算表

项目名称		费用(万元)
1. 试气作业		20
2. 油管材料等		25
3. 射孔		5
4. 压裂		75
4.1 外包施工		25
4.2 压裂材料等		50
其中	砂	30
	药品	20
单井 1 次压裂采气工艺投资		125

地面工程投资:包括天然气集输、供电、自动控制、道路、通信及配套等工程项目内容。根据 2007 年和 2008 年开发方案中地面工程研究成果,地面工程投资参照以上开发方案设计预计费用,各井区新增钻井地面工程投资应考虑井口、采气管道、集气干线、注醇管线及井场建设等费用,这样计算出 M 井区单井地面工程投资 145 万元/井,地面工程投资 22 040 万元,如表 5-27 所示。

表 5-27 M 井区开发投资计算表

井区	开发井				每口井地面建设工程投资(万元/井)	开发建设工程投资				固定资产总投资(万元)
	总井数(口)	平均井深(m)	进尺(m)	成本(元/m)		开发井投资(万元)	地面建设工程投资(万元)	采气工程(万元)	其他投资(万元)	
	[1]	[2]	[3]=[1]×[2]	[4]	[5]	[6]=[1]×[2]×[4]	[7]=[1]×[5]	[8]	[9]	[10]=[6]+[7]+[8]+[9]
M	142	3750		2500	145	133 125	22 040	45 600	21 280	232 825

根据国家有关规定,石油部门勘探开发业取零税率。

该项目的流动资金投资为 28 498.42 万元,其中流动资金的 30% 为自有资金,70% 为银行贷款,年利率为 10%。

该项目的固定资产投资为 232 825 万元,其中开发投资的 30% 为自有资金,70% 为银行贷款,年利率为 8%。

由于该气田为滚动开发气田,即边投入边产出,因此利息直接进入财务费用,不计入总投资中。

项目总投资=固定资产投资+固定资产投资方向调节税+流动资金+建设期利息=261 323.42 万元。

3. 成本费用估算与分析

主要依据中国石油化工股份有限公司发布的《油气田开发项目经济评价参数》(2004 年版)及国家最新财务制度、税收政策确定经济评价参数,天然气的商品率取 96%。成本费用包括油气产品的生产成本、财务费用、管理费用和销售费用,选取相应的参数进行计算(表 5-28)。

表 5-28 M 气田经济参数表

参数	单位	数值
气价(含增值税)	元/$10^3 m^3$	1000
气价(不含增值税)	元/$10^3 m^3$	
天然气商品率	%	96
气增值税率	%	13
城市维护建设税占增值税的比例	%	7
教育费附加占增值税的比例	%	3
气资源税	元/$10^3 m^3$	7
矿产资源补偿费占销售收入的比例	%	1

续表 5-28

参数	单位	数值
所得税率	%	25
折旧年限	年	10
折旧方法		直线法
年折现率	%	12

该气田的生产总成本为 438 494.63 万元。

(1)折旧费：勘探投资不形成固定资产，按年数总和法，气井折旧年限取 10 年，地面油建折旧年限取 10 年，残值率为 3%。

(2)财务费用：按 26.86 元/$10^3 m^3$ 计算。

(3)管理费用：按 25 元/$10^3 m^3$ 计算，其中，矿产资源补偿费按销售收入的 1% 计算。

(4)销售费用：按销售收入的 0.5% 计算。

(5)经营成本占销售收入的比例为 6%。

气田成本费用定额如表 5-29 所示。

表 5-29 M 气田成本费用定额表

序号	项目	单位	定额值
一	操作成本项目		
1	材料费	万元/井年	6.0
2	燃料费	元/$10^3 m^3$	3.5
3	动力费	万元/井年	1.0
4	生产工人工资	万元/井	1.0
5	提取职工福利费	占工资的比例(%)	14
6	折旧费	气井折旧年限、地面油建折旧年限均取 10 年，残值率 3%，采用直线折旧法	
7	测井试井费	万元/井年	1.25
8	井下作业费	万元/井年	14.0
9	维护及修理费	万元/井	5.5
10	其他直接费	万元/井年	3.5
11	其他开采费	万元/井	4.5
12	天然气处理费	元/$10^3 m^3$	2.5
二	期间费用项目		
1	财务费用	元/$10^3 m^3$	26.86
2	管理费用	元/$10^3 m^3$	25
3	销售费用	按销售收入%计算	0.5

4. 销售收入、销售税金及附加估算

对相关进项税扣除比例如表5-30所示。

表5-30 M气田区块进项税扣除比例表

项目	进项税扣除比例(%)
材料费、动力费、燃料费	100
气田维护及修理费、其他直接费	50
测井试井费、井下作业费、天然气处理费等	30

根据天然气商品量和销售价格估算销售收入。该气田天然气价格为1000元/$10^3 m^3$。天然气商品率根据实际情况确定为96%。

本项目应缴纳的销售税金包括增值税、城市建设维护费、教育费附加及资源税。天然气价格及税收参数如表5-31所示。

表5-31 天然气价格、税收参数表

参数名称	参数值
天然气价格	1000元/$10^3 m^3$
天然气商品率	96%
增值税率	13%
城市建设维护税率	取增值税的7%
教育费附加	取增值税的3%
资源税	7元/$10^3 m^3$
所得税率	25%

(1)增值税:增值税为价外税。根据规定,天然气增值税以实物缴纳的13%计算,不扣进项额税,出口不退税:

$$增值税 = 产品销项税 - 产品进项税$$

$$销项税 = 销售收入 \div (1+税率) \times 税率 = 销售收入 \times 11.5\%$$

进项税:在寻找油气资源、开发资源过程中消耗的外购材料、动力等所支付的进项税,特别是为缓解产量递减进行的各种气田维护、井下作业等措施性工作,本身就构成了采气成本的一部分,其进项税应从成本中分项扣除。计算中进项税从以下三类分别扣除:①材料、燃料、动力按100%比例从费用中扣除;②气田维护及修理费、其他直接费用按50%比例从费用中扣除;③测井试井费、井下作业费、天然气处理费等按30%的比例从费用中扣除。

(2)城市维护建设税为增值税的7%。

(3)教育费附加为增值税的3%。

(4)根据国家暂行条例规定,资源税的应纳税额,按照应纳税产品的课税数量和规定的单

位税额计算:

$$应纳税额＝课税数量×单位税额$$

课税数量为实际产量和自用量;单位税额取 7 元/$10^3 m^3$。

(5)企业所得税:根据国家规定,一律按利润的 25% 征收。

销售收入和成本费用的变化曲线如图 5-14 所示,在生产期间销售收入总是大于成本费用,且在第 4 年由于井网加密而增加了产量,销售收入和成本费用同步提升。

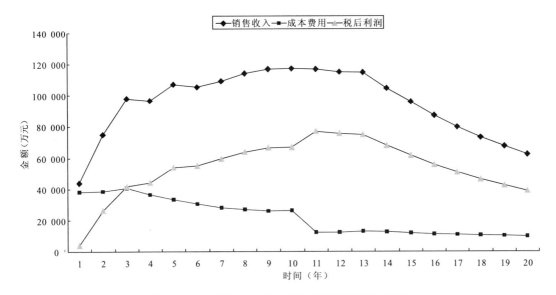

图 5-14 销售收入、成本费用、税后利润变化曲线图

5. 利润的估算及分配

建产历时 3 年,在产能建成年份(第 4 年)的年利润为 58 745.09 万元,所得税后利润为 44 058.82 万元。税后利润变化曲线如图 5-14 所示,利润在投产第 1 年开始,持续增长 11 年,在第 12 年由于产量降低,利润下降。

在利润分配中,每年按可供分配利润的 10% 提取盈余公积金。其余为未分配利润(用于还款利润在内)。还清借款后,以折旧费归还以前年份偿还借款垫支的利润,并将这部分未分配的利润转入分配。

6. 财务评价

(1)盈利能力分析。根据全部投资的财务现金流量表,可以分析现金流入和现金流出的变化规律,如图 5-15 所示。

由图 5-15 可以看出,建设期 3 年中,现金流出一直是高于现金流入的,到第 4 年建产完成,现金流入扭转负于现金流出的局势,在之后的生产期间,远远高于现金流出。

根据损益表,计算投资利润率、投资利税率和资本金利率:

$$投资利润率 = \frac{年利润总额}{项目总投资} \times 100\% = \frac{71\,520.09}{261\,323.42} \times 100\% = 27.37\%$$

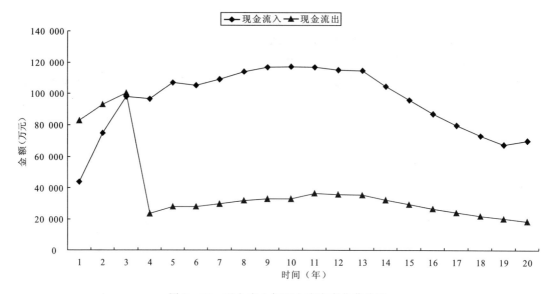

图 5-15 现金流入与现金流出变化曲线图

$$投资利税率 = \frac{年利税总额}{项目总投资} \times 100\% = \frac{73\ 070.00}{261\ 323.42} \times 100\% = 27.96\%$$

由现金流量图可以看出(图5-16),静态投资回收期为3.82年,动态投资回收期为4.10年。财务评价见表5-32。

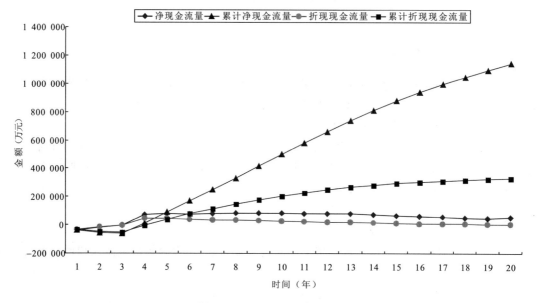

图 5-16 现金流量曲线图

税前财务内部收益率为65.26%,税后财务内部收益率为45.29%,大于相应的基准收益率(12%),财务净现值税后为5345.73万元,大于零,表明本项目除能满足行业的最低要求外,还有超额盈余,因而在财务上是可行的。

表 5-32 财务评价指标汇总表

序号	项目	单位	结果	备注
1	财务内部收益率	%	45.29	税后所得
2	静态投资回收期	年	3.82	
3	动态投资回收期	年	4.10	
4	财务净现值	万元	5345.73	
5	投资利润率	%	27.37	
6	投资利税率	%	27.96	

(2)清偿能力分析。清偿能力分析主要依据资金来源、借款还本利息估算表及固定资产投资借款偿还期,以考察项目的财务状况及清偿能力。

经研究设计,从第 1 年开始偿还项目的固定资产投资借款,每年不等额还款,把全部的折旧用来还款,先一次性还清流动资金贷款,再分 10 年还清固定资产投资借款。通过以上分析可知,项目具有清偿能力。

(3)不确定性分析。主要进行方案的敏感性分析。项目对投资、经营成本、价格及产量诸因素变化的敏感性分析见表 5-33。根据敏感性分析表所示数据,绘制敏感性分析图,见图 5-17。

表 5-33 敏感性分析表

变化率 因素	内部收益率(%)				
	-20	-10	0	10	20
投资	68.70	55.96	45.29	39.07	32.39
成本	46.65	45.98	45.29	44.58	43.84
产量	34.58	40.59	45.29	49.08	62.59
价格	35.38	40.90	45.29	48.87	56.87
变化率 因素	财务净现值(万元)				
	-20	-10	0	10	20
投资	5200.86	5273.29	5345.73	5418.16	5490.59
成本	5424.7	5385.21	5345.73	5306.24	5266.75
产量	4454.32	4900.02	5345.73	5791.43	6237.13
价格	4467.12	4906.42	5345.73	5758.03	6224.33

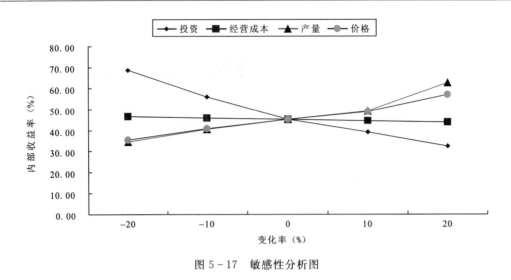

图 5-17 敏感性分析图

从表 5-33 和图 5-17 中可以看出,本项目从投资、经营成本费用、销售价格、产量四个指标的变化程度对财务内部收益率和净现值的影响来看,投资的变化最为敏感,产量和价格的变化敏感性相差不大,也十分敏感,仅次于投资的敏感性,成本的变化最不敏感。同时,当投资和成本减少 10%,产量和天然气价格增加 10% 时,其财务内部收益率高于基准收益率。

因此从项目的可行性区域上来看,项目的抗风险能力较强。如果采取措施提高产量,经济效益会更好。

7. 风险与对策

风险预警机制遵循的原则:

(1)灵敏度高。要求预警机制的指标体系能敏感地反映出风险管理和运行的真实状态,同时与管理实际动作状态一致或超前。

(2)可操作性强。要求预警机制的指标是易于计算的,具有很强的操作性,以便按照风险预警要求准确和完整地监测计算到风险的动态。

(3)逻辑联系紧密。要求预警机制的指标以及流程能够准确合理地反映出风险的发展状态,并能根据预警机制及时有效地采取相应的措施。

风险类型和风险防范对策如表 5-34 所示。

表 5-34　M 气田风险分析及对策表

	风险因素	对策
市场风险	天然气市场价格变动	以市场为导向,需求带动生产,不断改进技术和服务,保证气田稳定生产
	国家政策和国际市场供应不稳定	合理了解把握国内外的环境
	目标市场选择过大或过小	拓宽销售渠道,建立健全稳定的天然气供应机制
	竞争者强有力的竞争和不正当的竞争手段	加紧对相关供气地的了解和与总集团公司的协调

续表 5-34

	风险因素	对策
生产风险	新钻井和生产井出现技术事故	加强对安全生产的监督监控,建立应急反映机制,严把生产质量关
	天然气产量不稳定	加强对地质的认识和合理进行配产等相关措施
	压裂效果不理想	选择良好的压裂层段,对合适的井位进行合理有效的压裂
质量风险	天然气中杂气成分含量攀升	合理进行站场内的净化分离工艺,适时选择相应的工艺和手段
	天气因素变化导致相关设备质量不合格	及时关注天气变化,引用相应的检计设备,加强对硬件设施的排查,确保天然气集输净化等设施稳定高效
财务风险	资金中断	根据气厂财务状况,确定最优的现金持有量,并制订现金流量警示指标,实时监管,现金出现警示危机时按照规定及时补入
	应收账款损失	提高财务报表中应收账款的关注程度,对不同类型的欠款制订有针对性的讨要措施,保证资金及时回笼
	气厂规模小,人员少,财务信息管理过程中可能出现"避繁就简"的举措,危害正常运营	引入专业结构人员监督控管站场财务状况
管理风险	站场初期,公司规章制度不够完善,约束力不强,影响到工作效率	加快各项规章制度的规范和完善,逐步实现精细化管理
	公司经营战略是否符合资源开采仪器行业特征、满足公司自身发展需要取决于企业家的眼光和能力	应加强对公司信息系统的控制,全方位了解公司信息,实现公司信息的透明、准确
	随着产量不断扩大,能否在留住现有管理、技术人才的基础上,引进并培养新进人员,降低成本,保持人才结构稳定	管理层应拥有较高学历的智力支持和创新能力
	站场高层管理人员的离职和频繁更换会对厂区造成不良影响	建立完善的薪酬激励机制,使员工利益与公司发展紧密结合
法律风险	生产过程中造成的环境污染	建立完善的污水处理系统,完善在生产过程中对环境有影响因素的监控与管理
	与当地居民在用地等利益问题上的纠纷	设立相应的处理人员,及时有效处理与当地居民的关系

8. 评价结论

该项目的主要评价指标:全部投资内部收益率税后为 45.29%,大于相应的基准收益率(12%),财务净现值税后为 5345.73 万元,投资回收期为 3.82 年,投资利税率为 27.96%,投资利润率为 27.37%。

从敏感性分析来看,该项目具有一定的抗风险能力,借款偿还期从第一年算起为 10 年,可以满足贷款对偿还期的要求。另外,该油田储量较丰富,地质结构不太复杂,开采条件较好,财务评价指标均可行。从社会效益来看,该油田的开发对发展当地经济具有深远的意义。

综上所述,该项目的开发建设是可行的,对国家和地区的经济发展是有利的。

八、结论

(1)M 气藏类型为特低孔、特低渗非均质性较强的深层、特低产的大型气田,结合容积法、建模、数模的地质储量,认为其地质储量为 $439.73 \times 10^8 \mathrm{m}^3$。

(2)通过气藏工程方法对气藏连通性、启动压力、合理单井产能、合理井网井距、井型进行了论证,共部署 4 套开发方案,通过经济评价优选方案 4:采用 142 口直井分批部署不规则开发井网,经济评价结果认为方案 4 的内部收益率为 45.29%,大于 12%,财务净现值税后为 5345.73 万元,投资回收期为 3.82 年,按行业标准认为方案 4 经济可行。

(3)钻井工程设计了二开直井的井身设计,选用 ZJ-50D 钻机,满足 3000～5000m 油气井的钻井要求,并提出了相应的气层保护措施。

(4)采气工程论证了 M 气藏适合水力裂缝造缝,对薄层储层,采用油管+封隔器管柱进行分层压裂,对于厚层砂体储层,采用 $23/8''$ 油管—$51/2''$ 套管间的环空压裂工艺。

(5)地面工程集气流程采用辐射枝状组合式集气流程,新建 9 座处理能力为 $(30 \sim 40) \times 10^4 \mathrm{m}^3/\mathrm{d}$ 集气站,确定采气管道设计压力为 25MPa。

(6)HSE 工程明确了火灾是天然气开采的首要危害因素,并给出相应的技术对策和应急预案。

案例 3　稠油热采开发管理案例库

——第三届石油工程设计大赛技术创新类作品(综合性案例)

技术创新类作品要求围绕方案设计类赛题的主题——稠油油藏开发,对油(气)藏工程、钻完井工程、采油(气)工程、地面工程、HSE、经济评价等过程中涉及到的相关技术工艺进行创新设计,如软件的编制、工艺的创新、设备或装置的设计等,选手需完成作品申报说明书并附相关的设计图纸或软件程序等。本案例以河南油田井楼稠油油藏为例,开发了稠油蒸汽吞吐井注采参数设计与优化软件。

一、作品内容

作品名称	稠油蒸汽吞吐井注采参数设计与优化软件
作品创作历程(即团队在作品完成中的调研、合作经历等)	1. 确定选题 　　依照"第三届全国石油工程设计大赛"技术创新类赛题的要求,围绕稠油油藏开发生产过程中涉及到的相关技术工艺,结合目前油田生产实际,进行选题设计,确定了本次参赛的题目。 2. 确定作品的基本思路和主要内容 　　选取了一个油田进行调研分析。对油田稠油生产管理的主要生产环节、生产管理方式和开采效果优化技术及流程进行了调研分析,以提高稠油油藏采收率和油田技术人员的稠油油藏开发管理水平为目标,确定了作品设计的基本思路和主要内容。

作品创作历程（即团队在作品完成中的调研、合作经历等）	3. 制订详细的技术路线和技术方法 　　依据油田技术人员进行稠油油藏开采效果优化的流程和思路，结合目前油田生产管理需求，制订出了详细的技术路线和技术方法。 4. 完成技术方案的编写 　　根据技术路线和技术方法，完成了技术方案的设计与编写。 5. 完成软件详细设计 　　在专业技术方案的基础上，按计算机软件工程要求，完成了软件需求及详细设计说明书。 6. 软件设计 　　根据软件需求及详细设计说明书，完成了软件设计。 7. 软件集成测试 　　对软件进行集成和性能测试，并修改完善。
作品设计、发明的目的、基本思路和主要内容	一、作品目的 　　建立一套较完善的稠油油藏蒸汽吞吐单井注采参数设计和动态预测分析体系并形成相应的软件系统（软件名：蒸汽吞吐注采参数设计与优化软件，简称DO），实现以下目的。 　　（1）从多角度多控制因素出发系统地研究注采参数，指导开发方案设计，让使用者可根据自己的实际情况优选相应的方法计算注采参数。 　　（2）评价优选设计方案，预测油井生产情况和生产能力，以便及时分析，提出调整意见，为油田开发部署提供依据。 　　（3）进一步提高工作效率。实现生产开发的程序化、标准化、简单化，达到开采效果最优化的最终目的。 二、基本思路 　　蒸汽吞吐相对常规的采油来说是一种较为复杂的采油工艺，为实现经济效益最大化，必须对开发方案进行优选，在进行开发方案设计或开发的生产调整等过程中，进行开发效果预测和注汽参数优化。而传统的方式，所需工作量大，投入多。如果能形成一套较完整的稠油蒸汽吞吐井注采参数设计与优化技术及软件，将达到提高工作效率、节约生产成本、提高决策水平的良好效果。 　　软件系统应包括注采参数计算，动态预测和效果评价三个主要部分。 　　（1）注采参数计算部分，针对一般蒸汽吞吐油井计算注采参数。对蒸汽吞吐轮次已高，调整工作转向井网的油田，将提供加热半径的精准计算，为油藏开发设计提供依据。 　　（2）动态预测部分，提供产油产水的计算和合理开发界限的界定，通过油藏工程方法对蒸汽吞吐井的产能进行预测，并且对采出程度进行效益分析，为高效开发油藏提供指导。 　　（3）效果评价部分，将在众多参数组成的方案设计中选出最优的方案设计，以达到开采效果最优化的最终目的。 三、主要内容 　　本作品在系统分析前人所提理论的基础上，对稠油蒸汽吞吐开发中注采参数、经济极限指标、开发效果评估的计算模型及公式进行了系统的研究，并将其进行了有机的组合，开发了计算机程序，形成了一套简单易用的"稠油蒸汽吞吐井注采参数设计与优化软件"。 　　本软件中主要包含如下功能模块：

作品设计、发明的目的、基本思路和主要内容	1. 注采参数部分 （1）加热半径的计算。对已经形成的3种加热半径的经典模型进行了系统研究和综合评价，在此基础上提出更接近事实，更简单的计算模型和假设加热区径上温度分布为线性分布的非等温加热模型。给出 N 个轮次加热半径的计算通式并添加了波及系数的影响。 （2）蒸汽注入量的计算。蒸汽的周期注入量既不能过大也不能过小，存在一个优选值。全面考虑经济因素，蒸汽吞吐的周期注汽量以最大经济效益为目标，根据蒸汽吞吐生产特点，建立一个目标函数。在收益和注汽强度的曲线中优选出一个合适周期注入量的范围。 （3）注汽速度的计算。注汽速度主要取决于油层的吸汽速度，而油层的吸汽速度主要取决于油层对水、汽相的渗透率，油层厚度，原油黏度，油层压力和注入压力等，结合这些影响因素提出注汽速度的计算公式 （4）焖井时间的计算。根据油藏温度的分布特点，可以将热采油藏简化成二区复合模式。利用注入蒸汽的总汽化潜热和加热区总的导热量的关系计算出合理的焖井时间，并通过考虑蒸汽凝结因素的影响修正得到的公式计算准确的焖井时间。 2. 动态预测部分 （1）产油产水速度计算。以两个经典模型为基础，应用物质平衡原理、能量平衡原理及两相拟稳态渗流原理，建立预测蒸汽吞吐效果的解析模型，模型在纵向上油层和夹层相间，将地层流体的流动状态看作是油、水两相系统的拟稳态径向流。在拟稳态径向流流动状态下，推出了产油产水的计算公式。 （2）蒸汽吞吐合理开发界限计算。根据应用投入和产出平衡原理，对蒸汽吞吐平均单井累计极限产油量、平均单井累计极限油气比、周期极限油气比和周期废弃产油量指标的经济界限值进行确定。 3. 蒸汽吞吐效果的评价 通过注汽参数的组合，形成不同的开发方案，经过油藏数值模拟所得到各个方案的开发效果指标，根据模糊综合评判决策理论，将各指标无量纲化并乘以权重系数，最后得到的综合测度值的大小反映各因素综合表现的优劣程度，从而选出最优方案。 4. 预扩展功能之专家系统 预扩展功能为本系统尚未完成的功能，只具备初步的构想。以专家知识和现场经验为基础，开发了蒸汽吞吐的专家系统。建立一个专家系统的知识库。力求简单、实用、可靠地解决稠油开发的实际问题。
作品创新点（与现有技术或产品相比作品的创新性、前瞻性和经济效益）	蒸汽吞吐仍是我国稠油油藏开采的主要方式。在进行稠油油藏开发方案设计或生产调整等过程中都必须进行开发效果预测和注汽参数优化。数值模拟是一种较好的方法，但它必须以油藏精细描述为基础，对模拟井组进行历史拟合，在此基础上进行参数优化、生产动态预测等，这种方法所需工作量大、投入大。目前国内外都已出现了一些热采软件包，但这些软件有的存在所需参数多、计算复杂、过程繁琐的缺点，虽然也有软件具有所需资料少、计算简单、使用经济快捷等优点，但它们都只是相互独立的模型或软件，并未形成一套完整的综合体系，而且精度和灵活性也不够。 本软件是在蒸汽吞吐开采效果优化技术的支持下开发的一款蒸汽吞吐注采参数设计及优化软件，具有如下创新点： （1）程序代码为原创，具有自我知识产权。 （2）软件中包含的技术体系经过了整合和优化，并具有如下特点。

作品创新点（与现有技术或产品相比作品的创新性、前瞻性和经济效益）	覆盖面广：具有一套完整的体系，是集合了注采参数设计，动态预测和效果评价三大功能的综合型软件。从对油田初始方案设计，到方案的选择，再到生产后的方案调整，每个开发阶段都可应用。 　　适用性强：对于蒸汽吞吐不同阶段都有涉及，对一般蒸汽吞吐井提供准确的参数计算，对高轮次井提供加热半径的计算，为井网部署提供依据，对超高轮次井进行合理开发界限的确定，为油田的高效开发提供帮助。 　　灵活协调：具有很强的协调性和灵活性。针对不同的油藏情况，可选用不同的计算模型。在选定模型的基础上还可以添加合适的控制因素加以影响。对于某些参数还可以进行多轮次的计算。并且各个参数部分可以相互协调亦可以相互独立。 　　软件精炼：软件功能齐全，系统运行稳定，运行结果正确无误，用户操作简单。数据查询灵活、方便、速度快。界面美观、大方、整洁、统一。 　　具有可扩展性：专家系统（预扩展功能），能够最大程度地利用前人的经验，为实际生产中遇到的问题提供有效的建议。 　　油藏单井蒸汽吞吐开采效果优化技术是稠油注采方案的关键，而完善的注采方案则是稠油开发蒸汽吞吐的基础，效果优化技术及生产动态预测是油藏工程中的重要组成部分，对油田的实际开发生产和后期方案的调整起着举足轻重的作用。而软件本身的综合性、适应性、协调性和灵活性能够充分地满足稠油蒸汽吞吐开发中的各种需求，极大地提高了工作效率，降低了劳动强度。因此整个技术体系为油田企业高效地生产奠定了基础，同时也为油田产生了巨大的经济效益。
作品获奖、专利或企业鉴定情况（注明时间、组织单位）	无
相关附件清单（设计图纸、软件执行程序等材料另附）	附录清单： 　　（1）附录1　软件技术手册 　　（2）附录2　软件用户手册 　　（3）附录3　软件应用实例 附件清单： 　　（1）软件执行程序（DO.exe） 　　（2）软件源代码包 　　（3）软件运行环境包（dotNetFx40_Full_x86_x64.exe） 　　（4）评价数据模版（评价数据模版.xls） 　　（5）用户手册（用户手册.doc）

二、软件技术手册

稠油由于沥青胶质含量高，蜡质含量少，因而黏度很高，流动困难，开采难度很大。热采技术作为稠油开发的主要手段早已经广泛应用于国内外稠油油藏的开发。发展至今日，虽然稠油热采技术种类繁多，但是蒸汽吞吐在稠油开发中依然占有重要的地位。

蒸汽吞吐与其他热采工艺相比施工简单、收效快，不需要进行特别的试验研究，可以直接在生产井实施,边生产边试验,因而受到人们的普遍欢迎。尤其在某些油藏条件下,蒸汽吞吐可以获得较高的采收率。蒸汽吞吐是单井作业,对各种类型稠油油藏地质条件的适用范围较蒸汽驱广,经济上的风险比蒸汽驱开采小得多,因此蒸汽吞吐通常作为油田大规模蒸汽驱开发之前的先导开发方式,以减少生产的阻力,增加注入能力。此外,对于井间连通性差、原油黏度过高以及含沥青砂等不适合蒸汽驱的油藏,仍将蒸汽吞吐作为一种独立的开发方式,因而它在稠油开发中将继续占有重要的地位。

本软件将通过建立一套较完善的稠油油藏蒸汽吞吐单井注采参数设计和动态预测分析体系并形成相应的软件系统,实现以下目的:

(1)从多角度多控制因素出发系统地研究注采参数,指导方案设计,让使用者可根据自己的实际情况优选相应的方法计算注采参数。

(2)评价优选设计方案,预测油井生产情况和生产能力,以便及时分析,提出调整意见,为油田开发部署提供依据。

(3)进一步提高工作效率。实现生产开发的程序化、标准化、简单化,以达到开采效果最优化的最终目的。

(一)注采参数

蒸汽吞吐是一种使油井产能提高的有效强化采油方法,它的实质在于注入的蒸汽加热了油层,改变了油层及流体性质,从而使油层温度、压力和饱和度三者发生了综合变化。蒸汽吞吐效果的好坏则取决于各种油层因素和作业因素。油层是蒸汽吞吐作业的对象。原油黏度、表皮系数、油层渗透率、厚度、储层深度等油层因素是影响蒸汽吞吐效果的决定因素,也是进行蒸汽吞吐井筛选的重要依据。但是,对于一个特定的油藏,只能靠改善作业因素,即优化注采参数来提高蒸汽吞吐的开采效果。国内外蒸汽吞吐的理论和实践表明,影响蒸汽吞吐效果的主要因素包括蒸汽注入量、注汽速度、蒸汽干度、焖井时间和蒸汽吞吐周期次数等。

1. 加热半径

在稠油油藏的蒸汽吞吐中,加热半径是一个非常重要的参数。其他地层参数的确定、油藏的动态分析都以加热半径为基础,因此,正确合理地确定加热半径,即蒸汽加热面积,是油藏动态分析的关键,是合理制订开发方案以及进行方案调整的基础,特别是要合理地部署或者调整井网的时候,主要任务就是确定加热半径。如果不能准确确定加热半径,热采井网设计就无法进行。

根据需要我们在已有的蒸汽吞吐过程中就加热半径与井网的关系方面进行的大量研究中,选取了Marx-Langenheim、Willman 和 Frouq·Ali 三种经典模型,前人多数都未对以上模型进行系统的研究,也未针对油田具体问题得出明确的结论。下面先给出加热半径的计算通式。

(1)Marx-Langenheim 模型。

20 世纪 50 年代美国学者 Marx-Langenheim 将油层的能量方程具体应用到向油层注入热流体的情况中,给热力采油打下了基础。Marx-Langenheim 假想蒸汽恒速进入横向扩散和渗透的蒸汽带,把进入蒸汽带的单位时间内注入的流体可利用热量作为输入油层的热量,此热量的主要部分储存在油层中,另一部分通过盖层和底层散失掉。并在以下假设条件内:①油层均质,注入的流体在地层中为一维流动,清扫面积不受限制;②岩石和流体的物性为常量不变,流体饱和度也不变;③在地层中,垂向热传导系数为无穷大,而水平方向的热传导系数为零;④油砂在加热范围内处于蒸汽温度下,而在加热区外,则处于原始地层温度中;⑤注入蒸汽的温度和流量不变;⑥加热带面积是任意形状。将注入热流体的三维热量传递的通用微分方程简化积分,再进行拉氏变化后得公式:

$$R = \sqrt{\frac{Q_t h \lambda}{4\pi K_{ob} \Delta T} \left[e^{t_D/\lambda^2} \text{erfc}(\sqrt{t_D}/\lambda) + \frac{2}{\sqrt{\pi}}(\sqrt{t_D}/\lambda) - 1 \right]} \tag{15}$$

(2)Willman 模型。通过对 Willman 模型的研究并进行数学简化,得到了公式:

$$R = \sqrt{\frac{Q_t h}{4\pi K_{ob} \Delta T} \left[\sqrt{t_D/\pi} - \frac{\lambda}{2} \ln\left(1 + \frac{2}{\lambda}\sqrt{t_D/\pi}\right) \right]} \tag{16}$$

(3)Frouq·Ali 模型。而根据加拿大 Calgary 大学教授 Frouq·Ali 考虑的油藏顶底盖层热参数的差别修改模型后,给出了加热面积计算公式:

$$R = \sqrt{\frac{Q_t h}{\Delta T \pi \left(\sqrt{\frac{K_{ob}}{\lambda}} + \sqrt{\frac{K_{ub}}{\eta}}\right)^2} \left[e^{y^2} \text{erfc}(y) + \frac{2y}{\sqrt{\pi}} - 1 \right]} \tag{17}$$

通过对比发现,Willman 在数学处理上对余补误差函数做了简化处理,给出了简单易算的等效式。为了便于计算,推荐使用 Willman 模型。而 Frouq·Ali 模型虽然考虑了顶底盖层热损失的影响,但其模型复杂,需要的数据较多,推荐在油藏参数较多的条件下使用该模型。

式(15)~式(17)中:R 为加热半径,m;Q_t 为注汽速率,kg/h;h 为油层厚度,m;λ 为油层热容量与顶底层热容量之比;η 为油层热容量与底层热容量之比;K_{ob} 为顶层的导热系数,kJ/(m·h·℃);K_{ub} 为底层的导热系数,kJ/(m·h·℃);y 为变换常数;T_s 为注汽温度,℃;T_r 为原始地层温度,℃;ΔT 为注汽温度 T_s 和原始地层温度 T_r 之差,℃;t_D 为无因次时间;erfc(x) 为余误差函数。

$$e^{x^2}\text{erfc}(x) = 0.254\,829\,592y - 0.284\,496\,736y^2 + 1.421\,413\,74y^3$$
$$- 1.453\,152\,027y^4 + 1.061\,405\,429y^5$$
$$y = 1/(1 + 0.327\,591\,1x)$$

(4)扩展模型。随后在经典模型的基础上通过大量研究分析推导出了更接近实际,也更简单的模型。新模型推导过程中假设顶底盖层绝热,建立如下热平衡方程:

$$\pi R^2 h M (T_s - T_r) = Q_t t \tag{18}$$

由方程计算所得的加热半径应为最大加热半径公式:

$$R = \sqrt{\frac{1000 q_s (X_s L_v + H_{wr}) t}{\pi h M (T_s - T_r)}} \tag{19}$$

式(18)、式(19)中:R 为蒸汽带的最大加热半径,m;q_s 为注汽速度,m³/d;X_s 为井底蒸汽干度,%;L_v 为蒸汽的汽化潜热,kJ/kg;T 为注汽时间,h;h 为油层厚度,m;M 为油层热容量,kJ/(m³·℃);T_r 为原始地层温度,℃;T_s 为注汽温度,℃;H_{wr} 为在温度 T_r 下热水的焓,kJ/kg。

(5)非等温加热模型。用传统等温模型,即地质模型假设渗流区域分为"热区"和"冷区"。"热区"为等温区,"冷区"温度为原始地层温度。显然实际并非如此。因加热区并不是一个等温区域,而是从井筒往外温度逐渐降低,直至原始地层温度。蒸汽注入过程中,可以把注蒸汽模型简化成"热区"和"冷区"两个区域。但是,当蒸汽注入停止后随着时间的推移,热区中的热量会不断地向外扩散即加热半径不断增加,"热区"中的温度不断下降,"冷区"中的温度不断上升。因此,提出了在焖井结束后及开采过程中,可将地层中的温度分布近似考虑成线性分布。

因此假设:①加热区径向上温度分布为线性分布;②纵向上温度分布是均匀的。

设距井 r 处的油层温度为 T,根据基本假设可得:

$$\frac{T_r - T_i}{R_e - r} = \frac{T_s - T_i}{R_e - R_w} \tag{20}$$

式中:R_e 为供给半径,m;R_w 为井筒半径,m;T_i 为原始地层温度,℃;T_r 为焖井结束后半径 r 处地层温度,℃;T_s 为饱和蒸汽温度,℃。

根据能量守恒有:注入地层的热量=油层吸收的热量+隔盖层热损失,即:

$$Q_{注入} = Q_{吸} + Q_{损失} \tag{21}$$

地层注入热量为:

$$Q_{注入} = i_B h_m t_{inj} \tag{22}$$

油层吸收的热量为:

$$Q_{吸} = \int_{R_w}^{R_e} 2M_r \pi r h (T_r - T_i) \mathrm{d}r \tag{23}$$

将式(20)代入式(23)并积分得:

$$Q_{吸} = 2M_r \pi h = \frac{T_s - T_i}{R_e - R_w} \int_{R_w}^{R_e} r(R_e - r) \mathrm{d}r$$

则:

$$Q_{吸} = \frac{1}{3} \pi h M_r (T_s - T_i)(R_e^2 - R_w R_e - R_w^2) \tag{24}$$

隔盖层热损失:

$$Q_{损失} = \int_0^{R_e} 2\pi r \frac{\lambda_B (T_r - T_i)}{\sqrt{\pi a_s t_m}} \mathrm{d}r \tag{25}$$

将式(20)代入式(25)并积分得:

$$Q_{损失} = \frac{2\pi \lambda_s (T_s - T_i)}{3\sqrt{\pi a_s t_m}} \frac{R_e^3}{R_e - R_w} \tag{26}$$

由于 R_w 远小于 R_e,将式(24)与式(26)代入式(21)并整理,可近似得到加热半径的表达式:

$$R_e = \sqrt{\frac{3 i_s h_m t_{inj}}{\pi h M_r (T_s - T_i) + \frac{2\pi \lambda_s (T_s - T_i)}{\sqrt{\pi a_s t_m}}}} \tag{27}$$

式中:h 为油层厚度,m;h_m 为饱和蒸汽的焓,kJ/kg;i_s 为蒸汽注入速率,kg/h;M_r 为油层热容量,kJ/(m³·℃);R_s 为溶解汽油比;t_{inj} 为蒸汽注入时间,h;t_m 为焖井时间,h;λ_s 为顶底层岩石导热系数,kJ/(h·m³·℃);a_s 为顶底层的热扩散系数,m²/h。

(6)计算 n 轮的加热半径。油藏在通过第 1 轮的蒸汽吞吐后,温度升高,开采一段时间以后,采出液带走了部分热量,使地层温度分布发生了较大变化。在多轮次蒸汽吞吐过程中,对于热量的计算可采用一种根据能量守恒用余热来体现油层温度升高的近似处理方法,即在得到上一轮次的加热半径后,计算出余热的公式为:

$$Q_r = A_{n-1} hM(T_{avg} - T_r) \tag{28}$$

再将上一轮次的剩余热量按照下一轮次的注汽时间平均分配到下一轮次的注入热量中。为了便于计算,上一周期的初始油藏温度采用原始油藏温度。在第 1 轮计算加热半径时,$Q_r = 0$。因此可对加热半径公式进行修改得到 n 轮的加热半径公式为:

$$R_n = R\sqrt{1 + \frac{Q_r}{tQ_i}} \tag{29}$$

式(28)、式(29)中:Q_r 为上一轮次余热,kJ;t 为注汽时间,h;A_{n-1} 为第 $n-1$ 轮的加热面积,m²;M 为油层热容量,kJ/(m³·℃);T_{avg} 为上一轮次加热区平均温度,℃。

2. 计算波及系数

对于有的油田来说利用均值模型求得的面积作为蒸汽吞吐开采的单井控制面积,其值有些偏小,这主要是由于平面的非均质性,加热面积往往不是规则的以井点为中心的圆形,而是复杂的不规则形状。为了较为准确地求得单井的最大加热面积,有人提出了以下公式:

$$r_h = \sqrt{\frac{A_h}{\pi E}} \tag{30}$$

其中

$$E = 0.01 * \left[-373.43 - 11.279 * \ln\frac{\mu_{oi}}{\mu_{os}} - 0.473\,31 * (T_{es} - T_{ei}) + 90.167 * \ln(T_{es} - T_{ei})\right]$$

式中:r_h 为最大加热半径,m;A_h 为单井控制面积,m²;E 为波及系数;μ_{oi}、μ_{os} 为油藏和蒸汽温度下的黏度,mPa·s;T_{es}、T_{ei} 为蒸汽温度和油藏原始温度,℉。

3. 计算蒸汽注入量

周期注汽量是影响产油量最敏感的参数,是设计最佳蒸汽吞吐措施的主要参量,同时它也是焖井时间和加热半径的主要影响因素之一,它的大小与产油量和油气比有关。在一定范围内,任一周期的产油量与蒸汽注入量成正比。研究表明,在同样的井底干度下,注入量增加,吞吐周期产油量增加。但注入蒸汽的量也不能太高,否则原油油气比下降。注入量又不能太低,否则开井生产时产油峰值低,增产周期短,周期累计产量低。

注入量的增加将会有以下影响:

(1)注入量增大,加热体积增加的速度减缓,产量增加的幅度减小,吞吐油气比降低。

(2)周期注入量过大,井底压力增高影响到蒸汽干度的有效提高。

(3)注入量大,注入时间长,油井停产作业时间较长,可能造成地层中原油被推向远离井底的地方,并可能产生井间干扰。因而,对于具体的稠油油藏来说,周期注入量存在一个优选值。

全面考虑经济因素,蒸汽吞吐的周期注汽量以最大经济效益为目标,根据蒸汽吞吐生产特点,优化目标函数为:

$$I_R = \frac{(Q_o - Q_f) \times P_r - C_i - t \times C_p}{t} \tag{31}$$

式中:I_R 为蒸汽吞吐生产收益,元/d;Q_o 为蒸汽吞吐周期产油量,m³;Q_f 为蒸汽吞吐周期蒸汽燃油量(燃油量约为注汽量 1/4),m³;P_r 为原油价格,元/m³;C_i 为注蒸汽作业费(取值 10⁵

元);C_p 为单井操作费(取值 550 元/d)t 为周期内的总生产时间,d。

注入量应按照每米纯油层厚度选定,即按注汽强度选定,注汽强度主要受油层厚度、原油黏度、油层非均质性等因素的影响,在蒸汽干度和注汽速度一定的情况下,随着注汽强度的增加,收益先增加,后又逐步下降,存在一个最优的范围。对于大多数储层来说,注汽强度为 100~120t/m,在此区间可使蒸汽吞吐效果达到最佳。但对于薄油层和非均质严重的互层油层,初期的注入强度应适当低些,尤其是油层浅,压力低的油藏,注汽量过大,回采产量将降低,对于多周期吞吐作业,需要周期增加注汽量,以便扩大加热范围,一般推荐的注蒸汽周期增加量为 10%~15%。

4. 计算注汽速度

注蒸汽速度不但是稠油热采工艺的重要参数,还是影响加热半径的主要因素之一。注汽速度主要取决于水相和气相的渗透率、油层厚度、原油黏度、油层压力、注入压力以及油层的吸汽能力等,可以用改变井口注汽压力的方法来控制注汽速度。在注入量相同的情况下,注汽速度过低,将增加井筒内的热损失,减小井底蒸汽的干度,从而降低了蒸汽吞吐的效果。但注汽速度太高,又可造成油层破裂,导致注入蒸汽窜流到远离注入井的地方,使井筒附近的地层没有得到有效地加热。因此要将注汽压力控制在一定范围内。

受蒸汽发生器的能力和油层吸汽能力的限制,应尽量在油层较厚(40m)的情况下,注汽速度由 100t/d 增加到 240t/d,在同样的注汽量及蒸汽干度下,吞吐效果基本相同,生产动态很接近。对于薄油层(10m),注入速度对产油效果的影响也不显著。这说明对于蒸汽吞吐,由于注汽时间短,向油层顶底层的热损失远比蒸汽驱小,因而注入速度的影响较小。但提高注汽速度将缩短油井停产注汽的时间,有利于提高增产效果,并且注汽速度降低将增加井筒热损失,导致井底干度的下降,从而降低吞吐效果,这是决定注入速度不能太低的主要原因。

另一方面,注汽速度(即油层的吸汽速度)主要取决于油层对水相、气相的渗透率、油层厚度、原油黏度、油层压力和注入压力等,油层最大吸汽能力可以表示为:

$$q_s = \frac{2\pi K \lambda h(P_i - \overline{P})}{\ln\left(\frac{r_e}{r_w}\right) + S_h - 0.75} \tag{32}$$

$$\lambda = \frac{K_{ro}}{\mu_o} + \frac{K_{rw}}{\mu_w} \tag{33}$$

式中:q_s 为注汽速度,m^3/d;K 为渗透率,$10^{-3}\mu m^2$;h 为油层厚度,m;P_i 为井底注汽压力,MPa;$\overline{P}$ 为油层平均压力,MPa;S_h 为表皮系数,无量纲;r_e 为泄油半径,m;r_w 为井筒半径,m;μ_o、μ_w 为油、水的黏度,mPa·s;K_{ro}、K_{rw} 为油、水的相对渗透率,无量纲。

5. 计算焖井时间

蒸汽吞吐井按照一定设计要求注入蒸汽后,停注关井,让蒸汽热能与油层进行热交换后才能开始生产。油井注汽后,为了使蒸汽的热量与地层充分进行热交换,让注入到油层中的潜热充分释放出来,使热能在地层中扩散得更远,同时也使得井筒附近地层的温度比注汽时降低一些,必须进行焖井。焖井的时间是影响蒸汽吞吐效果的因素之一,只有焖井时间合理,才能使蒸汽热量充分地传递到油层中去。如果时间过长,将增加顶底盖层的热损失,井底附近地层温度下降太大,稠油黏度比较高,原油流动能力下降,使得开井产量下降。如果时间过短,则注入的热量未得到充分释放就采出来,使油层的加热半径小,开井生产时供油面积不大,随着液体的采出带出较多的热量,导致蒸汽能量的浪费,同样会降低稠油的产量。

对于蒸汽吞吐直井,现有的文献报道与实际矿场经验基本上以 3~4d 为操作标准,但对于多周期井,各周期注汽参数存在差异。当生产结束后,油层温度不能恢复到其原始状态,而且因矿场实施注汽及组织生产方面的问题,周期结束的标志很难有统一的标准,油层的剩余热量、存水等将影响后续吞吐周期焖井时间和生产动态。同时,随着水平井技术的应用,由于水平井的油层加热模式与直井差异较大,不能简单地根据直井的注汽状况进行外推,因此需要将蒸汽吞吐井的合理焖井时间进行系统研究,包括不同注汽参数、多吞吐周期余热等因素的影响。焖井时间计算有理论模型和蒸汽凝结模型。

(1)理论模型:由于提高注汽速度有利于降低井筒热损失,提高井底蒸汽干度,改善吞吐效果。因此,通常情况下,蒸汽吞吐过程中的注汽速度较高,即使单层厚度较大,水汽混合物进入油层后,在油层内部产生超覆的可能性也较小,注入的蒸汽向外迅速扩展。根据油藏温度的分布特点,可以将热采油藏简化成二区复合模式,如图 5-18 所示,内区称为波及区,相当于注汽井的蒸汽带。

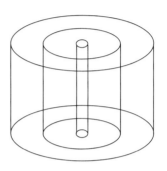

图 5-18 二区复合模式加热模型示意图

假设加热区瞬间建立,油层与顶底盖层的热物性参数近似相同,焖井时间内加热范围近似不变,因此只需计算出注入的总汽化潜热和总导热量即可等价求出焖井时间。注蒸汽结束时注入油层的总汽化潜热量为:

$$E_A = x_h L_v G \tag{34}$$

当焖井时间为 t_{sk} 时,加热区总导热量为轴向和径向导热之和:

$$E_B = E_z + E_r \tag{35}$$

导热速率为:

$$q_1 = \lambda \frac{T_h - T_i}{\sqrt{\pi \alpha \tau}} \tag{36}$$

轴向导热:

$$E_z = 2A_z \int_0^{t_{sk}} q_1(\tau) d\tau = \frac{4A_z \lambda (T_h - T_i)}{\sqrt{\pi \alpha}} \sqrt{t_{sk}} \tag{37}$$

径向导热:

$$E_r = A_r \int_0^{t_{sk}} q_1(\tau) d\tau = \frac{2A_r \lambda (T_h - T_i)}{\sqrt{\pi \alpha}} \sqrt{t_{sk}} \tag{38}$$

当总汽化潜热量 E_A 等于加热区总的热量之和时 E_B 对应的 t_{sk} 为合理的焖井时间,此时加热区内的汽化潜热全部释放完,得到合理焖井时间的公式:

$$t_{sk} = \frac{(x_h L_v G)^2 \alpha \pi}{4\lambda^2 (2A_z + A_r)^2 (T_h - T_i)^2} \tag{39}$$

以上各式中:A_r、A_z 为受热区径向、轴向导热面积,m^2;x_h 为井底蒸汽干度,小数;L_v 为汽化潜热,kJ/kg;G 为周期注汽量,kg;T_h、T_i 为加热区、原始油层温度,℃;α 为热扩散系数,

m^2/d;λ 为导热系数,$kJ/(d·m·℃)$;τ 为时间变量,d;q_1 为单位面积上导热速率,W/m^2;t_{sk} 为焖井时间,d。

(2)蒸汽凝结模型:在蒸汽注入过程中,由于蒸汽与油层温度的差异,蒸汽在焖井之前便会开始发生凝结。基于前面的假设,如果要考虑蒸汽凝结的因素就要对上面公式进行修正。根据 Neuman 的研究结果,单位时间、单位面积蒸汽的冷凝速度 V_{con} 可以表示为公式:

$$V_{con} = \frac{\lambda(T_h - T_i)}{L_v \sqrt{\pi\alpha\tau}} \tag{40}$$

在周期注汽时间内,蒸汽凝结为水的质量为:

$$G_{ti} = A_t \int_0^{t_i} V_{con} d\tau = \frac{2A_t\lambda(T_h - T_i)}{\sqrt{\pi\alpha}} \sqrt{t_i} \tag{41}$$

式中:G_{ti} 为注汽中冷凝水的总量,kg;t_i 为注汽时间,d;A_t 为垂向和径向的散热总面积,m^2;T_h、T_i 为加热区、原始油层温度,℃;α 为热扩散系数,m^2/d;λ 为导热系数,$kJ/(d·m·℃)$;τ 为时间变量,d。

因此要求考虑蒸汽凝结的合理焖井时间,对公式(39)进行修正,式中的 G 应该减去 G_{ti},特别是注汽速度比较小、注汽时间较长时,G_{ti} 会比较大,直接用式求得的焖井时间明显偏大。

(二)动态预测

稠油属于非牛顿流体,一般条件下,开采稠油油藏较为困难,并且对稠油油井的产能计算也较为复杂。目前对稠油油井的产能预测还未形成一套成熟的方法,只能通过试油、试采数据、油藏数值模拟等手段,对油气储层产能进行评价。目前一般预测油气储层产能的方法是通过对油井做出相应的假设条件,推导出公式进行计算。

(1)产液速度计算。针对实际需要,选取经典的 Boberg-Lantz 模型进行研究,计算产油和产水量需要利用已有的生产历史数据,主要有地层平均压力和累积产油量的关系曲线、比采油指数和累积产油量的关系曲线、油水比和累积产油量的关系曲线等。对于新开发区或开发历史较短的开发区,这种方法显然不适用。为此,需要进行如下改进:①应用物质平衡原理计算含油、含水饱和度,应用相对渗透率方程计算任意时刻的油水相对渗透率,并由此计算油、水渗透率和水油比;②利用油、水系统相对渗透率曲线和原油黏温方程,结合油藏地质参数,计算出采油、采水指数;③应用物质平衡原理计算地层平均压力的变化量;④应用采油指数、采水指数和地层平均压力,结合油水两相拟稳态渗流原理计算出采油、采水量;⑤引入温度对相对渗透率端点值的影响。

模型的改进主要体现在产油及产水的求解,以及多周期处理的模型求解方面。改进后的模型不再依赖于油田生产历史资料,可直接进行生产指标预测及注汽参数优化,同时不需要大量的数据,全部方程都以解析解的形式给出,运算速度快,且精度较高。

最后模型是以 Marx-Langenheim 模型为基础,在 Boberg-Lantz 模型的基础上,应用物质平衡原理、能量平衡原理及两相拟稳态渗流原理,所建立起的预测蒸汽吞吐效果的解析解模型,可以预测多层稠油油藏、多周期吞吐的生产动态。模型在纵向上油层和夹层相间,平面上包括 4 个区域,即泄油区、加热区、污染区和井筒区。为简化模型,仅将地层流体系统考虑为油、水两相系统。同时,由于吞吐开采主要依靠的是天然能量,所以随着开采的进行,地层能量(供给边界压力)将不断下降。因此,将地层流体的流动状态看作是油、水两相系统的拟稳态径

向流。在拟稳态径向流流动状态下,可采用下式计算产油和产水的速度:

$$q_j = \frac{2\pi K K_{rj}(\overline{P}-P_{wf})J_j}{\left(\ln\frac{r_e}{r_w}-0.75+S_c\right)\mu_{jc}B_j} \tag{42}$$

$$J_c = \frac{1}{\frac{\mu_{jh}}{\mu_{jc}}C_1+C_2} \tag{43}$$

$$C_1 = \frac{S_h + \ln\frac{r_h}{r_w} - \frac{1}{2}\left(\frac{r_h^2}{r_e^2}\right)}{S_c + \ln\frac{r_e}{r_w} - \frac{1}{2}\left(1-\frac{r_w^2}{r_e^2}\right)} \tag{44}$$

$$C_2 = \frac{\ln\frac{r_e}{r_h} - \frac{1}{2}\left(1-\frac{r_h^2}{r_e^2}\right)}{S_c + \ln\frac{r_e}{r_w} - \frac{1}{2}\left(1-\frac{r_w^2}{r_e^2}\right)} \tag{45}$$

式中:q_j 为生产速度($j=o,w$),m³/ks(1m³/ks=86.4m³/d);K 为绝对渗透率,μm²;K_{rj} 为相对渗透率;P_{wf} 为井底流压 MPa;J_j 为采液指数,m³/(MPa/d);r_e 为泄油半径,m;r_w 为井筒半径,m;μ_{jc}、μ_{jh} 为在油层稳定和平均稳定下的黏度,mPa·s;S_c、S_h 为冷热采表皮系数;B_j 为体积系数($j=o,w$)。

(2)蒸汽吞吐合理开发界限。国内外稠油油藏开发实践表明,蒸汽吞吐是一种成功而有效的稠油开发方式。但与常规开发相比,其具有工艺复杂、投资大、成本高等特点。因此,为了避免低效、无效投入,研究和制订经济合理的蒸汽吞吐开发界限是十分必要的。

根据经济分析基本方法,应用投入和产出平衡原理,对蒸汽吞吐平均单井累积极限产油量、平均单井累积极限油气比、周期极限油气比和周期废弃产油量指标的经济界限值进行确定。通过这些指标的研究,可以对油藏蒸汽吞吐阶段采出程度进行效益分析,更加高效地开发油藏。

1. 单井累积极限产油量的确定

累积极限产油量的定义为:油井投产后,收入与总投入相等时的累积产油量。
蒸汽吞吐开采单井累积投入的表达式为:

$$M_1 = I + PW_1 + N_P D_1 + N_P ER \tag{46}$$

蒸汽吞吐开采单井累积收入的表达式为:

$$Y_1 = N_P R C_0 \tag{47}$$

当收入和投入相等时,即 $M_1=Y_1$ 时,则 $N_P R C_0 = I + PW_1 + N_P D_1 + N_P ER$;
由此可得,单井累积极限产油量为:

$$N_P = \frac{I+PW_1}{RC_0-D_1-ER} \tag{48}$$

式中:M_1 为单井累积投入,万元;I 为平均单井投资,万元;P 为每吨蒸汽注汽费,元/t;W_1 为单井累积注汽量,10⁴t;D_1 为每吨原油的生产费用,元/t;E 为税金,元/t;N_P 为单井累积产油量,10⁴t;R 为原油商品率,%;C_0 为原油售价,元/t;Y_1 为累积销售收入,万元。

2. 单井累积极限油气比的确定

若油井吞吐生产后,一直处于低产期,即使累计产油量大于极限产油量,由于生产周期多、时间长、注汽费用和操作费用高,经济效益也不会好,因此需确定出单井累积极限油气比和平均单井极限日产油,即在油井累积产油量大于累积极限产油量的同时,累积油气比必须大于累积极限油气比,平均日产油量必须大于极限日产油,这样才能收回全部投资,否则经济上不合理。

累积极限油气比指在蒸汽吞吐阶段,收入与总投入相等时,总产油量和总注汽量之比,即:

$$OSR_1 = \frac{N_P}{W_1} = \frac{I + PW_1}{W_2(RC_0 - D_1 - ER)} \tag{49}$$

式中:OSR_1 为累积极限油气比。

我国稠油油藏蒸汽吞吐和蒸汽驱阶段,累积的极限油气比 $OSR_{\min}$ 一般取 0.25 和 0.15。

3. 周期废弃产油量的确定

在计算周期废弃产油量时,应考虑油井的基本日常投入。

蒸汽吞吐开采油井的基本日常投入的计算式为:

$$M_2 = Z + qD_2 + qER \tag{50}$$

蒸汽吞吐开采单井日收入计算公式:

$$Y_2 = qRC_0 \tag{51}$$

式中:M_2 为油井基本日常投入,万元/(d·井);Z 为单井日操作费用,元/(d·井);q 为油井日产油,t/d;D_2 为每吨原油的生产费用,元/t;Y_2 为油井日销售收入,万元/(d·井)。

当日收入与日投入相等时,即 $M_2 = Y_2$ 时,可得周期废弃产油量:

$$q_0 = \frac{Z}{RC_0 - D_2 - ER} \tag{52}$$

4. 周期极限油气比的确定

周期极限油气比的定义为:油井注汽生产后,收入与本周期投入相等时周期产油量与周期注汽量之比。在研究周期极限油气比时,不考虑油井的初始投资和财务贷款利息。也就是说,当油井收回投资后,计算周期的极限油气比只考虑周期投入。

蒸汽吞吐单井周期投入的计算公式:

$$M_3 = PW_2 + qD_2 + qER \tag{53}$$

蒸汽吞吐开采单井日收入计算公式:

$$Y_3 = qRC_0 \tag{54}$$

由 $M_3 = Y_3$ 时,周期极限油气比为:

$$OSR_2 = \frac{q}{W_2} = \frac{P}{RC_0 - D_2 - ER} \tag{55}$$

式中:M_3 为油井周期投入,万元;W_2 为单井周期注汽量,10^4t;P 为每吨蒸汽注汽费,元/t;D_2 为每吨原油的生产费用,元/t;Y_3 为油井周期销售收入,万元;OSR_2 为周期极限油气比。

(三)蒸汽吞吐效果评价

对于一个油藏的多个开发方案,哪个最优,哪些参数对结果影响最大,注汽参数变化范围如何。另一方面,合理注汽参数变化范围的确定对于吞吐开采的效果有极大的影响,因为蒸汽吞吐效果主要受油层地质参数和注采参数的影响。当油藏的开发方式选定以后,油层地质参数作为固化到地层中的客观现实,是难以改变的,但注采参数则是可以改变和择优的。通过对注汽参数的组合,选定最优方案,获得最大经济效益。目前,常用的注汽参数优化方法大约有以下3种。

(1)开发方案指标对比法:通过注汽参数的组合,形成不同的开发方案,然后对各方案进行动态预测,以生产指标为依据选择最优方案,从而确定最优的注汽参数。

(2)非线性最优化算法:假定注汽过程中的产油曲线为已知的经验式,将其代入目标函数,用非线性最优化方法(比如极大值原理、惩罚函数法)进行求解,一个关键的问题是如何寻求到产油曲线的经验式。

(3)系统工程论方法:应用偏微分方程组描述注蒸汽过程,利用注蒸汽开发中经济的收支差额作为衡量开发水平的指标,同时按照油层承受能力大小和开采工艺条件确定约束公式,建立一个非线性偏微分方程组描述系统的边界最优控制模型。

在前文研究注汽参数的基础上,用第一种方法,形成不同的开发方案,通过多指标优化,计算多个指标的加权平均值,从而达到优化效果。

自1965年美国加利福尼亚大学的扎德(L. A. Zadeh)教授首先提出模糊子集的概念以来,模糊数学理论已经广泛应用于规划、控制等各项领域。这里涉及的模糊评判模型是模糊数学在参数决策方面的应用。

在评价油田开发效果时,其客观结果已经确定,但是限于目前的技术手段和所获资料有限,对于油田分类或开发效果进行评价,优劣排序的印象却是一个模糊概念,把这其中的模糊过程用数学方法来处理,这种思路与模糊综合评判法的过程十分相像。

模糊综合评判法是以模糊变换原理来处理具体问题,考虑与评价结果相关的各个因素,最后得出综合结论的方法。该方法是建立在模糊数学基础上的一种模糊线性变换。它的优点是将评判中有关的模糊概念用模糊集合表示,以模糊概念的形式直接进入评判的运算过程,通过模糊变换得出一个模糊集合的评价结果。

设第 i 个指标所构成的指标集为 $V=(u_1,u_2,\cdots,u_n),(n=1,2,\cdots)$。$u_1,u_2,\cdots$ 分别代表各个不同的指标。由第 j 个方案计算获得的第 i 个指标的数值大小是 a_{ji}。则在矩阵 (a_{ji}) 中总可以找到这样的一个方案,即指标集各方案中最好的一个指标。对要求越大越好型指标,应选 $b_i = \max\{a_{ji}\}$(b 为第 j 个方案中指标的最大值)作为理想方案的指标;对要求越小越好型指标则应选 $b_i = \min\{a_{ji}\}$ 作为理想方案的指标。根据各方案的指标和理想方案指标值,就可以确定效果测度值。

对于越大越好的参数,其对应的效果测度值 r_{ji} 为:

$$r_{ji} = \frac{a_{ji} - \min\{a_{ji}\}}{\max\{a_{ji}\} - \min\{a_{ji}\}} \tag{56}$$

同理,对于越小越好的参数,其对应的效果测度值 r_{ji} 为:

$$r_{ji} = \frac{\max\{a_{ji}\} - a_{ji}}{\max\{a_{ji}\} - \min\{a_{ji}\}} \tag{57}$$

这样,每个方案的所有指标都有了对应的测度值,根据每个指标的重要性不同,设置权重系数 W_i,计算每个方案的综合测度值 R_j:

$$R_j = \sum_{i=1}^{n} W_i r_{ij} \tag{58}$$

式中:W_i 为第 i 项指标的权重,$0<W_i<1$。

显然,计算所得 R_j 最大值即为最优方案。

根据模糊综合评判决策理论,综合测度值的大小反映各因素综合表现的优劣程度。其值越大,说明各因素综合表现越好,反之越差。一般来说,多个生产指标包括采收率、油气比、日产油、回采水率等,这些指标是可以在不同注汽参数条件下,进行油藏数值模拟得到。这种方法考虑到了各项指标在优化设计中所处的地位不同,通过权重系数加以改造,得到一个综合值。权重设置至关重要,它反映了各个因素在综合评判中所占有的地位或所起的作用,直接影响到综合评判的结果。因此,这个权重系数应该由权威的专家或是从事相应工作具有丰富经验的评判人员商议而定。

利用该软件结果评估模块功能界面清晰,操作简单易学,只需将各种方案的生产指标导入,设置好每个指标的权重系数,也可以使用默认的系数(采收率 0.65,油气比 0.2,日产油 0.05,回采水率 0.1)。采收率、油气比、日产油越大越好,回采水率越小越好。若觉得生产指标不够,也可以自行添加指标来参与评判。

(四)专家系统

以大量专家知识和现场经验为基础,应用于稠油开发领域的蒸汽吞吐中,开发了蒸汽吞吐的专家系统。通过访问现场专家,搜集现场数据及查阅文献等手段,收集了大量有关蒸汽吞吐工艺的知识。将这些知识进行整理、分析、综合,建立了蒸汽吞吐专家系统的知识库。在知识库中,以产生式规则来表示知识,利用树形结构组织知识库。可根据需要增加使用模块,系统应操作方便简单功能可靠和实用。

当前一般是通过建立数学模型利用计算机求解,或者建造物理模型采用实验的手段来研究蒸汽吞吐。无疑这些都是研究蒸汽吞吐问题的有效手段。但这两种方法一方面过于复杂,如前者需要高速、大容量的计算机,后者需要昂贵的实验设备;另一方面它们都是以一定的假设条件为基础,与实际油藏难免有误差。因此它们也并非十全十美。利用现场专家和技术人员的知识及经验,充分发挥专家系统的优点,利用专家系统技术去解决蒸汽吞吐问题,既可以加深对蒸汽吞吐的认识,完善蒸汽吞吐工艺,又能起到推广专家经验,提高专家知识利用率的作用,为专业人员提供了解决专业问题的新思路。

相对常规的采油工艺来说,蒸汽吞吐工艺是投资高,风险大的复杂工艺。目前为止,我国已形成了许多稠油产区,经过多年的研究和试验,针对许多问题提出了解决的措施,这就为我们建立专家系统提供了丰富的知识基础。

三、软件应用实例

通过上述理论研究,编制了蒸汽吞吐注采参数设计及方案优选软件,以××油田××区块的动静态数据为基础,进行实例计算。

××油田位于河南省唐河县古城乡境内,井楼一区位于泌阳凹陷西南陡坡井楼背斜上。××区块是河南油田稠油资源最为富集的区块,各类井 326 口,1996 年进行井网加密吞吐生产,H3Ⅲ5-6、Ⅲ8-9 油层为该区的主要产层。储层以扇三角洲平原分流河道沉积相为主,距物源近,岩性粗(细-砾状砂岩),同时由于油层埋藏浅,压实及成岩作用差,致使油层胶结疏松,物性较好,岩芯分析结果,孔隙度为28.6%~33.8%,平均32%,渗透率0.1~11.2μm²,平均1.67μm²,原始含油饱和度达65%~75%。其他相关参数如表5-35所示。

表5-35 油藏物性和热属性参数表

参数	数值
油黏度(平均油层温度)(mPa·s)	11 000
油黏度(油层温度)(mPa·s)	15 039.5
油层温度(℃)	28.3
油层厚度(m)	5~15
井底注汽压力(MPa)	5
油层平均压力(MPa)	2.2
热扩散系数(m²/d)	0.2
顶底层导热系数(kJ/h·m·℃)	10.41
顶底层热容量(kJ/m·℃)	2683
油层热容量(kJ/m·℃)	2589
汽化潜热(kJ/kg)	1869.4

1. 加热半径计算

由于资料所限,参考了国内其他油藏地质条件类似的其他稠油油田的基础资料。针对××油田L1729井主力层Ⅲ6层10m的有效厚度,注汽温度为200℃,注汽时间为10d,通过DO软件的计算得Marx-Langenheim和Willman模型多轮次的加热半径如表5-36所示。

表5-36 两种经典模型加热半径的计算结果表

模型\轮次	1	2	3	4	5	6	7	8	9	10	11
Marx-Langenheim	10.56	14.94	18.31	21.16	23.67	25.94	28.04	29.99	31.83	33.57	35.23
Willman	7.22	10.21	12.51	14.46	16.17	17.72	19.15	20.48	21.73	22.92	24.05

第3种经典模型——Frouq·Ali模型考虑顶底盖层热损失的影响,但是需要的参数(如顶层、底层和盖层各自的导热系数与热容量)难以收集,一般在油藏参数较完善的情况下使用该模型。由于扩展模型假设顶底层绝热,所以算出的加热半径是最大加热半径。热水在油层温度下的焓为2792kJ/kg,井底的蒸汽干度为40%,注汽量为一个周期注入的蒸汽量135t/d,换算为5654.17kg/h,最终算出最大加热半径95.11m。

非等温渗流模型将地层温度分布近似考虑成线性分布,因此注汽温度和原始地层温度决定了整个加热区的温度分布。注汽温度和原始地层温度为200℃和29.2℃,最终算得加热半径为26.11m。

加入波及系数因素后,根据Marx-Langenheim模型算出的第11轮次的加热半径35.19m所控制的面积,算得单井的最大加热半径为46.38m。

多种算法得到的加热半径在20～30m之间,另外两个较大的数值计算的为最大加热半径,比较符合实际的平均加热半径在35m左右。

2. 注汽速度

由于蒸汽吞吐的注汽时间短,油层的顶底层的热损失远比蒸汽驱小,因而注汽速度影响较小。但是提高注入速度即可缩短油井停产注汽的时间,又可提高增产效率。根据油层最大吸气能力可对蒸汽注入速度提供参考,最终可得注汽速度为135.7t/d。

然而,不能追求最大的注入速度,将注汽压力提高得过高,要防止超过油层破裂压力,那么注入速度应结合地面注汽设备、地层吸汽能力、地层破裂压力等多种因素综合而定,因此135.7t/d只是一个参考值。

3. 焖井时间

焖井开始时,轴向和径向导热使加热区内的汽化流体逐渐凝析,合理的焖井时间就是汽化潜热全部释放完成的时间。汽化潜热随压力升高而减少,根据油层平均压力2.2MPa,查出该压力下的汽化潜热1869.4kJ/kg。因此,计算受热区轴向和径向的导热面积最为重要。

整个井区的平均加热半径为35m,主力油层厚度大概为10～20m,经计算受热区轴向和径向导热面积为700m^2和3846.5m^2。将参数输入DO软件中得,××油田一区蒸汽吞吐的合理焖井时间为2.71d。

考虑蒸汽凝结,当油层厚度为10m时,垂向和径向的散热总面积4546.5m^2,这样得出合理焖井时间为1.2d;当油层厚度为20m时,垂向和径向的散热总面积5246.5m^2,这样得出合理焖井时间为2.3d。因此,考虑蒸汽凝结后,散热面积对焖井时间的影响明显。

4. 合理开发界限

(1)单井累积极限产油量和油气比的计算。

井楼油田直井的钻井成本为2500元/m,平均单井地面建设费用30万元。原油商品率96%,税率为17元/t。针对楼1503井,井深为400m,单井累计注汽量0.8×10^{4}t。根据DO软件的计算得到单井累计极限产油量和油气比。

(2)周期废弃产量和极限油气比。

单井日操作费用为1014元,周期极限油气比只与油价以及随油价而变的注汽成本有关,而周期废弃产量与单井日操作费用相关,因此一口井同一油价下得到了相同的结果。表5-37、表5-38即是针对楼1503井,用DO软件得到这3口井在不同油价下的周期极限油气比和周期废弃产量。

表 5-37　××油田一区楼 1503 井在不同油价下的累积极限产油量和油气比

油价(美元/桶)	每吨原油生产费用(元/t)	注汽成本(元/t)	累积极限产油量(10^4 t)	累积极限油气比
35	1060	100	0.51	0.64
50	1170	140	0.26	0.32
60	1200	171	0.2	0.25
80	1200	222	0.14	0.18
100	1200	277	0.12	0.15

表 5-38　××油田一区楼 1503 井在不同油价下的周期废弃产油量和油气比

油价(美元)	周期废弃产油量(10^4 t/d)	周期极限油气比
35	2.48	0.24
50	1.08	0.15
60	0.76	0.13
80	0.47	0.1
100	0.33	0.09

5. 开发效果评价

影响蒸汽吞吐效果的主要因素是蒸汽干度和周期注入量,注汽速度和焖井时间等相对影响较小。实际操作时,也会在设备许可的条件下尽量提高蒸汽的干度。这样,蒸汽注入量就是最敏感的因素。表 5-39 就是在不同蒸汽注入量下,楼 1733 井数值模拟后得到的采出程度、油气比、回采水率、平均日产油,对不同方案进行评价。

表 5-39　楼 1733 井在不同注汽量下所得开发效果表

方案序号	周期注汽量(t)	采出程度(%)	油气比(t/t)	回采水率(%)	平均日产油量(t/d)	综合测度值
1	1300	18.9	0.38	0.8	2.8	0.6289
2	1525	20.5	0.4	0.78	2.82	0.8278
3	1460	21.2	0.41	0.7	2.94	0.9661
4	1375	20.1	0.45	0.77	2.89	0.838
5	1580	18.5	0.33	0.81	2.79	0.5381
6	1650	18.2	0.27	0.79	2.84	0.4727
7	1775	17.7	0.24	0.85	2.68	0.3465
8	1850	15	0.21	0.83	1.98	0.0133

将 4 个指标无量纲化,加权计算得综合测度值,比较其大小可得,第 3 种方案的效果最佳。

四、结论

稠油油藏单井蒸汽吞吐开采效果优化技术包括注采参数、动态预测和效果评价 3 个主要内容,本作品在蒸汽吞吐开采效果优化的基础上建立了一套较完善的稠油油藏蒸汽吞吐单井注采参数设计和动态预测分析体系并形成相应的软件系统(软件名:蒸汽吞吐注采参数设计与方案优化软件,简称DO)。

(1)注采参数部分,针对一般蒸汽吞吐油井提供主要注采参数的计算。而针对轮次已高、调整工作转向井网的油田,将提供加热半径的精准计算,为其提供有力依据。

(2)动态预测部分,提供产油产水的计算和合理开发界限的界定,通过油藏工程方法对蒸汽吞吐井的产能进行预测,并且对采出程度进行效益分析,为高效开发油藏提供指导。

(3)效果评价部分,将在众多参数组成的方案设计中选出最优的方案设计,以达到开采效果最优化的最终目的。

油藏单井蒸汽吞吐开采效果优化技术是稠油注采方案的关键,而完善的注采方案则是稠油开发蒸汽吞吐的基础,效果优化技术及生产动态预测是油藏工程中的重要组成部分,对油田实际开发生产和后期方案调整起着举足轻重的作用。而软件本身的综合性、适应性、协调性和灵活性,能够充分满足稠油蒸汽吞吐开发中的各种需求,极大地提高了工作效率,降低了劳动强度。因此整个技术体系为油田企业的高效生产奠定了基础,同时也为油田产生了巨大的经济效益。

案例4 煤层气开发管理案例库

——第四届石油工程设计大赛(综合性案例)

摘 要:沁端煤层气田开发方案设计包括煤层气田总论、煤层气藏工程、钻完井工程、采气工程、地面工程设计、HSE、经济评价共七部分内容。煤层气总论包括该区的位置、矿权情况、构造及地层特征、目标煤层储层特征、煤层气勘探简况等;煤层气藏工程包括煤层气地质综合特征、储量分类与评价、产能评价和开发井网部署;钻完井工程部分以相关规定为依据,参考本区块的特点及实施要求,完成了钻井设备与钻具组合设计、固井和完井设计;采气工程主要依据煤层气藏开发方案,完成了管柱结构、采气工艺等地面工程部分根据煤层气藏地面特点、采气开发方案、结合区块特点,设计了地面相关的配套工程方案;HSE部分进行了危险有害因素分析,并给出对应防护措施,真正做到整个煤层气藏建设符合健康、安全、环保的工程标准;经济评价部分主要是对煤层气藏部分提出的开发方案进行盈利能力分析和敏感性分析,评价方案的可行性。

关键词:煤层气藏工程;采气工程;经济评价;地面配套工程;HSE

一、煤层气田地质概况

沁水盆地位于华北板块中部山西断块的东南侧,东依太行山隆起,南接中条山隆起,西邻霍山隆起,北靠五台山隆起,是华北晚古生代成煤期之后由断块差异性抬升形成的山间断陷盆地。盆地先后经历了印支、燕山期和喜马拉雅期构造运动,印支期近NS向水平挤压应力对沁水盆地的影响小,盆地仍保持稳定状态,仅使盆地南北两缘产生了一定程度的隆起抬升;燕山期挤压应力表现为NEE向,构造活动以挤压抬升和褶皱作用最为显著,盆地内部形成宽缓褶皱,NE—NNE向褶皱最为发育,遍布全区,规模较大,一般长10~30km;喜马拉雅期挤压应力为NEE向,盆地西部、北部的断裂广泛发育,形成晋中、临汾地堑系,促成了长治、榆社、武乡等地形成一些小型山间盆地。

(一)构造特征

沁水盆地总体上为一走向 NNE 的宽缓复式向斜,两翼不完全对称,西翼较陡 10°～20°,东翼较缓 10°左右,复向斜轴线位于榆社—沁县—沁水一线,构造较为简单,断裂不甚发育,东西两侧似对称状,南北两端翘起呈箕状斜坡,边侧下古生界出露区为倾角较大的向盆内倾向的单斜,外围较陡向盆内逐变平缓,褶皱较发育,褶曲幅度不大,面积较小。盆地西部、西北部被汾渭新生代地堑所叠置,中部双头-襄垣断裂呈 NNE 向横切盆地中南部;盆地断层较少。规模较大的断层有两组:一组与盆地长轴方向一致(NNE 向),多构成盆地的边界;另一组为 NEE 向。沁端区块整体处于挠曲构造带上(图 5-19)。

图 5-19 沁水盆地构造背景图

(二)地层层序

沁水盆地自周边隆起向盆地内部依次出露的地层为太古界—三叠系,地层自下而上在基底地层上发育了中上元古界、古生界和中新生界沉积盖层。主要发育有前寒武系、下古生界寒武系和奥陶系、上古生界石炭系和二叠系、中生界三叠系和侏罗系以及新生界古近系、新近系和第四系地层。主要含煤岩系为石炭系的太原组和二叠系的山西组(图 5-20)。

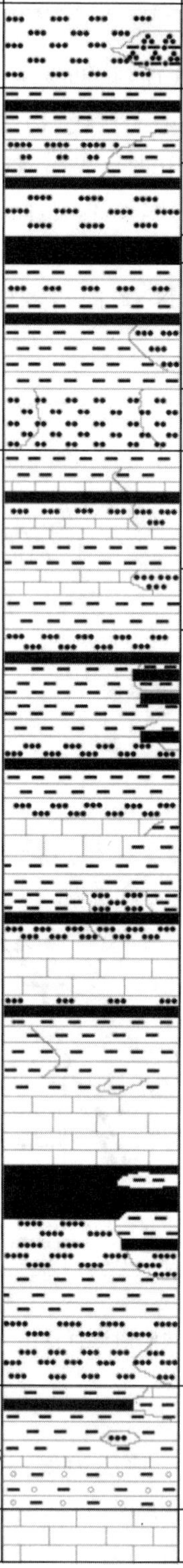

年代地层	岩石地层	厚度(m)	岩性柱状	标志层	含水性	岩性描述
二叠系 (P)	下石盒子组 (P_1x)	5.7~5.8		K_9 粗粒石英砂岩	含水性弱	主要由砂岩、粉砂岩、砂质泥岩顶部浅灰、灰白色，具褐黄、紫红色斑块，以富含铁质鲕粒、色杂为特征（俗称"桃花泥岩"），平均厚87m
	山西组 (P_1s)	34~59		1号煤层	隔水层	K_9砂岩底至K_8砂岩底。主要由砂岩、粉砂岩、砂质泥岩、泥岩及煤组成。与下伏太原组相比，本组以含砂成分高、色浅、交错层理发育、植物化石丰富为特点。底部为灰色中—细粒砂岩（K_7），局部砂岩减少，颗粒变细，相变为粉砂岩。该组含煤1~4层，其中3#煤层是主要煤层，位于中下部。本组平均厚47m。底部以K_7砂岩与下伏太原组呈整合接触
				K_8 中粒石英砂岩	含水性弱	
				2号煤层		
				3号煤层	含水性弱	
				4号煤层	隔水层	
					隔水层	
				K_7 中细粒砂岩	含水性弱	
石炭系 (C)	太原组 (C_3t)	41.8~63.1 (三段)		5号煤层	隔水层	K_7砂岩底至K_1砂岩底。主要由砂岩、粉砂岩、砂质泥岩、泥岩及石灰岩组成。其中含煤7~13层，以下部15#煤层发育较好；含石灰岩或泥灰岩3~8层。全组平均厚115m
				K_6 石灰岩	含水性弱	
				K_5 石灰岩	隔水层	
				7号煤层	含水性弱	
				8号煤层 9号煤层		
				10号煤层	隔水层	
				11号煤层	含水性弱	
					隔水层	
				K_4 石炭岩	含水性弱	
					隔水层	
		21.1~38.6 (二段)		12号煤层		
				K_3 石炭岩		
				13号煤层	含水性弱	
					隔水层	
				K_2 石炭岩		
				14号煤层	含水性弱	
				15号煤层		
		11~38 (一段)			隔水层	
				K_1 石英砂岩	含水性弱	
	本溪组 (C_2b)	9.3~12.5		16号煤层	隔水层 含水性弱 隔水层	主要由富含鲕粒的铝质泥岩夹细粒砂岩及不稳定砾岩组成。上部夹有不稳定薄煤层，底部为铁矿层，局部夹不稳定灰岩1层。本组厚度变化大，一般为3~22mm，平均9m。与下伏地层呈平均不整合接触
奥陶系 (O)	峰峰组 (O_2f)	50~100		石灰岩	含水性弱	主要由深—深灰色中厚层状石灰岩、泥质灰岩组成，局部夹角砾状薄层石膏，平均厚100m

图 5-20 含煤岩系地层柱状图

(三)煤层特征

1. 煤系发育特征

区块内主要含煤地层为石炭系上统太原组(C_3t)和二叠系下统山西组(P_1s),煤系平均总厚163.02m。含煤17层,煤层总厚14.67m,含煤系数9.1%,其中主要可采煤层2层,分别为3#煤层和15#煤层,总厚10.70m。

2. 煤层发育特征

区块内稳定发育的主要煤层为二叠系下统山西组的3#煤层和石炭系上统太原组的15#煤层。

(1)3#煤层。3#煤层位于山西组下部,上距K_9砂岩30m,下距K_7砂岩8m。厚6.05~6.6m,平均6.24m。底板标高-40~340m。含夹矸0~5层,一般1~3层,夹矸厚度不大,总厚度不超过0.50m,单层厚度小于0.30m,夹矸岩性多为泥岩或粉砂质泥岩,结构为简单—较简单型,属稳定煤层。为低—中灰、特低硫无烟煤。

3#煤层顶板一般为砂质泥岩或粉砂岩,顶板与煤层之间常夹有薄层碳质泥岩或泥岩,该碳质泥岩或泥岩及顶板较松软;顶板之上为细粒或中粒砂岩,岩性较稳定。底板多为黑色泥岩、砂质泥岩、粉砂岩,局部细粒砂岩。

(2)15#煤层。15#煤层位于太原组一段顶部,直接伏于K_2灰岩之下,上距3#煤层85~96m,下距K_1砂岩9m。煤层厚3.8~4.5m,平均4.14m。底板标高-81.30~231.08m。夹矸单层厚小于0.60m,结构为简单—复杂型,属稳定煤层。为中灰、特低硫无烟煤。

15#煤层顶板为K_2石灰岩,厚9m左右,K_2灰岩与煤层之间有0.20~0.30m厚的泥岩;底板为泥岩,厚5m左右。

3. 煤体结构特征

3#煤层:煤体结构以原生结构和碎裂结构为主,偶见碎粒结构。根据勘探资料显示,3#煤层底部分布有1m左右的软煤。

15#煤层:煤体结构以原生结构和碎裂结构为主,分布有碎粒结构。

4. 煤岩特征

(1)显微组分及矿物测定。

3#煤层显微组分以镜质组为主,镜质组含量为57.8%~86.1%,平均为73.175%;矿物质含量为1.9%~16.4%,平均为8.1%,其中黏土矿物含量为1.2%~15.2%,碳酸盐类矿物为0.2%~1.7%,氧化物类矿物为0.2%~0.5%。

15#煤层显微组分以镜质组为主,镜质组含量60.1%~84.5%,平均73.1%;矿物质含量为6.4%~23.2%,平均为12.7%,其中黏土矿物含量为5.1%~22%,碳酸盐类矿物为0.2%~0.7%,氧化物类矿物为0.2%~0.5%。

(2)煤的镜质体反射率。

3#煤层分布区间为2.771%~3.567%,平均3.058%,根据反射率值,3#煤层煤变质阶段属于高变质阶段无烟煤三号。

15#煤层分布区间为 2.289%~3.679%,平均 3.019%,根据反射率值,15#煤层煤变质阶段属于无烟煤三号。

5. 煤质特征

(1)工业分析。3#煤层水分(M_{ad})为 0.13%~1.02%,平均为 0.58%;灰分(A_d)为 5.36%~25.09%,平均为 14.07%;挥发分(V_{daf})为 7.72%~9.78%,平均为 9.06%。

15#煤层水分(M_{ad})为 0.11%~0.97%,平均为 0.53%;灰分(A_d)为 12.1%~28.89%,平均为 20.41%;挥发分(V_{daf})为 8.06%~9.75%,平均为 9.175%。

(2)真相对密度、视相对密度:3#煤层真相对密度为 1.5~1.58,视相对密度为 1.42~1.5;15#煤层真相对密度为 1.48~1.57,视相对密度为 1.4~1.49,见表 5-40。

表 5-40 煤质分析成果表

井号	层号	样品编号	M_{ad}(%)	A_d(%)	V_{daf}(%)	真相对密度	视相对密度	孔隙度(%)	元素分析(%)		
									C_{daf}	H_{daf}	N_{daf}
W1	3#	1	0.18	11.53	8.97	1.52	1.46	4.55	—	—	—
		2	0.13	12.62	8.46	—	—	—	92.50	3.40	1.02
	15#	1	0.12	17.08	8.62	1.57	1.49	5.10	—	—	—
		2	0.11	25.42	9.55	—	—	—	—	—	—
W2	3#	1	0.94	8.54	9.70	1.52	1.44	5.26	—	—	—
		2	0.96	25.09	9.02	—	—	—	92.56	3.72	1.07
	15#	1	0.95	28.89	9.23	1.50	1.42	5.33	—	—	—
		2	0.97	22.76	9.47	—	—	—	92.70	3.68	1.07
W3	3#	1	0.58	21.75	9.34	1.51	1.42	5.960	—	—	—
		2	0.81	9.78	9.72	—	—	—	91.40	4.04	1.07
	15#	1	0.71	14.64	9.75	1.52	1.44	5.263	—	—	—
		2	0.40	18.35	9.06	—	—	—	91.30	4.04	1.07
W4	3#	1	1.01	14.3	9.72	1.58	1.50	5.06	—	—	—
		2	1.02	20.44	9.13	—	—	—	88.27	4.30	1.14
	15#	1	0.44	12.10	9.08	1.52	1.43	5.92	—	—	—
		2	0.60	23.56	9.46	—	—	—	89.88	4.24	1.10
W5	3#	1	0.85	8.67	8.18	1.50	1.42	5.333	—	—	—
		2	0.88	5.36	7.72	—	—	—	92.79	3.62	1.07
	15#	1	0.97	13.52	8.06	1.48	1.40	5.405	—	—	—
		2	0.90	26.13	9.65	—	—	—	92.43	3.75	1.16
W6	3#	1	0.28	13.48	9.78	—	—	—	91.84	3.62	1.06
		2	0.10	17.26	9.03	1.52	1.46	3.95	—	—	—
	15#	1	0.12	17.08	8.62	1.57	1.49	5.10	91.25	4.00	1.07
		2	0.11	25.42	9.55	—	—	—	—	—	—

6. 煤层及顶底板岩石力学参数

3#煤层顶底板岩性以泥岩为主，15#煤层顶板以灰岩为主，底板以泥岩为主。3#、15#煤层及其顶底板的岩石力学参数如表5-41所示。

表 5-41 煤层及顶、底板岩石力学性质测定结果表

井号	样品名称	岩性	深度(m)	抗压强度(MPa)	抗拉强度(MPa)	变形特性	
						弹性模量(GPa)	泊松比
W1	3#煤顶板	泥岩	640.10～640.40	24.9	0.98	65.5	0.24
	3#煤	煤	641.50～641.80	10.5	—	23.8	0.29
	3#煤底板	泥岩	647.30～647.60	24.0	2.34	30.2	0.17
	15#煤顶板	灰岩	732.30～732.60	47.8	1.31	30.2	0.19
	15#煤	泥岩	732.60～732.70	58.9	1.82	22.8	0.12
		煤	735.65～735.95	14.5	—	23.8	0.27
	15#煤底板	泥岩	739.10～739.40	23.8	1.08	50.3	0.30
W2	3#煤顶板	泥岩	880.10～880.40	22.3	0.73	30.12	0.41
	3#煤	煤	880.40～887.10	14.5	—	13.8	0.38
	3#煤底板	泥岩	887.10～887.40	28.3	1.93	21.24	0.36
	15#煤顶板	灰岩	974.40～975.20	33.9	3.17	26.76	0.56
	15#煤	煤	975.20～979.00	10.8	—	13.78	0.42
	15#煤底板	泥岩	979.05～979.35	13.5	1.17	11.56	0.40
W3	3#煤顶板	泥岩	550.30～560.60	18.9	1.22	22.8	0.32
	3#煤	煤	562.65～565.00	4.50	—	13.4	0.28
	3#煤底板	泥岩	567.30～567.60	23.8	1.08	50.3	0.24
	15#煤顶板	灰岩	660.70～661.10	26.0	1.79	19.60	0.20
	15#煤	煤	662.30～662.60	4.80	—	14.6	0.26
	15#煤底板	泥岩	664.50～664.80	28.0	1.78	24.50	0.21
W4	3#煤顶板	泥岩	791.60～791.90	16.9	0.94	86.4	0.31
	3#煤	煤	793.20～793.60	9.7	—	24.5	0.24
	3#煤底板	泥岩	798.05～798.35	26.0	1.89	34.2	0.25
	15#煤顶板	灰岩	884.20～884.60	34.5	1.33	30.0	0.18
		泥岩	884.60～884.70	26.9	1.80	22.5	0.17
	15#煤	煤	884.90～885.20	7.10	—	23.9	0.40
	15#煤底板	泥岩	889.50～889.80	13.3	1.04	40.4	0.27
W5	3#煤顶板	泥岩	532.60～532.90	20.2	2.14	45.6	0.31
	3#煤	煤	533.90～534.20	6.81	—	23.7	0.32
	3#煤底板	泥岩	539.10～539.40	31.2	2.43	38.7	0.29
	15#煤顶板	灰岩	634.53～634.82	26.0	1.89	34.2	0.25
	15#煤	煤	636.83～637.15	9.72	—	24.5	0.28
	15#煤底板	泥岩	639.05～639.35	26.9	1.94	51.6	0.21
W6	3#煤顶板	泥岩	830.80～831.10	14.9	0.98	65.5	0.24
	3#煤	煤	831.15～838.00	10.5	—	23.8	0.28
	3#煤底板	泥岩	838.05～838.35	24.0	2.34	30.2	0.17
	15#煤顶板	泥岩	930.65～930.85	47.8	1.31	30.2	0.19
		灰岩	930.90～931.00	58.9	1.82	22.8	0.12
	15#煤	煤	931.50～936.00	14.5	—	23.8	0.26
	15#煤底板	泥岩	936.05～936.35	23.8	1.08	50.3	0.24

(四)煤储层物性

(1)煤的孔隙度。煤储层的孔隙是煤层气赋存、运移及产出的场所和通道。煤的孔隙主要有三类:植物残余组织孔、粒间孔和次生孔洞。植物残余组织孔是植物组织在煤化作用过程中残留下来的植物组织结构,大小均一,排列有序,是一种较为重要的原生孔隙;粒间孔是煤物质的颗粒间的孔隙,是煤层中连通孔隙的主体;次生孔洞为煤中矿物质被溶蚀等原因而产生的孔洞,为数不多,分布也不均匀,对煤储层影响不大。采用真视密度计算该区煤的孔隙度,3#煤层孔隙度为3.95%~5.96%,15#煤层孔隙度为5.1%~5.92%。

(2)煤的渗透率。渗透率是控制煤层气井产能的重要因素。渗透率越高,煤层气产出能力越大,气井潜在产能越高,煤层气的可采性就越好。注入/压降试井结果显示,3#煤层的实测渗透率在$(0.97\sim2.07)\times10^{-3}\mu m^2$之间,15#煤层渗透率在$(0.68\sim1.76)\times10^{-3}\mu m^2$之间,总体而言,3#煤层渗透率略高于15#煤层渗透率,分析原因可能是15#煤层埋深小于3#煤层,煤层埋深越大,受到上覆有效应力作用影响越大,煤层渗透率越低。

(3)煤储层压力。煤层气的有效压力系统决定了煤层气产出的能量大小及有效驱动能量持续时间。储层压力越高,临界解吸压力越大,有效应力越小,煤层气的解吸-扩散-渗流过程进行得就越彻底,表现为采收率增大,气井产能增大。有效压力系统由静水压力、地应力以及气体压力组成。对于不饱和储层来说,气体本身没有压力,因此储层有效压力系统主要由静水压力和地应力组成。区块6口参数井注入/压降试井资料表明,3#煤层和15#煤层均为欠压储层,其中3#煤储层压力为3.76~5.94MPa,压力系数为0.693~0.808;15#煤储层压力为4.40~6.74MPa,压力系数为0.703~0.828。区块内煤层埋深与测试压力散点图显示煤层埋藏深度对储层压力的影响较大,储层压力整体上随煤层埋深的增加而增大(表5-42)。

表5-42 煤层压力、压力系数测试数据表

井号	层号	埋深(m)	地层压力(MPa)	压力系数
W1	3#	643.83	4.48	0.71
	15#	734.95	5.90	0.82
W2	3#	883.70	6.07	0.70
	15#	977.10	6.88	0.72
W3	3#	563.73	4.50	0.81
	15#	662.43	5.40	0.83
W4	3#	794.59	5.27	0.69
	15#	886.80	6.29	0.74
W5	3#	536.05	3.76	0.71
	15#	636.81	4.40	0.70
W6	3#	834.58	5.74	0.72
	15#	933.75	6.51	0.71

煤体结构可反映煤层裂隙发育情况,从而间接指示煤层渗透率高低。各参数井取芯显示,沁端区块3#煤和15#煤各类型煤体结构均有,但是大部分井内煤体结构主要以原生结构煤和碎裂

煤为主,仅在W2井所钻遇煤层为碎粒煤。井田勘探资料显示,3#煤层底部普遍发育有1m左右软煤。总体而言,由参数井所钻遇煤层煤体结构结果可知,3#煤和15#煤整体渗透率较高。

(4)吸附性。煤层中以物理吸附形式被吸附在煤体内表面上的吸附气为主,较大的吸附能力反映出较大的开发潜力,较高的兰氏压力反映良好的开采条件。研究吸附状态气体的赋存规律及影响因素,对于评价甲烷富集条件及聚集丰度,预测产能具有重要意义。沁端区块3#、15#煤层平衡水分等温吸附实验结果表明,3#煤兰氏体积平均值为31.65cm³/g,兰氏压力平均值为2.19MPa,15#煤兰氏体积平均值为32.28cm³/g,兰氏压力平均值为2.18MPa,不同目标煤层之间,15#煤层吸附能力略高于3#煤层。

(5)含气饱和度。煤层含气饱和度是指煤层实测含气量与在原始储层压力条件下理论含气量的比值,如式(59)所列。通过对比保存于现今煤层中的实测含气量值与原始储层压力条件下理论含气量值大小,可将煤层含气饱和度分为3种类型:饱和、欠饱和、过饱和。它是煤层气经济可采性评价的重要指标。国内煤层气开发对含气量的评价重点放在煤层的绝对含气量(目前储层条件下煤层含气量)评价上,但是勘探实践表明,煤层含气量高的含煤盆地不一定都能获得高产气流,有些含气量较低但含气饱和度较高的含煤盆地却获得了商业性气流,煤层含气饱和度是煤层气高产的主要因素之一。

$$S_g = \frac{V_m}{V_i} = \frac{V_m}{V_L} \frac{P_L + P_i}{P_i} \tag{59}$$

式中:S_g 为含气饱和度,%;V_L 为 Langmuir 体积,cm³/g;P_L 为 Langmuir 压力,MPa;V_m 为实测含气量,cm³/g;V_i 为储层压力条件下理论含气量,cm³/g;P_i 为储层压力,MPa。

依据6口参数井实测含气量数据及等温吸附数据计算两组目标煤层含气饱和度(表5-43),计算结果表明,3#煤层含气饱和度介于38.16%~90.97%之间,平均含气饱和度为70.32%,15#煤层含气饱和度变化范围为43.73%~91.53%,该煤层平均含气饱和度为73.05%。总体而言,两组煤层含气饱和度较高,15#煤层含气饱和度略高于3#煤层含气饱和度。

表5-43 沁端区块煤层气田煤层含气饱和度计算表

井号		埋深(m)	含气量 ad(m³/t)	V_L ad(m³/t)	P_L (MPa)	含气饱和度(%)	解吸压力(MPa)
W1	3#	643.83	14.05	36.63	2.27	57.79	1.41
	15#	734.95	15.90	40.26	2.73	57.77	1.78
W2	3#	883.70	9.05	33.33	2.46	38.16	0.92
	15#	977.10	10.90	32.79	2.17	43.73	1.08
W3	3#	563.73	12.15	32.75	2.49	57.63	1.47
	15#	662.43	13.95	28.09	2.12	69.16	2.09
W4	3#	794.59	19.20	30.22	1.90	86.44	3.31
	15#	886.80	20.90	30.42	2.09	91.53	4.59
W5	3#	536.05	15.55	26.73	2.12	90.97	2.95
	15#	636.81	17.65	30.42	2.09	85.58	2.89
W6	3#	834.58	20.65	30.22	1.90	90.95	4.10
	15#	933.75	22.25	31.68	1.88	90.52	4.44

煤层含气饱和度是煤层含气量、等温吸附曲线以及煤储层压力三个基本要素的派生因素,因此影响煤层含气量、煤层吸附能力以及煤储层压力的因素都将对煤层含气饱和度的分布特征产生一定影响。

煤层埋深反映了煤储层的压力特征并且影响煤层变质程度,对煤层气的生成以及保存起到关键的作用,一般而言,埋深越大,煤层成熟度越高,生成气体越多,相应煤层含气饱和度越高,沁端区块 3# 煤和 15# 煤含气饱和度与埋深散点图显示,二者相关性较小,说明其他因素对煤层含气饱和度影响较大。

(五)流体特征

(1)煤层的含气特征。煤层气含气量测定结果显示,本区煤层气含量较高,3# 煤层空气干燥基气含量多在 $9.0 \sim 21.3 m^3/t$ 之间;15# 煤层空气干燥基气含量一般在 $10.8 \sim 22.5 m^3/t$ 之间,总体上 15# 煤层气含量高于 3# 煤层。

在正常地质条件下,煤层埋深越大,煤体受到的地应力越大、煤层气压力越高,如果煤层及围岩的透气性越差,煤层气向地表运移的距离会越长,储存在煤层中的煤层气含量就越大,得知 3# 煤和 15# 煤含气量与煤层埋藏深度呈正相关。

煤层是煤层气生成及赋存的介质,煤层厚度变化影响着煤层气生成及赋存,煤层相对于围岩(砂岩等)而言,其透气性差,所以厚煤层发育地区,靠近煤层顶底板的分层起到了阻止煤层气逸散,可以看出,3# 煤和 15# 煤含气量随着煤厚的增大而增大。

(2)气体组分。气体组分分析结果显示,本区煤层甲烷浓度较高,另含少量二氧化碳和氮气。3# 煤层甲烷浓度 79.42%~95.62%,15# 煤层甲烷浓度 81.58%~98.48%。

沁端煤层气田气体品质好,组分以甲烷为主,含量 79.42%~98.48%,平均含量 91.6%;二氧化碳和氮气含量 1.01%~10.3%,不含硫化氢(H_2S)气体。

(3)水文地质条件。区内煤系地层上部有局部含水层,该含水层与煤系地层基本无水动力联系。

煤系地层中有两个主要含水层,分别为山西组 3# 煤层顶部的砂岩裂隙含水层和太原组 15# 煤层顶部的 K_2 灰岩裂隙岩溶含水层,这两个含水层的含水性较弱,补给区在地表露头,位于区块西南部。

煤系下伏奥陶系存在峰峰组和马家沟组强含水层。奥陶系灰岩与太原组之间发育薄层本溪组铝土质泥岩。

区内发育的 F_1 断层为封闭性断层,其导水和导气能力极差。

根据已钻井测井资料解释的成果,山西组 3# 煤层和太原组 15# 煤层的含水性较弱。钻孔资料显示,产出水水质类型以 $Na-HCO_3$ 为主,矿化度一般为 1200mg/L。

二、气藏工程

(一)储量估算与评价

按照《煤层气资源/储量规范》(DZ/T 0216-2010)的规定,目标区块构造简单,主力煤层 3# 与 15# 煤埋深适中,深度为 600.0~1000.0m,分布稳定,厚度大,3# 煤约 6.5m,15# 煤约 4m,煤体结构以原生结构与碎裂结构为主,含气量 3# 煤一般在 $9m^3/t$ 以上,15# 煤一般在

$11m^3/t$ 以上。通过实验和测试获得了煤岩煤质、含气量、气水性质、储层物性、压力等资料。该区已进行了钻煤层气参数井 6 口（W1～W6）和 2 个煤层气先导试验井组（分别为 W7～W11 井组和 W12～W16 井组）开发试验，并且均已获得工业气流。综合评价目标区块达到了计算探明储量的要求。

1. 地质储量/资源量估算方法与估算单元划分

在对沁端区块地质储量的计算过程中采用体积法计算，如：

$$G_i = 0.01AhDC_{ad} \tag{60}$$

式中：G_i 为煤层气地质储量，$10^8 m^3$；A 为煤层含气面积，km^2；h 为煤层净厚度，m；D 为煤的空气干燥基质量密度（煤的容重），t/m^3；C_{ad} 为煤的空气干燥基含气量，m^3/t。

根据该区煤层气藏在纵向上的分布特点、层间隔厚度、煤层的稳定性、含气性、储层压力、气水分析结果以及试气成果等，结合含气面积的确定原则，综合分析后，储量计算单元划分为：平面上分为 1 个计算单元；纵向上分为 2 个计算单元，即 3# 煤与 15# 煤。

计算单元合计为 2 个计算单元。

2. 地质储量估算参数的确定方法与选取

（1）含气面积。探明含气面积的圈定，依据《煤层气资源/储量规范》（DZ/T 0216-2010）。按照本地区的实际情况进行划定。

沁端区块 3# 煤与 15# 煤层全区分布稳定，区块构造简单，综合考虑煤层分布特征及构造特征，区块含气面积为 $36km^2$。

（2）煤层有效厚度。依据参数井钻遇煤体结构数据，剔除目标煤层夹矸厚度即为煤层有效厚度。根据全区煤层厚度等值线分布图，对全区进行网格剖分，共剖分 204 个网格，单个网格为 $400m \times 400m$。

（3）煤的含气量确定。依据参数井实测含气量数据，并根据所提供两组目标煤层含气量等值线分布图，对全区进行网格剖分，共剖分 204 个网格，单个网格为 $400m \times 400m$，对全区网格提取单个网格中心含气量数据，得到 3# 煤层和 15# 煤层含气量。

（4）煤密度。沁端区块参数井煤质分析结果显示，探明储量区 3# 煤层平均视密度为 $1.450t/m^3$，15# 煤层视密度为 $1.445t/m^3$（表 5-44）。

3. 地质储量估算结果

在计算方法、计算参数及计算区块确定后，根据地质储量计算公式，将各剖分网格点地质储量求和，即为全区总地质储量。计算结果表明，全区 3# 煤层和 15# 煤层总地质储量约为 $71.98 \times 10^8 m^3$，其中 3# 煤层和 15# 煤层地质储量分别占总地质储量的 57% 和 43%。

技术可采储量是指在现有技术条件下可以开采的最大储量。技术可采储量计算可按式（61）：

$$G_r = G_i \times R_f \tag{61}$$

式中：G_r 为煤层气技术可采储量，$10^8 m^3$；G_i 为煤层气地质储量，$10^8 m^3$；R_f 为采收率，%。

由技术可采储量计算公式可知，采收率确定直接决定技术可采储量大小。目前确定采收率方法主要有类比法、等温吸附曲线计算法以及数值模拟法三种。

表 5-44　沁端区块煤层视密度数据表

煤层	井号	视密度(t/m³)		算数平均值（t/m³）	取值（t/m³）
		样品1	样品2		
3#	W1	1.46	/	1.46	1.450
	W2	1.44	/	1.44	
	W3	1.42	/	1.42	
	W4	1.50	/	1.50	
	W5	1.42	/	1.42	
	W6	1.46	/	1.46	
15#	W1	1.49	/	1.49	1.445
	W2	1.42	/	1.42	
	W3	1.44	/	1.44	
	W4	1.43	/	1.43	
	W5	1.40	/	1.40	
	W6	1.49	/	1.49	

1)类比法估算采收率

(1)国外煤层气采收率。目前,国内外关于煤层气采收率方面的系统记载资料比较少。调研结果发现,美国有一些零星记载的资料可供参考。

1976年,以25英亩(0.1km²)的井距在 Oak Grove Grid 上打了23口井,目标煤层是 Maryiee 煤层组的 Blue Creek 煤层,1977年开始产气;1981年打了几口监测井并补充取芯;1988年又打了两口取芯井,以估算煤层气采收率,其中一口井打在该区中心,另一口井打在井网外围。结果表明,中心取芯井在生产10多年后,Biue Creek 煤层中73%的原地煤层气储量被采出,而外围取芯井的煤层气采收率为27%。

(2)中国煤层气采收率研究。中国煤层气勘探起步晚,目前还没有已经开发枯竭或经过长期开发的煤层气田,规模性的开发才刚刚开始,因此国内关于煤层气采收率研究的资料很少。

1999年,赵庆波等曾利用等温吸附曲线对沁水盆地晋试1井进行了预测。根据预测煤层气井所能达到的最低储层压力,即煤层气井的枯竭压力,废弃压力越低,最大采收率相应提高,废弃压力达到1MPa时的采收率为62.3%。

2000年,傅雪海等对我国韩城、铁法、峰峰、阳泉—寿阳、淮南谢李、大城开滦、平顶山等地区的煤层气井进行了分析,认为煤层甲烷的采收率不仅取决于煤层含气性、吸附-等温特性,以及煤层所处的原始压力系统,而且相当程度上受控于煤层气的钻井、完井和开采工艺,即煤层被打开后储层压力能够降到的最低储层压力(废弃压力)。根据我国部分煤层气测试井计算的采收率为35%,变化区间11.2%~74.5%;理论采收率为27%,变化区间6.7%~76.5%。

2)等温吸附法计算采收率

依据等温吸附曲线并设定废弃压力,结合 Langmuir 等温吸附方程可以估算在未考虑渗透率贡献情况下煤层理论采收率。目前国内外关于煤层气井废弃压力的说法不一,但意见基本上集中在 0.5～0.7MPa 之间。本次采收率计算中,设定 3#煤层和 15#煤层废弃压力为 0.5MPa,依据各参数井等温吸附数据及含气量数据计算两组目标煤层采收率(表 5-45、表 5-46)。计算结果表明,3#煤层采收率介于 37.79%～69.51%之间,平均采收率为 58.26%;15#煤层采收率变化范围为 43.67%～71.90%,平均采收率为 62.46%。总体而言 15#煤层采收率略高于 3#煤层采收率。由 3#煤层、15#煤层等温吸附法计算采收率结果,求取两组目标煤层平均采收率为 60.36%,以此作为等温吸附法综合评定 3# +15#煤层采收率。

表 5-45 等温吸附法计算 3#煤层煤层气采收率表

井号	V_L ad(m^3/t)	P_L (MPa)	含气量 ad(m^3/t)	储层压力 (MPa)	废弃含气量 ad(m^3/t)	采收率 (%)
W1	36.63	2.27	14.05	4.48	6.61	52.94
W2	33.33	2.46	9.05	6.07	5.63	37.79
W3	32.75	2.49	12.15	4.50	5.48	54.93
W4	30.22	1.90	19.2	5.27	6.30	67.21
W5	26.73	2.12	15.55	3.76	5.10	67.20
W6	30.22	1.90	20.65	5.74	6.30	69.51

表 5-46 等温吸附法计算 15#煤层煤层气采收率表

井号	V_L ad(m^3/t)	P_L (MPa)	含气量 ad(m^3/t)	储层压力 (MPa)	废弃含气量 ad(m^3/t)	采收率 (%)
W1	40.26	2.73	15.9	5.90	6.23	60.80
W2	32.79	2.17	10.9	6.88	6.14	43.67
W3	28.09	2.12	13.95	5.40	5.36	61.57
W4	30.42	2.09	20.9	6.29	5.87	71.90
W5	30.42	2.09	17.65	4.40	5.87	66.73
W6	31.68	1.88	22.25	6.51	6.66	70.09

3)数值模拟法预测煤层气采收率

数值模拟方法是预测煤层气井采收率主要方法之一。本次采用澳大利亚煤层气数值模拟软件 SIMEDWIN 对沁端区块 3#煤层与 15#煤层合层水力压裂井进行 250m×200m、300m×250m、350m×300m、400m×350m 四种井距 20 年产能预测模拟。

通过综合分析气井产气峰值大小、产气峰值到达时间以及 20 年气井采收率情况,认为沁端区块 300m×250m 井距为最优化井距,该井距 3500m³/d 稳产时间达到 1640d,20 年采收率为 53.24%,总体而言该 300m×250m 井距开发效果较好,较有利于区块整体开发以及尽快实现资金回收(图 5-21)。

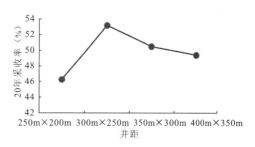

图 5-21 沁端区块单井 20 年采收率随井距敏感性模拟分析图

4. 采收率综合确定结果

在采收率确定过程中,首先对国内外关于煤层气采收率方面的资料进行了调研,在此基础上,又进行了等温吸附法和数值模拟法两种方法的采收率预测。

根据沁端区块两组目标煤层储层特征,依据等温吸附法确定在地层废弃压力0.5MPa下,煤层采收率为60.36%。数值模拟法定量计算,300m×250m的井间距下生产20年的煤层气平均采收率为53.24%。

等温吸附法所确定采收率为理论采收率,并未考虑渗透率对气体渗流的贡献,而数值模拟方法是在考虑地质条件、渗透率等多因素的情况下,在拟合实际排采数据的基础上进行合理产能预测,根据以上分析,综合评价确定沁端区块煤层采收率值采用数值模拟的结果,即煤层技术采收率取值为53.24%。

5. 技术可采储量计算结果

依据所计算区块地质储量以及综合法确定技术采收率值,计算沁端区块技术可采储量为$38.43 \times 10^8 \mathrm{m}^3$(表5-47)。

表5-47 沁端区块地质储量估算结果表

煤层	含气面积 (km^2)	地质储量 ($10^8 m^3$)	总地质储量 ($10^8 m^3$)	采收率 (%)	总技术可采储量 ($10^8 m^3$)
3#	36	40.85	71.98	53.24	38.43
15#		31.13			

6. SPE储量评估

国际上石油资源相关定义和评估方法标准化始于20世纪30年代。早期准则侧重在已证实储量。在石油评估工程师学会(SPEE)开创性工作的基础上,石油工程师学会(SPE)于1987年发布了储量分类的定义。此次工作除用国内储量计算标准计算储量之外,还进行国际通用SPE对沁端区块进行储量评估。

依据SPE储量计算方法,划分沁端区块SPE储量计算单元,目前区块内有16口排采井,该16口井所在区域为1P计算储量区块,以16口井所在区带为中心,各井向外延伸2个井距作为2P储量计算范围,3P储量计算为全区范围煤层储量。SPE各级计算结果见表5-48,SPE储量评估结果显示,全区1P储量为$2.09 \times 10^8 \mathrm{m}^3$,2P储量为$15.45 \times 10^8 \mathrm{m}^3$,3P储量为$38.43 \times 10^8 \mathrm{m}^3$。

表5-48 沁端区块SPE储量评估结果表

SPE储量分级	面积(km^2)	储量($10^8 m^3$)
1P	1.58	2.09
2P	10.28	15.45
3P	36	38.43

(二) 产能评价

1. 煤层气井排采情况

沁端区块自 2010 年以来目前已钻煤层气井 16 口,其中参数井 6 口(W1~W6)和 W7~W11、W12~W16 两个先导实验井组。

区内目标煤层为山西组 3# 煤层和太原组 15# 煤层,其中 W1 井和 W7~W11 井组压裂 3# 煤层进行采气,W5 井和 W12~W16 井组压裂 15# 煤层进行排水采气,W2、W3、W4、W6 井合层压裂 3# 煤层和 15# 煤层进行排采。

根据目前 W7~W11 井组和 W12~W16 井组排采的实际情况,总结以下几点特征:

(1)太原组 15# 煤层产气潜力高于山西组 3# 煤层。通过对比 W7~W11 井组和 W12~W16 井组排采数据发现,W12~W16 井组在井底流压整体高于 1.5MPa 情况下,日产气量均高于 1500m³/d,如果合理压降,以上该井组产气量还有上升趋势,而 W7~W11 井组两口井 W9 井和 W11 井在井底流压低于 1MPa 时,日产气量才达到 2000m³/d,由此说明 W12~W16 井组产气潜力高于 W7~W11 井组,证明太原组 15# 煤层产气潜力高于山西组 3# 煤层,分析原因可能是 15# 煤层含气饱和度高于 3# 煤层。

(2)井组排采实现面积降压,见气周期缩短、产气上升速率加快。通过小井组排采实现了面积降压,单井排采可有效地降低了邻区储层压力,影响邻井见气周期。其中参数井单井排采见气周期 0~187d,平均 50.3d,井组内单井见气周期 0~16d,平均 5.25d,见气周期大大缩短(图 5 - 22),说明井组排采能有效地形成井间干扰,从而加快煤层达到临界解吸压力速度。

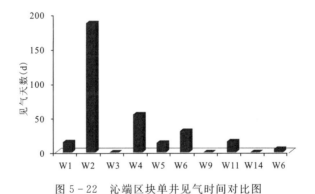

图 5 - 22 沁端区块单井见气时间对比图

2. 合理产能的论证

根据前期煤层气排采生产数据及产能影响因素分析,结合类比法、数值模拟法的结果,综合评价确定直井单井合理产能。

(1)类比法:中联煤柿庄北区块与沁端区块邻近,地质条件和煤储层性质相近,据文献分析柿庄北区块井组日产气量稳定在 10 000~15 000m³/d。部分直井单井日产量长期稳定在 2000~3000m³/d,水平井的单井日产量稳定在 5000~10 000m³/d(表 5 - 49)。

表 5-49 柿庄北区块煤层气产气成果表

排采井类型	稳定日产气量（m³/d）
井组	10 000~15 000
垂直井	2000~3000
水平井	5000~10 000

(2)米采气指数法:根据沁端区块煤层气井目前获得实际试采情况,除 W2 井,其他井获得 2000m³/d 以上稳定工业气流,其中目标煤层为 3# 煤层的气井最高日产气量为 2025~2228.79m³/d,目标煤层为 15# 煤层的气井最高日产气量为 2052.09~3329.47m³/d,联合压裂 3#+15# 煤层最高日产气量为 549.06~4005.45m³/d。

参考单井米采气指数,选取平均值,3# 煤层平均厚度 6.24m,15# 煤层平均厚度 4.14m,分别根据各排采井生产数据,求取各对应层位生产压差平均值,最后计算各层位平均产能如表 5-50 所示,3# 煤层单井最高产能约为 2916.61m³/d,15# 煤层单井最高产能为 2798.60m³/d,W14 井和 W16 井排采层位为 15# 煤层,两口井在二次开井情况下,生产压差较小,气井快速达到产气峰值,目前两口井底流压较高,后期产能有上升趋势,因此 15# 煤层所预测单井最高产能偏低,后期有较大的产气潜力。3#+15# 煤层单井平均最高产能为 4077.67m³/d(表 5-50)。

表 5-50 沁端区块米采气指数法确定单井产能表

井号	层位	产气量（m³/d）	厚度（m）	井底流压（MPa）	压差（MPa）	米采气指数（m³/MPa·d）	平均最高产能（m³/d）
W1	3#	2171.56	6.35	0.74	2.86	119.57	2916.61
W9	3#	2228.79	6.18	0.95	0.83	434.51	
W11	3#	2025.66	6.16	0.45	2.41	136.66	
W5	15#	2670.16	3.95	1.04	1.40	482.85	2798.60
W14*	15#	3329.47	4.20	1.69	0.27	2936.04	
W16*	15#	2052.09	4.19	2.82	0.01	48 975.82	
W2*	3#+15#	549.06	10.40	0.52	2.22	23.78	4077.67
W3	3#+15#	3187.13	9.10	1.26	1.68	208.47	
W4	3#+15#	4005.45	10.22	0.62	2.77	141.49	
W6	3#+15#	3809.88	11.35	0.80	3.48	96.46	

注:W2 井受断层影响,所钻遇煤层几乎全为碎粒煤,因此在进行单井产能预测时未参与计算。

(3)数值模拟法:数值模拟方法是预测煤层气产量的主要方法之一,适用于控制(含)以上级别储量的计算。本次利用煤层气数值模拟软件 FAST CBM,通过煤层气井实际生产数据历史拟合,对区内储层参数进行了拟合,获取煤层气井的预测产量和预测采收率。

运用 FAST CBM 软件进行数值模拟,对 W1 井进行了 20 年的产气量预测,结果表明该井 20 年的日产气量介于 716.0~2851.1m³/d 之间,排采至 2012 年 12 月 30 日时出现了最高日产气量,为 2851.1m³/d。20 年排采的累计产气量为 1126.40×10⁴m³,20 年采收率为 43.23%。

3. 开发规模确定

根据储量的规模和数值模拟所确定的井网井距,结合全区地质特征,预计可部署地面垂直井 278 口,包括利用老井 16 口(参数井 6 口,开发试验井 10 口),3#煤层部署 5 口 V 型水平井。

(三)开发部署

1. 开发层系划分

山西组 3#煤和太原组 15#煤为区内稳定分布的煤层,具有一定厚度,为全区可采煤层,根据储量估算、实际排采效果等综合分析认为,3#煤和 15#煤具有一定的资源基础,煤层解吸压力高,具有较好的可采条件。根据试井资料解释,两组煤层渗透率较高。排采资料显示,目前通过水力压裂改造,3#煤层和 15#煤层两组煤层单层或两层联合排采均可获得稳定的工业气流,两层联合排采气产量要高于单层排采,因此选择 3#煤和 15#煤作为主力开发层系。

2. 井型选择

区块内生产井排采数据以及产能历史拟合和拟合井产能预测结果显示,两组目标煤层经过水力压裂可获得稳定高产,因此垂直井水力压裂是区块内主要的井型和完井方式,同时区块内两组目标煤层厚度均大于 3m 且全区稳定发育,其中 3#煤层平均厚度为 6.24m,15#煤层平均厚度为 4.14m,综合分析单层煤厚展布特征以及区内构造简单区块特征,同时 15#煤层顶部为 K_2 灰岩含水层,综合以上资料分析认为山西组 3#煤层厚度较大,有利于水平井部署,水平井完井主要可以选择澳大利亚煤层成功开发井型 V 型水平井。

根据以上分析,沁端区块主要井型可确定为垂直压裂井和 V 型水平井两种井型。

3. 井网部署及其依据

煤层气开发是一项集多种技术于一体的复杂的系统工程,具有高投资、高风险、高难度、低产出的特点。因此,煤层气开发的各个环节(包括煤层气开发选区、设计、开发技术等)都必须慎重进行。井网优化设计是煤层气开发的一项关键技术,也是煤层气开发规划的重要环节,实践证明,煤层气开发井网布置得是否合理,关系到单井产量的大小,也关系到高产稳产期的长短和气体采收率的高低,以及项目的经济性。井网优化通常包括两个方面内容:合理的井网以及井距设计。

依据对区块地质评价和储层认识,运用储层模拟手段,结合水力压裂等增产强化措施的强度和工程作业因素,对沁端区块垂直压裂井开发合理的井距和群井的平面几何形态等进行了初步优化选择,以确保最大的产气能力和服务年限。

(1)井距选择:井距是产量预测和经济评估的主要参数,它决定着煤层气开发的经济效益和煤层气资源的采收率。井距的大小取决于储层的性质和生产规模对经济性的影响,以及对采收率的要求。

为确定该区煤层气开发合理的井间距,在编制开发设计方案过程中,在储层评价和生产试验井历史拟合的基础上,以各参数井所钻遇两组目标煤层煤厚、埋深、含气量、等温吸附、吸附时间等参数平均值输入所建立模型,模型中各目标煤层渗透率取 W1 井、W4 井、W5 井历史拟合渗透率值平均值(表 5-51),利用数模软件 SIMEDWIN 分别模拟了 250m×200m、300m×250m、350m×300m、400m×350m 四种井距的煤层气产能,模拟完井方式为 3#+15#煤层联合水力压裂。

表 5-51 井距敏感性模拟参数表

模拟数值参数	3#煤	15#煤
储层渗透率($10^{-3}\mu m^2$)	1.94	3.30
割理孔隙度(%)	0.21	0.28
含气量 ad(m^3/t)	15.11	16.93
储层压力(MPa)	4.97	5.90
兰氏体积 ad(m^3/t)	31.65	32.28
兰氏压力(MPa)	2.19	2.18
煤厚(m)	6.24	4.14
埋深(m)	709.41	805.31

模拟结果显示(图 5-23),随着井距的增大气井产气峰值推迟,其中 250m×200m、300m×250m、350m×300m、400m×350m 四种井距的煤层气井产气峰值到达时间分别为 493.52d、954.50d、1201.61d、1356.68d。产量曲线显示,小井距煤层气井在达到产气峰值之后快速递减,稳产期相对较短,大井距的气井整体稳产期较长,气产量递减较慢。通过对比分析四种井距气井产气峰值以及气产量稳产情况,300m×250m 井距最高日产气量达到 4600.66m^3/d,气井在 1640d 内稳产 3500m^3/d 以上,综合评价认为 300m×250m 井距为沁端区块最优化井距。

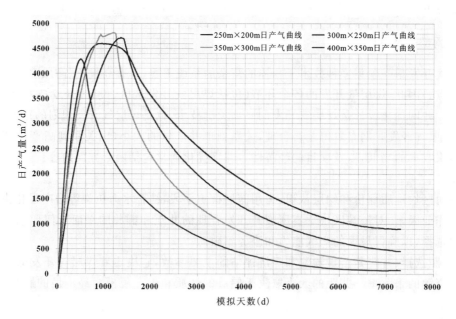

图 5-23 合层垂直压裂井产能井距敏感性模拟图

(2)井网布置形式。合理的井网布置方式,不仅可以大幅度地提高煤层气井产量,而且会降低开发成本。煤层气井井网布置方式通常有三角形井网、矩形井网、菱形井网和五点式井网等,图 5-24 至图 5-27 为以上四种井网模拟剖分网格图,依据井距优化模拟结果,井网模拟井距为 300m。模拟参数同井距敏感性模拟参数相同(表 5-51)。

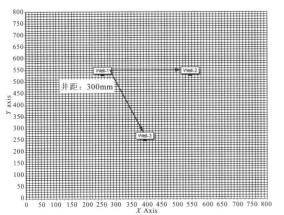

图 5-24 三角形井网数模剖分网格

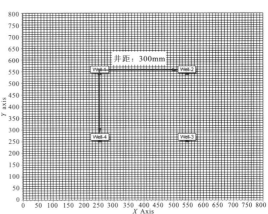

图 5-25 矩形井网数模剖分网格

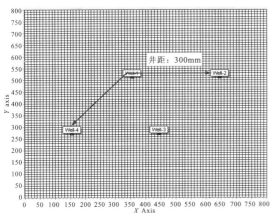

图 5-26 菱形井网数模剖分网格

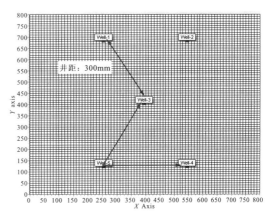

图 5-27 五点式井网数模剖分网格

由模拟结果可知(图 5-28),五点式井网单井达到产气峰值时间最短且产气峰值最高,三角形井网达到时间最长产气峰值最低,矩形井网和菱形井网的产气峰值和达到产气峰值时间基本相近,对比四种井网模式产量曲线发现,矩形井网单井稳产时间最长,气产量高于 3500m³/d 达到 2092d,其他三种井网模式条件下单井产气量曲线表现为达到产气峰值后气产量快速递减。通过对比四种井网模式条件井间干扰时间发现,三角形井网在排采至 1035d 发生井间干扰(图 5-29),矩形井网经过 810d 发生井间干扰(图 5-30),菱形井网经过 635d 排水降压发生井间干扰(图 5-31),五点式井网在排采至 370d 发生井间干扰(图 5-32)。综合对比四种井网模式下单井产气峰值、达到产气峰值时间、稳产时间以及井间干扰时间,本研究认为矩形井网为沁端区块垂直压裂井最优井网类型。

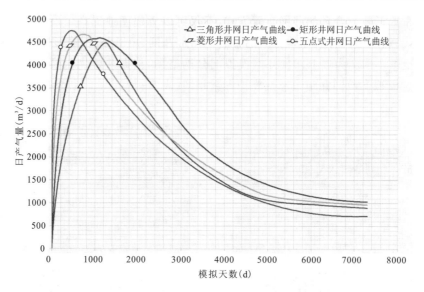

图 5-28　不同井网单井 20 年模拟产气量曲线图

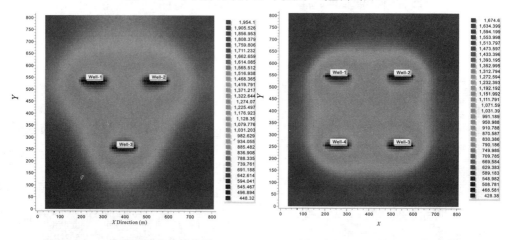

图 5-29　三角形井网井间干扰图　　　　　图 5-30　矩形井网井间干扰图

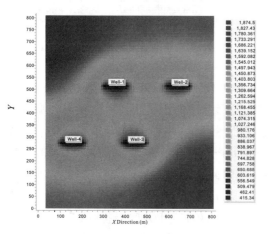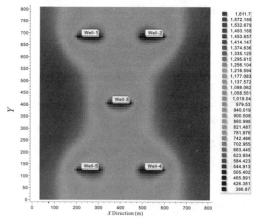

图 5-31　菱形井网井间干扰图　　　　　图 5-32　五点式井网井间干扰图

4. 开发方式选择

煤层气开发方式主要有井下瓦斯抽放和煤层气地面开采两种。其中井下瓦斯抽放是借助煤炭开采工作面和巷道,通过煤矿井下抽排、煤矿采动区抽排、废弃矿井抽排等方法开采煤层气资源的一种煤层气开发方式;煤层气地面开采是在煤矿区之外的煤层气富集区,通过施工直井或水平井等,经储层改造(如压裂、洞穴完井等)后实施排水—降压—采气,开采煤层气资源。

鉴于沁端区块煤层发育稳定、煤层埋深适中、煤层气含量高、储层渗透性好、等条件,区内的煤层气开发适合于地面开采,前期的煤层气开发试验效果也充分证实了该方式的经济可行性。

考虑到实际开发过程中地形条件、交通条件影响,采用垂直井+水平井组合的部署方式进行开发。另外,煤层气的产出是通过排水→降压→解吸→扩散→渗流→汇入井筒→排出地面一系列过程实现的,且由于区内煤储层处于欠压状态,自然地层能量不足以驱动煤层气产出,为保证储层能量的有效传导,煤层气能够充分解吸,促进扩散→渗流过程的持续进行,直井必须进行水力压裂改造,再进行排水—降压—采气。目前参数井排采证明,前期实施的小井组采取该方式初步取得较好的开发效果。

随着水平井技术的提高和完善,以及钻井成本的降低,在实际开发中可以考虑在地质条件好的地方部署一定数量的 V 型水平井,以提高单井产量,提高采收率并缩短投资年限。

5. 开发阶段的划分

依据沁端区块可采储量计算结果,以 5% 的可采储量作为建产目标,根据数值模拟结果以及 W4 井产能预测结果,300m×250m 井距条件下合层压裂排采平均日产气量为 1595m³/d,预计产能建设期为 2 年,自然稳产期 6 年,产量递减期 12 年,生产期设计为 20 年。

(四)开发方案指标优选和方案推荐

1. 气田采气速度及稳产方式

采气速度对煤层气开发投资的回收、采收率、生产成本等有影响。采气速度太低,影响投资回收期限。由于煤储层物性差,气体解吸速度慢,因此采气速度太高,既会影响气体的采收率,又会使增加地面压缩机台数而导致成本增加。

沁端区块采用了数值模拟法计算 300m×250m 井距采气速度 4 年内稳定在 3.0%~4.2% 之间。考虑本区的实际情况,认为达到设计的年生产能力,采气速度控制在 4.0% 左右较为合适。

建议本区稳产方式主要通过新区滚动和已钻井区域加密井组成。

2. 产量预测及单井合理产量

依据 3# 煤层和 15# 煤层合层压裂井距敏感性模拟结果,认为 300m×250m 为区块内最优化井距,在该井距条件下,产气峰值可达到 4600.66m³/d,并连续在 1640d 内稳产 3500m³/d 以上,平均日产气量为 1835.6m³/d(图 5-33),同时 W4 井产能预测结果显示,该井双层联合压裂平均日产气量为 1354.93m³/d,综合数值模拟以及 W4 井排采结果,综合评价认为 300m×250m 井距条件下单井合理产能为平均日产气量 1595m³/d。

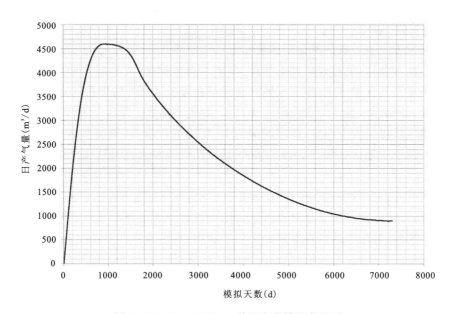

图 5-33　300m×250m 井距产能模拟曲线图

3. 压力预测

煤储层压力分析通常可以通过试井和排采数据分析综合确定。参数井试井结果显示,沁端区块两组目标煤层均为欠压煤层。排采时初始静液面的高低反映了地层能量的大小,煤层气井排采时的初始动液面同样反映了储层压力的大小,考虑到排采前初始动液面是储层压力的直接体现,依据初始开井井底流压计算动液面高度并与煤层埋深对比(表 5-52),结果显示由排采数据计算动液面高度低于煤层埋深,说明研究区为欠压储层,与试井结果吻合。综合试井结果和排采数据分析,以试井结果为主要参考值,通过拟合试井压力和埋深数据发现二者有良好的正相关性,相关系数达到 0.884(图 5-34),通过储层压力与试井关系式(62),可进行储层压力预测。

$$Y = 0.006X + 0.776 \tag{62}$$

式中:Y 为预测储层压力,MPa;X 为埋深,m。

表 5-52　排采数据计算液面高度与煤层埋深对比结果表

井号	开井井底流压(MPa)	计算初始液面高度(m)	煤层埋深(m)
W1	3.60	367.35	643.83
W2	2.74	279.59	977.10
W3	2.94	300.00	662.43
W4	3.40	346.94	886.80
W5	2.44	248.98	636.81
W6	4.28	436.73	933.75

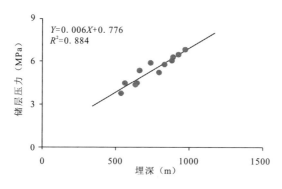

图 5-34 沁端区块储层压力预测图

4. 生产井数

根据研究区情况、储层条件以及钻井部署地质约束条件,沁端区块预计共可部署 278 口垂直井,包括 262 口新钻井和 16 口老井,同时在 3# 煤层构造宽缓区带部署 5 口 V 型水平井。

5. 产能建设期

以 5%的可采储量作为建产期产能,根据区块内所部署井数,并结合数值模拟结果以及 W4 井产量预测结果,计算区块产能建设期约为 2 年。

6. 推荐开发方案

根据区块整体地质、储层特征以及排采情况,区块内整体开发方案原则如下:

(1) 3# 煤层与 15# 煤层为合层垂直井开发。

(2) 井距采用 300m×250m 矩形井网,依据压裂裂缝方位展布,长轴方向平行于主应力方向,在向斜与背斜转换的平缓区带部署 V 型水平井。

(3) 垂直井全部水力压裂投产;V 型水平井部署仅部署在 3# 煤层,且采取筛管完井;V 型井单分支煤层进尺 800m。

(4) 根据全区构造特征、压裂裂缝检测结果、节理密度全区分布情况,在考虑经济因素以及气体回采速度的前提下,在向斜与背斜转换的构造宽缓区带、煤层节理密度相对较小的区带部署 V 型水平井;在节理密度较大的区带,部署垂直压裂井。

(5) 由于 W2 井所钻遇煤体结构几乎全部为碎粒结构煤,可知 F_1 正断层对煤体结构起到相当重要的破坏作用,从而造成 F_1 正断层附近煤层渗透率较低,此外含气量数据显示,F_1 正断层附近两组目标煤层含气量均出现异常低值区,可能原因是正断层为煤层气体逸散提供通道,综合 F_1 正断层对煤层渗透率和含气量影响,本次开发方案制订过程中,F_1 正断层东西两侧 1~2 个井距范围不进行部井。

(6) 垂直压裂井和 V 型水平井均进行排水采气。

根据以上原则,全区共部署 278 口垂直压裂井,其中包括老井 16 口,新钻井 262 口,并且在 3# 煤层部署 5 口 V 型水平井。区块井位部署图见图 5-35。

方案规划动用全区范围内 3# 和 15# 煤层煤层气储量,含气面积 24.214km²,可采储量

$31.67 \times 10^8 \mathrm{m}^3$。

为完成设计产能,在井位部署时,第一年部署 150 口井,其中包括 129 口垂直压裂井、16 口老井、5 口 V 型水平井;第二年新部署 133 口垂直压裂井。依据以上部署方案,全区块在第 2 年达到设计建产期,全区块稳产 6 年,在第 8 年开始产量递减(表 5-53)。

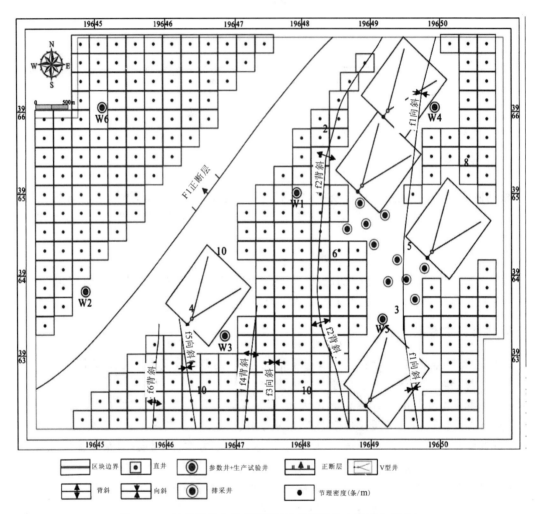

图 5-35 沁端区块井位部署图(垂直压裂井+V 型水平井)

表 5-53 沁端区块开发概念设计开发指标预测表

生产时间 (年)	生产井数 (口)	年产气 ($10^8 \mathrm{m}^3$)	年采气速度 (%)	累产气 ($10^8 \mathrm{m}^3$)	地质储量 采出程度(%)	可采储量 采出程度(%)
1	150(老 16)	0.89	1.49	0.89	1.49	2.8
2	283(新 133)	1.17	1.97	2.06	3.46	6.5
3	283	2.88	4.84	4.94	8.3	15.6
4	283	2.85	4.79	7.79	13.1	24.6

续表 5-53

生产时间（年）	生产井数（口）	年产气（10⁸m³）	年采气速度（%）	累产气（10⁸m³）	地质储量采出程度（%）	可采储量采出程度（%）
5	283	2.88	4.84	10.67	17.94	33.7
6	283	2.88	4.84	13.55	22.78	42.8
7	283	2.86	4.8	16.41	27.58	51.8
8	283	2.88	4.85	19.29	32.42	60.9
9	283	2.59	4.36	21.88	36.79	69.1
10	283	2.09	3.51	23.97	40.3	75.7
11	283	1.65	2.75	25.62	43.07	80.9
12	283	1.56	2.54	26.06	43.81	82.3
13	283	1.44	2.08	26.68	44.21	83.2
14	283	1.25	1.86	27.27	45.36	85.2
15	283	1.21	1.80	27.51	45.84	86.1
16	283	1.18	1.74	27.74	46.63	87.6
17	283	1.05	1.67	28.03	47.11	88.5
18	283	0.85	1.43	28.88	48.55	91.2
19	283	0.7	1.17	29.58	49.72	93.4
20	283	0.6	1.01	30.18	50.73	95.3

注：动用含气面积 24.214 km²，地质储量 59.49×10⁸ m³，可采储量 31.67×10⁸ m³。

三、钻、完井工程方案

（一）钻井

本区块 6 口参数井注入/压降试井资料表明，3#煤层和 15#煤层均为欠压储层，其中 3#煤储层压力为 3.76～5.94MPa，压力系数为 0.693～0.808；15#煤储层压力为 4.40～6.74MPa，压力系数为 0.703～0.828。

1. 井身结构及套管程序

根据地层特点、地层压力情况及目前钻井工艺技术状况、参考已钻井资料，依据有利于安全、优质、高效钻井和保护油气层的原则进行设计。井身结构见表 5-54，图 5-36。

表 5-54 井身结构设计表

开钻程序	钻头直径（mm）	完钻深度（m）	套管直径（mm）	下深（m）
一开	311.1	60	244.5	60
二开	215.9	1000	139.7	960

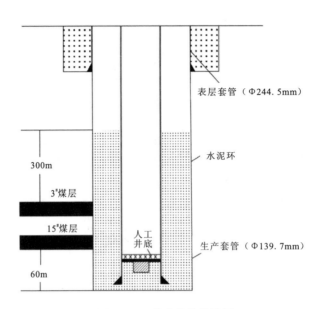

图 5-36 井身结构设计图

2. 钻井液方案设计

依据《钻井泥浆技术管理规定》《科学钻井技术规定》以及其他有关煤层气钻井行业标准，根据该区煤系及其上覆地层特点和大量煤田地质勘探孔的施工经验，同时借鉴邻区晋城潘庄井田煤层气勘探生产试验井的施工经验，该区块钻井液性能指示见表5-55。

表 5-55 不同层位用钻井液性能指标表

层位	井段 （m）	密度 （g/cm³）	黏度 （s）	失水量 [ml/30min]	泥饼 （mm）	pH 值	含砂量 （%）
Q、P	0~100	1.15	25	15~20	≤2	8~9	≤4
P	100~700	1.05	18~23	10~15	≤1.5	8~9	≤0.2
P、C	700~1000	≤1.03	17	/	/	8~9	≤0.2

3. 钻机与钻具选择

本方案选择GZ-2000型、GZ-2600型、TSJ-2000E型和TSJ-2000A型水源钻机，钻机都可以满足本区块钻井要求，其中GZ-2000型钻机技术参数见表5-56，钻具组合见表5-57。

4. 钻头选型及钻井参数设计

本区块钻井所遇到的岩石主要为泥岩和砂岩，而泥岩的硬度多属于1~2级，属于软地层，砂岩的硬度为4~8级，属于硬或者中硬地层，因此选择型号为HA517的牙轮钻头钻泥岩地层,选取型号为 HA617 的牙轮钻头钻砂岩地层,在目的层取芯采用 PDC 钻头。

表 5-56 钻机技术参数表

主要产品型号		GZ-2000
钻进深度(Φ89mm 钻杆)(m)		2000~2600
转盘通径(mm)		Φ660
钻盘转速(正反)(r/min)		45 64 103 178
转盘输出最大扭矩(kN·m)		25
卷扬机单绳最大提升力(kN)		100
卷扬机提升速度(按二层计算)(m/s)		1.0 2.26 3.9
离合器输入转速(r/min)		730
柴油机	型号	6135AN
	功率(kW)	154
	转速(r/min)	1500
电动机	型号	Y315S-4
	功率(kW)	160
	转速(r/min)	1480
游动系统		5×6
外形尺寸($L \times W \times H$)(mm³)		4477×2288×1245
主机重量(不含动力)(kg)		8460

表 5-57 钻具组合设计表

开钻次序	钻头尺寸(mm)	井段(m)	钻具组合
一开	311	0~60	Φ311mm 钻头+Φ309mm 稳定器+Φ203mm 钻铤×18m+Φ309mm 稳定器+Φ178mm 钻铤×36m+Φ159mm 钻铤×54m+方钻杆
二开	215.9	60~1000	Φ215.9mm 钻头+Φ203mm 钻铤×18m+Φ214mm 稳定器×2m+Φ178mm 钻铤×36m+Φ159mm 钻铤×54m+Φ127mm 钻杆+方钻杆
煤芯采取	215.9		Φ215.9mmPDC 钻头+绳索式半合管工具+Φ215.9mm 钻杆+方钻杆

煤层段钻进时,以绳索取芯钻进为主,为了满足取芯工艺的要求,同时也防止在煤层段钻进时造成压力激动而伤害煤储层,钻进时采用"三低"参数,即低排量(8~10L/s),低钻压(1~2kN/mm),低转速(35~45r/min)。因排量小,上返速度低,携屑困难,为确保井下安全,适当地提高了钻井液的动塑比,把它控制在 0.35~0.5 范围内,使之具备良好的携屑性能,保证在

煤层段使用"三低"参数的情况下,不会因为沉砂而引起井下事故。

5. 煤储层保护

沁端区块煤层气井钻井施工过程中,针对每口井的岩性特点设计采用了低固相钻井液及无固相钻井液两套体系。煤层段以上采用低固钻井液,以安全钻进为主;煤层段则以保护煤储层为主,采用无固相钻井液。由于采用了两套钻井液体系,较好地预防了上部地层复杂情况的发生,同时对下部煤层段也做到了有效的保护。

6. 钻井工艺要求

1)丛式井钻井工艺技术

井身结构:一开采用 Φ311mm 钻至基岩,下入 Φ244.5 表层套管,固井并候凝 48h;二开采用 Φ215.9mm 镶齿牙轮钻头钻至完井,下入 Φ139.7 技术套管固井。

钻井液:煤系地层主要采用 PHP(水解聚丙烯酰胺),起到絮凝泥浆中的钻屑、劣质黏土用,改善泥浆流动性,减小摩阻,提高钻速。采用钠羧甲基纤维素(CMC)降失水剂来降低泥浆失水,抑制泥岩水化膨胀和巩固井壁;提高泥浆悬浮和携带岩屑能力。用 R59 钻井液提高泥浆的润滑携砂能力,减少钻具回转阻力。

指标:黏度 18S;pH 值 7~8;相对密度 1.04;失水 30L/30min;含砂<1%。

钻具组合及措施:定向井施工中主要分直井段、造斜段、增斜段、稳斜段,要针对不同地层、不同井深、位移有效地做好 4 个井段的钻具组合。实现设计轨迹是施工的关键,同时也关系着丛式井防碰及下部定向造斜段的难易程度。

其中直井段钻具组合:一开直井 Φ311.1mm 钻头+Φ159mmDC6 柱+Φ127mmDP;二开直井 Φ215.9mm 钻头+Φ159mmDC6 柱+Φ127mmDP。

以上造斜前直井段钻具组合用于造斜点较浅,且地质层稳定,不易井斜的情况。此结构在陕北丛式井施工中,造斜点井斜很小(≤2°),是一种理想的组合方式。

2)多分支水平井钻井工艺技术

$3^\#$ 煤层分布稳定,煤层平坦,煤岩机械强度相对较高、煤层稳定性好,钻水平井把握性较大;煤层顶板稳定,有利于主水平井造斜。因此,$3^\#$ 煤层采用多分支水平井钻井技术开采煤层气。

造斜段主水平段及分支段:造斜段同样采用"MWD+马达"导向钻井技术。

钻具组合:Φ215.9mmLH517G 钻头+Φ165mm 泥浆马达(1.83°)+Φ127mm 无磁加重钻杆+Φ165mmMWD 短节+Φ159mm 无磁钻铤+Φ127mm 加重钻杆+Φ127mm 钻杆。

钻进参数:钻压为 50~80kN;排量为 25~28L/s;泵压为 9MPa。

钻具组合:Φ215.9mm 钻头+Φ165mmRMRS+Φ165mm 马达(1.5°)+Φ159mm 无磁钻铤+Φ165mmMWD 短节+Φ159mm 无磁钻铤+浮阀+Φ127mm 加重钻杆+Φ127mm 钻杆。

水平段和分支段采用"LWD+马达"的导向钻井技术、AG-itator(减阻短节)等先进技术及工具。

钻具组合:Φ152.4mmPDC 钻头+Φ120mm 泥浆马达(1.5°)+Pony 钻铤+LWD 组合+Φ120mm 无磁钻铤+浮阀+AG-itator+Φ88mm 钻杆+Φ88.9mm 加重钻杆+Φ88.9mm 钻杆。

钻进参数:钻压为 20~80kN;泵压为 9MPa。

钻井的具体施工参数：排量 800～900L/min；钻压 10～40kN；注气量 30m³/min；注气压力 3.6MPa。钻井液为清水。

3）水平井工艺技术

15#煤层地层倾角及走向变化大，轨道设计要求高，转迹控制中调整频繁、难度大。

直井段：牙轮钻头＋无磁钻铤＋钻铤＋钻杆的钻具组合。

造斜段：牙轮钻头＋可调弯外壳导向马达＋弯接头＋无磁钻铤＋无磁短节＋钻铤＋无磁加重钻杆＋钻杆的钻具组合。可调弯外壳导向马达(1.5°～2.5°)其造斜率可达 6°～26°/30m，具有一定调控性，不管造斜还是稳斜，都能取得良好的定向效果，通过调整和控制动力钻具的工具面，可以获得较稳定的井眼全角变化率。

水平段：水平井在进入水平段后，轨迹控制的主要问题是井斜的上、下起伏，方位基本稳定。在这个井段，如果希望不起、下钻还能调整井斜、方位，则选择导向钻具组合。

钻井液的使用：为了提高煤层气的开采率，煤层水平段，最好用空气钻进或清水钻进。但是空气钻进现在世界上还没有完善的测量控制仪器，清水钻进在软质煤中塌垮严重。必须选择有良好的化学聚凝能力，保持钻井液低固相的钻井液体系，可以减少钻井液中亚微米颗粒的含量，具有很强的抑制性和防塌性，能够有效降低钻井液的动失水，降低滤液的渗透率，减少钻井对煤层的深度损害。

轨迹的控制技术：水平井的井眼控制技术是水平钻井技术的关键环节，总的要求是具有一定的控制精度；具有较强的应变能力；具有较高的预测准确度，达到较稳、较快的施工水平。

4）定向羽状水平井钻井工艺技术

井身结构：表层 Φ215.9mm 井眼，下入 Φ177.8mm 套管封固上部水层和易垮塌层；Φ152.4mm 主水平井眼长 600～1200m；Φ120.6mm 分支水平井眼长 300～600m，对称分布在主水平井眼两侧，裸眼完井。

采用 ZJ20 钻机，通过煤层井壁稳定性研究，将钻井液密度控制在合适的范围内，防止井眼发生张性破裂或剪切破坏而坍塌。

分支井眼采用铰接式钻具组合，钻井顺序是由下往上逐个分支钻成。

5）欠平衡钻井工艺技术

目前，欠平衡钻井最好采用空气钻井，不但钻速快，成本低，更重要的是其对煤层几乎无伤害，具有良好的保护煤层的能力。

水平段和各分支段是在煤层中钻进，采用了充气欠平衡钻井技术。钻井液为"清水＋XC 生物聚合物"。

7. 固井工艺方案

(1)套管准备及作业：下套管前对井眼进行通井，以保证套管能顺利下入；下套管时钻严格按照套管作业相关标准进行套管作业；准备清水 10m³（表层固井）；固井前对井眼进行大排量循环洗井，保证进出口泥浆密度一致；准备清水 50m³（煤层固井）。

(2)固井施工要求：表层水泥浆返至地面；如果煤储层不能承受现有最轻的水泥浆密度上返至地面，可采用低密度注水泥或分级注水泥固井；为保证全井平均水泥浆当量密度不超过最大水泥浆平均密度，可采用变密度固井；煤层气井生产套管固井采用低密度(≤1.6g/cm³)、抗压强度大于14MPa 的空芯漂珠水泥固井。水泥浆上返至3#煤储层以上 200m 或地面。

(3)固井施工过程:注隔离液,清水;注水泥;压胶塞替浆至碰压,碰压至 15MPa;稳压 3min,压降小于 0.5MPa,放压候凝。

(4)套管柱试压:表层套管柱试压在固井结束 48h 后进行。技术套管和生产套管试压,在水泥浆候凝 48h 后,完成测井后进行。

用井口试压工具连接井口试全井套管柱、井口。试压介质采用清水或管内循环介质,采用水泥车或其他专用试压设备。

(5)注水泥设计:前置液配制,其特性必须对钻井液及水泥浆具有良好的相溶性,并能控制滤失量,不腐蚀套管,不影响水泥环的胶结强度;使用量为在不造成油气侵及垮塌的原则下,占环空高度 300~500m。

压塞液要具有一定的悬浮能力,使用量 2~2.5m³。

施工程序:注前置液→注水泥浆→压胶塞→替井浆→碰压→候凝。

注水泥要求:引浆密度 1.70~1.75g/cm³,尾浆密度 1.85~1.95g/cm³,注量必须满足封固到地面。

候凝时间:36~48h。

(6)水泥浆试验要求选用胶乳防气窜水泥浆体系。

水泥浆密度:1.85~1.90g/cm³;自由水控制量为 0,降失水量<50ml/6.9MPa,30min;固井水泥浆要模拟井下情况做高温增压稠化试验,稠化时间≥作业时间+1h,要考虑多余水泥浆返出地面所需时间;钻井液、水泥浆和前置液做相溶配伍性试验;水泥浆应满足强度要求,即水泥浆应满足最小支撑抗挤强度 24h≥3.5MPa,射孔要求抗挤强度 48h≥13.8MPa。

固井添加剂及部分附件材料见表 5-58。

表 5-58 固井添加剂及部分附件材料表

材料名称		用量		备注
		一开	二开	
水泥添加剂	消泡剂(t)	0.40	1.60	添加剂及其加量可根据实际情况进行调整,必须满足水泥浆性能要求和施工要求
	降失水剂(t)	3.16	32.0	
	防气窜剂(t)	/	20.0	
	缓凝剂(t)	1.58	4.0	
	分散剂(t)	1.58	4.0	
	胶乳水泥浆(m³)	/	/	
隔离液(m³)		6	6	/
固井附件	常规附件(套)	1	1	
	尾管悬挂器(套)	/	/	
	回接插筒(只)	/	/	
套管扶正器	双弓扶正器(只)	7	45	扶正器规格必须与井眼及套管尺寸匹配
	刚性扶正器(只)	/	/	

注:尾管固井采用带顶部封隔器的尾管悬挂器。

(7)固井技术措施采用钻井液开钻,内插法固井。

下套管前应充分循环钻井液,井底无沉砂后才能下入。

下套管按 API 规定的最佳扭矩上扣,认真执行灌钻井液措施,控制套管下放速度,使管外钻井液返速与钻进时管外返速相近,以防压漏地层导致井壁坍塌,套管内严禁落物。

套管下至设计井深,洗井 1～2 周,洗井排量不超过钻进排量,待钻井液性能符合要求,泵压稳定后即可停泵施工。

内插管坐封要平稳,密封要可靠,密封插头下井前要涂抹黄油;坐封后,开泵循环钻井液,如果套管内无钻井液溢出,则说明密封插头处密封良好,即可按设计注入水泥浆。注完水泥后,按钻杆内容积替入当量钻井液量。

坐封压力根据循环最高泵压由固井施工指挥现场计算,为在当泵压出现异常情况下也能顺利施工,实际施加的坐封压力应为计算值的 2 倍以上为宜。

若施工结束后水泥未返出或井口水泥面下沉,必须从井口环空注水泥浆补充。

计算套管在固完井后所受的浮力,如果套管要浮起,必须在固井前对套管采取固定措施。

候凝时间:24h。

(8)固井水泥管理基本要求:固井施工单位要努力确保固井水泥的数量和质量,使用袋装水泥应先备罐,后上水泥,做到水泥不落地,入罐水泥必须经 10mm 筛网过滤;使用散装水泥时,必须对送井水泥先检查核准数量无误后再施工;对于散装水泥在出厂、运输和卸货的过程中要严格把关,确保水泥的数量和质量;深井固井,必须使用同一批次生产的水泥;严禁不同批次生产的水泥混合使用;井场上的水泥与外加剂混合必须均匀,并取大样进行复核,大样复核的结果应与室内试验基本接近。大样复核合格后才可下套管。固井水每放置 3d 以上,必须重新进行大样复核。

(二)完井方式

常用煤层气完井方式有裸眼完井、裸眼扩孔完井、裸眼洞穴完井、套管完井、多层完井、水平井 6 种方式,其中裸眼扩孔完井、裸眼洞穴完井是在裸眼完井方式的基础上发展改善形成的。每种完井方式都有其最佳适用条件,这主要取决于煤层埋深、煤厚、煤层垂向分布、顶底板机械强度、储层压力、水文条件、含气量、含气饱和度、渗透率和增产措施等一系列因素。

如果完井方式选择得当,既可保护产层、稳定产量,又可延长开采时间。

1. 垂直井的套管完井

套管射孔完井是对产气煤层,下套管的一种完井方式。套管射孔完井对多数煤层气井都适用,是目前国内外广泛使用的完井技术。钻头钻至煤层底部以下 30～50m,下入或更大的生产套管。

套管射孔完井是指钻完全部井深,下套管、固井并将煤层用水泥封住后,用射孔器射穿套管、水泥环和部分煤层,构成煤层与井筒的连通通道。

井身结构:一般采用直径 Φ215.9mm 钻头钻至煤层底部以下 30～50m,然后下入直径 Φ139.7mm 或更大的生产套管。

套管射孔完井技术效益显著,有利于隔离煤层,解决了出水问题,对地层可实施特殊控制,维持井身稳定,固井时尽量使用低密度水泥,分级注水泥固井和采用特殊的固井工艺克服水泥引起的地层损害。具有更大的可预见性,风险小,可对多煤层进行开发,井眼稳定,而且不需要较大的修井作业,因此管理费用低。

2. 套管＋裸眼完井

裸眼完井是指在煤层顶部下入套管并固井,然后钻开煤层投产的一种完井方法。这是一种最基本、最简单经济的煤层气井完井方式,在 20 世纪 50～70 年代比较普遍采用。

但是裸眼完井的井孔稳定性差,气井强化时难以控制,且这种完井方法仅适于高渗透性的单一煤层或者距离相近的单一煤组,所以其应用范围往往受到限制,目前在煤层气井中应用较少。

井身结构:技术套管鞋与煤层顶部距离为 1～2m,且越靠近煤层越好。采用 Φ244.5mm 直径钻头钻至煤层顶板 1～2m,下入 Φ177.8mm 套管并固井,再用 Φ152.4mm 的钻头钻完全部井深,然后造洞穴完井。

在裸眼完井的基础上,套管末端下入割缝衬管,即为割缝衬管完井方式。这种完井方式可以避免射孔和压裂作业对煤层的伤害,完井成本较低,井筒稳定性较好,但完井工艺相对复杂。

3. 套管＋筛管完井

筛管完井(衬管完井)是指在钻穿煤层后,把带筛管的套管柱下入煤层部位,然后注水泥封隔煤层顶部以上的环形空间完井。

井身结构:采用 Φ215.9mm 直径钻头钻完全部设计井深。

套管柱结构:Φ139.7mm 套管＋分级注水泥接头＋管外封隔器＋筛管＋ Φ139.7mm 套管 30～50m。筛管下在煤层部位,长度根据煤层厚度确定,筛管以下 30～50m 套管作为井底口袋,用于安装采气用的井下设备。

4. 洞穴完井

裸眼洞穴完井是把套管座封到目的煤层之上,用清水以欠平衡方式钻开煤层后,通过井口注入空气或氮气进行憋压,然后迅速卸压,这种周期性的压力变动形成剧烈的井内压力"激动",迅速的压力降破坏煤层的原始应力状态分布,引起煤向井筒内崩落,重复使用这种压力"激动"法,直至形成一个大而稳定的空腔。因为实施这种完井技术对煤层产生了很大的作用力,改善了煤层的内部裂隙和原始裂缝的结构,因而又被称为动力裸眼完井技术。

5. 水平井完井

水平井钻进是一项极具潜力的天然裂缝煤层气藏的完井技术,适用于深层低渗煤层,要求煤层倾角小于 15°,厚 1～2m。在厚煤层中,由于不能与整个储层完全连通,水平井并非十分有效,需要进行水力压裂。

与最大渗透性方向垂直的长水平井眼(300m 以上)已被证明是十分有效的。但若最大渗透率方向不确定,水平井就不一定比相当长度的水力压裂裂缝更有效。

在水平井的基础上形成了多分支水平井。

6. 完井方式的论证

合适的完井方式取决于特定的储层特征,完井方法不同,钻井程序也各异,此外完井后,煤层气储层一般大量产水,为降低储层压力,促使气体自储层解吸出来,要求脱水。因此,煤层气的井身结构以及完井工艺必须适合这些特殊的生产考虑。

依据地质条件的不同,单煤层井可以是裸眼稳定砾石充填和泡沫砾石充填完井、裸眼筛管砾石充填完井和套管完井。多煤层井一般采用套管完井和套管-裸眼完井。

(三) 储层改造措施

通过对煤储层地质和气藏工程的分析研究,本方案对研究区储层改造措施建议使用直井压裂增产以及 V 型水平井技术。

1. 直井压裂

直井水力压裂是煤层气储层改造,增加煤层气产量的一项重要技术措施。当地面高压泵组将高黏液体以大大超过地层吸收能力的排量注入井中,在井底附近憋起超过井壁附近地应力及岩石抗张强度的压力后,即在地层中形成裂缝。随着带有支撑剂的液体注入缝中,裂缝逐渐向前延伸。这样在地层中形成了足够长度、一定宽度及高度的填砂裂缝。由于它具有很高的渗滤能力,使气体由储层迅速流入井筒,起到增产增注的作用。

本方案建议所采用压裂措施为:

(1) 为增加油管对液体的提升能力,建议完井油管外径选择 60.3mm。

(2) 为尽可能减少环型空间内的液体压力对测试流体流速的影响,测试管柱应携带可回收封隔器,封隔器座封在射孔层位顶底板,应尽可能靠近射孔位置。

(3) 由于水侵入储层后可导致黏土矿物膨胀,从而造成储层污染,因此为降低污染,所有目标层的射孔作业应该在欠平衡状态下进行,使用油管传输射孔枪(TCP),切记使用套管;TCP射孔枪和 HMX 炸药可获得较深射孔距离,有利于穿透井壁附近的污染带。

(4) 射孔后开井放流。井口应安装油嘴控制流量,避免流速突然加快引起储层内细粒运移。

2. 应急预案

(1) 压裂施工前置液阶段一旦发生井口刺漏、地面高压区管线或压裂泵车泵头刺漏等情况,要立即停止施工,关闭连接压裂注入管线的闸门,打开管汇放喷闸门立即放喷,尽快释放压力,待停喷后方可对井口进行整改。现场设计技术指导要确定剩余压裂液量是否满足设计施工要求,若能够满足,则在整改完成后继续施工,否则应按设计要求补足压裂液后方可施工。

(2) 压裂施工携砂液阶段如果发生非人为原因套管压力突然上升超过限定压力,或在压裂施工过程中发生砂堵,则立即停止压裂施工。关闭连接压裂注入管线的闸门,打开管汇放喷闸门立即放喷,尽快释放压力。现场设计技术指导要根据甲方意见决定是否投产或进行再次压裂施工。

(3) 为防止压裂施工过程中突然发生砂堵导致超高压异常可能引发的地面管线及井口爆裂等情况造成的伤害,施工过程中高压区巡视人员不得任意跨越高压管线,同时在巡视过程中不得正面对高压管汇和压裂柱塞密封口,要保证面前有足够遮挡物来避免突发事件的伤害。

(四) 储层保护措施

煤层渗透率大小是煤层气产量的决定性因素。因为煤层渗透率的大小,很大程度上决定于煤层中裂隙的形态。所以,煤层保护的中心任务就是保护裂隙免受损害。

(1)合理选择钻井工艺。钻井液柱压力与地层压力之间的压差越大,则钻井液侵入储层的量越多,侵入越深,对地层的损害就越严重,并且裂缝受压会导致严重的水锁效应,故应采用欠平衡(小于地层压力)钻井工艺。为此,在地层条件允许的情况下,尽可能地采用空气钻进及雾状空气、泡沫、充气泥浆、清洁盐水等钻进方法。另外在钻进过程中,应尽量减少生产层在泥浆中浸泡和冲蚀时间,严格控制起下钻速度,防止激动压力的产生。

(2)钻井液的选择从保护储层的角度来讲,应采用以下几种无伤害,又具有抑制性滤液类型的钻井液。

使用"四低"泥浆:即低固相、低黏度、低密度、低失水量的钻井液,为此应采用优质黏土(如人工钠土 NV-1)造浆,以多功能的有机处理剂,如生物聚合物来调节钻井液的流变性能。代表性的钻井液如 LBM(低黏增效粉)低固相钻井液体系。

优先采用 MMH 正电胶体系钻井液:MMH 具有独特结构,能在储层岩石表面形成桥式胶体结构,来阻止外来颗粒和滤液的侵入。

采用抑制性很强的两性离子和阳离子钻井液体系:这两种钻井液体系对地层的保护作用,均是利用黏土表面的负电性,与泥浆体系中的带阳离子基团的有机处理剂的强烈结合,它能起到稳定黏土,防止其膨胀和分散而进入地层及钻井液体系,从而起到保护地层的作用。

应用表面活性剂泥浆:表面活性剂的两亲结构,决定了它能够有效地降低泥浆体系的表面张力,相应降低滤液在地层裂缝通道中的毛细管力,从而有利于减轻水锁效应,目前常用的阴离子表面活性剂有十二烷基苯磺酸钠(ABSN)、油酸钠和太古油等,具体用量和类型应根据泥浆体系和地层情况来确定。

(3)使用欠平衡钻井技术。充空气钻井液保护储层的机理是:对泥浆充气,减少其当量密度,从而降低液柱对井底的压力,最后达到在井底形成负压差,以实现欠平衡钻井。欠平衡钻井是指在钻进过程中,井内钻井液的底循环压力低于地层压力的钻井工艺技术。在欠平衡条件下钻进时,这一欠平衡压力可以使产层中的流体流入井筒,从而可起到避免钻井流体漏失和降低地层伤害的作用,达到保护储气层的目的。由于井筒液柱压力始终小于所钻地层孔隙压力,其井底岩石自身有崩脱趋势;因此,欠平衡钻井可提高机械钻速,延长钻头寿命,另外还能消除漏失压差卡钻,所以能提高钻进效率,降低直接成本。此外,在欠平衡钻井中是地层流体流入井筒而不是钻井液流入地层,从而可大幅度提高产层的初期产量,延长有效储层的开采期和发现新的产层。

我国煤层气开发刚刚起步,与渗透率相对较高的油气层相比,煤层更易受到损害,采取率也较难保证,所以应该更重视取芯技术及储层的保护技术和研究。

(五)增产工艺

(1)水力压裂除使用清水压裂外,还有胶联凝胶压裂、不加砂水力压裂、泡沫压裂等。此外,对初次压裂效果不佳的煤层气井,还可以进行重复压裂以便增产。

(2)注氮气提高采收率。甲烷在煤中的解吸主要受甲烷分压控制,而不是受储层系统总压力所控制。氮气注入煤层后,将裂缝中的甲烷驱替走,降低了甲烷的摩尔分数,从而降低了甲烷的有效分压,诱发甲烷的解吸,并驱动甲烷流向井筒。优点:见效快。缺点:气体突破较早,稳产期短。

(3)注 CO_2 提高采收率。向煤层中注入 CO_2 增产机理除降低甲烷分压诱发甲烷解吸外,

煤层对 CO_2 的吸附能力远大于 CH_4，因此当 CO_2 注入到煤层自然裂隙系统时，CO_2 优先吸附到原生孔隙系统中，置换出 CH_4，同时 CO_2 将驱使 CH_4 从储层向井筒中流动。

(4) 羽状水平井：指在一个主水平井眼两侧再钻出多个分支井眼作为泄气通道，分支井筒能够穿越更多的煤层割理裂缝系统，最大限度地沟通裂缝通道，增加泄气面积和气流的渗透率，使更多的甲烷气进入主流道，提高单井产气。

羽状水平井开采时，并没有出现直井中所谓的压降漏斗，羽状水平井的分支在地层中广泛均匀延伸，使整个控制区域地层压力均匀、快速下降，增大了气体解吸扩散的机会，使被动用的区域大大增加，煤层的开采潜力得到了充分的发挥，这是定向羽状水平井促使煤层气产量提高的根本原因。

(5) 多分支羽状水平井。多分支水平井集钻井、完井和增产措施于一体，是开发煤层气的主要手段之一。

多分支水平井技术特别适合于开采低渗透、较厚储层的煤层气，与采用射孔完井和水力压裂增产的常规直井相比具有得天独厚的优越性。

四、采气工程方案

1. 管柱设计与排采设计选型

鉴于对煤层早期出细粉砂、泥质、防气锁有较好的适应性，排量范围调节余地大的特点，在沁端区块排采管柱设计过程中优选螺杆泵排采（表5-59）。

表 5-59　排采管柱组成表

序号	类别	名称
1	井口	套管双公短节
2		采油树
3		直角可调式针型阀
4		直角三通
5		闸阀
6		压力表
7		光杆
8	井下	油管
9		油管短节
10		接箍
11		油管变丝
12		抽油杆
13		抽油杆短节
14		抽油杆扶正器
15		丝堵

2. 排采工作制度

煤层为压力敏感性储层,在煤层气排采过程只有合理控制压降速度才能稳定产气。因此在进行煤层气排采工作制度制订过程中要遵循连续、稳定、长期产气特征。具体排采制度见表 5-60。

表 5-60 排采制度制订表

阶段划分	液面下降速度 (m/d)	时间 (d)	目的
监测	/	/	求取静液面
试抽	10	3	观察煤产层产水能力
稳定降液面	8	20	稳定排采降液面,防止煤粉大量产出
	5	30	解吸产气预期阶段,注意观察套管压力
	液面相对稳定	1	煤层开始有解吸气产出,控制液面相对稳定,关上套管阀门,求取真实的煤层解吸压力
控压排水阶段	5	/	煤层气开始解吸,气水同时产出,动液面波动较大,套压逐渐上升。预计套压能升到 0.6~0.8MPa
控压排水采气	5	/	控制套压产气该阶段,煤层产水变化大,控制套压下降和产气量上升速度,要求套压不要低于 0.3MPa 条件下产气

3. 数据采集技术

对煤层气井进行准确监测,是实现煤层气井智能化管理的关键。为方便现场操作和管理,采用井下电子压力计实时监测及远程输送系统同时在地面安装压力表监测井口套压,其中为井下压力计主要测定井底流压,为准确测定相关参数要求井下压力计分辨率达到 0.001%,精度达到 0.2%。

4. 排采监测

在煤层气排水—降压—产气过程中主要进行日产气量、日产水量、套压、液面高度、井底流压、井口压力、泵效、冲程等参数的监测,通过监测以上参数,结合排水产气特征合理控制压降速度。除检测以上关键排采参数之外,在排采过程中还应检测排采煤粉浓度、排采水 pH 值,以研究储层地下水动力条件,同时根据实际情况随时调整排采制度实现连续、稳定排液。在排采过程中还应准确记录开关井、停抽、修井时间。

5. 水处理措施

目前煤层气常用的水处理措施主要有地面排放和深井注入法。此外,其他方法如直接利用、反渗析、蒸发、水力压裂等也有应用。针对沁端区块煤层气井排采特点,建议采用地面排放法。

本区块西部有沁水流经,煤层排采水经过净化处理后排入河流是煤层水较好的处理方法。

河流排放要求排放水中的氯化物质量浓度应低于 230mg/L,铁质含量应低于 6mg/L。通常把产出水放入一蓄水池,然后向水中充气,使铁氧化,产生固体沉淀,最后通过漫射装置将水排入河流。由于河水的流量明显高于排入河中产出水的流量,所以即使排入水的氯化物含量很高,河水中的氯化物浓度也几乎不会增加。

针对排入河流的情况,为了确保环境不受污染,必须按规定标准排放,河流内的生物群不会受到破坏。但当氯化物的质量浓度超过最大许可浓度 2 倍时,也就是超过 593mg/L 时,生物群便会受到影响。沿河及其支流建若干环境监测站,用以监测河水中的氯化物质量浓度和总溶解固体含量。同时,在一些地区还采取了工艺改进措施,保证含氯化物的产出水能够快速地混入河流。

6. 修井工艺

在煤层气排采过程中常发生煤粉卡泵和排采管柱埋卡事故,煤粉卡泵是指排液后期的产液量较小,由于管柱内液体流速不足以使进入泵体内的煤粉或地层产出的微细颗粒被举升到地面,当遇到抽油机停抽的时候或固相颗粒积聚到一定程度时,煤粉或固相颗粒沉淀造成卡泵;当压裂砂回吐或大量煤粉产出沉淀在井底口袋内,造成排采管柱埋卡。当出现以上两种情况时,从而影响煤层气排采效果,需要对气井进行修井作业。

7. 提高采收率工艺

目前,煤层气的增产技术普遍沿用油气田开采中的水力压裂、割缝提高渗透率和注水驱气的方式来提高煤层气的产量,但往往是压裂后初始产气量有所增加,但很快产气量衰减,不能形成稳定的气流。

目前国外正在加紧研究通过注气来提高煤层气的产量方法,美国能源部正在进行通过向不可采煤层注入工业生产中所产生的 CO_2 来提高煤层气产量的现场测试,已达到了使煤层气增产的目的,相对于国外,我国在注气提高煤层气采收率研究方面相对滞后。

鉴于向煤层中注入 CO_2 能显著提高煤层气采收率,建议沁端区块在排采中后期,垂直压裂井中使用以上方法提高煤层气井采收率。

五、地面工程方案

根据国家有关方针政策、法规及规范的要求,结合煤层气气田井区特点,确定煤层气开发地面建设原则。

(1)总体布局:按 336 000m³/d 的总产能规模来布置场站,整个气田设置 1~2 号集气站,平均集气半径 3.5km,配套建设 1 座 10kV 变电所。

(2)集输系统流程:气田采用枝状和环状组合式管网,采用二级半级布站集气流程,集输至阀组间,经气水分离计量后至接转站外输泵,加压由集气干线输送至沁太管线。

(3)工程估算总投资 3659.07 万元,工程费用 3095.07 万元,其他费用 371.41 万元。

(一)地面工程规模和总体布局

(1)油田的总体建设规模见表 5-61。

表 5-61 油田总体建设规模表

序号	项目	单位	总规模	备注
1	煤层气生产能力	m^3/年	19.67	
2	煤层气处理能力	10^4 t/年	23.61	
3	水处理能力	$10^4 m^3$/年	2.91	由地面条件估算

(2)总体布局。根据设计规划,设计了地面集气站的总体布局,如图 5-37 所示。

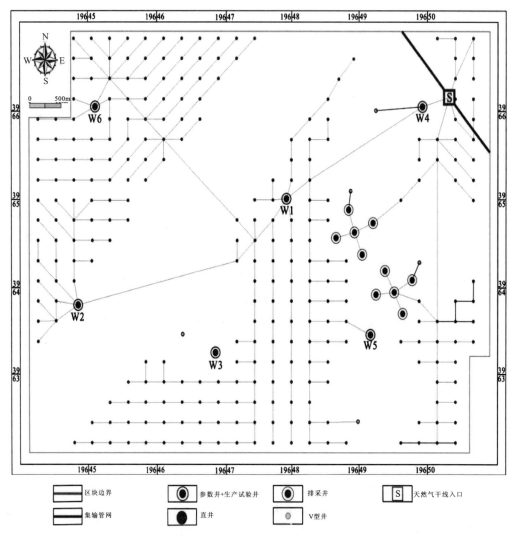

图 5-37 地面管网总体布局图

(二)地面集输管网和工艺流程的优化设计

煤层气地面集输管网的布局形式主要与气田地形地貌、井位布置、集输半径、集气站规模以及所在地区的交通、环境等因素有关。煤层气地面集输管网的形式主要分为枝状管网和环状管网。结合本区块地质特点,建议采用枝状管网和环状管网相结合的方式进行煤层气地面集输管网的建设。

(1)枝状管网。枝状管网形同树枝状,有一条贯穿于气田长轴方向的集气干线,将分布在干线两侧的煤层气井场通过采气干线和集气支线纳入集气干线,由集气干线输至增压站,管网布局如图 5-38 所示。

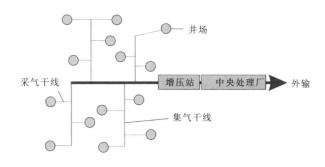

图 5-38 枝状管网图

此外,近年来提出的"枝上枝"管网是枝状管网中一种较为特殊的地面集输管网布局形式。比较普通的枝状管网仅多了集气阀组,集气阀组通常建在井场相对位置较为集中的小区块,承接该小区块的井场来气,管网布局见图 5-39。"枝上枝"管网已成功应用于山西沁南煤层气田樊庄区块、郑庄区块及山西沁南潘河煤层气田等地面建设工程中,证明了其适用性和经济性。

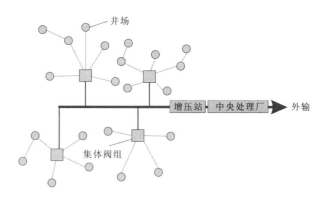

图 5-39 "枝上枝"管网图

当煤层气井场分布在狭长的带状区域内,井场位置相对分散且井网距离较大时,宜采用枝状管网。枝状管网缩短了采气管线长度,气田建设十分灵活且便于扩展,可满足煤层气田滚动开发和分期建设的需要。

(2)环状管网。环状管网是将集气干线布置成环状,周围井场通过采气干线就近插入集气干线,在环状管网上适当位置引出采气干线至增压站,管网布局见图 5-40。

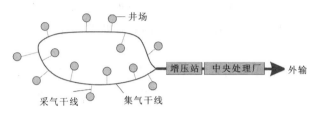

图 5-40 环状管网图

环状管网调度气量方便,气压稳定,局部发生事故时影响面小。环状管网压降较小,充分利用压力能延长煤层气输送距离,增加集输半径,提高管网运行的可靠性。

(三)地面集气、输气、增压、处理、净化工程

煤层气的开采是在排水的基础上进行的,因此,煤层气田的集输系统不仅要对煤层气进行收集、分离、净化、增压和计量,以最经济的方式将其从井口输送至集气压缩中心站(或净化厂),而且还要对采出水进行处理,使处理后的水符合环保要求。鉴于上述特点,煤层气集输系统中管道有两条:一条用作采出水的输送;一条用作采出气的输送。

1. 地面集气工程

煤层气属于低压气,一般为几个大气压甚至更小,参考《气田地面工程设计》,考虑在井场不设置节流阀对输送压力进行调控,只在分离器入口处设置一个压力调控阀,以适应工况的变化。

排水采气工艺之后,从井口出来有两条管线:一条输水;一条输气。本方案考虑在井口对产出流体进行初步分离,有两个原因:一是因为经排水产出的煤层气含有大量的水和固体物质,在气流速度小的情况下,水或携带的固体物质就会聚集在采气管线内,影响管线的输送能力、流量计的精度,甚至损坏设备;另外,煤层气中含有一定量的 H_2S、CO_2 等酸性气体,水的存在会造成采气管线的腐蚀;管线中自由水的存在还有可能导致管输途中由于温降等的作用形成水合物;通过丘陵地带时,有水存在的采气管线容易形成液体段塞,而且增加的数量也会加剧集输过程中的动力和热力消耗,增加集输成本;二是采出水中含有一部分溶解气(煤层气的储气方式之一),在管道输送途中,在温降和压降的联合作用下,气相和液相不断变化,因此,没有经过分离的含气采出水的管输具有一定的复杂性。

从上述两个原因也可以看出,采出气、采出水都需要在井场进行气液分离以除去采出气中夹带的水和采出水中的溶解气。由于从井口出来的采出气、采出水分属两条不同的管道,且组分不一样,采出气以气为主,采出水以水为主,对气液分离器有不同的要求。因此,考虑设置两个分离器:一个用作采出水的分离;一个用作采出气的分离。

2. 输气系统

煤层气采用何种形式的集输系统与气井的分布状况、气井的压力等因素有关。根据增压站的布置方式,煤层气集输方式可分为单井压缩系统、卫星压缩系统和中心压缩系统。结合区块特点,本方案推荐区块煤层气集输方式为卫星压缩系统。

卫星集输系统是将几口井产出的煤层气通过低压、合适管径的采气管线集中到小型集气站，通过初步的处理和压缩后，再通过小口径管、中压将天然气输往集气压缩中心站（或净化厂）。

这种方式较单井压缩系统可以减少压缩机的数量，适用于气井有一定的压力，但依靠这个压力又不能将原料气输送到集气压缩中心站（或净化厂）的情况。

3. 增压工艺

煤层气通常压力都比较低，因此，要将煤层气顺利的输送到净化厂一般要求先对其进行增压。压缩装置应选建在地势较高的地点，以便减少输气管线积水同时有利于压缩机废气的扩散。

4. 处理工艺

从前面提出的集输工艺可以看出，煤层气从井中采出到地面后，主要采取常温分离、低压采集、脱水、除杂、增压等预处理之后，才能将气体送到集气压缩中心站（或净化厂）。因此需要一整套地面设备，包括集输管线、气水分离设备、水合物防止设施、集气增压设施、脱水装置、固相控制设施、计量装置等。

5. 净化工程

煤层产出水是一种含有溶解盐、溶解气体、非水液体和固体颗粒等杂质的多相体系。其中杂质可分为5类：固体颗粒、胶体、分散油及浮油、浮化油、溶解物质。

原水中可能处于溶解状态的低分子及离子主要包括溶解盐类，如 Ca^{2+}、Mg^{2+}、K^+、Na^+、Cl^-、HCO_3^-、CO_3^{2-} 等；溶解气如溶解氧、CO_2、H_2S 和烃类气体等。

伴随煤层气的生产过程，采出水的水质会因不同地区而有较大的差异。对采出水进行的处理方法及所需的成本将由水质及纯度来决定，其中的悬浮固体物、总溶解固体量（TDS）等是主要的影响因素。

水质处理以沉降、混凝和过滤3个主要工序为基础，根据水质和开采地面流程的具体情况，本方案推荐采用重力沉降水质处理工艺流程，步骤如下。

第一阶段为以混凝沉降和石英砂过滤为主的重力水质处理工艺过程，利用悬浮颗粒与废水的密度差，靠重力进行油、水和固体的自然分离，把废水的含油量从 5000mg/L 降至 500mg/L 以下。

第二阶段投加混凝剂，使含油量降至 50～100mg/L，同时水中悬浮物大幅度上浮，少部分下沉。

第三阶段石英砂过滤，悬浮物可控制至 10mg/L 以下。

如果用回收泵将反冲洗的回收水均匀地加入原水再处理，可以实现污水不外排的要求。这一处理流程对原水含油量变化适应性强，应用较为广泛。但若处理规模过大，滤罐数量增多，流程就显得相对复杂。

（四）地面气、水计量

1. 气计量系统

气体流量的计量在每日生产井点及中央气体销售站都需要测定气体流量。采用的仪器主要是孔板流量计和涡轮流量计,也可以采用旋转流量计或膜片流量计,在计量压缩机的燃料消耗时,更常用这两种流量计。

孔板流量计是根据气体以不同速度流过孔板时,在孔板前后产生压差不等的原理来测定气体流量其压降是流量、管线总压力、温度和孔板孔径的函数。为了精确地计算气流量,一般采用美国瓦斯协会设计的标准程序,按照标准温度和压力予以校正。

$$Q = 3.238\alpha\varepsilon D \sqrt{293/T}\sqrt{1/\lambda}\sqrt{1/Z}\sqrt{Hp} \tag{63}$$

为计算方便,生产现场常取 $\varepsilon=1$,$p=1.5\text{MPa}$,$Z=1$

$$Q = C\sqrt{Hp} \tag{64}$$

式中:Q 为气流量(20℃,0.1MPa);p 为孔板上流静压;D 为孔板直径;C 为计算系数,$C=3.238\alpha\varepsilon D\sqrt{293/T}\sqrt{1/\lambda}$;$Z$ 为计量气体压缩系数;T 为孔板前气流绝对温度;H 为压差;γ 为计量气体相对密度;ε 为计量气体膨胀系数;α 为流量系数。

这种方法仍然是计量售气点气量的最常用方法。其优点是气流压力、温度和压力差可以连续地记录在一张圆图上,从而为一口井提供了有关产气历史的完整生产记录。

2. 水计量系统

精确测量出一口井的产水量对于确定泵和井的工作性能十分重要。测量方法一般有3种:第一种是容积式流量计;第二种是涡轮流量计;第三种是量桶法。本方案推荐采用第二种涡轮流量计。

涡轮流量计往往安装在泵的出口,它比容积式流量计提供的数据更为准确。该装置由涡轮流量变送器、前置放大器和显示仪表组成。流体经过涡轮流量变送器时,将推动涡轮转子旋转,其转速与液体流量成一定比例。因此,只要测量涡轮转子的旋转速度,便可得出液体流量。在水头压力较高的情况下,容积式和涡轮式流量计的精确度均有所增加。缺点:间歇流、两相气、水流和水中的碎屑等容易损坏流量计,或造成计量误差。涡轮流量计还可以用于贮水池和水处理设施中。无论容积式流量计还是涡轮流量计,它们在高入口压力下都具有较高的精度。

(五)地面工程数据采集和传输系统

沁端区块由于煤层气井数目众多、地面环境复杂、排采方式多样,地面工程规模庞大,传统的采用人工抄录方式使得数据采集和传输也变得复杂多样,难以及时获取排采生产信息,进而就不能做到快速决策定量化指标,而准确调控设备参数就更加难以保证。因此,针对沁端区块煤层气开发的特点,设计建立一套现代化成熟的数据采集和传输系统。

1. 现场仪表

基于实际生产要素,结合目前的生产状况,井场仪器仪表包括井口压力变送器、气体流量变送器、气体温度传感器、液体流量变送器和井下压力变送器。具体井场部署方案,如图5-41所示。

2. 采控终端

现场仪表显示的实时数据,需要统一采集并传输到监控中心,所以需要数据采集和数据传输的设备。采控终端的主要功能是:采集现场各智能仪表的实时数据并发送到服务器;接收和分发控制命令,并通过逻辑控制操作现场仪表(图 5-42)。

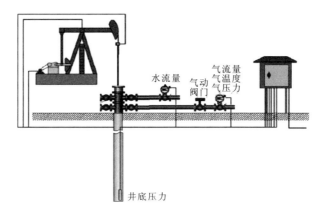

图 5-41　井场仪器仪表部署图

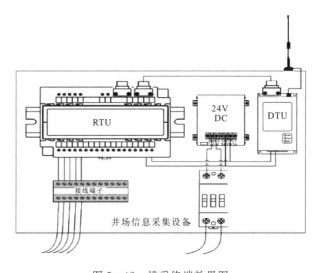

图 5-42　排采终端效果图

(六)地面工程系统配套工程辅助设施

1. 供水系统

煤层气田供水网布局应首先满足气田用水要求,生产供水和生活供水应分别自成系统。新建供水管线,以满足消防、生产、生活用水;生活污水排入污水池内自然干化蒸发(污水池考虑防渗措施)。

2. 排水系统

该气田内的井、站、库防洪排涝采用明渠,三天降水,四天排除。

3. 陆上消防系统

根据《石油天然气工程设计防火规范》(GB50183-2004),集输工程中的井场、计量站等五级站可不设消防给水设施。但根据气田实际,要有配套消防设施,建议设消防站,配备一定数量的移动式灭火器材。

4. 供电系统

根据《油气田变配电设计规范》(SY/T 0033-2009),本工程中计量接转站、污水处理站及集气站供电等级按二级设计,其他用电负荷供电等级按三级设计。煤层气田采用环状 10kV 架空配电线路,机械采气井采用 660V 等级供电。变配电系统应力求简化接线,避免多次变压,以减少网损。在新建计量接转站、倒班点室外各安装 1 台 100kVA(10/0.4kV)电力变压器。

5. 通信与自动系统

煤层气田对外通信:通过集中处理站区与地方电信相连。

煤层气田内部通信线路:利用已有的通信设施完成各计量接转站之间,计量接转站与区域控制中心的数据、视频传输以及外部语音电话传输。

确定仪表及自动化控制的原则和水平。

(1)鉴于工艺流程相对复杂,模拟检测和控制回路较多,可采用先进、可靠的中型 PLC 控制系统。

(2)集气站按"无人值守,场站巡检"模式设计。

(3)井口数据自动采集,井场人工定期巡检。

(4)站控系统可自动采集各站的各种工艺参数,完成流量计算、逻辑控制、工艺流程自动切换。

(5)站控系统硬件满足室外安装环境要求。

(6)站控系统实现联网,为生产运行、资料收集、生产维护及管理提供及时可靠的数据,并能在整个煤层气田的安全控制、优化生产方面发挥重要的作用。

(七)地面工程环境保护与安全保障

地面工程的环境保护主要是污水处理,包括生产污水和生活污水。

(1)处理规模。确定合理的污水处理规模以及采出水处理站的规模,应以煤层气田采出水量、洗井废水量和回收的其他工业废水量为依据。

(2)处理工艺。污水处理构筑物设有排污泥设施。排放出的污泥必须妥善处理。防止污染环境。该煤层气田采出水矿化度高,对设备、容器及管道腐蚀严重,拟采用全密闭隔氧处理工艺。采出水处理系统,应考虑在适当部位投入适量缓蚀剂、除氧剂、杀菌剂和防垢剂等,尽量做到一剂多用。处理设备选用高效多功能组合装置,因地制宜地采用先进适用的处理工艺,做到经济合理,建设周期短,能耗和生产费用低。结合该煤层气田实际简化处理工艺,采用与水气分离紧密结合的短流程,可按联合装置的模式进行设计布局。此外,附属设施及配套系统可与煤层气集输设施统一考虑,从简建设。

(3)污水利用方案及流向。处理后的污水主要用于生产用水。

(4)主要工程量。建议建设集中处理站区污水处理力度,拟增加一套三段式常规污水处理装置,并在下游增加精细处理设备。

(八)组织机构和人员编制

组织机构和人员编制的制订尽量适度,尽量简化机构设置,避免人员过多,尤其是管理人员的过多,使得机构臃肿,影响气田生产运营的效率。

(九)工程实施进度

工程实施应该循序渐进,随着煤层气田稳定生产的情况合理制订地面工程,避免全部投入工程造成煤层气田运营资金的不足,合理规划建设,在保证正常生产的情况下,逐步配套相关地面工程设施。

(十)地面工程工作量及投资估算

地面工程工作量及投资估算如表5-62所示,其中工程估算总投资5936.46万元,工程费用3095.06万元,其他费用2841.40万元。

表5-62 地面工程投资估算表

序号	项目或费用名称	估算金额(万元)	占总投资比例(%)
Ⅰ	工程费用	3095.06	52.14
1	井口装置	591.55	9.96
2	采气管线	92.80	1.56
3	集气管线	52.20	0.88
4	集中处理站	965.64	16.27
5	给排水及消防工程	195.27	3.29
6	电气部分	87.45	1.47
7	道路部分	24.44	0.41
8	通信部分	6.75	0.11
9	倒班点	65.43	1.10
10	公用工程	195.88	3.30
Ⅱ	其他费用	371.40	6.26
Ⅲ	生产维护设备部分	192.59	3.24
	工程总投资	5936.46	100.00

注:工程费用包括摊销公用工程投资;公用工程主要包括综合服务中心、供水工程、道路工程、供电工程、监控中心、通信部分等。

六、HSE 与经济评价

(一)健康安全环境的政策与承诺

本方案执行下列行业标准：
《大气污染物综合排放标准》(GB16297-1996)
《大气环境质量标准》(GB3095-82)
《石油天然气钻井健康、安全与环境管理体系指南》(SY/T6283—1997)
《钻井井控技术规程》(SY/T6426-2005)
《工业企业设计卫生标准》(GBZ1-2002)
《工作场所有害因素职业接触限值》(GBZ2-2002)
《工业企业噪声控制设计规范》(GBJ87-85)
《生产设备安全卫生设计总则》(GB5083-1999)
《工作场所职业病危害警示标识》(GBZ158-2003)
《工作场所空气中有毒物质监测的采样规范》(GBZ159-2004)

(二)危害因素及影响后果分析

1. 危害因素

本方案在开发过程中涉及的原料、中间产品大部分具有一定的危害性。因此本项目的生产过程和原料、中间产品、产品的物性是造成本项目职业危害的主要因素。

通过对本项目的装备组成、原料、产品、工艺过程、生产设备的分析，可知本项目职业病危害因素按照来源主要分为生产工艺过程中产生的职业危害因素、生产环境中的职业危害因素和劳动过程中的有害因素。

(1)生产工艺过程中的职业病危害因素。生产设施及公用工程正常生产过程中存在的职业病危害因素有化学毒物、物理因素(噪声、高温、热辐射、低温、电离辐射、工频电场)及粉尘等。

化学因素：经工程分析可知，本项目生产工艺过程中产生的化学毒物主要有煤层气、硫化氢、添加剂等。

物理因素：由工程分析可知，该工程项目主要物理性职业危害因素有：噪声、高温、热辐射、电离辐射(γ射线)。噪声发生源主要是钻井作业、压缩机、发电机等。生产工艺系统中涉及许多气体压缩、加热、燃烧过程，燃机等可产生高温、热辐射。本工程项目地处山西省沁水县，夏季温度较高，湿度大，夏季露天作业时，可受到高温和太阳热辐射的影响。

粉尘：主要粉尘有电焊尘、灰渣尘等。

(2)劳动过程中的职业病危害因素。该项目的工艺生产及公用工程和辅助生产设施实现自动控制，操作岗位的人员始终处于室内视频作业环境下，工人实行倒班制，工作中接触有害因素，易造成职工心理压力。应合理制订劳动作息制度，开展适当的健康教育，设置条件适宜的休息室、符合人机工程工效学的操作界面，在完成工作任务的同时，尽可能地缓解职工的紧张情绪。

(3)生产环境中的职业病危害因素。该项目所处地区夏季炎热,夏季工人巡检过程中,受太阳辐射、高气温和装备热源作用,可能发生中暑等高温不良反应。冬季严寒,工人在巡检过程中,容易被冻伤。生产环境中的职业病危害因素为夏季炎热冬季寒冷,由于该项目在正常生产条件下,工人大部分时间都在控制室内工作,受到环境的影响不大,因此,本次评价不将生产环境中的职业病危害因素作为重点考虑。

2. 职业病危害程度

本工程投产后在生产过程中有甲烷、硫化氢、一氧化碳及灰尘产生。该项目生产过程中存在的甲烷、硫化氢、一氧化碳均属于高毒物质。

甲烷、硫化氢是该项目的主要职业病危害因素,过量甲烷由呼吸道进入人体,长期吸入,在体内造成缺氧、窒息,主要对中枢神经系统造成损害。硫化氢是窒息性气体,主要由呼吸道进入人体,急性硫化氢中毒可引起中枢神经系统损害,呼吸道和眼部刺激、肺水肿、心肌损害,高浓度可引起"闪电式"死亡,严重中毒患者可留有后遗症。一氧化碳通过呼吸道吸收,高浓度可引起一氧化碳中毒和迟发脑病。

(三)危害防治设施

1. 安全标志牌的要求(位置、标识等)

(1)在井场和搬迁途中应设立醒目的健康、安全与环境警示标志。
(2)标志的标识方法和项目按国家标准有关规定执行。
(3)主要工作场地应设有明显的逃生路线标志,并在明显高处设置风向标。

2. 易燃易爆物品的使用和管理

按《石油天然气钻井作业健康、安全与环境管理导则》(Q/CNPC53)标准执行。

3. 井场灭火器材和防火安全要求

(1)井场灭火器材的配备按《钻井井控规定实施细则》执行。
(2)各种灭火器的使用方法和日期,应放置位置要明确标识。

4. 井场动火安全要求

井场内严禁烟火。钻开油气层后应避免在井场使用电焊、气焊。若需动火,应执行 SY/T5858 中的安全规定。

5. 井喷预防和应急措施

(1)井控技术管理措施按 SY/T6426 标准执行。
(2)防 H_2S 泄漏的安全要求执行 SY/T5087。
(3)逃生设备:钻台和二层台应安装二层台逃生器;钻台至地面专用逃生滑道。
(4)应急措施:井喷发生后,按应急救援预案实施。

(四)健康安全环境监控和控制

(1)施工单位应遵守国家、当地政府有关健康、安全与环境保护法律、法规等相关文件的规定。

(2)调查井场周边环境,如500m范围内居住人口、电力、河流情况及地方政府、安全、环保、消防、卫生机构的联络途径。

(3)施工单位要主动与当地政府取得联系,教育井场周边的群众、普及安全知识,要将危害程度、防范措施印成小册子下发到当地群众。

(4)施工单位必须制订出应急救援预案和与当地政府及有关部门建立相衔接的应急救援体系,并按规定程序报批后进行宣传和演练,加强信息交流,建立与相关方面的通讯联系系统。

(5)生产布局合理,有害与无害作业分开。

(五)环境保护

井位确定后,应委托有资质的环保部门在井场附近进行环境调查和评价;同时向地方环保部门填报《建设项目环境保护"三同时"报审表》和《建设项目环境影响报告表》;基建部门的钻前工程设计应包括污染防治设施内容,其中包括修建污水池、岩屑池、发电房和房区的集油池、挡污墙、生活垃圾坑、清污分流系统等,将其一并投入施工,并符合规定标准,经组织验收合格后和井场同时投入使用。

(六)投资成本估算

1. 市场条件

沁端区块试验区位于沁水盆地南部,隶属于山西省沁水县,矿区属于中联煤层气有限责任公司,面积36km^2,经过前期的勘探和试采,目前已完成分布于区块内不同构造位置和不同层段的10口试验井的排采试验,并单井日最高产气量9口井超过1500m^3,其中最高产气量4005.3m^3。经计算,在可施工的36km^{2}面积内。3$^\#$煤层地质储量为40.98×10^{8}m^3,15$^\#$煤层地质储量为31.13×10^{8}m^3;探明储量3$^\#$与15$^\#$煤分别为2.16×10^{8}m^3、1.77×10^{8}m^3,3$^\#$煤层可采储量为22.74×10^{8}m^3,15$^\#$煤层可采储量为28.82×10^{8}m^3。

沁端区块试验区含气量测试解吸气和试采时煤层气气体组分分析结果表明,组分以甲烷为主,含有少量的CO_2以及N_2,甲烷含量平均都在90%以上。

2. 经济评价原则及依据

(1)执行现行的财务制度和税收政策。

(2)实事求是,科学公正。动态分析与静态分析相结合,以动态分析为主;定量分析与定性分析相结合,以定量分析为主;全过程分析与阶段性分析相结合,以全过程的经济效益分析为主。

(3)效益与费用对应原则。全面、准确地反映项目的投入产出情况,效益与费用计算口径一致,并且均不考虑物价总水平的上涨因素。

(4)分清建设投资与生产成本的界限,避免费用或成本的重复计算或漏算。

(5) 本气田依据《煤层气资源/储量规范》属于煤层气田，具备使用现金流法进行经济可采储量计算的条件，所以选用现金流法进行剩余经济可采储量的计算，采用 PEEP 软件进行评价计算。

依据目标区块气田的储量规模、含气面积、试气、排采情况及产能评价结果，合理制订经济开发方案。

开发方案规划动用含气面积 36km^2，探明储量 3$^\#$ 煤与 15$^\#$ 煤分别为 $2.16 \times 10^8 m^3$、$1.77 \times 10^8 m^3$，可采储量 $38.43 \times 10^8 m^3$，累计生产井数 288 口，新增钻井 272 口，利用老井 16 口。

3. 经济评价参数

本项目评价气价采用中石油沁水盆地煤层气并网到西气东输干网的井口气价，1.38 元/m^3（不含税），同时享受国家煤层气开发补贴 0.5 元/m3。计算气价 1880 元/10^{3}m^3（不含税）。

煤层气商品率：94.0%；煤层气增值税率：13.0%；城建税为增值税：7.0%；教育费附加为增值税：3.0%；煤层气资源税：按国家最新规定，从价计征，税率 5%，则资源税为 94 元/10^{3}m^3；所得税率：25.0%；基准财务内部收益率（税后）：12.0%。

4. 投资估算

项目新增投资包括 3 个部分，分别是固定资产投资、建设期利息和流动资金，总投资额 59 599.28 万元，不含老井投资。

本项目采用滚动开发模式，边建设边生产，部署的 272 口新井分别在 2014—2015 年实施完毕，其中 2014 年 129 口、2015 年 133 口。项目总投资估算表见表 5-63。

表 5-63 沁端区块煤层气田项目总投资估算表

序号	项目名称	投资估算（万元） 2014 年	投资估算（万元） 2015 年	合计（万元）
一	固定资产投资	42 867.88	16 731.4	59 599.28
1	开发准备投资	4080	/	4080
2	开发工程投资	22 467.88	16 731.4	39 199.28
3	钻井工程投资	11 610	11 970	23 580
4	压裂工程投资	4618.2	4761.4	9379.6
5	排采设备及安装工程投资	6239.68	/	6239.68
6	地面建设工程投资	16 320	/	16 320
7	固定资产投资方向调节税	/	/	/
二	建设期利息	/	/	/
	总投资	42 867.88	16 731.4	59 599.28

1) 固定资产投资估算

固定资产投资为 59 599.28 万元。

(1) 开发准备投资。开发准备投资主要指钻前工程准备费，包括征地、青苗赔偿、井场测量、工农协调、道路建设费用等。根据已完钻井的实际情况估算为15万元/井,共计为4080万元。

(2)开发工程投资。

钻井:部署开发井272口,钻井费平均按90万元估算,共计23 580万元。

压裂:平均按35.8万元/井估算,共计9379.6万元。

排采设备及安装:主要包括井场围栏与铺垫、排采设备及安装、射孔和作业劳务等,平均按22.94万元/井估算,共计为6239.68万元。

(3)地面建设工程投资。地面建设工程投资主要包括集气管网、集气站、采出水处理、供电、道路、生活区、消防、自控等建设工程费用和抽油机购置、征地费用和补偿等。其他费用为生产人员培训费、器具及生产家具购置费、办公及生活家居购置费等。地面建设投资平均按60万元/井,总计16 320万元。其中预备费包括基本预备费和价差预备费,基本预备费按工程费用和其他费用的10%估算。

2)固定资产投资方向调节税

依据国家鼓励煤层气抽采的有关规定,不计取固定资产投资方向调节税。

3)建设期利息

鉴于煤层气开发利用,市场尚不成熟,开发利用成本高,技术方面也存在一些瓶颈,本项目不考虑建设期利息。

4)成本测算

本项目生产成本包括材料费、燃料费、动力费(水、电)、生产工人工资及福利费、井下作业费、测试费、维护和修理费用、安全生产费、其他直接费、制造费用、煤层气处理费、探矿权费、折旧费和先期排采费。发生的期间费用包括管理费用、财务费用及销售费用等。其中燃料费、煤层气处理费、安全生产费按照产量规划估算,生产工人工资和制造费用按照实际工人人数估算,其余定额依据新钻井开井数预测。

(1)材料费。根据煤层气采气过程中直接消耗于气井、计量站、集气站、集输管线以及其他生产设施的各种材料计算。该项费用按1.5万元/井年计入。

(2)燃料费。燃料取用自产气,评价中仅考虑煤层气产量的减量,不计取此项费用。

(3)动力费。主要消耗动力为电力和生产用水。用水为打井取水,水资源按照年实际消耗的水量和水资源费标准收取,当地水资源费收取标准为0.3元/t;耗电主要包括气井、集气站和处理厂的生产用电,电费按照年实际消耗电量和当地电价计算,当地电价0.78元/度。综合取值2.71万元/井年。

(4)职工工资。主要指直接从事生产的采油队、注水站等职工的工资、奖金、津贴、补助等,按6.8万元/人·年的工资水平考虑。

(5)职工福利费。按职工工资的14%计提。

(6)折旧、折耗费。指为补偿油气资产和除油气资产以外的固定资产在生产过程中的价值损耗,在项目寿命期内,将油气资产和固定资产的价值以折旧及折耗的形式列入成本中。本项目按分类折旧年限(10~14年)计算折旧率,油气资产的残值率为0%,其他资产为3%。

(7)维护及修理费。为了维持气田生产的正常运行,保证气田地面设施原有的生产能力,对气田地面设施进行维护、修理所发生的费用。该项费用按地面工程投资的1%计算。

(8)油气处理费。指煤层气脱水及水质处理、回收过程中所发生的费用,该项费用按20元/$10^3 m^3$计算。

(9) 井下作业费用。根据井下作业一次所需要的钻机搬迁、压井液、作业费(日费)、工具费、更换管柱、材料运输、环保(废旧材料处理)等项费用,本项目的井下作业费用取值 2.0 万元/井年。

(10) 安全生产费用。指企业按照规定标准,依据开采的原矿产量提取,在成本中列支,专门用于完善和改进企业安全生产条件的资金。

2006 年 12 月 8 日财政部和国家安全生产监督管理局颁发的《高危行业企业安全生产费用财务管理暂行办法》(财企[2006]478 号)规定,企业安全生产费用自 2007 年 1 月 1 日起执行。原油天然气单位产量安全费用提取标准为:天然气按 5 元/$10^3 m^3$ 计提。

(11) 制造费用。指煤层气生产管理部门(即生产调度中心一级)为组织和管理生产所发生的各项费用,该项费用按 1.0 万元/井年计算。

5) 期间费用

(1) 管理费用指华东分公司在日常行政管理和组织生产经营活动过程中,所发生的各项费用,包括其他管理费、摊销费、矿产资源补偿费。

本项目其他管理费按每人每年 2.8 万元计算。

土地使用权(征地费)为无形资产,按 10 年进行摊销。

(2) 销售费用。按煤层气销售收入的 0.5% 计算。

(3) 财务费用。主要指项目长期借款在生产经营期间所发生的利息支出。

(4) 勘探费用。本项目利用老井 16 口,勘探费用作沉没处理。

(5) 经营成本是工程项目经济评价中应用的一个很重要的成本概念,它是经营成本费用的简称,经营成本是为了经济分析方便从总成本中分离出来的一部分费用。其计算公式为:

经营成本 = 总成本费用 − 折旧费 − 摊销费 − 借款利息支出

项目的累计经营成本为 50 770.31 万元。

(6) 总成本费用是指建设项目在一定时期内(一般为一年)为生产和销售产品而花费的全部成本和费用。其计算公式为:

总成本费用 = 生产成本 + 管理费用 + 财务费用 + 销售费用

项目的累计总成本费用为 96 712.39 万元,项目的平均单位总成本为 1176.35 万元/t,项目的平均现金操作成本为 363.93 万元/t(表 5 - 64)。

表 5 - 64 单位成本费用取值表

序号	项目	单位	取值	备注
一	生产成本			
1	材料费	万元/井年	1.5	
2	动力费	万元/井年	2.71	
3	职工工资	万元/人年	6.8	
4	福利费	%	14	
5	井下作业费	万元/井年	2.0	
6	折旧	万元/井年	3%	按产量折旧
7	测井试井费	万元/井年	1.0	

续表 5-64

序号	项目	单位	取值	备注
8	污水处理费	元/10^3 m^3	3.5	
9	安全费	元/10^3 m^3	5	
10	修理费	%	3.0	按地面工程投资比例
11	其他直接费	万元/井年	7.5	
12	制造费用	万元/井年	6.2	
二	期间费用			
1	管理费用	万元/井年	2.8	
2	销售费用			按销售收入 0.5%计算
3	财务费用			生产期间的利息支出

(七)收入利润估算

销售收入是指项目投产后向社会提供的商品产品实现销售后的收入,即企业出售产品和劳务得到的货币收入。在企业中所产的天然气大部分作为商品销售,但还有一部分是企业自用,计算销售收入时应扣除自用,即:

销售收入＝天然气×商品率×气价

本项目评价气价采用中石油沁水盆地煤层气并网到西气东输干网的井口气价,1.38 元/m^3(不含税),同时享受国家煤层气开发补贴 0.5 元/m^3。计算气价 1880 元/10^3 m^3(不含税)。煤层气商品率:94.0%。

利润是指劳动者为社会劳动所创造价值的一部分,是企业在一定期间的生产经营成果。利润总额是销售收入减去销售税金及附加和总成本费用之和后的余额。即:

利润总额＝销售收入－总成本费用－销售收入及附加

税后利润＝利润总额－所得税

在利润的分配中,每年按可供分配利润的 10%提取盈余公积金,其余为未分配利润。项目的累计未分配利润总额为 57 551.83 万元。

七、结论

(1)本次方案根据我国煤层规范计算地质储量 71.98×10^8 m^3,技术可采储量 38.43×10^8 m^3。根据国际 SPE 标准计算的 1P 储量为 2.09×10^8 m^3,2P 储量 15.45×10^8 m^3,3P 储量 38.43×10^8 m^3。

(2)建模和数模结果认为沁端区块采取 V 型水平井＋直井的复合开采方式,262 口直井＋5 口 V 型水平井为最优方案。

(3)设计方案井身结构为钻井二开,套管射孔完井,清水压裂。

(4)建议 3# 煤层与 15# 煤层合层垂直井开发,井距采用 300m×250m 矩形井网,并在地质构造条件较为简单区域部署一定数量 V 型水平井以提高采收率。

(5)全区共部署 278 口垂直压裂井,其中包括老井 16 口,新钻井 262 口,并且在 3# 煤层部署5口V型水平井。方案规划动用含气面积24.214km², 可采储量31.67×10⁸m³。为完成设计产能, 在井位部署时, 第一年部署150口井, 其中包括129口垂直压裂井、16口老井、5口V型水平井; 第二年新部署133口垂直压裂井。依据以上部署方案, 全区块在第2年达到设计建产期, 全区稳产6年, 在第8年开始产量递减。

(6) 该项目在第2年达到设计生产能力, 这时年固定成本为9005.56万元, 可变成本为3341.54万元, 年销售收入为34749.49万元, 年销售税金及附加为3891.62万元。

案例5 中石化涪陵页岩气田开发管理案例库

摘要: 美国石油工程师协会(SPE)等多家权威机构对非常规油气资源的定义, 与常规油气资源相比, 非常规油气资源的商业开采需要采用特殊的技术(如水平井与压裂技术)。"页岩气"系指产自细粒沉积岩层中, 并需要通过水平井钻探以及多段水力压裂技术才能规模化经济开采的一类天然气。我国中石化涪陵页岩气田开发取得了突破, 将在2017年建成国内首个百亿立方米的页岩气田——涪陵页岩气田。本案例将从技术难点、技术对策和页岩气藏管理及几个方面介绍中石化涪陵页岩气田开发管理实例。

关键词: 页岩气因; 气藏管理; 开发管理

一、涪陵页岩气田概况

涪陵页岩气田地处四川盆地和盆边山地过渡带, 境内以低山丘陵为主, 横跨长江南北、纵贯乌江东西两岸。焦石坝区块是该气田目前勘探开发的主体区域, 位于川东褶皱带东南部, 万县复向斜南扬起端。焦石坝构造主体为受大耳山断裂控制的宽缓断背斜构造, 北东向展布, 发育北东向和近南北向2组断层。该区块钻遇地层自上而下依次为: 三叠系的嘉陵江组、飞仙关组, 二叠系的长兴组、龙潭组、茅口组、栖霞组和梁山组, 石炭系的黄龙组, 志留系的韩家店组、小河坝组和龙马溪组, 奥陶系上统五峰组和涧草沟组; 主要目的层为龙马溪组和五峰组。主要建产区的出露地层为下三叠统的嘉陵江组, 属山地丘陵地形和典型的喀斯特地貌。目的层埋深大于2300m, 深层页岩气埋深超过了4500m。

2012年, 位于焦石坝区块的JY1HF井在上奥陶统五峰组—下志留统龙马溪组下部页岩地层获得20.3×10⁴m³/d的高产工业气流, 实现了涪陵地区海相页岩气勘探的重大突破。2013年, 优选28.7km² 有利区域部署钻井平台10个, 新钻井17口, 17口开发试验井通过压裂均获得高产工业气流, 单井无阻流量15.3~155.8×10⁴m³/d。2013年11月, 中国石化批准了涪陵页岩气田一期开发方案, 共计部署面积262.7km², 储量1951.1×10⁸m³, 实际动用面积229.4km², 动用储量1697.9×10⁸m³; 计划到2015年末部署63个钻井平台, 完钻253口井, 平均单井进尺4623.8m, 计划2015年末累计新建产能50×10⁸m³。

二、技术难点

(一) 泥页岩地层井壁稳定性差

影响井壁稳定性的因素主要有力学因素、化学因素和工程因素。涪陵地区泥页岩地层的非均质性及各向异性突出, 同时受地质作用及成岩的影响, 具有显著的层理裂缝特征。钻井过程中,在井底压差、钻井液与地层流体活度差等作用下,页岩地层井壁围岩的强度和应力发生变化,诱发页岩微裂缝扩展延伸,从而影响井壁的稳定性。

涪陵地区泥页岩层段的全岩及矿物分析显示:矿物成分中石英、长石及碳酸盐岩类脆性矿物含量超过50%,脆性较好;黏土矿物以伊利石、伊/蒙混层为主,二者含量大于60%;含有高岭石及绿泥石,不含有吸水膨胀性蒙脱石,属于硬脆性泥页岩,但受混层矿物水敏性的影响,具有一定的水化分散特性。受构造及成岩作用的影响,涪陵地区泥页岩地层层理裂缝发育,具有显著的力学各向异性,最为显著的特点就是页岩地层强度在不同方向上具有显著的差异,当层理裂缝面与井眼夹角为30°~60°时,页岩地层强度相对最低,致使坍塌压力明显升高。因为涪陵泥页岩地层的这种结构特征,导致涪陵地区钻井过程中多次发生由泥页岩垮塌造成的井下故障。如JY10-2HF井二开钻进志留系地层时发生井壁垮塌,被迫填井重钻,浪费钻井时间20d;JY1HF井二开钻进志留系地层时发生垮塌造成卡钻,浪费钻井时间28d。

(二)水平井井眼轨道复杂

为最大限度地减小井场数量、单井占地面积以及地面工程造价,提高页岩气整体开发效益,页岩气开发主要采用丛式水平井。丛式水平井井眼轨道与常规油藏水平井的井眼轨道存在着显著的差异,主要具有以下特点。

1. 大偏移距

为保证单井控制储量,各井水平段之间要有一定间距(国外井间距一般为300~500m,涪陵页岩气田井间距约为600m)。同时为满足大型压裂要求,水平段钻进方位要垂直或近似垂直于最大水平主应力方向,这就要求各水平井的水平段处于平行或者近似平行的状态,以上两点决定了页岩气丛式水平井的井眼轨道必然是大偏移距的三维井眼轨道。

2. 大靶前位移

为实现地下井网全覆盖,多动用储量,采用交错式井网开发。涪陵页岩气田采用4井式井网(图5-43),水平段长度为1500m,靶前位移超过800m。

3. 长水平段

一般页岩气水平井的水平段越长,单井产能越大,储量的控制和动用程度越高,但是水平井段并不是越长越好,水平段越长钻井难度越大,脆性页岩垮塌和破裂等复杂问题越突出,单井钻井和完井投资越大。同时,由于存在井筒压差,水平段越长抽吸压力越大,总体页岩气产量反而降低。目前,北美地区页岩气水平井的水平段长度一般为1000~2000m。如Fayetteville页岩气田水平井的水平段长度主要为1500~1650m;涪陵页岩气田水平井的水平段设计长度一般为1000~1500m,主要为1500m左右。

页岩气丛式水平井井眼轨道具有大偏移距、大靶前位移、长水平段的特点,因此与常规油气藏丛式水平井相比,其轨道更为复杂,钻井过程中摩阻和扭矩更大、工具面摆放与控制更为困难,钻井难度也更大。

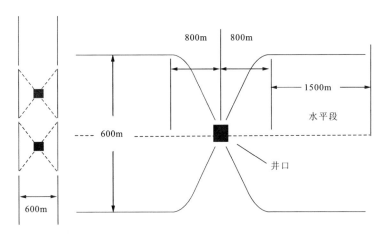

图 5-43 丛式井水平井井眼轨道水平投影图

(三)对生产套管强度和固井质量要求高

页岩气开发需要对储层进行大型压裂改造,由于页岩气水平井的水平段较长、压裂规模大、施工压力高(表 5-65)、工艺复杂,因此对生产套管强度和固井质量的要求高。涪陵焦石坝区块已经有多口井因完井质量问题无法进行压裂施工。如 JY5-2HF 井,直径 139.7mm 套管下深 4250.49m,固井水泥返至地面,声幅测井显示固井质量合格,完井后对套管柱试压也合格,但在压裂前对井口及套管试压却不合格,无法进行压裂。该井采用下堵塞器的方法对全井从上往下找漏,也未发现明显的泄漏点,后期修复难度很大。

表 5-65 涪陵页岩气井压裂施工参数表

井号	水平段长度 (m)	压裂段数	施工排量 (m^3/min)	施工压力 (MPa)
JY1HF	1000.00	15	10~13	42.0~70.0
JY1-3HF	1003.00	15	12~15	43.0~60.0
JY7-2HF	879.00	13	10~15	44.0~85.0
JY6-2HF	1477.00	15	12~15	41.0~83.0
JY8-2HF	1499.00	21	12~14	44.0~89.0
JY1-2HF	1504.00	22	12~15	42.0~76.8
JY12-3HF	1584.00	18	12~14	45.0~60.0
JY11-2HF	1419.00	14	6~14	46.0~93.5
JY10-2HF	1442.00	15	11~14	45.0~67.0

（四）建井周期长

北美地区经过多年的摸索和积累，页岩气钻井技术逐步趋于成熟，"工厂化"作业模式推广应用后，页岩气水平井的建井周期大幅度缩短、钻井成本大幅降低。例如，美国西南能源公司 Fayetteville 页岩气田水平井的水平段长度从 2006 年的 701m 增至 2012 年的 1473m，而"造斜段＋水平段"平均钻井时间从 2006 年的 18d 缩短至 2012 年的 6.7d；美国 REX 能源公司从 2008 年开始在 Marcellus 页岩气开发中应用工厂化钻井模式，1 年内钻井成本降低 50%。

国内页岩气开发尚处于起步阶段，配套的钻完井技术不完善。涪陵地区除具有一般页岩气田的钻井技术难点外，还普遍存在着上部地层溶洞发育、地层承压能力低、易漏失，海相沉积地层流体分布复杂，部分地层岩性变化大，可钻性差等问题。近期正在施工的位于断层附近的 JY26-1HF 井，在钻进水平段过程中出现了"同层涌漏并存"的复杂情况。截至 2013 年底，涪陵页岩气田焦石坝区块共计完钻 19 口井，完钻井平均井深 4204m，平均垂深 2381m，水平段平均长 1473m，平均机械钻速 4.2m/h，平均钻井周期 80d，平均钻完井周期 93d，与国外先进水平和页岩气高效开发要求相比，钻井周期和建井周期依然较长。

三、技术对策

1. 深化钻井地质特征精细描述技术研究

通过涪陵页岩气田前期钻探实践，已初步掌握了该地区的基本地质特征：①浅表地层溶洞、暗河发育，且分布无规律，钻探过程漏失严重；②上部三叠系地层存在水层，二叠系的长兴组、茅口组、栖霞组地层局部存在浅层气，水层和浅气层均属于低压地层，水层和浅气层（或含硫气层）使部分钻井提速技术受限；③中下部志留系地层坍塌压力与漏失压力的差值较小，易发生井漏、井塌等井下故障；④下部龙马溪组地层底部页岩气显示活跃，地层压力异常；⑤茅口组、五峰组等地层岩石硬度大、可钻性差，跳钻严重，机械钻速低。

复杂的地质条件和较强的各向异性使该地区钻井设计及高效钻井面临较大的挑战，且目前对地质情况和规律的认识尚不能完全满足工程要求。因此，建议重点从以下几个方面开展页岩地层的钻井地质特征精细描述技术研究：

（1）加强上部地层出水、出气规律的描述研究。综合利用测井、钻井、录井等资料，对工区水层分布规律进行精细描述，获得地层出水量的横向和纵向分布规律。根据地层出水、出气预测结果优化井位，合理选择钻井方式，提高涪陵气田的开发速度。

（2）强化页岩地层水化特征研究。通过分析页岩理化特性及钻井液与地层的相互作用，评价页岩地层的水化能力，定量描述钻井液对坍塌压力及地层强度的影响，为钻井液体系选择和钻井技术方案优化及实施提供依据。

（3）加强页岩地层压力体系描述研究。通过建立页岩层理裂缝地层的井壁稳定性分析模型，较准确地描述层理裂缝特征和水化对页岩地层稳定性的影响，有效提高地层压力体系的预测精度，科学指导井身结构优化及钻井液密度设计。

2. 开展三维长水平段水平井井眼轨道优化设计及轨迹控制技术研究

针对页岩气丛式水平井井眼轨道偏移距大、靶前位移大、水平段长、施工摩阻和扭矩大等技术难点,目前已初步形成了"直—增—稳—扭—变增—平"六段制井眼轨道设计方法,提出了最佳扭方位井斜角区间,优选了造斜和扭方位井段,应用了国产大功率弯体螺杆和耐油定向测量工具,不断完善了中深长水平段水平井轨迹控制等配套技术。建议今后还应从以下3个方面开展井眼轨道设计优化与轨迹控制技术攻关:

(1)基于地层自然造斜规律的三维井眼轨道优化设计方法研究。在研究地质特征分布规律的基础上,建立钻头与地层相互作用的力学模型和底部钻具组合受力模型,得到不同地层条件下常用钻具组合的自然造斜规律,并以降低摩阻和扭矩为目标,优化页岩气丛式水平井井眼轨道设计。

(2)三维井眼轨迹精确控制技术研究。深化研究三维井筒环境下的钻具组合力学性能,认识复合钻进条件下钻具组合与地层的作用机理,掌握复合钻井钻具组合的增斜规律,综合考虑特殊完井管柱和工具的可下入性技术要求,进一步优化增斜和稳斜井段,合理匹配滑动/复合钻进程序和进尺,尽可能地提高复合钻进比例和定向钻井效率。

(3)基于滑动导向的长水平段井眼轨迹控制技术。研制新型可变径稳定器、井下自动调节弯度定向短节等工具,优选高温螺杆、EMWD等工具仪器,探索应用大弯角螺杆、降摩减阻装置、轴向振荡器等高效定向工具及配套技术,优化钻具组合,进一步提高钻具组合控制井眼轨迹的能力,形成低成本、高效率的长水平段水平井井眼轨迹控制技术。

3. 持续开展钻井提速技术研究

针对涪陵地区页岩气水平井钻井周期长和机械钻速低的问题,目前已研究形成了常规三级井身结构、直井段清水钻进、PDC+螺杆复合钻井、海相复杂硬地层高效钻头优选等关键提速技术,优化了全井段的测井技术和作业程序,成功探索了定向井段泡沫定向钻井、水平段"一趟钻"完成、山地"井工厂"作业模式等高效提速技术,整体钻井速度得到了大幅度的提高。建议下一步还应开展以下4个方面的研究,进一步提高钻井速度和降低钻井成本:

(1)研发长寿命耐油井下动力钻具。由于涪陵地区页岩气水平井三开采用油基钻井液,常规螺杆钻具的橡胶件不耐油,寿命普遍较低(平均不到60h),严重影响了钻井效率。一方面可通过改进橡胶的配方,提高橡胶的耐油性能,研发长寿命的耐油螺杆;另一方面研发无橡胶元件的定向涡轮钻具,替代螺杆钻具。

(2)研发高效PDC钻头。针对茅口组和龙马溪组地层的"浊积砂"以及五峰组地层可钻性差、PDC钻头不适用、牙轮钻头机械钻速低的问题,通过优化PDC钻头的结构,研制适用于上述地层的个性化PDC钻头,以提高机械钻速。

(3)定向井段泡沫钻井技术。在JY13-1HF井泡沫定向钻井技术成功试验的基础上,进一步进行该技术的实用性研究,不断完善井壁稳定技术、EM-MWD测量技术、定向钻井技术以及泡沫配制技术等泡沫定向钻井的4大关键技术,进一步完善施工方案,提高大井眼定向钻井速度。

(4)"井工厂"钻井技术。开展页岩气"井工厂"井眼轨道优化设计、地面设备配套、地面井场布局优化以及施工工艺流程优化等研究,形成适用于涪陵地区复杂地表情况的"井工厂"高效钻井作业模式,实现该地区钻井的提速提效。

4. 优选钻井液体系及其回收和钻屑处理技术

目前涪陵地区二开定向段主要采用强抑制强封堵性水基钻井液体系,三开水平段采用油基钻井液体系,油基钻井液的油水比大致为 80:20。通过研发了高效乳化剂、流型调节剂和随钻堵漏剂等关键处理剂,成功解决了页岩地层井壁失稳问题。但钻井液成本和后期钻屑处理仍面临较大的压力,急需开展以下技术研究:

(1)低成本油基钻井液技术。通过优选、综合评价页岩气水平井油基钻井液体系,进一步降低油水比,开展现场性能维护及应用工艺研究,形成适合涪陵地区的页岩气水平井钻井液技术,降低钻井液成本。

(2)油基钻井液回收利用技术。优选高性能封堵材料,提高油基钻井液的封堵性能和防漏堵漏效果,完善地面回收处理设施建设,提高油基钻井液的回收利用率。

(3)油基钻井液钻屑随钻处理技术。建议开展油基钻井液钻屑的微生物-氧化耦合处理技术、热解析处理技术和化学清洗处理技术研究,形成可以满足不同现场需求的油基钻井液钻屑处理技术。

5. 完善套管强度设计方法和固井质量评价方法

涪陵地区水平开发井全部为套管射孔完井。通过开展水平井固井技术攻关和配套,已研究形成了高弹韧性水泥浆体系、油基钻井液高效冲洗液和长水平段水平井固井工艺技术,固井质量不断提高。但是,鉴于大规模高强度压裂对固井质量的高要求以及压裂过程中对井筒完整性的扰动,为了不影响储层改造最佳施工方案的实施和确保气井的长期安全生产,建议还应加强以下两个方面的攻关研究:

(1)完善套管强度设计方法。页岩气水平井套管强度设计采用行业标准《油气田套管柱结构与强度设计》(SY/T5724-2008),但该标准没有涉及大型压裂对套管强度的要求。因此,应综合考虑页岩气水平井采用套管进行大型压裂、多段桥塞安全下入和连续油管作业等完井工艺对生产套管的特殊要求,尽快制订适用于页岩气大型压裂作业的套管强度设计和试压规范。以完井压裂施工中的最高施工压力作为套管强度设计实际有效载荷,建议页岩气水平井套管抗内压强度应大于或等于完井压裂施工过程中最高压力的 1.25 倍。

(2)建立适用于页岩气水平井的固井质量评价方法。目前,固井质量评价主要是参考行业标准《固井质量评价方法》(SY/T6592-2004)。该标准主要考虑了气层与邻层之间的水泥环最小封隔长度要求,未考虑后期大型压裂改造对固井质量的要求。若"甜点"井段固井质量差,将直接造成该井段无法进行射孔压裂改造,从而影响页岩气井的产量。建议开展大型分段压裂对固井质量要求的分析研究,明确一个压裂段内固井质量优良率的最低限度,并以此为依据,对页岩气水平井水平段固井质量进行分段评价。

四、页岩气藏管理

页岩气开采需遵循基本的油气勘探开发程序。在决策进入钻井勘探阶段之前,必须开展页岩气选区评价工作,以搞清评价区内页岩气含气系统是否普遍存在、页岩储层是否能够有效压裂改造以及页岩气资源勘探的潜力与规模有多大等关键问题。

(1)泥页岩地层井壁稳定性差、三维水平井井眼轨道复杂,施工难度大、压裂施工对生产套管强度和固井质量要求高,部分井完井质量不高、建井周期长、成本高是目前涪陵地区页岩气开发面临的主要技术难点。

(2)与常规油气藏丛式水平井相比,页岩气丛式水平井的井眼轨道具有横向偏移距大、靶前位移大、水平段长的特点。因此,其井眼轨道设计与井眼轨迹控制难度大。

通过借鉴国外页岩气高效开发钻井技术成果,开展了涪陵地区"井工厂"优快钻井技术研究,通过在涪陵焦石坝区块进行试验性应用,初步形成了中深层页岩气开发建产的钻井技术,但离技术的成熟配套和更大范围的应用,还有一定的差距。国外页岩气钻井技术的发展已有80多年的历史,先后经历了直井、水平井、丛式井和丛式水平井的发展历程。

国外在页岩气水平井钻井技术领域取得的重要进展主要有:①集地质导向、旋转导向于一体的高造斜率导向钻井技术;②适用于页岩地层和"造斜段+水平段"一趟钻要求的个性化PDC钻头;③适用于地区特点的工厂化作业模式和配套钻机方案;④有机盐和无机盐复合防膨技术。

(3)加强钻井地质特征精细描述、完善三维长水平段水平井井眼轨道优化设计与井眼轨迹控制技术、研究与应用钻井提速新技术、优选钻井液体系、配套页岩气水平井套管强度设计以及固井质量评价方法等是解决涪陵页岩气开发钻井技术难点和大幅度提高开发效益的有效途径。

(4)受实际钻探资料与研究认识程度的影响,目前发布的国内页岩气资源量、页岩气公开招标以及未来页岩气发展规划等诸多政策与计划可能存在极大的不确定性和风险。页岩气产业的发展还需遵循其循序渐进、科学发展的自身规律,拔苗助长式的加快开发将会造成社会资源的极大浪费。

案例6 边际油田开发管理案例库

Marginal Fields Development——Preliminary Programme Student Group Project Topic at 8th IPTC Education Week

1. Introduction

The International Petroleum Technology Conference (IPTC) is hosting an Education Week, in Kuala Lumpur, Malaysia for the benefit of the best 3rd and 4th year undergraduate students in science, geoscience and engineering from qualified institutions across the globe. It is anticipated that some 75 - 100 of the best students will be selected to participate in the IPTC Kuala Lumpur Education Week. IPTC will cover travel and accommodation expenses for the selected students.

The purpose of Education Week is to give the students a clear insight into the petroleum industry, to work together on a joint technical project and to provide opportunities for students to form new friendships and extend their network. At the same time, the students will be interacting with a number of major industry employers who are constantly looking to recruit the best talent from institutions across the region.

The purpose of the student group project is to promote teamwork, initiative and innovation. Consequently, you will be judged on your ability to demonstrate how your team worked together, how you came to the conclusions you did and how you tackled issues on technical challenges, economic risks, environmental impact and human costs.

The judging criteria for your group project presentation will be:
• Technical initiative and innovation.
• Will your projects provide an adequate return?
• What is the impact on the environment, and how can any damage or risks be mitigated?
• How will your project benefit/impact the local community and how can any adverse effects be minimized?
• Teamwork and participation.

2. Project description

Your team is responsible for the development of an 81 Mmstb marginal oil field. With two exploration wells, the field has yet to enter development phase. The field is located some 70km offshore with water depth of 67meter. Along with two exploration wells, 3D seismic data is also available. However, almost half of the field's area do not have 3D seismic coverage due to a coral island outcropping the northeastern part of the field.

Propose a development plan that will include:
• A new technology to safely acquire 3D seismic survey across the coral reef section; or geophysical and geological interpretation across the area with no seismic data.
• Development scenario for both sub-surface and surface facilities.

Points to consider include: how to develop the field while minimizing the footprint for all activities; how to acquire the 3D seismic data without damaging the precious coral reefs, and how to produce the oil with minimum cost.

3. Term work results

Please study through the scenarios and address the questions based on *Safety, Environment, Cost* and *Change Management Consideration*. Challenges for each scenario are listed accordingly. Please consult your designated mentor/facilitator for assistance. Discussion and brainstorming within your group is highly encouraged.

Scenario 1: Your team is taking over a project working in a major operating company where your teams are well engineers working on a recently discovered oil field. The current project leader and his team have been working with a business partner to agree the design for drilling a new well. After considerable consultation, the project leader has submitted a proposed well design to his company (the major operating company, IOC) and the business partner. Both of the business partners are not satisfied with the proposed design and now your team needs to manage the situation.

Challenges:

Location(offshore, deep-water)- *Offshore climatic condition, deep water condition and specification of equipment.*

Number of proposed well, 10 wells – *Design programme* (*cost a lot*)

Extended reach well, high cost – *Requirement for technology* (*manpower and design*)

Unconsolidated, HPHT reservoirs – *Special requirement for special mud, blow out* (*HPHT reservoir can easily lead to blow out*)

Uncertainty over fluid composition, e.g. H_2S – *Special requirement for mud*

Multiple zones – *Design programme*

Limited rig availability, tight schedule due to changing in weather condition e.g. monsoon season *Facility efficiency*

Marginal offshore fields 7% – 15% benefit *Simultaneous operation. Different parties working together in a particular location with different task*

3 JV partners (1 IOC and 2 Independents)

With safety, *environment*, *cost* and *change management considerations*, how do you address the following?

1. What is the risk of proceeding with the original proposal?
2. What is the justification to change your plan?
3. How are you going to convince your stake holders?
4. How do you ensure success?

The scenarios given were supplied with necessary information for your group to come out with possible solution based on current oilfield performance/market trend where group members gather a widely accepted figures, for instance:

Scenario1	
Our team is taking over a project working in a major operating company where we are well engineers working on a recently discovered oil field. Our project leader has submitted our well design to the company and business partners. However they were unhappy with the proposed design and we have to manage the situation	
Challenges	
• Location (offshore and deep water)	Deepwater depth is above 400m
• Number of proposed wells: 10	if all ERD wells, too expensive
• Well type: extended reach well (high cost)	unconsolidated sands, cuttings tend to fall due to gravity which may lead to stuck pipe
• Reservoir: unconsolidated, HPHT reservoirs	Drilling tools must sustain high pressure and high temperature (more expensive) Slotted liner (casing that has been sliced to prevent sand exclusion) but it is also a long lead item… not too familiar in this)
• Uncertainty over fluid composition: H_2S presence	H_2S is poisonous, may have a more specialized completion (not too sure)
• Multiple zones	Dual completion or co-mingled production but take fluid samples and pressure of each zones before producing

• Limited rig availability, tight schedule due to changing in weather conditions (moonsoon season)	drilling ERD takes a lot of time (bottom up circulation is longer, too much jewelleries will lead to increase in stick and slip, hence slower rate of penetration and etc.
• Marginal oil fields	ERD well cost may be uneconomical
• 3JV Partners (1 IOC and 2 independents)	Stakeholder's portion
Questions	
• What is the risk proceeding with the original proposal?	a) stuck pipe due to accumulated cuttings, lost the well b) pipe twist off due to stick and slip problems c) kick, or blow out due to wrong pore pressure prediction in the over-pressured zones
• What is our new plan?	we can drill in phases, build another platform nearby to drill more vertical wells instead of drilling all ERD wells?
• What is the justification to change your plan?	the new plan will be cheaper, faster and safer to drill and achieve well objectives
• How are you going to convince your stakeholder?	Previous case history where an ERD well was drilled, we had 40 days of NPT and lost the well
• How do you ensure success?	drill in phases (phase 1：4 wells) use the new well data for the next phase to minimize uncertainty

• *Scenario 2*: *Your team is taking over work in a joint venture company where you will work as a team of geologists on the development of a gas field. The current team leader has already agreed with the joint-venture partners on the target position for drilling a well. Your company (a major national operating company) has recently bought new data indicating that there are risks associated with the target position and so your company has recommended a change in the target position. One of the joint venture partners (IOC) is resisting this recommendation and now your team needs to manage the situation.*

Scenario2		
Our team is taking over work in a JV company where you will work as a team of geologists on the development of a gas field. The current team leader has already agreed with the JV partners on the target position for drilling a well. Our company has just bought new data indicating that there are risked associated with the target position and recommended a change. One of the IOC is resisting this recommendation and now we have to manage this situation		
Challenges		Comment tab

• Location: Artic/Remote	Lack of infrastructure Transporation of the natural gas from platform to refinery is very expensive and difficult because gas needs to be super-cooled to a liquid that can be transported by sea. Pipeline construction is also expensive and difficult. Based on the current gas price(USDMYM3.99 USD/MMBtu), it makes this drilling these wells unattractive Harsh weather conditions	*Artic – very cold regions* *Remote – far away in distance* √ *Communication and transportation problems due to poor climatic condition and bad roads*
• 5 very high cost wells	Need to ensure all the risks are analysed and minimized for successful drilling to prevent additional costs	Five well – Very costly
• Environmentally sensitive, international pressure	These wells have the attention of the public media, thus all risks need to be evaluated and mitigated. Main risk: drifting floating icebergs. Any spills or blowout may cause fatalities and environmental pollution. Companies may have to pay expensive clean up costs and compensation. BP is facing damages demands of about USDMYM 90 billion over the Gulf of Mexico's oil spill, which affected BP's finances	Easily polluted
• Complex reservoir: multiple faults, reservoir quality	Use certain logging tools such as Modular Dynamic Tester(MDT)or Reservoir Characterization Tools(RCI)to get more info about the reservoirs' pressure (compartmentalization)? Do a production history matching to know the flow rate of the field?	Downhole risk which might lead to blowout, loss, collapse of reservoir or formation
• History of drilling challenges	Use offset wells for correlation and understand the problems that they have encountered in the offset wells	Requirement for equipment, manpower, technology at high level. Drilling challenges are very sensitive so everything must be at high level to overcome these challenges
• Complex logistics, 6 months window for equipment delivery	What are the long lead items?	Transportation of cars, drilling equipment on site needs something more complex to transport it there

• 4JV Partners (1 NOC, 1 IOC and 2 independents)	Stakeholder's portion	Collaboration among people with different ideas is essential. However, it requires high cost in getting other people with different ideas on board
Questions		Comment tab
What is the risk proceeding with the original proposal?	a) the well is dry b) lost the well c) Subsurface risks - pore pressure / faults / shallow gas etc.	• The scenario doesn't specify what risks were identified with the new data: A) HSE: Risk to personnel, to asset and environment during drilling operation. It could impact the project credibility and future projects for the company and the JVs. B) Cost: Whether the risk is related to HSE, drillability or risk of drilling a dry well, the most significant impact would be on cost. This is especially elevated by the fact that we are drilling high cost wells in remote location. Any lost or even delay would probably affect the economics
What is our new plan?	Understand the risks associated to the original target position. Explain the consequences to the stakeholder Revise target drilling location	• Check the source of bought data - the assumptions, parameters, interpretation method. Compare with the information with current assumption and data. What changed? What is different? Investigate why the risk was overlooked • Investigate whether this is consistent with the past challenges faced drilling nearby areas / exploration and appraisal wells • The team to assess the new and current information and come to an agreement whether the risk is proven / valid. Because the previous work was done by the JVs, find out whether it is possible to have one of the previous team members to be part of the evaluating team for input on the current assumptions • If indeed risk is valid, then the target should be revised • Cascade the new information with the JVs

What is the justification to change your plan?	the new plan will be cheaper, faster and safer to drill and achieve well objectives	• Based on the analysis of the new data and the assessment of the risk identified, this would be the justification of a change in plan
How are you going to convince your stakeholder?	Use case history Political and media attention (Greenpeace protests) Pass some of the new data bought by the company for them to evaluate if they don't believe us	• We should probably have buy-in from the JVs during the revision stage (if they had agreed to provide team members as part of the collaborative team) • Proper documentation of the new data and risk assessment along with the evidence • Assert position as major National Oil Company that a revision is in the interest of development of a national asset / environment etc
How do you ensure success?	drill in phases (phase 1 : 4 wells)	• Proper revision of plan and economics associated with revision • Does a change in trajectory require a complete revision of well design as well? Does it still fit in with the original time frame, otherwise, will have to consider delaying the project or proceeding with risk of waiting on logistics of new equipment delivery

Scenario 3: *Your team is taking over work in one of your company's larger local operating companies as a facilities engineer at a natural gas processing facilities plant. A gas facilities plant separates and cleans natural gas and liquids to different specifications ready for sale directly to customers. The current team is managing a construction project to re-develop the plant to achieve an increase in the amount of gas produced. At the start of construction, a hazardous substance has been found in the ground and now you need to manage the situation*

Scenario3		
Our team is taking over in one of our company's larger local opreating companies as a facilities engineer at a natural gas processing facilities plant. A gas facilities plant separates and cleans natural gas and liquids to different specifications ready for sale directly to customers. the current team managing a construction project to re-develop the plant to achieve an increase in the amount of gas produced. At the start of construction, a hazardous substance has been found in the ground and now you need to manage the situation.		
Challenges		Comment tab

• Location: onshore, politically sensitive area (South Africa)	Negotiate a win-win situation (provide education to the locals, build infrastructure for the nearby village)	Political instability(conflict, war) Marked by war's, embargoes, government instability
• Aging facilities with some integrity issues (over 25 years old)	Run economic scenarios if the facilities can be upgraded or build brand new facilities	Facility input
• Limited skilled man power due to local unrest		Manpower limitation
• Large urban population of 2 millions of people nearby within 5km radius		Social influence
• local NGO pressure and escalated to international attention, triggered recent demonstration outside company HQ	hire police or security to guard the office. Explain to them that warrant is needed for demonstration. We can make a video on awareness	Reputation
• Past incidence of accidental leakage prompted 1 week shutdown	investigate the cause of the leakage, fix it as soon as possible. Explain to the public or invite a government representative to check	Production cost
• Hazardous substance detected is radioactive	Send samples to the lab to check where does the radioactive come from. Maybe it is not from facility	Toxic and explosive substance
• Land lease expiring soon in 5 years, spend money to extend, sell the lease or facilities	If we decide to build a new facility, we might extend the land lease. But will it jeopardise the staff's safety in a politically unrest region?	Land lease cost
• Strong union presence with past history of strike		Strike trends/pattern

Questions		Comment tab
What is the risk proceeding with the original proposal?	I. The risk is cost II. Production lost III. Manpower limitation leading resulting from workers not coming to work due to environmental pollution	• HSE: Exposure to the hazardous materials found on the site – to the personnel working on the project and also the surrounding area (large urban area within close proximity). Integrity issues on the aging facilities elevates the risk of exposure. Environmental concerns on handling radioactive material • Cost: Increased cost to manage the hazardous material without proper planning and limited skilled. An HSE incident affecting the personnel(with strong union) and the nearby community could result in large expenditures for compensation. Leakage causing unplanned shutdown in operations • Company Reputation: Community unrest, press attention. Under the current situation, there is no plan in place to address the issues and media coverage is not in the company's favour
What is our new plan?		1)Manage the Hazardous Material • Momentarily suspend operations. This can be done in parallel with rectifying the leak (making use of the 1 week shutdown window) • Investigate the source of hazardous material: is it natural radioactive source? Is it from poor industrial waste management? Do a risk assessment. Consider the options on what can be done about it • Draw up proper plan to manage the hazardous material. Understand the manpower and expertise required to execute the plan. Source locally where possible. Execute plan to manage the hazardous material 2)Re – evaluate the economics • Taking into account the risks involved with the original plan, it is possible that the project is no longer economic, and decission could be to sell off the lease and facilities and start from scratch at a different location • If that is the case, then it a plan should be put in place to maintain what is necessary on the current facilities in order to continue operations for the next 5 years until the lease expires, while at the same time constructing new facilities for the increased gas production

What is the justification to change your plan?	The justification to change my plan is international standard against pollution	• HSE: It is no longer safe to operate in the area. Urban population within close proximity. Possibility of area expanding, and coming within danger zone of an active industrial plant. In addition of the increased risk of hazardous material discovery
How are you going to convince your stakeholder?	With the cost in mind, stakeholders want profit, however, when we go ahead with the project, it will cost the company severely. Every company want good reputation and going ahead with it will destroy the good image of the company taking into regard legislation enforced, it wouldn't be the best. In addition to these reasons, laying off of workers will spoil the company's reputation	• There are already concerns with regards to the current facilities. It is already widely known internationally. It should be quite easy to understand that this is no longer the ideal location for plant expansion • In addition, the lease will be expiring soon. The original plant objective should be reviewed — where it would probably have stated the original design capacity and constraints. This plant was not meant for expansion or increased gas production
How do you ensure success?	I will ensure success by: I. Getting data to support my reasons II. Communication and presentation III. Good management systems on how to reduce it to the bearest minimum	• Agree on a new location with the government. Ensure proper documentation. Look into future plans in the area — no possibility to be developed as housing / community development • Proper planning with risk assessment and mitigation. This should be shared with all the stakeholders esp. the community and environment bodies • Start a training program for locals to populate the new facility • Plan for minimal interruption during transition from the old to new facility

思考题

1. 油藏油藏管理的核心是什么？
2. 气藏油藏管理的核心是什么？
3. 非常规油气藏管理的核心是什么？

结束语

现代化油藏管理是油田发展的主要途径,它不仅涉及技术和方法的进步,而且还涉及思维和管理体制的创新。可以说现代油藏管理是近十几年来国际石油界在围绕降低成本、提高经济效益而综合应用各种先进技术和管理形式及手段的实践中形成的方法论。优化的经营决策、新型的管理体制和先进的科学技术是这一方法论的三个重要组成部分。由此可见,油藏管理不是某个部门、某些人的事情,而是需要决策者和石油科研、生产人员共同参与完成的一个系统工程。因此,广泛学习油藏管理的理论,借鉴国外先进的油藏经营管理技术和经验,开展油藏经营管理的研究与实践,必将对油田的长期稳定发展起到积极的作用。

现代油藏管理理论认为高级油藏管理是一门科学,同时也是一门艺术。高级油藏管理的科学性强调的是油藏管理的共性,是原理、原则和方法。高级油藏管理的艺术性强调的是灵活的掌握于多样的形式。综观国外成功的综合油藏管理实例,无一不是这种科学性和艺术性的统一,二者缺一不可。

自20世纪80年代国外油藏管理技术提出并使用以来,我国在原来油藏管理的基础上,迅速吸收和消化国外现代油藏管理的思想及方法,针对中国陆相油藏复杂性开发了各种新技术和新方法,使油藏管理工作上了一个新台阶。目前,已基本形成了以各种新技术和新方法为核心的综合油藏管理体系。同时,管理思想也正在由稳产观念向经济和社会双效益观念发展;管理方式也正在由技术性管理向经营性管理发展;工作组织方向正在由学科专业划分细、行政组织分割向多学科协作、行政组织集中的工作组织方向发展;工作方法也由手工和定性为主逐渐转向以计算机和定量为主。尽管如此,我国的综合油藏管理在认识、组织机构、基础管理和运行机制等方面与国外相比仍存在很大的差距,主要表现在以下几个方面:

(1)对综合油藏管理认识不充分。综合油藏管理既是一种新的管理理念,又是一种综合运用各种先进技术的管理技术。国内石油工业界对综合油藏管理的概念并不陌生,但对综合油藏管理技术的认识还不全面。主要有:①仅仅把综合油藏管理看作是领导和管理层的事情,因而,在工作中没有进行积极的横向联合与协作;②片面地认为在油藏开发中只要采用了先进技术,就是进行了综合油藏管理。

(2)管理机制落后。国外油田大多实行的是油公司管理体系和甲乙方合同承包制,而且不断向着新的、更有效的管理机制探索进步,如公司联盟和虚拟公司等。在这种管理机制下,油田的各项工艺技术措施严格按油田的科学开发来选择、制订,并以综合经济效益来衡量。近年来,我国的油藏管理虽然在注重经济效益方面有了很大的改善,但由于我国多年来一直实行计划经济,人们的思维观念不能很快从旧的管理体制中解脱出来,而市场发育体制又很差。因此,我国的油藏管理机制已远远落后于国外的先进管理机制。

(3)专业分工细、机构多,不利于综合油藏管理工作的开展。我国的油气田开发工作一直是按油气藏(包括地质)、采油工艺、地面工程三大块划分的,学科划分过细,各个学科专业和部门相对独立,学科之间缺乏必要的渗透与交流,使得无论是管理人员还是研究人员均缺乏足够的合作意识。这样的管理体制极不适应综合油气藏管理方式的要求。严重制约了多学科协作的综合作用的发挥。近年来,虽然在多学科协作方面做了一些尝试,但是,仍然没有彻底改变传统的管理方式,不利于综合油藏管理工作的开展。

(4)基础工作薄弱。数据的采集、综合与管理是综合油藏管理的基础。在进行油藏管理时,应首先制订并实施数据的采集、综合与管理计划。油藏管理数据库包括地震、流体样品、测井、取芯、生产、试井等各方面的数据资料,还要对这些数据的真实性和可用性进行验证。目前,我国在综合油藏管理工作中,这项工作已经严重滞后,并且由于管理的问题,有许多方面的数据如常规生产测试数据不够准确,影响了综合油藏管理技术优势的发挥。

(5)对油藏管理中的某些环节重视不够。我国油藏类型复杂,经过几十年开发实践,已经具备了较先进的油藏开发技术。在认识和预测油藏方面发展了适用于不同开发阶段的油藏描述技术及剩余油分布预测技术,在控制油藏方面发展了陆相多油层和复杂断块油田稳油控水、井网加密、油层改造、油层保护、三次采油等一系列综合配套技术。但是,对综合油藏管理中的一些重要环节如油藏监测技术的重视程度还不够。油藏监测是管理系统中的一个重要组成部分,国外对油藏监测非常重视,在油藏管理中发展和应用一些先进的技术,如现代综合试井技术、井间层析地震技术和四维地震技术等,而我国在油藏监测技术与应用方面落后于国外。因此,我国油藏管理还需在以下几个方面开展工作:

(1)提高对综合油藏管理技术的认识,加强综合油藏管理的基础工作,进一步发展和完善综合油藏管理的先进技术。从油藏的生产型管理转变为经营型管理是一个历史性变化。首先,不但管理者需要改变思维方式、更新观念,所有的科研和生产人员都应了解开展现代综合油藏管理的迫切性和必要性,加强协作意识和参与意识;其次,应加强综合油藏管理的基础工作,尤其是各个油藏综合数据的采集、验证及建库工作,进一步提高工作效率和质量;另外,应进一步发展和完善综合油藏管理的技术体系,如先进的油藏描述技术、油藏监测技术、水平井技术等,提高油藏管理的技术水平。

(2)积极探索油公司管理模式,以适应市场经济的发展,是实施综合油藏管理,提高经济效益的关键。在政策条件允许的情况下,采取股份公司或模拟公司的形式,借鉴和吸收国内外先进的油藏管理机制,提高我国综合油藏管理水平。

(3)采取灵活多样的管理机制。实施综合油藏管理应根据各个地区、各种油藏的实际情况采取灵活多样的管理机制。以各种综合技术为主体,创立一些专业的综合技术服务公司,以股份制的形式参与采油厂或某些区块的油藏管理。这样,有利于发挥综合技术的优势和综合决策的作用,大大地提高了油藏的最终采收率和长远的经济效益。

(4)推广和开展项目管理。在综合油藏管理中,借鉴勘探项目管理的成功经验,推广项目管理模式,积极探索适合我国油藏开发的管理模式,最终达到勘探项目管理和开发项目管理的统一。

主要参考文献

蔡志翔,韦重韬,邹明俊. 潘河地区煤层气井排采制度优化[J]. 中国煤炭地质,2012,10:18-21.
查全衡. 石油资源经营管理的实践与思考[M]. 北京:石油工业出版社,1999.
陈强,努尔曼库尔班,赵伟,等. 某油田公司职业卫生现状调查[J]. 职业与健康,2009,(2):127-129.
陈润,秦勇,申建,等. 二氧化碳注入煤层多用途研究[J]. 煤田地质与勘探,2008,(6):20-23.
陈仕林. 沁南潘河煤层气田"分片集输一级增压"集输技术[J]. 大气田巡礼,2011,(6):35-37.
邓大庆,何冠军,陈继东. 油藏经营管理数据库建设和应用[J]. 西南石油学院学报,2002,24(1):21-23.
杜志敏,谢丹,任宝生. 现代油藏经营管理[J]. 西南石油学院学报,2002,24(1):1-4.
范智慧,郭东华,刘贤文. 油藏开发管理单元单井效益类型分析及管理策略[J]. 中外能源,2008,13(6):35-37.
傅雪海,秦勇,王文峰,等. 沁水盆地中南部水文地质控气特征[J]. 中国煤田地质,2001,13(1):31-34.
高远文,刘大锰,姚艳斌,等. 阜新煤田注二氧化碳提高煤层甲烷的研究[J]. 煤炭科学技术,2008,(1):19-24.
高远文,姚艳斌,郭广山. 注气提高煤层气采收率研究进展[J]. 资源与产业,2007,(6):105-108.
关振良,谢丛姣,齐冉,等. 二氧化碳驱提高石油采收率数值模拟及其应用[J]. 天然气工业,2007,27(4):142-144.
光在省. 中原油田职业卫生现状调查分析[D]. 济南:山东大学,2005.
黄晓明,孙强,闫冰夷,等. 山西沁水盆地柿庄北地区煤层气潜力[J]. 中国煤层气,2010,7(5):3-9.
计秉玉,董焕忠,万军. 油藏管理工程——一个亟待建立和发展的学科[J]. 大庆石油地质与开发,1998,17(3):43-45.
贾承造,杨树锋,张永峰,等. 油气勘探风险分析与实物期权法经济评价[M]. 北京:石油工业出版社,2004.
姜瑞忠,王海江,刘晓波. 油藏单元管理技术[J]. 油气地质与采收率,2003,10(6):78-80.
蒋洪,张黎,任广欣,等. 煤层气地面集输管网优化[J]. 天然气与石油,2013,(2):12-14.
康永尚,邓泽,刘洪林. 我国煤层气井排采工作制度探讨[J]. 天然气地球科学,2008,(3):423-426.
康永尚,赵群,王红岩,等. 煤层气井开发效率及排采制度的研究[J]. 天然气工业,2007,7:79-82,139-140.
赖枫鹏,岑芳,黄志文,等. 现代油藏管理在油田企业中的应用[J]. 西部探矿工程,2006,123(7):287-290.
李福垲,周波,盛建荣等. 丘陵油田开发现代经营管理模式[J]. 石油勘探与开发,1998,25(6):33-35.
李金发,吴巧生. 矿产资源战略评价体系研究[M]. 武汉:中国地质大学出版社,2006.
李士富,王日燕,王勇. 山西沁水煤层气液化 HYSYS 软件计算模型[J]. 天然气与石油,2010,8(4):22-25.
李玉蓉,陈光海,胡兴中. 国际石油勘探开发项目经济评价指标体系与综合评价[J]. 勘探地球物理进展,2004,27(5):383-387
李忠城,唐书恒,王晓锋,等. 沁水盆地煤层气井产出水化学特征与产能关系研究[J]. 中国矿业大学学报,2011,40(3):425-428.
刘竟成,刘倩,何君莲,等. 管网增压集输方案优选[J]. 油气田地面工程,2012,(9):42-43.
刘鹏程,王晓冬,邓宏文. 现代油藏经营管理[J]. 特种油气藏,2003,10(4):90-93.
刘升贵,张新亮,袁文峰,等. 煤层气井煤粉产出规律及排采管控实践[J]. 煤炭学报,2012,S2:412-415.
刘先涛,吴林. 油藏经营管理中的经济评价模式和方法[J]. 西南石油学院学报,2002,24(1):12-14.

刘颖,金亚杰. 4D地震在多学科集成化油藏精细表征技术上的应用[J].国外油田工程,2010,26(10):7-9.
罗伟,陈琳. 高油价下油田开发对策的探讨[J]. 油气地质与采收率,2005,12(5):79-80.
马小飞. 山西煤层气开发地面集输与利用[J]. 中国煤层气勘探开发技术与产业化,2011:511-515.
美国石油工程师学会. 现代油藏管理[M]. 赵业卫,崔士斌,译. 北京:石油工业出版社,2001.
孟荣章,李书文,汤林. 大型气田集输管网布局优化[J]. 石油规划设计,1998,18(2):16-18.
倪小明,贾炳,曹运兴. 煤层气井水力压裂伴注氮气提高采收率的研究[J]. 矿业安全与环保,2012,(1):1-3.
欧阳明华,谢丛姣. 低渗油藏井网适应性研究——以张天渠油田长2油藏为例[J]. 海洋石油,2004,24(2):64-68.
潘红磊,吴东平. 国外煤层气采出水处理及综合利用方法[J]. 煤矿环境保护,1997,(3):27-28.
裴红,刘文伟. "枝上枝"集输工艺在大型低渗、低产天然气田及煤层气田建设中的应用[J]. 石油规划设计,2010,(2):12-15.
饶孟余,江舒华. 煤层气井排采技术分析[J]. 中国煤层气,2010,(1):22-25.
任晓晶. 基于离子交换原理的美国煤层气产出水处理装置设计[J]. 化学工程与装备,2012,(4):57-59.
任晓晶. 应用离子交换设备优化煤层气产出水处理方案[J]. 化学工程与装备,2013,(3):103-106.
任源峰. 煤层气井液面监测对回声仪提出的新要求[J]. 中国煤层气,2007,(3):32-34+46.
孙强,王建中,孙建平,等. 沁水盆地南部柿庄南区块煤层气勘探开发现状与展望[J]. 中国煤层气,2010,209-213.
孙仁远,任晓霞,胡爱梅,等. 注二氧化碳提高煤层气采收率实验系统设计[J]. 石油仪器,2011,(3):18-20,23,100.
孙悦,冯启言,李向东,等. 煤层气产出水处理与资源化技术研究进展[J]. 能源环境保护,2010,(6):1-4,8.
唐书恒,马彩霞,叶建平,等. 注二氧化碳提高煤层甲烷采收率的实验模拟[J]. 中国矿业大学学报,2006,(5):607-611,616.
唐书恒,马彩霞,袁焕章,等. 华北地区石炭二叠系煤储层水文地质条件[J]. 天然气工业,2003,23(1):32-35.
汪峰. 中国与安哥拉石油合作探析[J]. 中国石油大学学报(社会科学版),2011,27(1):7-11.
王柏轩,王陆萱,谢丛姣,等. 技术经济学[M]. 上海:复旦大学出版社,2007.
王成. 铜川焦坪矿区煤层气储层数值模拟与排采制度研究[J]. 中国煤炭地质,2013,(4):18-22.
王应民. 技术经济学[M]. 北京:中国经济出版社,1998.
王荧光. 中国煤层气技术进展[J]. 煤层气田地面集输工艺技术,2010,397-405.
王荧光. 苏里格气田苏10井区地面建设优化方案[J]. 天然气工业,2009,(4):89-92.
王忠,高小玲,孟金焕. 现代油藏经营管理理论及应用[J]. 当代石油化工,2004,12(10):25-32.
吴广义. 苏丹油田安全管理与应急预案[D]. 北京:中国石油大学,2010.
谢传礼,涂乙,涂辉,等. 我国煤层气开发对策及前景展望分析[J]. 天然气与石油,2011,12(6):40-45.
谢丛姣,吴东平,王利. 张天渠油藏经营管理模式探讨[J]. 国土资源科技管理,2001,18(5):29-31.
许茜,薛岗,王红霞,等. 沁水盆地煤层气田樊庄区块采气管网的优化[J]. 天然气优化,2010,30(6):91-93.
杨秀春,李明宅. 煤层气排采动态参数及其相互关系[J]. 煤田地质与勘探,2008,(2):19-23,27.
杨勇,沈虹. 胜利油区油田开发技术经济应用现状[J]. 油气地质与采收率,2002,9(1):36-38.
姚麟昱,骆彬,孟庆华. 川西高压高产气田集输管网规划设计[J]. 石油规划设计,2010,21(6):21-24.
叶建平,彭小妹,张小朋,等. 山西沁水盆地煤层气勘探方向与开发建议[J]. 中国煤层气,2009,3(6):7-11.
叶建平,武强,叶贵钧,等. 沁水盆地南部煤层气成藏动力学机制研究[J]. 地质论评,2002,48(3):319-322.
原玉东,王星锦,杜明,等. 排采制度对煤粉运移的影响原因浅析——以某区块B1煤层气井为例[J]. 中国煤层气,2012,(6):32-34.
曾祥林,杜志敏,陈小凡,等. 多学科协同化方法在复杂断块油藏开发调整方案中的应用[J]. 西南石油学院学报,2002,24(1):34-36.

张朝琛,等. 油藏管理与自动化,石油规划设计[J]. 1999,10(5):13-15.

张建华. 集中供热系统的水力计算及地理信息系统的开发[D]. 石家庄:华北电力大学,2000.

张婷婷. 注CO_2提高煤层气采收率项目的环境效益评价研究[D]. 长春:吉林大学,2007.

赵金,张遂安,马东民,等. 注二氧化碳提高煤层气采收率数值模拟[J]. 天然气与石油,2012,(1):67-70,103-104.

赵庆波,张建博. 中国煤层气研究与勘探进展(一)[M]. 徐州:中国矿业大学出版社,2001.

中国石油天然气总公司计划局,中国天然气总公司规划设计院. 石油工业建设项目经济评价方法与参数[M]. 第2版. 北京:石油工业出版社,1994.

周锋德,姚光庆,唐仲华. 注二氧化碳和氮气提高煤层气采收率的经济评价及敏感性分析[J]. 中国煤层气,2009,(3):40-45.

周惠珍. 投资项目评估方法与实务[M]. 北京:中国计划出版社,2003.

周文. 石油企业油藏经营管理的理论及方法探讨[J]. 油气地质与采收率,2006,13(3):94-99.

(美)理查得·贝利. 国际石油合作管理[M]. 辛俊和,王克宁,陆如泉,等译. 东营:石油大学出版社. 2003.

Goktas B. Implementation of a Local Grid Refinement Technique in Modeling Slanted Undulating Horizontal and Multi-lateral Wells[R]. SPE 56624,1999.

Calhoun I C. A Definition of Petroleum Engineering[J]. Journal of Petroleum Technology(July 1963):725-727.

Xie C J, Guan Z L, Blunt M, et al. Numerical simulation for oil Reservoir after cross-linked Polymer Flooding [J]. Journal of Canadian Petroleum Technology,2009,48(4):37-41.

Halbouty M T. Synergy Is Essential to Maximum Recovery[J]. Journal of Petroleum Technology,1977,29(7):750-727.

Haldorsen H H T, Van Golf-Racht. Reservoir Management Into the Next Century[R]. NMT 890023 presented at the Centennial Symposium at New Mexico Tech.,Socorro,NM,Oct. 1989, 16-19.

Harris D G, Hewitt C H. Synergism in Reservoir Management——The Geologic Perspective[J]. Journal of Petroleum Technology,1977,29(7):750-727.

Harris D G. The Role of Geology in Reservoir Simulation Studies[J]. Journal of Petroleum Technology(May 1975):625-632.

J M Guevara-jordan. A New Approach for Modeling Horizontal Well Singularities in Petroleum Engineering [R]. SPE 51924,1999.

M L Fowler, M A Young. Some practical Aspects of Reservoir Management[R]. SPE 37333,1996.

Raza S H. Data acquisition and analysis for efficient reservoir management[R]. SPE 20749,1992.

Robertson I D. Reservoir Management Using 3D Seismic Data[J]. Journal of Petroleum Technology(July 1989):745-751.

Satter A, Vamon J E, Hoang M T, et al. Reservoir management:technical respective[R]. SPE 22350,1992.

Satter A, Thakur G C. Integrated Petroleum Reservoir Management:A Team Approach[M]. Tulsa:PennWell Books,1994.

Satter A, Varnon I J E, Hoang M T. Integrated Reservoir Management[J]. Journal of Petroleum Technology (Dec. 1994).

Satter A. Reservoir Management Training-An Integrated Approach SPE 20752,Reservoir Management Panel Discussion,SPE 65th Annual Technical Conference & Exhibition,Sept. 23-26,1990,New Orleans,LA.

Sneider R M. The Economic Value of a Synergistic Organization[R]. Archie Conference,Oct. 22-25,1990 Houston,TX.

Talash A W. An Overview of Waterflood Surveillance and Monitoring[J]. Journal of Petroleum Technology,1988,40(12):1539-1543.

Thakur G C. Reservoir Management: A Synergistic Approach[R]. SPE 20138 presented at the 1990 SPE Permian Basin Oil and Gas Recovery Conference, Midland, TX March 8-9.

Wiggins M L, Startzman R A. An Approach to Reservoir Management[C]. SPE 20747, Reservoir Management Panel Discussion, SPE 65th Ann. Tech. Conf. & Exhib. ,Sept. 23-26,1990,New Orleans,LA.

Woofer D M, MacGillivary. Brassey Oil Field, British Columbia: Development of an Aeolian Sand - A Team Approach[J]. SPE Reservoir Engineering,1992,7(2):165-172.